*THE LAWS GUIDE
TO NATURE DRAWING
and
JOURNALING*

The Laws Guide to Nature Drawing and Journaling by John Muir Laws
Copyright © 2016 by John Muir Laws
All rights reserved.

This Korean edition was published by Galapagos Publishing Co. in 2025
by arrangement with Heyday through KCC(Korea Copyright Center Inc.), Seoul.

이 책은 (주)한국저작권센터(KCC)를 통한 저작권자와의
독점계약으로 갈라파고스에서 출간되었습니다.
저작권법에 의해 한국 내에서 보호를 받는 저작물이므로
무단전재와 복제를 금합니다.

현재를 감각하는 자연 관찰 노트

왜 자연 관찰은
삶의 기술이 되는가?

정해지지 않아서 더 재미있는
지금 이 순간을 감각하는 법

존 뮤어 로스 지음
오경아 + 노진선 옮김

갈라파고스

contents

감사의 말   6
나는 왜 자연 관찰 일지를 쓰는가?   9

1. 관찰과 의도적인 호기심   12

더 깊은 관찰을 위한 지침 | 의도적인 호기심
'왜'라는 질문: 대안 가설 만들기
자연주의자이자 과학자처럼 생각하는 방법

2. 의식을 집중할 주제 찾기   32

컬렉션 또는 도감 만들기 | 패턴을 찾고, 예외 발견하기
사건 기록하기 | 지도, 단면도, 블록 풍경 만들기

3. 탐구를 심화하는 방법들   62

글쓰기 | 다이어그램 만들기
새소리 및 다른 소리들의 다이어그램화
목록 작성하기 | 수량 세기와 측정하기
데이터 도구 | 호기심 도구 키트

4. 시각적 사고와 정보 표현   84

그리넬 필기법 | 생각을 구조화하기
자연의 청사진 | 페이지 구성 | 화살표에 대해 더 알아보기

5. 관찰 일지 키트와 재료   100

자연 관찰 키트 만들기 | 기본 그림 도구
알맞은 관찰 노트 선택하기 | 나만의 팔레트 만들기

6. 자연 그리기   120

꿈을 실천하기까지의 로드맵
퓨마의 두개골: 전체적인 드로잉 과정
그리기 전에 관찰하기: 구조와 형태
기본 형태 잡기: 예술가처럼 생각하는 법
선 작업: 팔꿈치, 손목, 손가락으로 호 그리기
명암: 명암 관찰하고 단순화하기 | 채색: 색 혼합하기
세밀한 묘사와 질감 | 입체감을 표현하는 방법 | 구도
빠르게 그리는 방법과 요령

7. 도구별 기법   176

연필로 명암 강조하기 | 비율과 논포토 블루 연필
펜으로 스케치하기 | 톤드 페이퍼에 그리기 | 색연필 활용법
수채 물감 활용법 | 어두운 배경 위에 밝게 세부를 묘사하기
과슈 사용하기 | 암석 물감

8. 동물 그리는 법   212

곤충 그리기: 곤충 해부학 | 도롱뇽 그리기
새 그리기: 푸른멧새 그리기 | 복잡한 무늬와 45도 측면 시점
새의 비행 | 청동오리 형태 조립하기
포유류 그리기: 보이는 것보다 더 깊이 이해하기
털 그리기와 채색하기 | 털 아래의 근육 표현
동물이 움직이면 어떻게 해야 할까? | 흔적 추적하기

9. 야생화 그리는 법   290

꽃의 대칭 구조 이해하기 | 단축과 꽃의 형태
말려 있는 잎 그리기 | 붓꽃 앞에서 뒤로 그리기
촘촘한 꽃 무리 그리기 | 식물의 질감 | 버섯 그리기

10. 나무 그리는 법　328

원통과 윤곽선 그리기 | 도넛 윤곽선
나무껍질과 가지의 형태 | 침엽수 그리기 | 참나무 그리기
'나무를 그린다는 것'을 다시 생각하기

11. 풍경 그리는 법　346

작은 풍경 스케치 | 바위 지형 그리기 | 산 풍경 그리기
풀밭의 찬란함 | 폭포 그리기
수채 물감으로 부서지는 파도 그리기 | 구름 관찰하기
수채 물감으로 하늘 그리기 | 일몰 그리기

마무리하며　389
참고문헌　390
옮긴이의 말　393
부록 휴대용 데이터 도구　395

일러두기

1. 동식물명은 국가생물종목록, 국가생물종지식정보시스템, 국가표준식물목록, 국가표준곤충목록, 국가표준버섯목록, 한국외래생물정보시스템, 위키피디아 등을 교차 참고해 표기했습니다. 한국어 이름이 없는 경우 영어 이름으로 적거나 이해하기 쉬운 이름으로 번역해 표기했습니다.
2. 동식물명, 지명 및 고유명사의 외래어 표기는 국립국어원의 외래어표기법을 참조했으나 일부 단어는 국내에 널리 통용되는 발음으로 표기했습니다.
3. 원서 속 도판을 그대로 삽입했으며, 일부 도판은 원본 파일 자체의 결함을 포함하고 있습니다.
4. 본문의 옮긴이 주는 *로 표기했습니다.

감사의 말

내가 사랑하는 일을 할 수 있도록 지원하고, 영감을 주며, 이끌어준 모든 분에게 깊은 감사를 표한다.

이 책은 나에게 영감과 방향을 제시해준 선생님, 친구, 멘토, 부모님, 파트너가 있었기에 세상에 나올 수 있었다. 일일이 언급하기는 어렵지만 많은 분 덕에 최선을 다할 수 있었고 감사할 뿐이다.

나의 부모님은 자연주의자였다. 자연 속에서 놀이를 찾는 일은 우리 가족 나들이에서 빼놓을 수 없는 부분이었다. 우리는 시에라 네바다와 포인트 레예스 국립 해안에서 여름을 보냈으며 무수히 많은 날을 들꽃과 새들을 관찰하며 보냈다. 나는 아버지가 연중 야생화의 개화 시기를 비교하기 위해 침니록에 피는 들꽃들의 이름을 적어두는 것을 보고 자랐고, 그 당시는 이것이 생물계절학이라는 사실도 모른 채 자연스럽게 터득이 되었다. 나의 형, 제임스는 어린 시절 모험의 파트너이자 공모자였고, 지금도 예술 작업과 호기심, 자연의 영감을 나누는 소중한 사람이다.

현재 아내 시벨 르노와 나는 우리만의 가족을 꾸렸다. 우리는 아이들 아멜리아와 캐럴린에게 자연을 사랑하는 마음을 심어줄 수 있기를 바라고 있다. 아내 시벨의 사랑, 지지, 유머 그리고 인내에 대해 너무나 고맙게 생각한다. 아내는 이 일이 나에게 얼마나 중요한지 이해하고 내가 최선을 다할 수 있도록 배려해주었다.

사실 나는 난독증이 있다. 이 원고의 초안에 오탈자가 얼마나 많은지 볼 수 있다면 아마 깜짝 놀랄 것이다. 어린 시절, 철자를 제대로 읽고 쓸 수 없는 것은 내가 바보라는 뜻이라고 생각했다. 하지만 학교에서는 고달팠더라도 자연 속에서라면 빨간 펜에서 벗어나 자유로움과 안정감을 느낄 수 있었다. 나는 자연사에 완전히 매료되었고, 내가 발견한 것들에 대한 일지를 작성했다. 물론 글보다는 스케치하는 것이 낫다고 느꼈기에 내 노트는 온통 그림으로 가득했다. 끊임없는 연습과 인내 그리고 관찰로 나만의 관찰 일지를 채워갔다. 초기 몇 년 동안은 선생님들(킹 샘즈, 퍼트리샤 슈탈, 바버라 카이저)들의 도움이 컸다. 특히 고등학생 때, 앨런 리들리와 르로이 보토 두 선생님은 내가 철자법에서 벗어날 수 있도록 큰 도움을 주었고 내 방식을 충분히 인정해주셨다. 이는 내 지적 능력에 대해서 나조차도 생각이 바뀌는 계기가 되었다.

고등학교 이후, 나는 장애 학생 프로그램의 지원을 받아 캘리포니아대학교 버클리에 입학했다. 이곳에서 에버트 슐링거 박사(자연주의자이자 거미 생물학자), 커트 라데마허(자연주의자), 스콧 스타인 박사(지리학자), 아널드 슐츠 박사(생태학자이자 시스템 사고의 선구자) 등의 멘토들을 만났다. 이분들은 과학과 자연, 창의적 사고와 비판적 사고에 대한 열정을 북돋아주셨고, 이 열정은 지금까지도 내게 영감을 주고 있다.

나의 첫 미술 선생님은 할머니 비아트리스 워드 챌리스다. 할머니는 늘 나에게 이런 말씀을 해주셨다. "얘야, 규칙이란 건 없단다. 이 물감들로 놀아보고 무엇이 되는지 지켜보렴. 재미있게 놀다 보면 너만의 방식을 찾게 될 거야." 지금도 종종 할머니의 목소리가 귓가에 들리는 듯하다. 이후 일러스트레이터 척 스타섹과 조류 예술가 키스 한센에게도 미술 수업을 받았다. 나는 지금까지도 척이 가르쳐준 블랙 그레이프 연필을 사용해 채색 그림에 음영 처리하는 기법과, 키스가 제시해준 새 형태를 분석하는 방식을 따른다. 그 외에도 윌리엄 D. 베리, 존 버스비, 제임스 거니, 그렉 앨버트, 메리조 코크, 팀 우튼, 배리 반 더슨, 브루스 피어슨, 데비 카스파리, 에드워드 투프테, 오스틴 클레온 그리고 마이크 로데의 작업물과 글쓰기로부터

영향을 받았다.

대학 시절, 나는 그랜드 티턴 국립 공원 내에 있는 티턴 과학학교에서 일했다. 그곳에서 나는 클레어 워커 레슬리와 한나 힌치맨을 만나 함께 공부할 수 있었다. 나는 이미 열렬한 관찰 일지 쓰기 애호가였고, 가르침이 무척이나 고팠기에 그들의 경험을 스펀지처럼 흡수했다. 시간이 많이 흘렀지만 여전히 나는 그들의 조언과 철학을 생생하게 기억하며, 이는 나의 작업에도 반영되고 있다.

2001년, 나는 캘리포니아대학교 산타크루스에서 열린 과학 일러스트레이션 대학원 프로그램에 참여했다. 핵심 일러스트레이션 교수진인 앤 코들과 제니 켈러는 9개월 동안 내 일러스트레이션 기술을 더욱 향상시켜주었다. 이 프로그램은 강도 높게 진행되었다. 다른 학생들과 나의 기법을 비교 분석하며 좀 더 깊이 탐구할 수 있도록 만들어주었다. 이 책에서 공유하는 많은 자연 관찰 비법과 그림 역시 그들에게 배운 셈이다. 덕분에 나는 『시에라 네바다 필드 가이드 Laws Field Guide to the Sierra Nevada』를 집필하며 새로운 경력을 쌓을 수 있었다. 앤과 제니는 이 책의 자문과 수정에도 큰 도움을 주었다.

또한, 자연 관찰 일지 멘토인 클레어 워커 레슬리와 캐시 존슨은 이 책을 수정하는 데 귀중한 피드백을 주었다. 글렌 브랜치(국립 과학 교육 센터), 아쇽 코슬라, 케빈 파디안(UC 버클리) 박사 그리고 나의 아버지 로버트 로스 역시도 이 책을 검토하고 편집하는 데 도움을 주었다(난독증을 가진 사람과 함께 일한다는 것은 결코 쉬운 일이 아니다!).

아이디어를 개발하고 점검하도록 도와준 자연 관찰 일지 클럽의 회원들과, 로렌스 과학관의 환경 교육, 학습, 전문화 및 공유 개선 프로젝트 BEETLES, Better Environmental Education Teaching, Learning, Expertise, and Sharing

의 일환으로 탐구 과정 및 관찰과 질문 전략에 대해 조언을 해준 케빈 빌즈, 크레이그 스트랭, 제다 포먼 그리고 린 바라코스, 이 책의 참고 자료로 작품을 사용할 수 있도록 허락해준 사진작가 아속 코슬라 seeingbirds.com, 게리 나피스californiaherps.com, 비벡 칸조데birdpixel.com에게도 감사의 말씀을 전한다. 로버트 리브스robertreeves.com는 달 사진을, 비벡 칸조데는 오리 사진을 쓸 수 있도록 허락해주었다.

끝으로 함께 작업을 해준 헤이데이 출판사의 맬컴 마골린과 그의 팀에게도 너무 감사하다. 이 책을 세상에 내놓기 위해 얼마나 큰 사랑과 정성을 쏟았는지 잘 안다. 책임 편집자 지닌 젠다르는 이 원고를 지금 여러분이 읽을 수 있는 형태로 다듬는 데 정성을 다했다. 헤이데이 동료들과 함께 작업하는 것은 나의 큰 즐거움이자 영광이었다고 말하고 싶다.

특별한 감사

이 책은 에밀리 리그렌과의 즐거운 협업으로 만들어졌다. 우리는 2009년 샌프란시스코주립대학교 시에라 네바다 필드 캠퍼스에서 만났다. 우리에겐 자연과 더욱 깊은 관계를 맺기 위해 자신만의 일지를 만든다는 공통점이 있었다. 단지 나는 그림으로, 에밀리는 글쓰기를 통해 한다는 것이 다를 뿐이었다.

대화로 시작된 우리의 관계는 자연 관찰 일지 쓰기를 통해 더욱 알차고 생산적인 협업으로 발전했다. 우리는 자연 관찰 프로그램을 개발하고 사람들에게 의미 있는 경험을 선사하기 위해 여러 활동을 해왔다. 이 책에 등장하는 자연 관찰 일지의 의미는 우리의 공동 작업으로 더욱 풍부해질 수 있었다. 우리가 공유한 지식과 에밀리가 자연주의자이면서 작가, 교육자로서 겪은 경험들이 있어 그녀의 도움이 더욱 빛을 발할 수 있었다.

에밀리는 내가 자연 관찰 일지 쓰기의 과정을 매우 풍부하고 매력적인 방법으로 공유할 수 있도록 돕는 데 전념했다. 내가 메시지를 좀 더 명확히 표현하게 하며, 통찰력을 발휘해 나의 사고를 한 단계 끌어올려 주었다. 우리는 '일지 쓰기'를 어떻게 의식을 집중하는 방법으로 제시할 수 있을지 깊이 이야기했고, 에밀리는 관찰과 탐구에 관한 내 생각을 정리하는 데 큰 도움을 주었다. 책의 해당 꼭지들의 초안을 여러 번 수정하고 재구성하는 데도 힘을 보탰고, 드로잉 입문 강의의 흐름을 재구성해주기도 했다. 나는 그녀의 우정과 헌신과 지원에 깊이 감사한다.

나는 왜 자연 관찰 일지를 쓰는가?

맑은 눈으로 세상을 바라보자. 우리가 얼마나 아름다움에 둘러싸여 있는지 알 수 있다. 주의 깊게 삶을 사랑해보자. 데이비드 스타인들-라스트가 말했듯이, "행복이 우리를 감사하게 만드는 것이 아니라 감사함이 우리를 행복하게 만든다"는 점을 알게 될 것이다. 무언가를 관찰하고 자세히 기록하다 보면 나를 둘러싼 것들에 더 감사하게 된다. 그 기록을 넘길 때마다 붓과 연필로 그린 모든 획이 살아나 감사의 노래가 되기 때문이다.

"이 순간을 절대 잊지 않을 거야"라고 스스로에게 말해본 적이 있을 것이다. 그 순간들은 기억에 남아 있기도 하지만, 인정하기는 어려운 사실인데 의미 있는 경험과 생각은 잊을 때가 많다. 삶의 중요한 사건조차 흐릿한 기억으로 남거나 아예 사라지기도 한다. 그건 우리가 감각으로부터 얻은 데이터의 일부만을 의식적으로 처리하고, 그중에서도 아주 작은 부분만을 기억하기 때문이다. 그러나 만약 우리가 관찰한 것을 기록한다면, 기억에 순간을 각인시킬 수 있다. 아마 여행하면서 그때의 감상과 다녀온 곳 등을 자세히 작성해본 사람은 그 의미를 잘 알 듯하다. 여행이 아니더라도 기억하고 싶은 추억이 있다면 기록해보길 권한다. 매일매일 마음을 경이로움으로 가득 채우고 일지에는 당신이 경험한 아름다움을 잔뜩 남길 수 있다. 이 과정은 분명 회복과 평화로움, 그리고 감사함을 가져다줄 것이다.

사랑에서 행동으로

『시에라 네바다 필드 가이드』를 작업할 때, 나는 동식물 수채화를 거의 3천 점 정도 그렸다. 식물을 그릴 때마다 식물과 어떤 관계를 맺는 것 같았다. 나는 식물을 채집해 그린 뒤 길가에 버려 시들게 만들기보다 식물 옆에 앉아 실물 크기로 스케치하고 색을 입혔다. 그리고 다시 일어나 내가 앉아 있던 풀밭을 정리했다. 여섯 해 동안 이 작업을 진행하면서 식물들과 이야기를 나누고, 그 식물을 발견한 장소에 감사하는 마음을 갖는 스스로를 발견할 수 있었다. 나는 마주치는 종마다 사랑에 빠진 셈이었다.

사랑은 지속적이고 자비로운 관심으로 정의되는 게 아닐까 싶다. 어린이, 동반자, 학생 또는 낯선 사람에게 진심으로 주의를 기울이다 보면 이해와 친절이 쌓인다. 마찬가지로 일지를 쓰며 자연에 깊은 관심을 기울이다 보면, 자연스럽게 자연에 대한 이해와 배려 그리고 연민이 생긴다. 자연을 사랑한다는 것은 관리에 대한 책임을 갖게 하기도 한다. 즉, 모든 야생과 생물 다양성을 보호하고 책임져야 함을 알게 하는 원천이 된다. 일지 쓰기는 우리를 자연과 좀 더 깊이 연결되게 하고, 이 연결은 곧 행동으로 이어질 수 있다. 우리가 살고 있는 곳에서부터 변화를 일으킬 방법을 찾아보자. 공동체를 찾아 가입하거나 스스로 변화의 촉매제가 되어보자. 우리는 이를 통해 자연의 회복뿐만 아니라 스스로의 회복도 찾게 될 것이다.

속도를 늦추고, 관찰하고, 발견하고, 보라

모든 분야의 작가, 자연주의자, 과학자 들은 작업 과정에서 보았던 것, 했던 것, 생각했던 것을 보존하기 위해 일지 쓰는 방식을 택한다. 내게도 관찰 일지는 현장에 갈 때 지참하는 가장 중요한 도구이다. 심지어 쌍안경보다 더 필요하다. 관찰 일지 쓰기는 삶을 더 깊이 살고자 하는 모든 사람을 위한 기술이며, 나이에 상관없이 배울 수 있고, 의지와 연습만 있다면 발전할 수 있는 기술이다. 그림을 그리거나 글을 쓰며 탐험하는 것이야말로 발견의 여정을 시작하기 위한 가장 효과적인 방법이다.

자연 관찰 일지를 쓰는 것은 과학의 묘미를 재발견하는 일이다. 관찰하고 일지를 쓸 때면 우리는 느긋해지고, 앉아서 무언가를 보고 또 보게 된다. 우리가 평소에 가만히 있고, 조용히 있고, 주의를 기울이는 시간은 얼마나 될까? 일지를 쓰는 과정은 생각을 정

리하고, 답을 모으고, 더 풍부한 질문을 하게 한다. 속도를 늦추고, 일지에 기록할 만큼 충분히 시간을 들여 관찰한다면, 신비로운 세상이 눈앞에 펼쳐질 것이다. 모든 과학의 핵심에는 끝없는 호기심과 깊은 관찰력이 자리한다. 이 특성들은 최고의 배움으로 이끈다. 본능적으로 느끼는 경이감, 이해하려는 열망, 관찰 능력에 의해 동기 부여되는 배움 말이다.

자연 관찰 일지를 쓰는 데는 세 가지 목적이 있다. 보기 위해, 기억하기 위해, 호기심을 자극하기 위해서다. 그림을 잘 그리는 것은 중요하지 않다. 일지 쓰기의 장점은 페이지 위에 만들어낸 결과물에서만 발견할 수 있는 것이 아니라, 오히려 그 과정에서 경험한 것과 생각 속에서 발견된다.

이 책은 자연 관찰 일지를 쓰는 방법의 모든 것을 다룰 것이다. 우선 보고, 관찰하고, 호기심을 키울 수 있는 실용적인 방법을 소개한다. 그다음에는 재료를 선택하는 방법, 특정 유형의 동물과 식물, 풍경, 하늘 등을 정확하게 그리는 방법, 그리기 기술을 개발하는 방법에 대한 정보가 이어진다. 자연 관찰 일지를 처음 써보는 단계에 있다면, 이 책을 호기심과 기쁨 속에서 세상을 여행하기 위한 지침서로 활용하라. 노트를 들고 밖으로 나가 자신이 살아 있다는 감각을 생생하게 만끽하라.

"모든 일에 감사하라."

사도 바울, 데살로니가전서 5:18

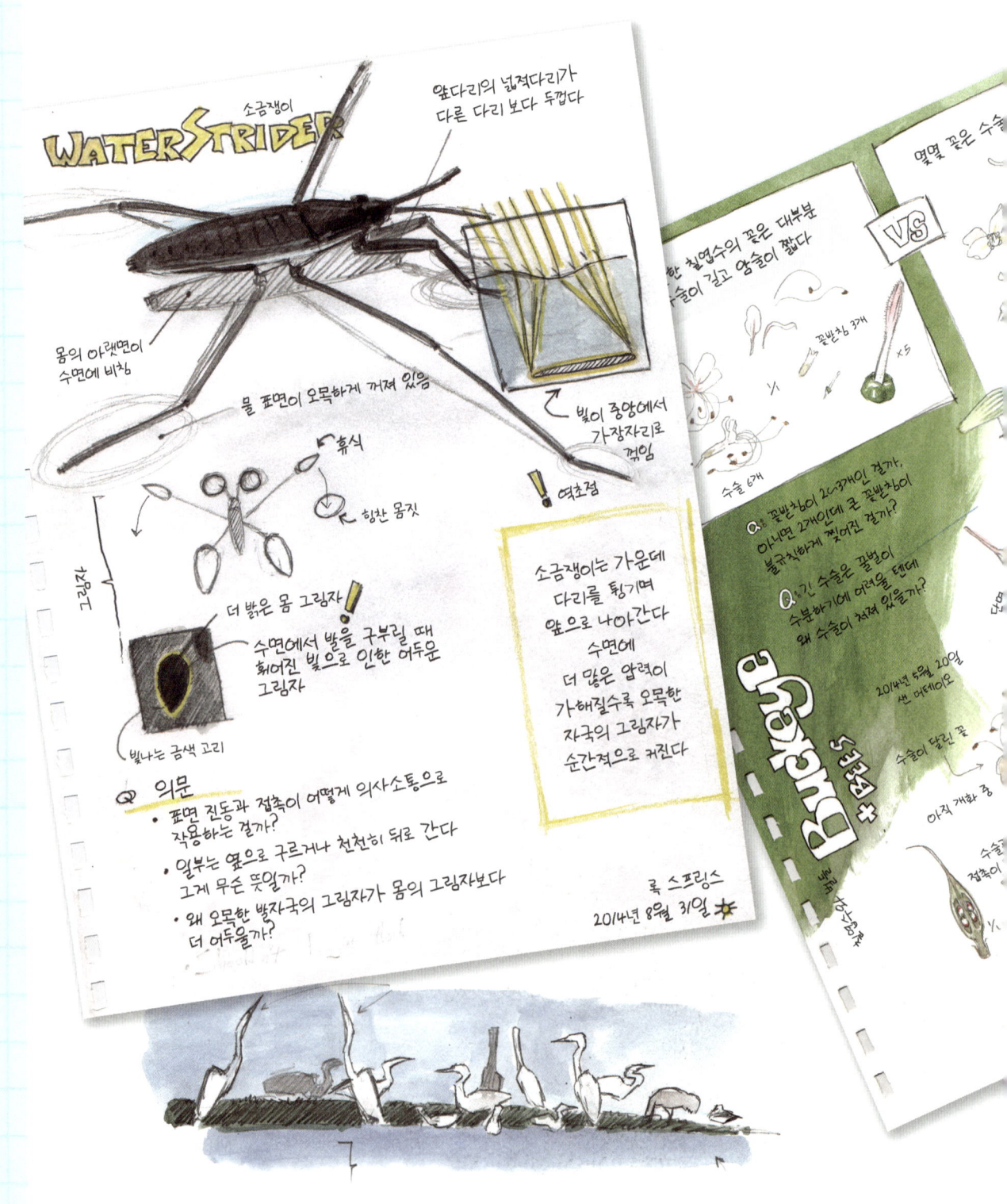

1. 관찰과 의도적인 호기심 Observation and Intentional Curiosity

관찰, 호기심, 창의성은 우리가 개발할 수 있는 기술이다.
깊이 관찰하는 법을 배우고, 질문과 조사의 경이로움에 마음을 열어보자.
내가 '모르는' 것들을 출발점 삼아 세상의 신비를 탐험해보자.

더 깊은 관찰을 위한 지침

알아채기, 궁금해하기, 연상하기는 관찰과 탐구에 집중하기 위한 매우 핵심적인 기술이다.

우리는 언제든 관찰을 통해 주변 환경에 대해 배울 수 있다. 하지만 동시에, 자신의 생각과 걱정에 사로잡힌 채 그 의미를 발견하지 못하고 지나칠 때도 많다. 이 차이는 얼마나 의식적으로 집중하여 바라보느냐에 달렸다.

나는 케리 루프의 프라이빗 아이 프로젝트The Private Eye Project[1]에서 영감을 얻어 알아채기, 궁금해하기, 연상하기를 관찰 연습의 기초로 삼는다. 이 방법은 우리가 의식적으로 주의를 집중하게 도와준다. 이를 탐구에 활용한다면, 아름다운 무언가를 발견하고 이해하기 위해 굳이 멀리 나갈 필요가 없을 것이다.

> "내가 만약 가치 있는 발견을 한 적이 있다면,
> 그것은 다른 어떤 이유보다도
> 인내심 있는 관찰 덕분이다."
>
> 아이작 뉴턴

먼저 관찰할 잎, 나뭇가지 또는 돌과 같은 작고 간단한 것을 찾아보자. 그런 다음 잠시 속도를 늦추자. 틱낫한은 이렇게 말했다. "우리가 늘 달리는 습관을 내려놓고, 잠시 멈춰 긴장을 풀고, 자신을 다시 중심에 놓는 시간을 가질 수 있다면, 우리는 모든 일에서 더 큰 성공을 거둘 수 있을 것이다. 더불어 삶 속에서 더 많은 기쁨을 누릴 수 있다."[2]

수많은 것이 끊임없이 우리의 주의와 집중을 요구한다. 시작하기 전에 잠시 고요함과 여유를 누리면, 현재에 머무를 수 있는 능력이 더 커진다. 나는 속도를 늦추는 방법으로 간단한 마음 챙김 호흡을 하곤 한다. 다섯 번 정도, 내 호흡이 들어오고 나가는 흐름에 집중해보자. 나는 일지를 쓰기 시작할 때도, 자연 관찰을 하는 도중에도 여러 번 이 운동을 한다. 시간이 얼마 안 걸리는 데다 집중력과 주의력을 되찾는 데 큰 도움이 된다.

그리고 나서 아래 지침들을 순서대로 시도해보자. 조금 어색할 수도 있지만, 떠오르는 모든 것을 소리 내어 말해보자. 이렇게 하면 우리가 보는 것을 기억의 구조로 엮어낼 수 있고, 생각을 더 명확하게 표현할 수 있다.

알아채기

지금 보고 있는 대상을 면밀히 관찰해보자. 그리고 관찰한 내용을 소리 내어 말해보자. 어떤 것도 걸러내지 말고, 보이는 대로 말하는 것이 좋다. 대상의 구조, 행동, 색상, 상호 작용을 관찰한 뒤, 시점을 바꾸어 가까이에서 혹은 멀리서 보고 무엇을 더 관찰할 수 있는지 확인하자.

관찰할 내용이 더 이상 떠오르지 않을 때는 "내가 알아챈 것은…"이라고 말을 이어가며 아이디어가 다시 떠오르기를 기다려보자. 나를 놀라게 하는 무언가에 주의를 기울이는 것도 좋다. 이러한 관찰을 통해 세상이 지금껏 내가 생각했던 것과 어떻게 다른지 깨닫게 해주는 통찰력을 얻게 된다.

궁금해하기

대상을 관찰한 후 질문들을 떠올리고 마찬가지로 소리 내어 말해보자. 이전에 한 관찰과 관련이 있는 질문이나, 관찰하고 있는 대상의 어떤 측면에 대한 질문도 좋다. 답을 찾는 것에 대해 걱정할 필요는 없다. 그냥 모든 질문을 꺼내놓는 것이 중요하다. 질문을 떠올리고 소리 내어 말하면서 관찰을 이어나가는 것만으로도 좋다.

연상하기

마지막으로, 대상에서 연상되는 것을 소리 내어 말해보자. 이 단계에서는 자유롭게 표현하는 것이 중요하다. 무엇이든 생각나는 대로 말하자. 그 대상은 우리의 기억을 자극해 과거의 경험이나 이미 아는 정보, 또는 그 대상의 겉모습과 비슷한 무언가를 생각나게 할 것이다. 대상의 개별적인 부분을 살펴보고 다시 물러서서 전체를 살펴보자.

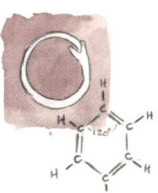

해안가시나무의 가지가 스스로의 안쪽으로 접혀 들어가 고리 모양을 만든다

2014년 5월 25일 린치 캐니언

> "나는 당신보다 더 많이 보지 못하지만,
> 내가 본 것을 잘 알아차리도록 훈련해왔다."
>
> 셜록 홈즈

되돌아보기

잠시 시간을 내어 대상을 들여다보고, 짧은 시간 동안 얼마나 많은 것을 관찰하고 배웠는지 생각해보자.

경험을 통해 얻을 수 있는 배움이나 기억은 모두 주의 깊은 관찰에서 비롯된 것이다. 알아차린 점을 소리 내어 말하면, 관찰한 것을 또렷한 생각으로 바꾸어가는 과정에서 한 번에 한 가지에 집중할 수 있게 된다.

질문은 주제에 좀 더 깊이 몰입하게 하고, 이미 알고 있는 것을 넘어선 넓은 시각을 갖게 한다. 또 이를 통해 호기심과 이해력을 높일 수 있다.

연상되는 것을 입으로 말해보면 내가 관찰한 것과 이미 알고 있는 지식이 연결된다. 아이들이 종종 처음 보는 무언가를 만났을 때 "이건 …처럼 생겼어"라고 말하는 것처럼 말이다. 이미 우리가 가지고 있는 세계의 틀과 지식 안에 관찰력과 상상력을 불어넣으면, 우리는 경험에 대한 더 강한 기억을 얻는다. 이 과정은 과학적인 이해로도 이어질 수 있다. 예를 들어 양귀비의 꽃받침이 레이더 안테나를 떠올리게 했다면, 둘 사이에 어떤 유사한 기능이 있을 수도 있다.

자연에서 알고 싶은 것이 생길 때마다 이 지침들을 사용하길 바란다. 각 지침에 익숙해지면 꼭 같은 순서로 사용할 필요는 없다. 종종 "이건 …처럼 보여"라는 말이 거꾸로 질문으로 이어지고, 그 질문이 다시 더 깊은 관찰을 이끌어내기도 한다.

다른 사람들과 함께 탐색하고 있다면 서로의 관찰을 듣고, 들은 내용을 바탕으로 발전시키거나 수정해보자. 누군가는 내가 미처 생각하지 못한 아이디어를 제공할 수 있기 때문이다.

특히 관찰 일지를 쓸 때 이 지침들은 매우 강력한 도구가 되어준다. 자연에서 어떤 주제든 하나 골라서 가능한 한 많은 것을 기록해보자. 이런 식으로 탐구하는 느낌 자체에도 주의를 기울여보자. 세상을 의식적으로 주의 깊게 관찰하기 시작하면, 스스로를 경이로움으로 이끌 수 있다. 의도적으로 호기심을 품고, 질문을 따라 발견의 길로 나아가보자.

부분을 실물 크기로, 일부분은 확대해 그려놓아 비율이 어떻게 반영되었는지 알 수 있다. 씨앗 꼬투리 구조를 여러 각도에서 보여준 것도 주목할 만하다.

궁금한 것
질문이 떠오르면 그때그때 기록해야 한다.

알아챈 것
객관적인 관찰부터 해보자. 이 기록에서는 그림의 대

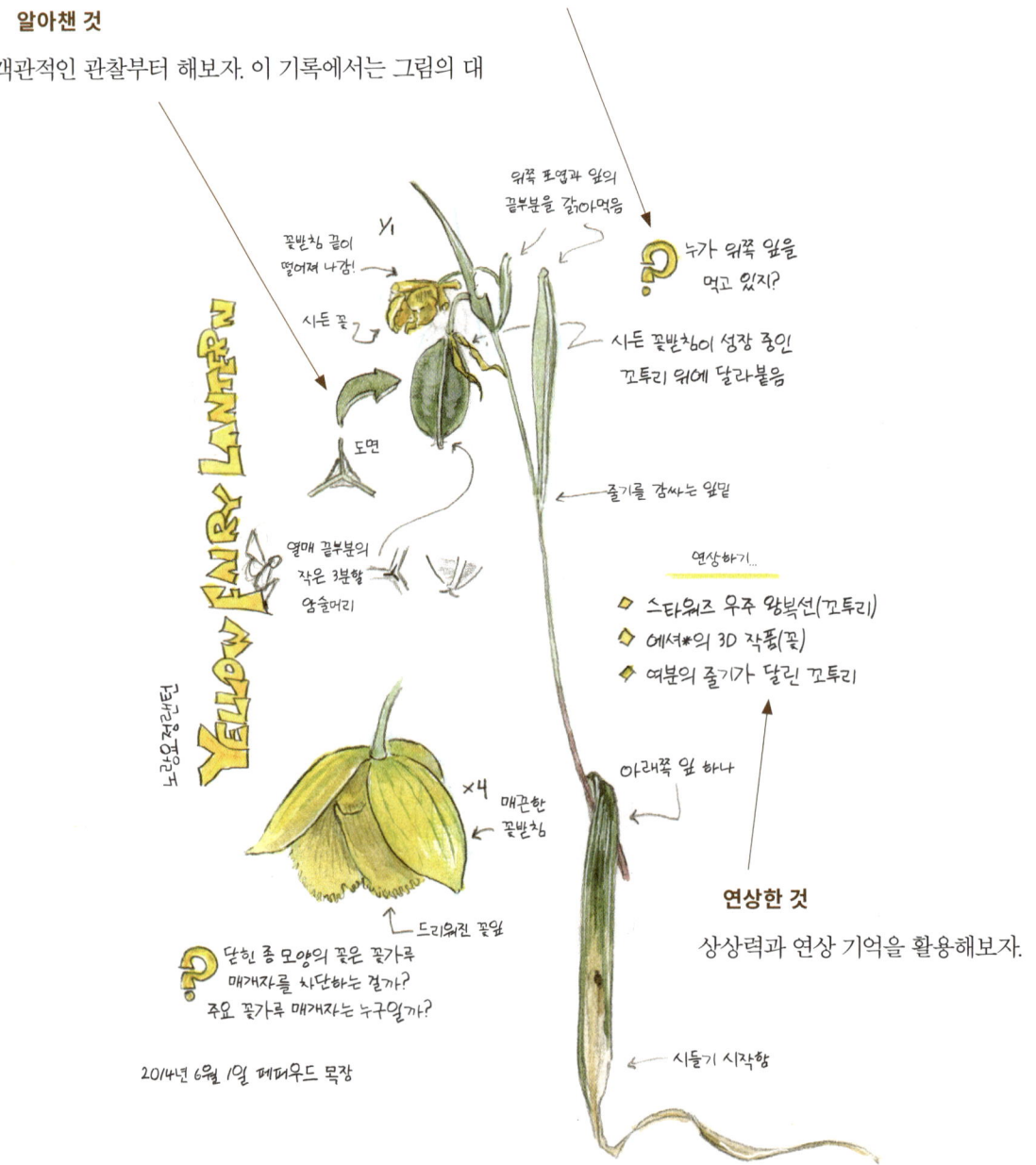

연상한 것
상상력과 연상 기억을 활용해보자.

*에셔 M.C. Escher는 네덜란드 출신의 판화가이다.

의도적인 호기심

더욱 호기심을 갖도록 훈련할 수 있다. 질문을 할 때는 좀 더 적극적이고 대담하게, 의도적으로, 놀이처럼 던져보자. 스스로 신비로움을 찾아 나설 때 세상은 그 모습을 조금씩 열어 보일 것이다.

호기심의 즐거움

집 근처에 내가 자주 들러 야생 동물을 관찰하는 습지가 있다. 어느 날, 나는 도요새들이 쉬는 동안 어떤 방향을 바라보는지 궁금해졌다. 오후 내내 새들이 움직이는 모습을 지켜보며 바람과 태양의 방향에 따른 새들의 위치를 기록했다. 관찰하다 보니 패턴이 드러나기 시작했다. 나는 이 새들이 가슴을 바람 쪽으로 향하게 한다고 결론지었다. 며칠 뒤 오후에는 물가에서 쉬고 있는 오리 떼와 함께 즐거운 시간을 보냈다. 이미 이전 탐구를 통해 태양과 바람, 몸의 방향에 대해 어느 정도 답을 가지고 있었지만, 이번에는 뭔가 다른 현상이 나타났다. 오리들은 대체로 가슴을 물 쪽으로, 등을 육지 쪽으로 두고 있었고, 이따금 머리를 육지를 향해 돌리곤 했다. 사실 이 행동은 포식자에 대한 경계 반응이었다. 즉 도요새는 위험을 감지하면 하늘로 날아오르지만 오리들은 물속으로 들어가는 것이었다.

이런 관찰을 하는 동안 나는 평소보다 더 집중하고 깨어 있는 느낌을 받았다. 이 경험은 기쁨과 경이로움 그 자체인 경험이었고, 더 알고 싶다는 욕구도 생겼다. 오리들은 물가에서 멀어질 때나 바람이 강하게 불 때 어떻게 방향을 잡는 것일까? 나는 새로운 질문들을 안고 다시 습지로 향할 예정이다. 이렇게 의식적이고 능동적으로 질문하는 과정이 나에게 새로운 세계를 열어주었다. 만약 질문을 통해 세상과 즐겁게 소통하지 않았다면 이런 경험은 찾아오지 않았을 것이다.

호기심을 갖고 하는 탐구는 우리 뇌의 보상 센터를 자극한다. 이 보상 센터는 도파민 분비를 촉진하고 새로운 기억 형성에 관여하는 뇌 영역인 해마를 활성화한다. 결과적으로 호기심이 강해진 상태에서는 더 쉽게 배울 수 있고, 처음에 관심 가졌던 것 이상의 것들도 배우게 된다. 놀랍게도 이런 강한 호기심은 본래 관심이 없었던 무관한 정보까지도 흡수할 수 있는 준비 상태를 만든다.[3] 하나의 대상에 대한 관심은 관련 없는 정보까지 빨아들이는 호기심 소용돌이를 만들어내어, 이를 통합하고 기억하기 쉽게 만든다.

호기심을 키우면 지금껏 무심코 지나쳤던 수많은 신비들이 비로소 선명해지고, 세상이 풍요로워지며, 기쁨과 탐구의 연쇄 반응이 더욱 활성화될 것이다.

> "우리가 경험할 수 있는 가장 아름다운 것은 신비로움이다. 이것은 예술과 과학의 요람에서 근본적인 감정이다. 이 신비로움을 더 이상 느끼지 못한다면 우리는 죽은 것과 다름없으며, 꺼진 촛불과도 같다."
>
> 알베르트 아인슈타인

신비로움 포용하기

우리는 호기심 속에서 태어난다. 호기심은 경험에 의해 개발되거나 약화하기도 하고, 연습을 통해 향상되

기도 한다. 일단 호기심을 시간을 들여 향상할 수 있는 하나의 기술이라고 생각하자. 우리는 세상 곳곳에 숨어 있는 풍부한 질문을 찾아내도록 스스로를 훈련시킬 수 있다.

아이들과 시간을 보내다 보면 얼마나 많은 질문이 가능한지 새삼 깨닫는 즐거운 경험을 할 수 있다. 뮤어 우즈 국립 공원에서 나는 한 소년과 어른의 대화를 우연히 들었다.

아이   "미국삼나무는 왜 이렇게 큰 거예요?"
어른   "다른 나무들보다 더 높이 자라야 햇빛을 더 많이 받을 수 있기 때문이야."
아이   "왜 햇빛을 받아야 해요?"
어른   "모든 식물은 햇빛이 필요하단다. 태양은 나무에게 음식 같은 거야."
아이   "그럼 다른 나무들도 그냥 더 크게 자라면 되잖아요?"
어른   "그럴 수 없어."
아이   "왜요?"
어른   "아, 질문은 이제 그만해."

질문을 멈추라는 말은 보통 어른들의 이해가 한계에 다다를 때 발생한다. 그러나 우리는 어린아이에게만 이런 반응을 보이는 게 아니다. 우리는 스스로의 질문에 대한 답이 없을 때 조용히, 무의식적으로 내면의 호기심을 억누른다.

우리는 무지를 받아들이고 진지하게 궁금해하며 답을 찾는 대신, 떠오르는 질문을 무시한다. 이미 알고 있는 곳에 머무르는 것이 심리적으로 더 안전하기 때문이다. 우리는 학교에서 모든 질문에 대한 답을 알고 있어야 한다고 강요받곤 한다. 만약 학생이 답을 모른다면 집중하지 않았거나 충분히 공부하지 않았다고 여긴다. 성인이 되어 사회적, 직업적 지위를 위해 분투하는 상황에서도 우리는 여전히 모른다는 말을 하기 두려워한다. 어떤 직업에서든 '모르겠다'는 말은 약점일 수밖에 없다. 어떤 자연주의자는 자신이 보는 모든 종의 이름을 말한다. 어떤 의사는 모든 병에 대한 처방전을 내놓는다. 어떤 상담사는 모든 질문에 대한 답을 제공할 수 있다. 그런 사람들을 가리키는 특별한 단어가 있다. 거짓말쟁이. 우린 모든 것을 알지 못한다. 똑똑하고 능숙해 보이려는 압박감 때문에 우리는 답을 모를 때 공개적으로 궁금해하고 인정하지 못한다. 또한 새로운 것을 시도하거나, 새로운 아이디어를 받아들이거나, 새로운 기술을 배우는 일마저 망설이게 된다. 이런 호기심을 억누르는 압박감을 인식하는 것이 먼저다. 답을 모른다고 해도 괜찮다. 사실, 그것이 재미의 시작이다.

질문하기

일단 호기심을 받아들이자. 신비가 합당한 존중을 받을 때 비로소 풍부하고 흥미로운 질문이 떠오르고, 그 질문과 '춤을 추는' 것은 질문의 답을 찾는 것만큼이나 즐겁다. 숲속을 산책하고 돌아와서 머릿속에 새롭고 도발적인 질문 하나가 맴돈다면 이미 삶의 풍요에 한 발 가까이 다가간 것이다.

"저건 어떤 종일까?" 사람들이 자연에 대해 처음으로 하는 질문 중 하나이다. 식물이나 동물의 이름을 구별하는 일은 도전적이고 흥미로운 활동이다. 종 이름은 다른 사람들과 의사소통하는 데 유용하지만, 동시에 함정이 될 수도 있다. 많은 조류 관찰자가 새의 이름을 알아내는 순간 관찰을 중단한다. 이름이 중요한 것이 아니다. 종을 식별하는 것은 그저 탐구라는 빙산의 일각에 불과하다. 흥미로운 질문을 하거나 무언가를 발견하기 위해 꼭 이름을 알아야 할 필요는 없다. 가능한 한 많은 질문을 해보자. 처음에는 답이

멀게 느껴져도 괜찮다. 질문을 던지는 과정 자체가 중요하다.

좋은 질문은 우리의 뇌가 더 깊게 탐색하고 선택한 주제에 집중하도록 만든다. 생각을 정리할 수 있는 구조를 제공하며, 관련된 다른 세부 사항들을 찾도록 유도한다. 예를 들어 청둥오리 머리의 무지갯빛 광택이 보라색, 초록색, 파란색으로 바뀌는 것을 알아차렸다면, 이 관찰을 질문으로 바꿀 수 있다. "청둥오리의 머리색은 빛의 각도에 따라 어떻게 변할까?" 이 질문을 염두에 두고 연못 주변을 걸으면서 뒤와 옆, 앞에서 청둥오리들을 관찰해본다. 팔을 크게 벌려 각 관찰 지점에서 해와 오리 사이의 각도를 측정한다. 그러다 문득 어떤 패턴을 발견할 것이다. 이 발견은 더 깊은 질문을 이끌어낸다. 수컷 청둥오리는 특정 색을 드러내기 위해 해와 암컷을 기준으로 방향을 조절하는 걸까? 혹시 수컷들은 이 자리를 두고 경쟁할까? 벌새의 구애 비행은 암컷과 해를 기준으로 어떻게 이루어졌더라? 이 패턴이 청둥오리 무리의 구애 비행에도 적용될까? 이런 식으로, 우리의 뇌는 다음 단계의 조사에 대비하게 된다. 하나의 질문은 더 지속적이고 집중적인 탐구의 세계로 우리를 이끈다.

수많은 매혹적인 질문은 아직 연구되지 않았으며, 아예 던져지지 않은 질문이 훨씬 더 많을 것이다. 가능한 한 많은 질문을 던지도록 도전해보자. 만약 질문이 잘 떠오르지 않는다면, 호기심을 자극할 수 있는 다음의 몇 가지 전략을 시도해보자.

관찰에서 질문으로 나아가기

관찰을 하면서 관찰과 관련된 질문을 떠올려보자. "무게는 얼마나 나갈까?" 또는 "수명은 얼마나 길까?" 같은 질문보다는, 현장에서 직접 탐구할 수 있는 질문에 더 집중해보자.

패턴 찾기

자연을 관찰할 때는 의식적으로 패턴을 찾는 연습을 해보자. 패턴은 자연에서 작동하는 방식이나 원리에 대한 단서가 된다. 질문은 이를 찾아내는 유용한 방법이다. 예를 들어, 연못에 떠 있는 오리 떼를 만났다고 상상해보자. 그리고 패턴을 파악할 수 있는 질문을 던져보자.

"오리들이 어떤 방향으로 가고 있지?" "왜 모두 같은 방향을 향하고 있지?" "바람의 방향이 바뀌면 어떻게 변하지?" "서로 얼마나 가까이에 있지?" "무리의 중심에 있는 오리들과 가장자리에 있는 오리들은 어떤 차이가 있지?" 경향, 유사점, 차이점을 찾다 보면 더 다양한 질문이 자연스럽게 따라온다.

> "우리가 관찰하는 것은 자연 그 자체가 아니라, 우리의 질문에 의해 드러난 자연이다."
>
> 베르너 하이젠베르크

여섯 가지 의문문 사용하기

누가, 무엇을, 어디서, 언제, 어떻게, 왜와 같은 기본적인 질문 틀은 기자뿐만 아니라 과학자에게도 유용하다. 이 질문 틀을 사용하여 다양한 유형의 정보를 집중적으로 파악할 수 있다.

① '누가'는 정체성과 식별에 집중한다.
"누가 이 둥지를 만들었을까?" "저것은 어떤 종류의 새일까?"

② '무엇을'은 사건, 경향, 현상, 행동에 집중한다.
"이 새는 어떤 먹이 찾기 전략을 사용하고 있을까?" "여기서 무슨 일이 일어나고 있는 걸까?" "해가 날 때 무슨 일이

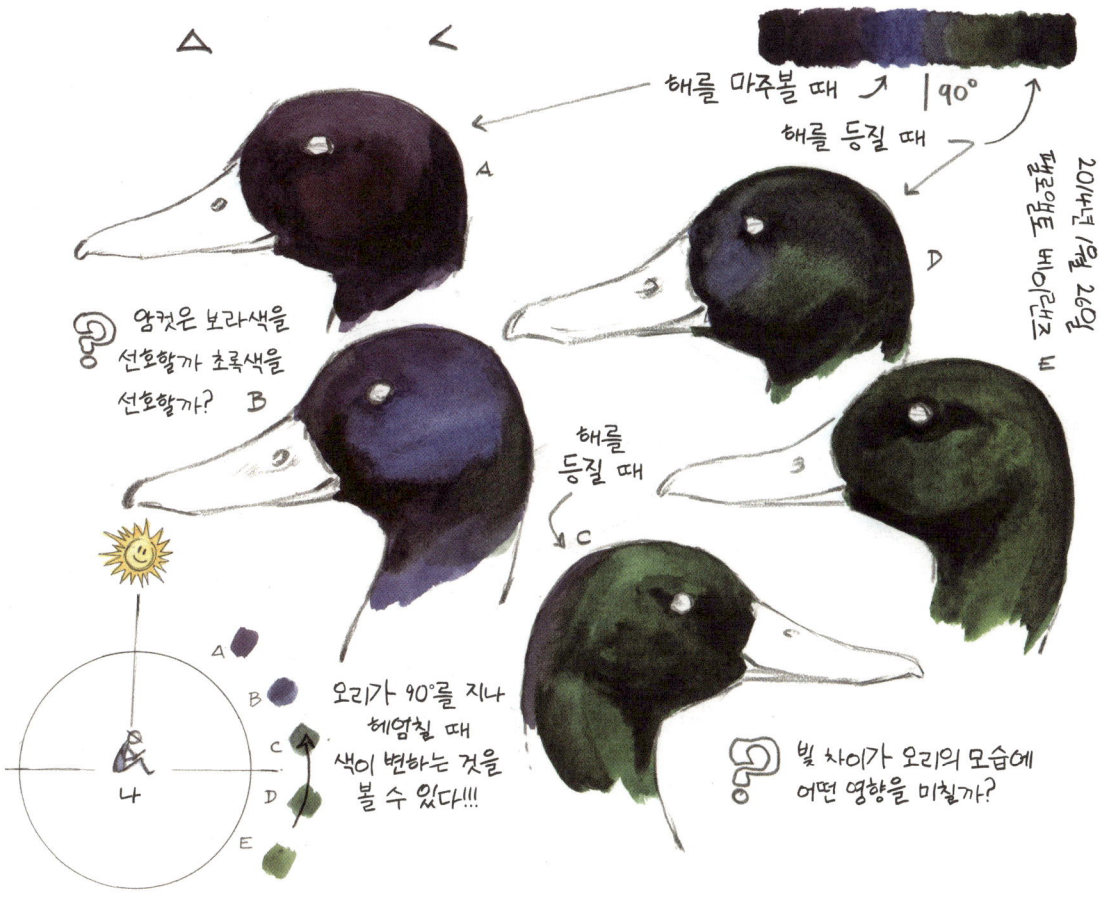

일어날까?"

③ '어디서'는 위치에 집중한다. 지역적 혹은 더 넓은 지리적 범위일 수 있다.

"이 종은 숲의 가장자리에서, 아니면 숲속 깊은 곳에서 발견되는 걸까?" "이 새는 텃새일까? 철새일까?" "다음에 어디로 갈까?" "어디에서 밤을 보낼까?" "이 둥지 구멍은 바람이나 물로부터 보호받을 수 있는 방향으로 뚫린 걸까?"

④ '언제'는 시간이나 주기, 지속성에 집중한다.

"지금은 번식 주기의 어느 단계에 있을까?" "다가오는 겨울이 새가 지금 하고 있는 일에 어떤 영향을 미칠까?" "이 가마우지는 얼마나 오래 숨을 참을 수 있을까?" "영원newt은 통나무 위를 기어가는 데 얼마나 오래 걸릴까?" "코끼리물범은 육지에서 얼마나 오래 이동한 후에 휴식을 취할까? 경사를 오를 때와 내릴 때 차이가 있을까?"

⑤ '어떻게'는 방식이나 원리에 집중한다.

"저 펠리컨은 어떻게 물 표면에 닿지 않고 저렇게 가까이 날 수 있을까?" "긴꼬리북미쇠박새는 어떻게 저렇게 섬세한 둥지를 지을 수 있을까?"

⑥ '왜'는 이유나 의미에 집중한다.

"왜 날개가 저렇게 위로 기울어져 있을까?" "왜 저 새는 저렇게 노출된 자리에 앉아 있을까?" "왜 이 새는 한겨울에 노래하는 걸까?"

답 찾기

우리가 마주하는 모든 질문에 답할 필요는 없지만, 만약 조사를 하기로 결정했다면 그 질문의 유형에 맞는 접근 방법을 사용해야 한다.

과학은 관찰 가능한 경험과 현상, 즉 우리가 보고, 듣고, 맛보고, 느끼고, 측정할 수 있는 것들을 연구하는 도구다. "왜 수평선 근처의 바다는 색이 변할까?" "이 나무에는 구멍이 몇 개 있을까?" "밤에 나방은 몇 시쯤부터 날기 시작할까?" "이 지렁이는 얼마나 길까?" 이런 질문들은 관찰과 실험을 통해 탐구할 수 있고, 어떤 경우에는 실제로 답을 찾을 수 있다.

하지만 어떤 것들은 관찰하거나 측정하거나 실험할 수 없다. "신은 무엇인가?" "친절이란 무엇인가?" "나무는 바람을 어떻게 느낄까?" "회색 늑대에게 영혼이 있을까?" 이런 질문들은 과학의 영역 밖에 있다. 이런 질문들을 고민하는 것은 인간의 경험에서 중요한 부분이며, 이를 탐구하기 위해서는 시학, 신학, 철학과 같은 학문을 활용해야 한다.

우리가 떠올린 질문 중 일부는 현장에서 답을 찾을 수 없을지도 모르지만, 이미 다른 사람들이 이전에 질문하고 연구했을 가능성이 높다. 이러한 질문들은 관찰 일지에 기록해두고 나중에 찾아보는 것도 좋다. 도감, 자연사 책 그리고 출판된 연구 자료를 활용해 생물들의 이름을 확인하고 기본적인 생태 정보를 알아볼 수 있다.

내 책 『새 그리기 가이드The Laws Guide to Drawing Birds』를 작업하던 중, 날개 깃털이 겹치는 방식이 다양해 혼란스러웠던 적이 있다. 나는 자료를 찾아보다가 이 주제를 광범위하게 연구한 또 다른 자연주의자의 연구 결과가 1886년 《런던동물학회 회보Proceedings of the Zoological Society of London》에 실렸다는 것을 알게 됐다. 얼마나 기쁘던지! 내 질문에 답을 얻었을 뿐만 아니라, 백 년도 더 전에 살았던 사람과 호기심을 공유하고 있다는 유대감을 느낀 순간이었다.

> "관찰하고 질문을 하지 않는 것은…
> 잠자는 것과 같다."
>
> 토드 뉴베리

관찰을 통해 답을 찾을 수 있는 질문이 준비되었다면, 이제 집중적인 탐구를 시작해보자. 예를 들어, 논병아리가 물속으로 잠수하는 모습을 지켜보다가 '물속에 얼마나 오래 머물 수 있을까?', '다시 뜨고 나면 얼마나 오랫동안 수면 위에 떠 있을까?'라는 의문이 들 수 있다. 이 질문들은 직접적인 관찰을 통해 바로 답을 찾을 수 있다. 또 다른 예로, 어느 나뭇가지에서 초록색 잎에는 진딧물이 많은데 갈색 잎에는 별로 없다는 사실을 발견했다면 "보통 초록색 잎에 진딧물이 더 많을까, 아니면 갈색 잎에 더 많을까?"라는 질문을 던져볼 수 있다. 몇 분 만 주위를 살펴보면 답을 얻을 수 있다.

질문의 답을 찾았다면 거기서 멈추지 말아야 한다. 그 답을 출발점으로 삼아 더 깊은 후속 질문을 만들어 계속 관찰해야 한다. 또는 같은 장소로 돌아가 다른 조건에서 관찰했을 때 질문에 대한 답이 변하는지 확인해보자. 그리고 더 깊은 질문도 던져보자. "초록색 잎에서도 잎 위쪽과 아래쪽 중 어느 쪽에 진딧물이 더 많을까?" 만약 그 질문도 답을 찾았다면, 더 깊이 들어가보자.

'누가', '무엇을', '어디서', '언제', '어떻게'와 같은 질문은 직접 관찰을 통해 답을 찾을 수 있다(물론 항상 그런 것은 아니다). 대상을 직접 관찰할 수 없다면, 관련

LADYBUG PICNIC
무당벌레 소풍

어떤 무당벌레는 반점이 있다

진딧물들이 줄기 꼭대기 근처의 잎밑에 몰려 있다

Q 왜 진딧물들이 모여들까? 무당벌레의 표적이 되는데!

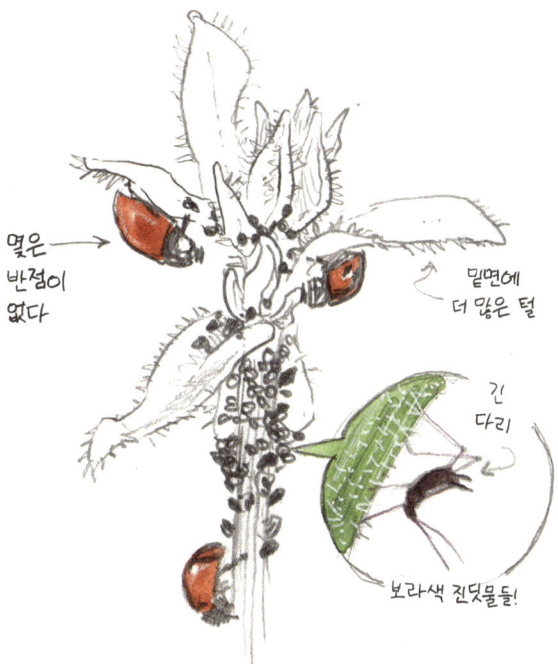

몇은 반점이 없다

밑면에 더 많은 털

긴 다리

보라색 진딧물들!

무당벌레는 활발히 먹이를 먹지 않고, 아주 가만히, 입구를 청소하는 듯하다

Q 무당벌레는 언제/얼마나 자주 먹을까? 진딧물을 어떻게 찾는 걸까?

된 다른 관찰을 통해 그럴싸한 답을 추론할 수도 있다. '왜'라는 질문의 답은 몇 차례의 질문을 반복한 후에야 나오는 경우가 많다. 어떤 현상이 왜 일어나는지 궁금해하기란 쉬운 일이지만, 그 답을 확실하게 관찰하는 것은 어렵다. 그러나 다른 접근 방식을 통해 답에 가까워질 수도 있다. 바로 추정해보고 그 대안 가설을 조사하는 방법이다.

> "우리는 '관찰하라'고 말하는 것만으로는 관찰자를 만들 수 없다. 우리는 그들에게 관찰할 수 있는 능력과 수단을 제공해야 한다. 이러한 수단은 감각의 교육을 통해 길러진다."
>
> 마리아 몬테소리

'왜'라는 질문: 대안 가설 만들기

'왜'라는 질문은 여러 대안 가설을 제거해 가면서 하나의 설명에 점차 가까워지는 방식으로 탐색할 수 있다.
다만, 항상 추가적인 연구와 통찰을 위한 여지를 남겨두어야 한다.

딱따구리 관찰하기

현장에서 관찰을 하다가 '왜'라는 질문에 도달하게 되는 과정을 예시로 들어보겠다. 도토리딱따구리는 가족 단위로 생활하며, 도토리를 저장 나무에 보관하여 다른 동물들로부터 보호한다. 이러한 딱따구리 무리를 보게 되었다고 가정해보자. 한 마리가 나무에 구멍을 뚫을 때 눈을 깜빡이는 모습을 발견했다면, '부리를 찍을 때마다 눈을 감는 걸까?'라는 궁금증이 들 수 있다.

스포팅 스코프(관측용 고배율 망원경)로 관찰해보면 딱따구리가 부리로 나무를 찍을 때 얇은 순막, 즉 눈꺼풀이 눈을 덮는 것을 볼 수 있다. 여러 마리를 관찰하면 순막을 항상 사용하지는 않으며 강하게 나무를 쪼거나 나무 조각이 날릴 때 주로 사용한다는 것을 알게 된다. 이러한 관찰을 통해 당신은 자연으로부터 직접 무언가를 배운 것이다.

그런데 나무 아래쪽에는 도토리가 하나도 저장되어 있지 않아 다시 의문이 든다. '이 나무만 그런 걸까, 아니면 일종의 패턴일까?' 이 질문 역시 직접 관찰을 통해 답할 수 있다. 주변을 살펴보고 다른 여섯 그루 나무에서도 같은 패턴을 발견한다. 그렇다면 비록 표본이 많지는 않지만 확실한 증거를 가진 셈이다. 여기, 이 장소, 이 순간에 한해서는 도토리딱따구리들이 나무 밑동을 피하고 있는 것으로 보인다.

여기서 멈출 수도 있지만 왜 피하는지 묻는 것도 가능하다. 도토리딱따구리들이 어디에 구멍을 뚫는

지 관찰할 수 있지만, 거기를 고른 이유를 직접 관찰하거나 도토리딱따구리들에게 물어볼 수는 없다. 이럴 땐 검증 가능한 설명을 든 뒤 이를 관찰과 실험을 통해 검토하고, 근거를 바탕으로 가능성이 낮은 것들을 제거하는 방식으로 답에 더 가까워질 수 있다.

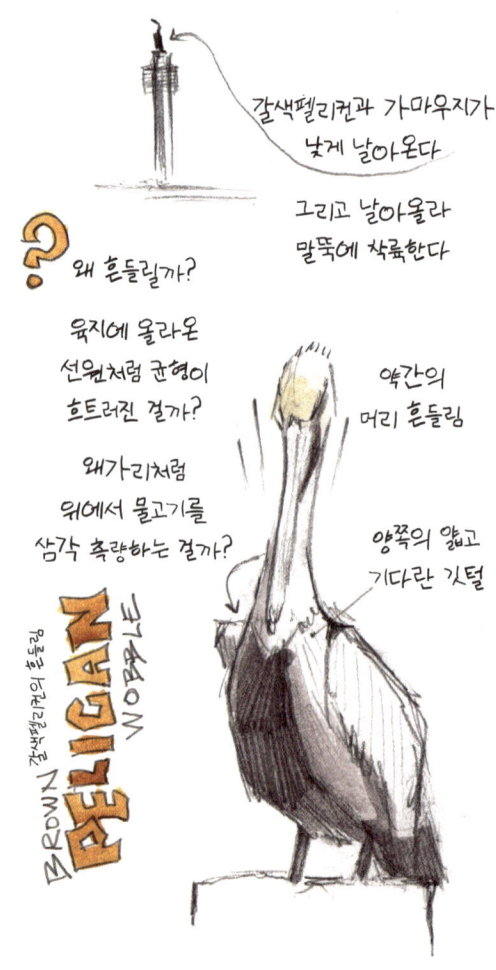

'왜'를 거꾸로 탐구하기

어떤 현상에 대해 가능한 한 많은 설명을 떠올리고, 각 설명을 '혹시 …일까?'의 형식으로 구성해보자. 이렇게 생각을 정리하는 방식은 창의적으로 아이디어를 생성하고, 처음 떠오른 그럴듯한 설명에 집착하지 않고 여러 가능성을 유연하게 탐색하는 데 도움이 된다. 그 결과 '대안 가설' 목록이 만들어진다.

이러한 가설들 중 어느 것도 직접 사실이라고 증명하긴 어렵지만, 그중 하나 그 이상의 가설은 틀린 가설일지도 모른다고 판단할 수는 있을 것이다. 어떤 가설 위에는 줄을 죽죽 그어 쉽게 목록에서 지우는 것도 가능할 테다. 어떤 가설들은 보유한 자원으로는 조사하기가 어렵거나 불가능할 것이다. 초자연적인 현상 같은 것들은 관찰 가능한 물리적 세계 밖의 과정이나 힘을 포함하고 있기에 검증할 수가 없다. 당신의 발상들은 참일 수도, 거짓일 수도 있지만 검증할 수 없는 것에 대해 과학은 침묵하는 법이다. 만약 당신이 '왜'라는 질문을 과학적으로 탐구하고자 한다면, 관찰과 조사를 통해 검증할 수 있는 가설들에 집중해야 한다.

설명 검증하기

각각의 설명을 검증하려면, 그 가설이 완전히 또는 부분적으로 참일 경우 무엇이 관찰될지 예측해야 한다. 예측을 위해서는 "이 설명이 참이라면, 나는 …을 관찰하게 될 것이다"라고 말해보는 것이 좋다. 그런 다음 주변을 살펴보며 예측이 맞는지 확인해보자. 만약 내가 본 것이 예상한 것과 다르다면 그 가설에 대한 반대 증거가 생긴 셈이다. 즉, 예측하고 관찰하는 과정은 가설이 사실이든 아니든 증거를 확보하게 해준다.

하지만 가설을 반증할 수 있는 능력은 예측의 바탕이 되는 가정에 달려 있다. 예를 들어, 나무 밑동에 도토리가 저장되지 않는 이유에 대한 그럴싸한 가설 하나는 딱따구리가 그곳에서 육상 포식자들에게 노출될 위험이 더 크기 때문에 그 장소를 피한다는 것이다. 이는 새들이 그 지역을 피할 만큼 육상 포식자의 포획 활동이 많다는 가정을 전제로 한다. 이러한 가정이 틀리면 가설이 잘못되었다고 착각할 수 있다. 따라서 예측을 할 때마다 전제되는 가정을 기록하고 이를 염두에 두어야 각 가설을 공정하게 검증할 수 있다.

소거를 통해 '증명'할 수 있을까?

떠올릴 수 있는 모든 대안 가설을 소거하고 단 하나만 남겼다고 치자. 이 남은 가설은 반증을 모두 견뎌냈고 이 가설을 바탕으로 한 다양한 예측도 관찰을 통해 뒷받침된 셈이다. 그렇다면 그 가설은 반드시 참일까? 아니다. 가설을 반증할 수 없다고 해서 그것이 참이라고 할 수는 없다. 하나의 가설만으로 정답을 찾았다고 생각하는 것도 위험하다. 탐색한 가설과 연관된 다른 원인이 있을 수도 있고, 아직 고려하지 않은 또 다른 가설이 있을 수도 있다. 또한 세상에 대한 당신의 기본적인 추측 중 일부가 잘못되었을 가능성도 있다.

'증명'은 수학의 세계에서 온 용어다. 수학자는 문제를 풀기 위한 우주의 규칙, 즉 조건과 가정을 스스로 설정할 수 있다. 그러나 물리 세계에서는 그런 사치를 누릴 수 없다.

과학적 해답을 찾을 때 우리는 불확실성을 받아들여야 한다. 그렇다면 이 불확실성 속에서 어떻게 앞으로 나아갈 수 있을까? 과학에서는 실험과 검증을 거쳐 유효한 예측을 만들어낸 가설이라면 그 가설은 잠정적으로 받아들여진다. 이는 현재로서는 유효하지만, 미래의 새로운 증거, 전제 조건에 대한 재평가 또는 더 나은 설명에 의해 언제든지 뒤집히거나 수정될 수 있다는 의미다. 이 겸손하지만 엄격하고 강력한 접근 방식은 오늘날 인류가 이룬 과학 기술 발전의 대부분을 이끌어왔다.

> "나는 실패한 것이 아니다. 단지 효과 없는 방법을 만 가지나 찾아냈을 뿐이다."
>
> 토마스 A. 에디슨

우리는 결코 '왜'라는 질문의 진정한 답을 찾을 수 없지만, 이러한 단계적인 탐구 과정을 통해 무엇이 아닌지, 무엇이 맞을 가능성이 있는지 추론해나갈 수 있다. 질문을 탐구하는 과정은 놀이처럼 즐겁고, 창의적인 과정이다. 이 과정을 관찰 일지에 구조적으로 기록하면 생각을 정리하고 오래 기억하는 데 도움이 된다.

사례 연구: 백로에게 '왜'라고 묻기

자, 이제 현장에서 일지를 쓸 때 '왜'라는 질문을 탐구하는 방법에 대해 살펴보자. 이 과정은 세 가지 단계로 나눌 수 있다. 가설 세우기, 예측하기 그리고 예측 검증하기.

엘크혼슬라우로 여행을 갔을 때 일행과 나는 섬 한쪽 끝에 모여 있는 40마리가 넘는 백로와 왜가리 들을 발견했다. 무리에는 대백로, 흰백로, 그레이트블루헤론 그리고 이 지역에서 보기 힘든 캐나다두루미 한 마리가 섞여 있었다. 우리는 왜 이곳에 이 모든 새가 모여 있는지가 궁금해졌다.

1. 그럴듯한 설명, 즉 대안 가설 목록 작성하기

미처 생각지 못한 다른 가설이 있을 수 있으므로, 불

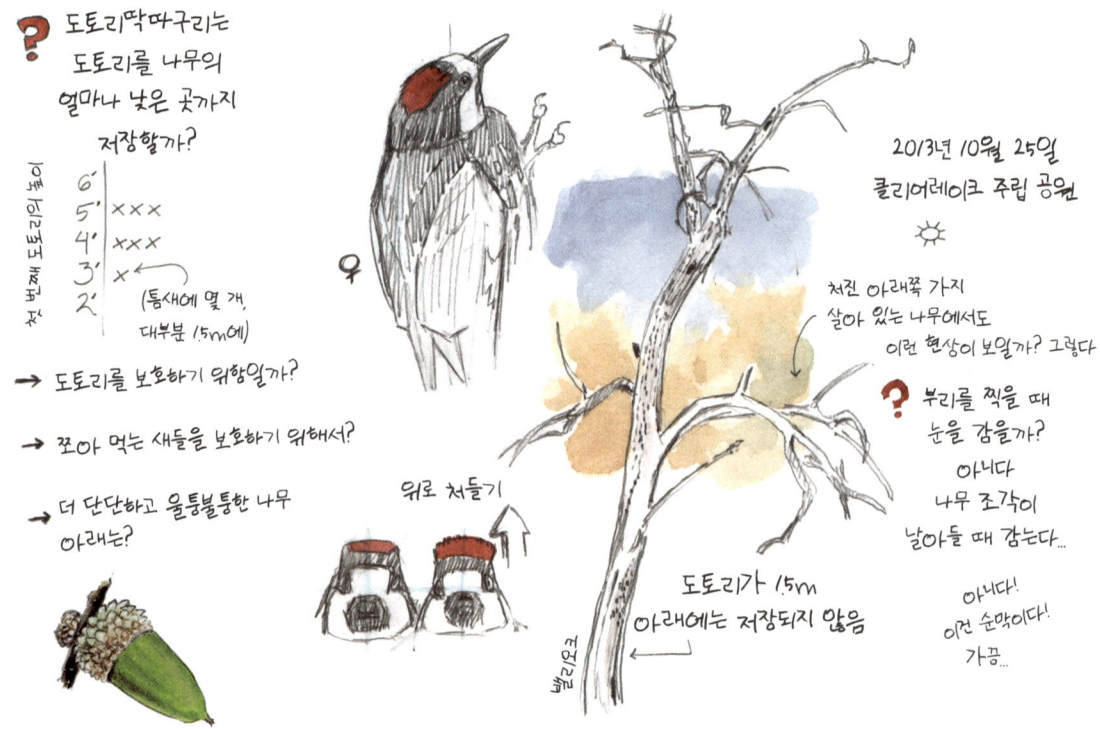

완전한 목록이 될 가능성이 있다. 다음은 우리가 생각해본 몇 가지 가설이다. 추가로 더 떠오르는 것이 있는가?

- 섬 끝에 먹이가 더 많거나 쉽게 잡을 수 있다.
- 이곳의 먹이가 더 질이 좋을 수 있다.
- 이런 종류의 새들은 원래 무리를 지어 다니는 경향이 있어 백로 무리에 다른 새들이 이끌려왔을 수 있다.
- 섬 끝의 지대가 더 높아서 새들이 만조를 피하기 위해 이곳으로 이동했을 수 있다.
- 우리가 생각하지 못한 다른 이유

2. 검증 가능한 예측 세우기

일부 가설은 관찰과 검증이 가능한 예측을 이끌어낸다. "이 가설이 사실이라면, 나는 …을 관찰하게 될 것이다"라는 예측을 설정한 뒤 실제로 관찰하여 확인한다. 만약 관찰을 통한 가설의 검증이 불가능하다면, 그건 과학적으로 탐구할 수 있는 영역이 아니다.

예를 들어, 먹이가 풍부하기 때문에 새들이 섬 끝에 모여든다는 가설을 검증하기 위해 두 가지를 예측해볼 수 있다. 그리고 이 예측이 타당하려면 어떤 가정들이 성립해야 한다.

- 섬 끝에 모인 새들은 먹이 활동을 하고 있을 것이다. (이는 새들이 아직 먹이를 먹지 않았다는 가정을 포함한다.)
- 이곳에서 먹이를 찾는 새들은 다른 지역에서 먹이를 먹는 새들보다 더 자주 사냥에 나설 것이다. (사냥 빈도가 먹이의 양과 연관이 있다는 가정을 포함한다.)

3. 예측을 검증하기

우리는 섬 끝에 있는 대부분의 새가 먹이 활동을 하지 않는다는 것을 관찰했다. 먹이를 먹고 있는 새들도 다른 지역의 새들보다 더 자주 사냥을 시도하지 않았다. 우리의 관찰이 예측과 일치하지 않았다는 사실은 먹이 가설이 답이 아니라는 것을 말해준다. 물론, 우리가 세운 가정이 맞다는 전제하에서다.

우리는 다른 가설들도 하나씩 탐구했고, 몇 가지는 반증도 했다. 관찰 결과는 만조 가설을 뒷받침했지만, 이 가설은 입증되지 않은 가정에 의존하고 있었다. 결국 새들이 왜 섬 끝에 모여 있는지에 대한 답을 찾지 못했다. 하지만 이는 즐거운 경험이었고, '왜'라는 질문을 던지지 않았다면 놓쳤을 관찰도 할 수 있었다.

자연주의자이자 과학자처럼 생각하는 방법

과학적인 사고 습관은 문제 해결을 위한 틀을 제공하며, 여러 함정으로부터 우리의 논리를 보호한다. 겸손하되, 명확함을 추구하라.

신중하게 지식에 접근하기

과학의 목표는 주어진 증거에 기반하여 가능한 한 가장 유용하고 정확한 답을 찾는 것이다. 과학적 정직함을 갖추기 위해서는 겸손한 자세로 접근해야 하고, 자신이 틀릴 가능성이 높음을 인식해야 한다.

사람은 누구나 방대한 지식을 가지고 있으며 우리는 보통 자신이 배운 것을 진리나 확실한 것으로 여긴다. 그러나 수많은 연구는 사람이 틀릴 수 있고 그 사실조차 모르기가 얼마나 쉬운지를 보여준다. 우리의 뇌가 절대적으로 정확한 지식을 얻기보다는 감각을 통해 환경을 인식하도록 진화해왔기 때문이다.[4] 옳다는 확신은 무의식적으로 느끼는 감각으로, 생각이 부정확할 때도 느낄 수 있다.[5] 자신의 가정과 신념을 검토하고, 자신이 틀릴 가능성을 기꺼이 받아들일 수 있어야 더 많은 것을 진정으로 이해할 수 있다.

인식론적으로 깊은 이해에 접근하기

인식론은 지식의 본질과 근거를 다루고 평가하는 방법론이다. 몇 가지 간단한 인식론적 접근을 통해 자신의 생각과 신념이 어디에서 왔고, 그에 대한 이성적 근거가 무엇인지 살펴볼 수 있다. 이는 자신이 틀릴 수 있는 가능성을 인식하는 데 큰 도움이 된다.

먼저 자신이 어떤 정보를, 어떻게 알게 되었는지 자문해봐야 한다. 지식의 출처가 얼마나 신뢰성이 있는지 평가할 수 있어야 한다. 나는 1983년에 자연주의자 앤 카를라 로베타와 함께 하이킹을 갔다. 그녀는 자연 세계에 대한 방대한 지식을 지녔고 나에게도 아낌없이 그 정보를 나눠주었다. 본 것에 대한 사실을 설명할 때는 참고 자료와 인용을 제시하며 신빙성을 더했다. 이 접근 방식은 나에게 큰 깨달음을 주었다. 그녀가 공유한 정보의 신뢰성을 높였을 뿐만 아니라, 정보의 출처를 인정함으로써 이 사실을 발견해낸 사람들에게 경의를 표하는 일이기도 했던 것이다. 자신이 참고한 출처를 명확히 밝히고 전문가들에게도 정보의 출처 공유를 부탁해 당신이 전하는 정보가 올바른지 확인해야 한다.

왜 이런 생각에 이르렀는지 스스로에게 질문하면 자신의 생각과 의견을 뒷받침하는 근거를 찾을 수 있다. 이 과정에서 우리는 무의식적인 가정, 추론의 빈틈, 자신의 생각에서 비롯되지 않은 신념을 발견할지도 모른다.

> "과학에서 새로운 발견을 알리는 가장 흥미로운 말은 '유레카'가 아니라 '거 참 이상하네…'이다."
>
> 아이작 아시모프

놀라움 받아들이기

놀라움이라는 감정은 선물이다. 이는 주변 환경이 예상했던 것과 다르다는 신호로, 자신이 무언가 잘못 생각하고 있을 가능성을 알려주는 것이기도 하다.[6] 놀라움을 예외적인 일로 치부하고 지나치기 쉽다. 그러면 새로운 것을 발견하고 생각을 바꿀 기회를 놓치게 된다. 놀라움을 느낄 때 일단 멈추고 자신에게 물어보자.

- 무엇이 나를 놀라게 한 거지?
- 난 무엇을 예상했지?
- 혹시 이게 내 편견을 알려주는 걸까? 무엇에 대한 편견을 가졌을까?

놀라움의 순간은 반드시 관찰 일지에 기록하는 것이 좋다. 작은 느낌표 아이콘을 옆에 적어두어 눈에 띄게 표시하고 그 순간에 걸맞은 중요성을 부여해보자. 놀랐던 적이 떠오르지 않는다면 "이것의 어떤 점이 놀라울까?"라고 자문해보는 것도 좋다. 연습하다 보면 어디서든 놀라움을 발견할 수 있고, 이를 배움의 기회로 받아들이는 능력 또한 길러진다.[7]

마음을 바꾸기

자신이 틀렸다는 강력한 증거를 발견하게 되면 당연히 마음을 바꿀 것 같지만, 실제로는 쉽지 않다. 심리적으로 입장을 뒤집기보다 굳어진 생각을 고수하는 것이 훨씬 편하기 때문이다. 정치 쪽에서는 생각을 바꾸는 사람을 흔히 '와플 뒤집듯 뒤집는 사람'으로 묘사한다. 그러나 증거가 있을 때 생각을 바꾸는 것은 용기와 지성, 유연성, 엄격함 그리고 정직함을 보여주는 행위이다. 세상을 더 잘 이해하려면 이러한 과정이 필수적이다.

나는 이 과정을 받아들이기 위해, 중요한 어떤 문제에 대해 마지막으로 생각을 바꾸었을 때를 되새기곤 한다. 그 변화가 진실에 더 가까워지기 위한 것이라면 자부심을 느껴도 된다. 또 내가 만든 가설과 아이디어를 잠정적으로 수용하는 과학적 태도를 가지려고 노력해야 한다. 과학에서는 어떠한 아이디어나 이론도 절대적인 진리로 간주하지 않는다. 현재 인정되는 증거는 잠정적으로 수용되는 것일 뿐, 더 많은 증거나 더 나은 해답이 나온다면 언제든 다른 결론에 도달할 수 있다.

실수는 인간적이다

우리는 쉽게 틀린다. 인간의 사고력은 근본적으로 불완전하기 때문에 증거를 잘못 해석하거나 잘못된 생각에 빠지기 쉽다. 다음과 같은 사고의 오류들을 알고 있으면 세상을 이해해나갈 때 더 겸손하고 정직하게 접근할 수 있다.

- **서사적 오류** 이 오류는 흥미로운 이야기에 빠져들 때 일어난다. 여러 사실을 마주할 때 우리는 그것들을 하나로 묶어 해석하려는 경향이 있다. 하지만 이야기가 내부적으로 일관성이 있고 설득력 있다고 해서 반드시 진실을 의미하는 것은 아니다. 자연주의자들 사이에서 이러한 이야기는 종종 '자연 상식'이라는 형태로 전해진다. 젊은 자연주의자들은 자연에 대한 방대한 지식을 가진 사람들에게 쉽게 감탄하곤 한다. 이야기가 놀라울수록 흥미를 느끼고, 기억에도 잘 남는다. 예를 들어, "유령거미는 독성이 매우 강하지만 송곳니가 작아서 인간의 피부를 뚫지 못한다"는 이야기를 듣는다. 그런데 시간이 흘러 조사할 기회가 생긴다면 이 전설적인 자연 이야기들의 상당수가 사실은 잘못된 정보라는 사실을 발견하게 될 것이다.
- **확증 편향** 자신의 신념을 뒷받침해주는 증거만을 찾는 것이다. 사람은 본능적으로 세상에 대한 자신의 이해와 부합하는 정보를 선호하는 경향이 있다.

반대 증거는 무시하거나 예외로 치부하곤 한다. 자신의 생각을 그대로 고수하기보다는, 기존의 설명과 반대되는 증거를 찾아보고 받아들이도록 노력해야 한다.

● **권위에 의한 논증** 전문가의 말을 무비판적으로 받아들이는 것이다. 우리는 전문가에게 우리의 판단을 너무 쉽게 맡기곤 한다. 자연주의자, 과학자 또는 권위를 가진 사람으로부터 '과학적 사실'을 들으면 그대로 믿기 쉽다. 특히 그 사람이 존경받는 인물일수록, 혹은 정보 사용에 비용을 지불했다면 더욱 그렇다. 물론 무턱대고 전문가의 말을 무시하거나 의심해야 한다는 말은 아니다. 예를 들어, 전기 기사는 보통 사람보다 전기 배선에 대해 훨씬 더 잘 알 것이다. 그러나 전문가라고 해서 모든 것을 다 알지는 못한다.

● **목적론적 설명** 자연주의자들 사이에서 흔히 나타나는 '진화론적 이야기'라는 오류가 있다. 어떤 특성이 현재 사용되는 용도에 정확히 부합하도록 진화했다는 주장이다. 물총새의 큰 부리가 지금은 물고기를 잡는 데 유용할 수 있지만, 반드시 이 목적을 위해 진화한 것은 아닐 수 있다. 굴을 파거나 땅 위의 동물을 잡기 위해(대부분의 물총새는 실제로 육지에서 먹이를 먹는다) 진화했을 수도 있고, 혹은 선택받은 다른 형질에 큰 부리를 만드는 유전자가 연결되어 함께 선택되었을 수도 있다.

● **상관관계와 인과관계의 혼동** 두 현상이 자주 동시에 발생한다고 해서 하나가 다른 하나를 야기했다고 할 수는 없다. 두 현상이 모두 반응하는 세 번째 요인이 있을 수 있고 단순한 우연일 수도 있다. 고대 그리스와 로마에서는 여름철 늪지대의 고인 물에서 심한 악취가 나면 사람들이 주기적으로 열과 오한을 겪는다는 것을 발견했다. 악취와 열이 동시에 발생했기 때문에 악취가 열병의 원인이라고 결론지어졌고, 이 병은 이탈리아어로 '나쁜 공기'라는 뜻의 '말라리아 mala aria'라고 불렸다. 19세기에 이르러서야 이 질병의 원인이 모기가 옮기는 기생충이라는 사실이 밝혀졌다.

> "나는 기대했던 것과 실제 경험을 비교하거나, 때때로 생각과 현실 사이의 차이를 기록하는 것보다 더 즐겁고 유익한 일은 없다고 생각한다."
>
> 새뮤얼 존슨

관찰 일지를 통해 지식 쌓기

미국 서부 해안의 일부 원주민 언어는 개인 경험을 통해 얻은 지식과 다른 수단을 통해 얻은 지식을 구분한다. 예를 들어 페루의 마체스족은 직접 경험, 추론, 추측, 다른 사람에게서 들은 정보에 대해 표현할 때 각각 다른 동사 형태를 사용하며, 잘못된 동사를 쓰면 거짓말로 간주한다.[8] 반면 영어는 이러한 모든 유형의 지식에 사용할 수 있는 말이 하나뿐이다. 이는 전달의 정확성은 말할 것도 없고 그 생각에 대한 주인의식마저 약화한다. 우리가 생각이나 신념의 출처와 근거를 평가하는 것을 멈춘다면, 결국 우리의 지식은 단지 주워 담은 사실들의 모음에 그치게 될 뿐이다.

자연 관찰 일지 쓰기는 개인의 직접 경험을 바탕으로 큰 줄기의 지식을 쌓는 데 도움이 된다. 관찰 일지의 내용을 누군가와 공유했을 때 어떻게 알게 되었는지 질문받는다면, "내가 거기 있었어. 내가 직접 봤어"라고 답할 수 있다. 자연 관찰 일지를 들고 세상으로 나갈 때마다 관찰과 해석을 통해 세상에 대해 더 깊이 이해할 수 있는 기회가 생긴다. 겸손하게, 과학적 정직함을 갖고 접근할 때 이러한 관찰과 해석은 가장 진실된 내용을 담는다. 자신의 인식론을 추적하고 평가하는 것은 성실하고, 정직하게 그리고 존중하는 마음으로 자신의 지식을 지키는 방법이다. 새로운 생각에 열린 자세로 임하는 것과 증거 앞에서 생각을 바꾸는 것도 마찬가지다. 신중하고 지혜롭게 지식을 쌓는 능력을 길러보자. 밖으로 나가 새로운 것을 발견하고, 그것을 기록해보자.

1. Kerry Ruef, The Private Eye.
2. Marianne Schnall, "Exclusive Interview with Zen Master Thick Nhat Hanh."
3. Matthias J. Gruber, Bernard D. Gelman, and Charan Ranganath, "States of Curiosity Modulate Hippocampus-Dependent Learning via the Dopaminergic Circuit."
4. Daniel Kahneman, Thinking, Fast and Slow.
5. Robert A. Burton, On Being Certain: Believing You Are Right Even When You're Not.
6. Daniel Gilbert, Stumbling on Happiness.
7. Julia Galef, "Surprise! The Most Important Skill in Science or Self-Improvement Is Noticing the Unexpected."
8. Guy Deutscher, "Does Your Language Shape How You Think?"

2. 의식을 집중할 주제 찾기 Projects That Focus Awareness

세상을 관찰할 때 관찰 일지를 활용하면 집중력, 기억력, 창의력을 발휘할 수 있다.
관찰 일지를 들고 밖으로 나갈 때는 나의 의식을 집중시킬 수 있는 주제를 선택해보자.
이 책이 소개하는 주제들은 세상을 바라보는 새로운 눈을 제공할 것이다.
이 주제들을 초대장 삼아 자연 속에서 탐구와 발견을 시작해보자.

의식 집중하기

관찰 일지를 어떻게 시작해야 할지 어려울 수 있다. 이럴 때는 특정한 주제를 선택하는 것이 관찰에 집중하고 무언가를 발견하는 데 도움이 된다. 각 주제는 새로운 세상을 관찰하고 발견할 수 있는 하나의 틀이 된다.

자연사 연구의 기초는 세심하고 구체적인 관찰과 정확한 기록이다. 오늘날 우리가 자연에 대해 알고 있는 많은 것은 자연주의자, 과학자들의 관찰 일지에서 나온 것이 대부분이다. 관찰 일지에 정보를 기록하는 것은 지식의 축적이고, 자연 세계에 대한 자신의 이해를 키우는 장치라고 볼 수 있다.

하지만 일지를 작성하려고 밖에 나가면, 특히 처음 가는 장소에서는 세상의 광활함에 압도되기 쉽다. 어디서부터 시작해야 할지 막막하고, 경험이나 경관의 모든 면을 놓치지 않고 기록해야 한다는 부담감을 느끼기도 한다.

일지에 글을 쓰고 그림을 그리는 것은 자신의 생각과 경험을 들여다보고, 처리하고, 기억하는 능력을 향상한다. 시간이 지나면 누구나 본 것을 잊어버리고, 기억은 왜곡되기 마련이다. 기록되지 않은 관찰은 과학적으로도, 후대에도, 결국 나 자신에게도 사라지는 정보가 될 수밖에 없다. 하지만 관찰 일지에 기록한다면 자신의 아이디어와 발견이 물리적, 정신적으로 오래 남는 셈이다.

어릴 때 나는 그랜드 티턴 국립 공원에서 클레어 워커 레슬리와 한나 힌치맨이 진행한 자연 관찰 워크숍에 참가한 적이 있다. 이 자연 관찰의 대가들은 각자에게 끈을 하나씩 준 뒤, 바깥으로 나가 땅에 끈으로 원형을 그리게 하고, 그 안의 모든 것을 보고 기록하라고 했다. 그랜드 티턴 국립 공원의 광활한 대자연 속에서 그 작은 원은 나에게 새로운 발견을 위한 집중력을 주었다. 거대하고 화려한 풍경 한복판 속 나는 그 한 줄의 끈으로 둘러싸인 작은 공간에서도 똑같이 아름답고 풍요로운 세계를 발견했다. 그렇게 몇 시간 동안 그 세계를 탐색하자 이곳 전체와 연결되고 가까워진 듯한 느낌을 받았다.

관찰 일지를 작성할 때 집중할 대상을 제한하면 어디서 어떻게 시작해야 할지 막막하지 않을 것이다. 질문을 던지고 답을 찾아가는 것이 일지 쓰기의 시작이었다면, 그 다음에는 의식의 초점을 맞추어야 한다. 여기서 제안하는 각각의 주제들은 시작점이자 자연 세계와 즉각적으로 교감하게 하는 초대장이 되어줄 것이다. 이를 이용해 일지에 넣을 항목을 구성하거나 관찰을 시작하라. 실제 끈을 이용하지 않더라도 이 방법은 자연을 다르게 볼 수 있게 돕고, 어디에나 존재하는 수많은 작은 세계를 발견할 수 있게 해줄 것이다.

모든 항목의 세부 정보 기록하기

관찰한 내용에 과학적인 가치를 불어넣고 이전 기록을 쉽게 찾을 수 있도록 모든 페이지에 장소와 시간을 기록하는 것이 좋다. 이 작업은 몇 초밖에 걸리지 않지만 단순한 이야기를 과학적 기록으로 바꿔준다. 아름다운 새의 그림은 그냥 아름답기만 할 뿐 그 새를 언제 어디서 관찰하였는지에 대한 정보가 없다면 이는 과학적 기록이 될 수 없다. 깃털 색상부터 행동에 이르기까지 세부 사항은 때와 장소에 따라 달라질 수 있기 때문에 관찰한 내용을 반드시 '언제', '어디서'와 연결하는 것이 좋다. 예를 들어, 페인티드레드스타트를 보았다는 사실 자체도 의미 있지만, 어떤 행동을 했는지에 대한 기록, 깃털을 묘사한 스케치, 메모가 있으면 더 유용하다. 날짜와 장소 정보까지 포함되면, 이는 개인적으로도 더욱 흥미롭고 과학적으로도 더 유의미한 자료가 된다.

또 이 방식은 이후 기록에 대한 의문이 생길 경우 날짜, 위치, 시간, 날씨 정보 등 관찰 당시의 맥락을 알 수 있어 더 좋은 정보가 된다. 이러한 메타데이터(데이터에 대한 데이터)는 모든 관찰 일지에 반드시 기록해야 한다. 모든 페이지에 관찰 장소를 적고 날짜 스탬프를 찍는 습관을 들이자. 제본된 노트를 사용하는 경우 매일 노트의 시작 부분에 표시해보자.

일지에 지도, 위치 정보, 날짜와 날씨 기호를 적어보자.

컬렉션 또는 도감 만들기

관심 있는 주제를 하나 선택한 뒤 관찰 일지에 그 주제의 다양성이 드러나는 사례들을 수집해보자.
다양한 종의 발견을 기록한 나만의 작은 현장 도감을 만들어도 좋다.

전통적인 도감은 자연의 특정 측면에 대한 식별 정보와 생태사 정보를 담고 있는 자료를 말한다. 관찰 일지에 작성하는 도감에는 주변의 어떤 요소를 담아도 괜찮다. 예를 들어 계절의 변화, 씨앗과 열매, 겨울 나뭇가지, 돌 아래의 생물들, 해변에 밀려온 물건들, 부서지거나 씹힌 흔적에 대한 도감을 만들 수 있다. 창의력을 발휘해 또 다른 카테고리들이 영감을 가져다주는지 찾아보자. 프로젝트의 초점이 당신을 평소라면 결코 보지 못했거나 가치를 느끼지 못했을 것들로 이끌어줄 것이다.

알파벳 게임

알파벳 중 하나를 선택하고(예를 들어 B), B로 시작하는 단어들을 작은 탐구의 주제로 삼아보자. 새bird, 딱정벌레beetle, 열매berry, 파란색인 것들blue 등 여러 가지가 될 수 있다. 이 중 하나를 골라 세상을 보는 렌즈로 삼아보자. 주변에서 파란색을 찾기 시작하면 얼마나 많은 것이 보이는지 놀랄 것이다. 열매를 주제로 선택했다면 스케치 옆에 열매즙을 한번 묻혀보는 것도 좋다. 다음에 밖으로 나갈 때는 다른 글자를 선택해보라. 언제나 새로운 탐구 대상이 기다리고 있다.

chapter 2 36

오리 가슴에 있는 주황색 얼룩들을
모아보았다. 큰 의미가 없을지도 모르지만,
이 얼룩들은 연못에서 조류 콜레라가
발생하기 직전에 관찰되었다.
이와 관련이 있을까?

곤힌죽지

옆쪽 허리 깃털 고르기
주황색 얼룩

고개를 치켜듦

뒤로 굴리면 보이는
배 위 희미한
주황색 얼룩

몇몇 넓적부리오리도
주황색 얼룩이 있다...

깨끗한 부분

이건 아주 선명하다...

얼룩

Q 고방오리의 가슴에 '얼룩'이 생기는 이유는 뭘까?

배가 흰 오리들 중 ?른 변색과 얼룩을 보인다.
깃털의 차이?
화학 물질?
물에 뭐가 들어 있나?

Q 왜 머리 아래에는 깨끗한 구역이 있을까?

2013년 12월 20일
☀

고드름은 가지의 가장
낮은 지점에 있지 않음

왜 여기
고드름이
생겼을까?

사시나무

덮개가 어떻게 생기지?

사시나무
가지에 쌓인
눈 더미

공간

가지 위의
얼음 능선!

좋아
이걸 설명해!!

거품

× 단면

아래가 아닌 뒤쪽을 가리킴
바람 →

건물 끝에서
떨어지는
물방울 아래
얼어붙은 나무를
보고

Ice Follies
아이스 폴리스 얼음 축제

그라운드호그 데이*
2014년 2월 2일
쇠렌센

나뭇가지 위에 형성된 고드름들은
많은 질문을 불러일으켰다.

*그라운드호그의 날 Groundhog Day은
마멋이라고도 불리는 그라운드호그가
겨울잠에서 깨어나는 날로 2월 2일을
말한다. 이날 해가 나서 그라운드호그가
자기 그림자를 보게 되면 다시 동면
상태로 돌아가고 겨울 날씨가 6주
동안 더 지속된다는 설이 있다.

단지 조각들이 서로 맞물려져 패턴을 얻을 때 느끼는 재미가 흥분하다
에 대한 단순한 호기심에서 관찰한 것이긴 하지만

라디오 로드
?년 12월 29?

37 의식을 집중할 주제 찾기

순간의 흐름 따라가기

자연에서는 어떤 것이든 그 순간 눈에 띄는 부분에 집중하면 된다. 그림과 글을 활용해 한 페이지에 밀도 있게 담아보자. 이런 자유로운 방식의 관찰 일지는 예상치 못한 발견으로 이어질 수 있다.

1. 눈앞의 갈대밭에서 노란목솔새가 춤을 추고 있다고 상상해보자. 포즈를 취하는 순간을 포착하기 위해 일단 간단히 스케치해보자.

2. 새가 덤불 속으로 사라졌다면 그 새의 울음소리나 노랫소리를 글로 묘사해보자. 질문과 메모도 추가해보자. 어떤 것은 몇 단어로만 묘사하는 편이 더 효과적일 수 있다.

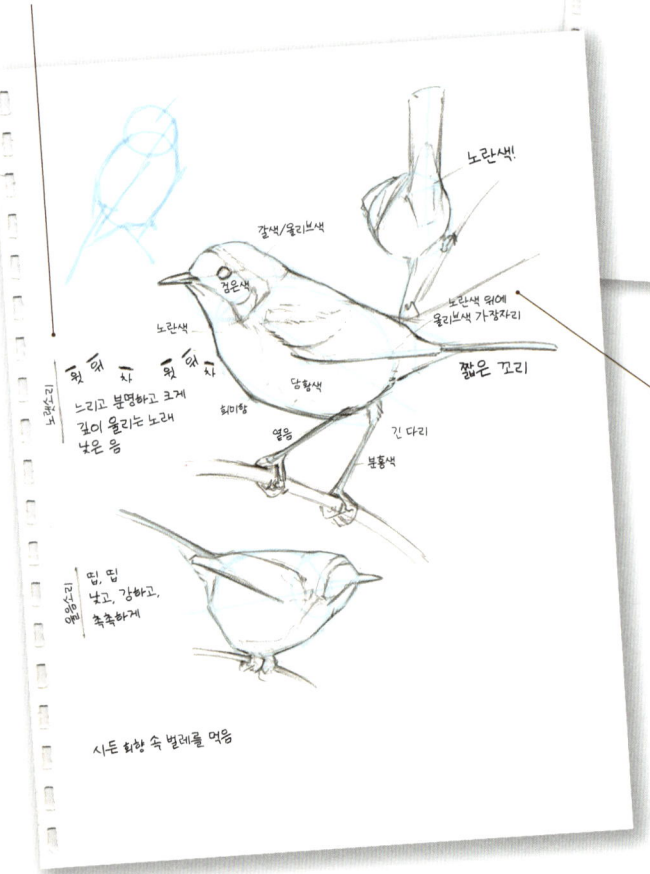

3. 새가 잘 보일 때는 크게 그리고, 멀리 있을 때는 간단히 작게 그려보자. 물감이나 색연필이 없다면 새 주변에 색깔에 관한 메모를 적어두자.

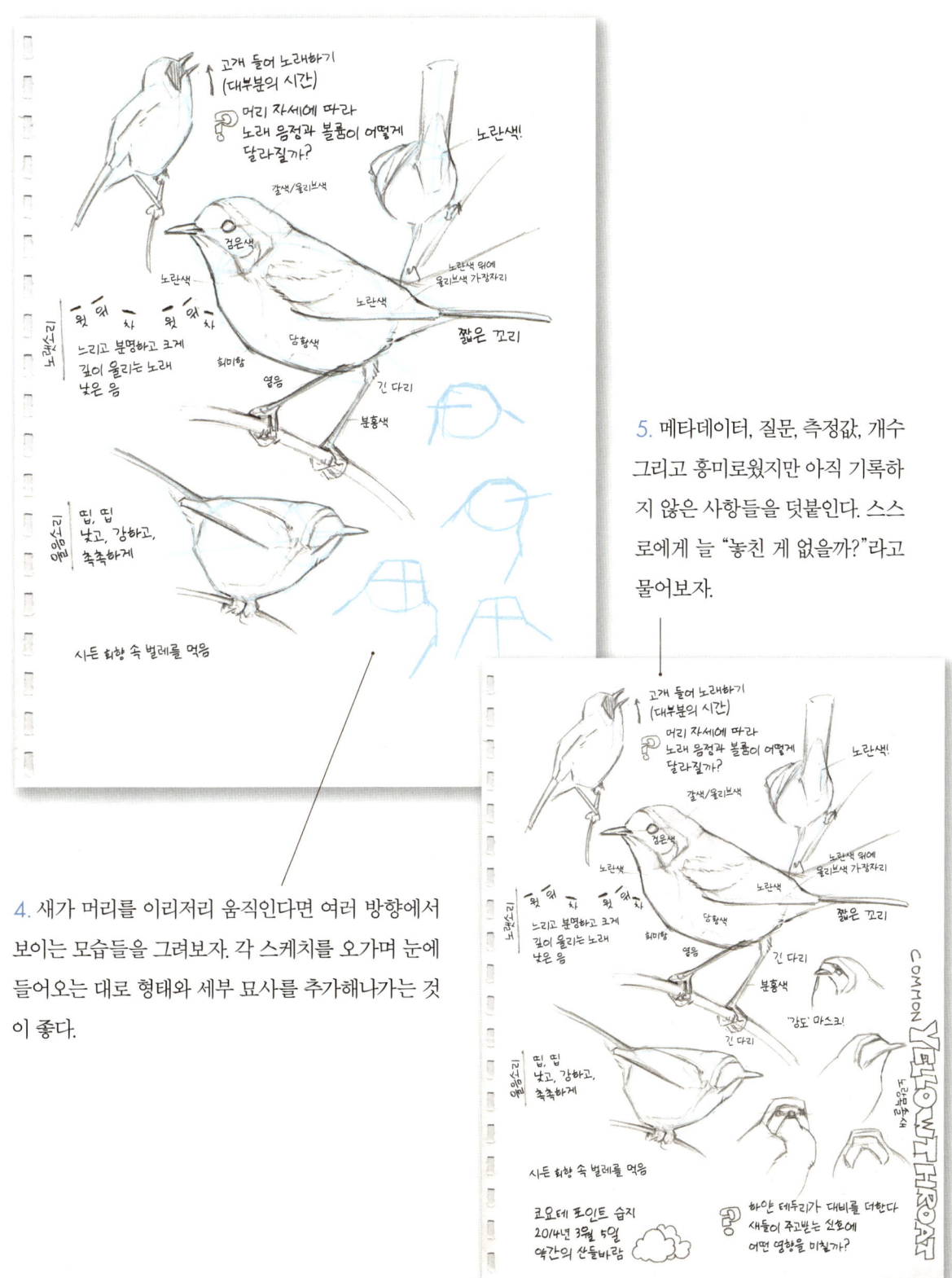

4. 새가 머리를 이리저리 움직인다면 여러 방향에서 보이는 모습들을 그려보자. 각 스케치를 오가며 눈에 들어오는 대로 형태와 세부 묘사를 추가해나가는 것이 좋다.

5. 메타데이터, 질문, 측정값, 개수 그리고 흥미로웠지만 아직 기록하지 않은 사항들을 덧붙인다. 스스로에게 늘 "놓친 게 없을까?"라고 물어보자.

질문 따라가기

질문을 던지고 그 답을 찾아가며 경이와 발견의 여정을 떠나보자.

1. 연못에서 스케치를 하다가 고방오리 가슴 색깔이 다양하다는 것을 발견했다. 내가 본 색상의 범위를 기록하기 위해 색상 차트를 만들었다.

2. 가슴 색에 대한 호기심이 커져 연못 건너편에 있는 다른 흰 가슴을 가진 오리들의 색과 비교했고, 그들의 배에 보이는 얼룩에 대해 질문을 던졌다.

3. 그날 오후 자리를 떠나기 전에, 북방고방오리의 몸에 있는 모든 깃털 부위를 분류했다. 그 과정에서 옆구리의 검은 줄무늬를 형성하는 깃털이 무엇인지 모른다는 사실을 알게 되었다. 이 질문을 일지에 적어두니 후일에 풀어야 할 퍼즐로 기억에 각인되었다.

4. 며칠 후 다시 연못으로 돌아갔을 때 죽은 고방오리 한 마리를 발견했다. 나는 이전에 검은 줄무늬가 어떻게 형성되는지 궁금했던 것이 떠올라 깃털을 신중하게 조사했다.

5. 깃털 하나하나를 세심하게 그리고 날개를 펼쳤을 때의 구조를 묘사하여 깃털들이 어떻게 조합되어 무늬를 만드는지 드러냈다. 깃털들은 실물 크기로 윤곽을 베껴 그린 뒤 세밀하게 묘사했다. 깃털 무늬 끝의 곡선이 몸의 무늬를 이루고 있기도 해서 인상 깊었다.

6. 연못 주변을 계속 탐색하다가 다른 죽은 새들을 발견했다. 몇 분 전 죽은 고방오리에 집중하지 않았다면 이들을 놓쳤을지도 모른다. 나는 죽은 새들의 수를 세기 시작했고, 숫자가 늘어남에 따라 중요한 발견을 하고 있음을 깨달았다.

7. 내 생각의 과정을 시각적으로 정리하자, 상황을 비판적으로 바라보고 다양한 가설을 수립하는 데 도움이 되었다. "내가 생각하지 못한 부분은 무엇인가?"라는 질문이 내 사고를 열어주었다.

"관찰에서의 우연은 준비된 마음에게만 찾아온다."

루이 파스퇴르

에필로그 며칠 후 죽은 새가 150마리가 넘었고, 연못에서 조류 콜레라 발병이 확인되었다. 질병 확산을 막기 위해 물을 빼는 작업이 이루어졌다. 새들 가슴에 있던 얼룩은 이 질병의 초기 경고 신호였을까? 질문을 마음에 간직하고, 앞으로의 탐험에서 단서를 찾아보려 한다.

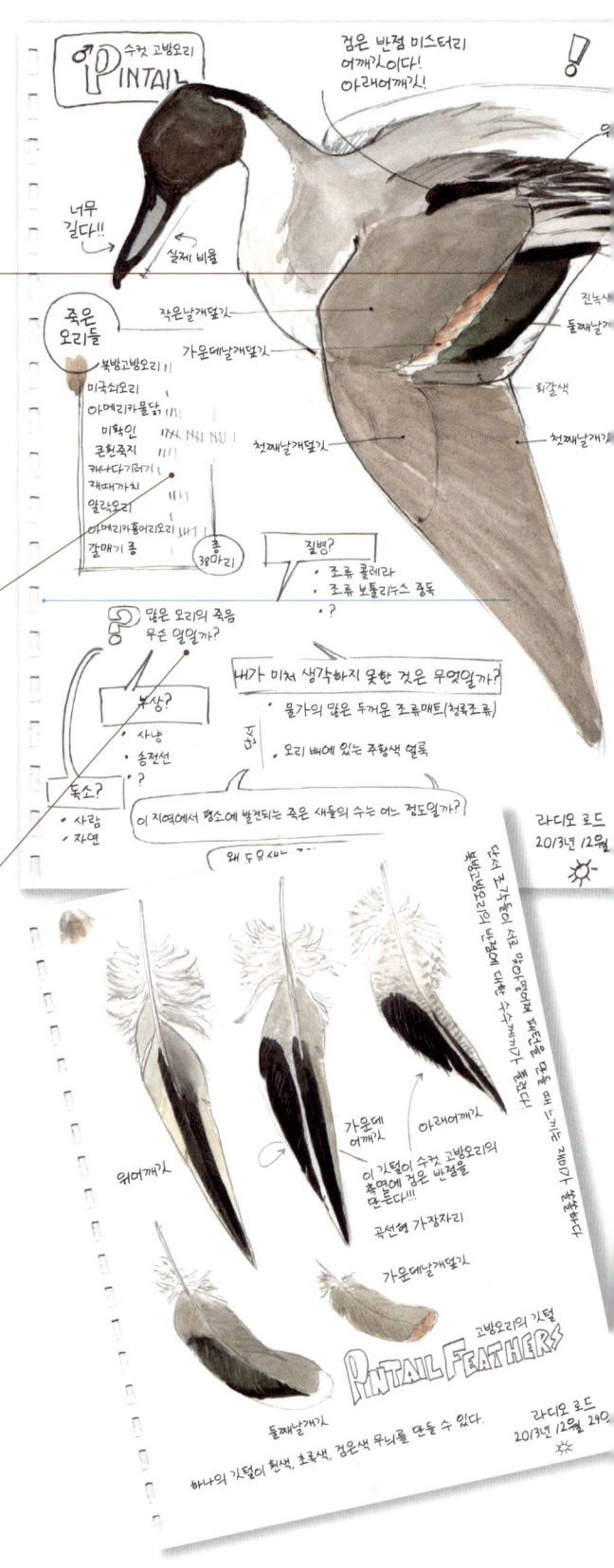

개체에 집중하기

똑같은 꼬까울새는 없다. 한 마리를 골라 가능한 한 잘 관찰하는 것이 중요하다.
그리고 천천히, 다른 종의 내밀한 세계로 들어가보자.

종이 '어떻게 생겨야 하는지'에 대해 집착하지 말고 이 개체가 주는 정보에 집중하면 된다. 헝클어진 털이나 잎사귀의 얼룩을 탐구해보자. 이런 방식의 관찰은 털갈이하는 동물이나 시들어가는 꽃조차 더없이 사랑스럽게 만들어준다.

현장과 책이 일치하지 않을 때는 현장을 믿어라

친숙한 종일지라도 새로운 것을 배울 수 있는 방법을 소개한다.

- 예상하지 못했거나, 당신의 도감에 실린 것과 다른 색상과 패턴을 찾아보자.
- 도감에 없는 자세나 각도를 기록하자. 새로운 자세를 취하면 무늬가 어떻게 달라지는지 살펴보자.
- 자신의 표현으로 새의 울음소리를 묘사해보자.
- 처음 보는 종이라면 도감을 참고하기 전에 최대한 스스로 묘사해본 뒤, 나중에 이름을 찾아보자.

종에 집중하기

같은 종의 동물이나 식물 무리를 관찰하는 것도 좋다. 그들의 유사점과 차이점을 탐구해보자.
자연에 대한 답은 눈앞에 있으니 굳이 교과서가 필요하지 않다.

한 무리의 동물을 관찰하면 일관적인 행동을 발견하게 된다. 그 패턴을 찾고 예외를 발견해보자. 각 개체를 비교하면서 새로운 것을 배울 수 있다. 패턴에서 예외가 발견되면 그 이유를 스스로에게 물어보자. 이는 탐구를 더 풍성하게 만드는 계기가 된다. 식물의 종을 살펴보고 있다면 구조와 위치의 차이에 주목하며 여러 종 사이의 차이점과 유사점에 주목해보자. 관찰이 막힐 때는 호기심을 유발하는 질문을 던져 동기를 되찾아봐도 좋다.

호기심을 유발하는 질문들

- 각 동물 개체 사이에서 구조적 또는 행동적 차이가 관찰되는가?
- 어떤 행동을 하는가? 모두가 같은 행동을 하고 있는가? 그렇다면 그 이유는 무엇일까?
- 어디에 있고 어디에 없는가? 이것이 중요한 단서일까?
- 개체 수는 얼마나 되는가?
- 이 동물들을 관찰하기 직전에 무슨 일이 일어났을까? 다음에는 무슨 일이 일어날까?
- 이 식물 근처의 토양 상태와 햇빛 및 그늘 노출 정도는 어떠한가?
- 이 식물이 견뎌야 할 환경적 스트레스는 무엇일까? 이 스트레스에 대처할 만한 특징이 보이는가?
- 이 식물을 먹이로 삼는 동물의 흔적이 보이는가? 초식 동물로부터 스스로를 보호하기 위해 어떤 방법을 사용하는가?
- 이 종의 분포 방식에서 패턴을 볼 수 있는가? 왜 그럴까? 개체 수를 대략적으로 추정할 수 있는가?

확대하고 축소하기

대상을 정했다면 관찰 거리를 변경해가며 관찰해보자. 망원경이나 스포팅 스코프를 이용할 때와 멀리서 전체를 조망할 때의 관찰은 매우 다르다. 두 시점 모두 중요하다.

확대하기
아프리카대머리황새의 머리에 있는 민둥한 피부 부분을 가까이에서 관찰하거나, 눈꺼풀과 순막이 어떻게 닫히는지 자세히 확대해 볼 수 있다.

축소하기
거리를 두고 보면 갈매기와 펠리컨이 따로 모여 있으며, 펠리컨이 갈매기보다 훨씬 크지만 서로 더 가까이 붙어 휴식하는 모습을 볼 수 있다.

축소하기
뒤로 물러나서 전체 그림을 보면, 새들 간의 상호 작용을 알 수 있다.

확대하기
스포팅 스코프를 통해 관찰하면 세부 사항에 집중할 수 있다. 나는 각 새들 간의 깃털 차이를 관찰했다.

비율 표시하기

크기는 중요하다. 물체의 크기와 비율을 기록하자. 실물 크기로 그렸다면 그 옆에 '실물 크기', '실제 크기' 또는 분수인 '1/1'(또는 1:1)이라고 적는다. 만약 절반 크기로 그렸다면, '1/2'(또는 1:2)을 적는다. 세 배 크게 그렸다면, '3/1'(또는 3:1)을 적는다. 다른 표기법도 있는데, 어떤 것을 다섯 배 확대했다면 그 옆에 '5×'라고 적을 수도 있다. 소수를 사용해 비율을 나타내기도 한다. 예를 들어 '0.5×'는 절반 크기를 말한다.

그림 옆에 측정 단위가 있는 눈금 막대를 그려 비율을 표시하는 방법도 있다. 이 방법은 스케치를 스캔하거나 복사할 때 아주 좋다. 스캔하거나 복사할 때 그림의 크기를 변경해도 눈금 막대가 그 비율을 보여주기 때문이다. '1/1'이나 '5×' 표시는 페이지 전체가 축소되면 무용지물이 된다.

실물 크기

식물을 실물 크기로 그릴 때는 계산하거나 추정할 필요가 없다. 종이를 실물에 대고 몇 군데 표시하자. 이건 내가 식물 스케치를 할 때 기본적으로 사용하는 방법이다. 이렇게 그릴 경우 '1/1'이라고 적어서 비율을 표시한다.

상황 스케치

상황 스케치는 식물의 전체 모습을 보여준다. 식물 크기를 48~67센티미터라고 써놓아도 머릿속에 즉각적인 이미지가 떠오르지 않기 때문에 나는 종종 간단한 상황 스케치를 그려 넣곤 한다.

확대

실물 크기의 스케치에는 모든 세부 사항을 그려 넣을 수 없다. 특히 흥미로운 부분은 확대해서 그려보자. 이 그림은 꽃 중 하나를 구조가 더 잘 보이게끔 다섯 배 확대해 그린 그림이다.

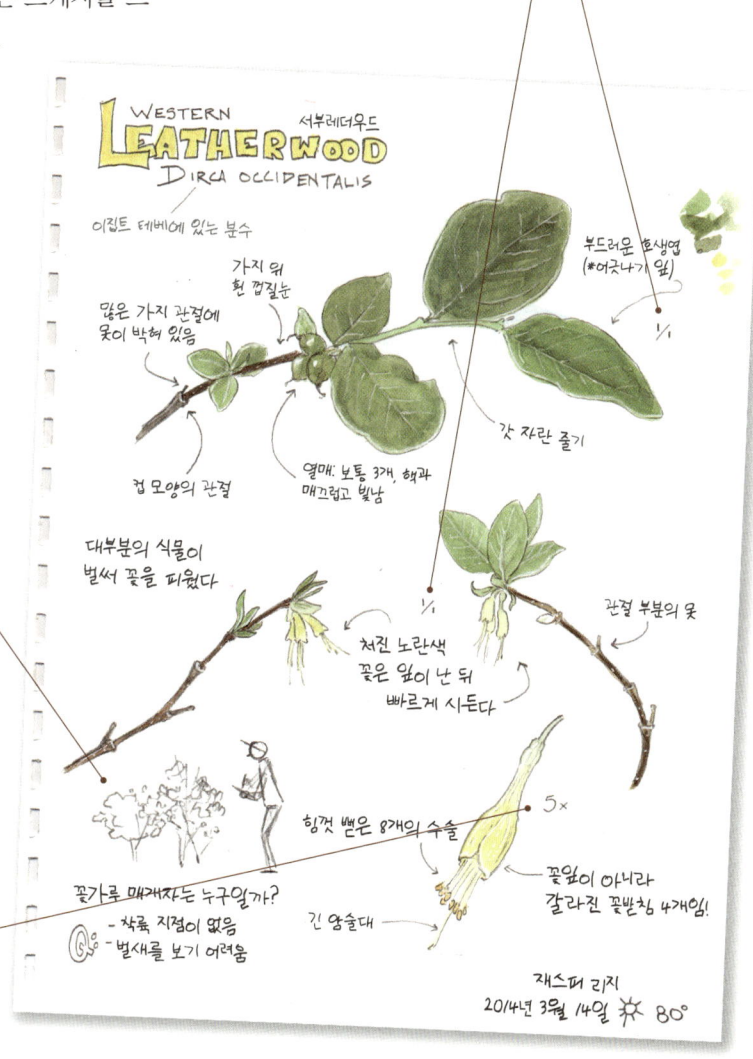

47 의식을 집중할 주제 찾기

패턴을 찾고, 예외 발견하기

식물의 구조, 동물의 행동, 지형의 특징, 또는 자연의 어떤 요소에서든 패턴을 찾아보자.
그 패턴 이면에 흥미로운 과정이나 미스터리가 숨어 있을 수 있다.

꾸준히 자연에서 패턴을 찾아 이를 습관으로 만들어보자. 패턴은 자연이 작동하는 메커니즘이나 과정에 대한 단서다. 예를 들어 연못에 떠 있는 오리 무리를 만났다고 상상해보자. 어떤 종류의 패턴을 발견할 수 있을까? 오리들은 같은 방향을 향하고 있는가? 바람의 방향이 바뀔 때 이들이 향하는 방향도 달라지는가? 서로 얼마나 가까이 붙어 있는가? 먹이를 먹거나 쉴 때 이 간격이 바뀌는가? 무리 내에서 수컷과 암컷이 따로 그룹을 이루고 있는가? 수컷과 암컷이 짝을 이루어 헤엄치는 것처럼 보이는가? 이런 패턴을 찾고 질문을 던지다 보면 평소에 놓쳤을지도 모르는 발견의 열쇠를 얻을 수 있다.

패턴을 발견했다면 의도적으로 그 규칙의 예외를 찾아보자. 우리는 기대치만 확인하려는 경향이 있기에, 이를 경계하기 위해서다. 많은 예외를 발견한다면 그 패턴은 힘을 잃을 것이다. 반대로 예외가 거의 발견되지 않는다면 뭔가 흥미로운 패턴을 찾은 것일 수 있다. 때때로 예외는 그 패턴에 대한 더 깊은 통찰을 끌어내기도 한다. 예외가 몇 개뿐이라면 더 신중히 조사해볼 필요가 있다. 예외들 간에 공통점이 있는가? 예외 자체에도 어떤 패턴이 존재하는가? 패턴을 발견하고 그 실마리를 푸는 과정은 매우 즐거우며 탐구의 또 다른 문을 열어준다.

1. 나는 발아 중인 칠엽수 씨앗들을 발견하고 이를 조사하기 시작했다. 패턴을 찾기 위해 살펴보니, 어린 뿌리(유근)가 항상 아래를 향해 자라는 것처럼 보였다. 대개 땅속으로 곧게 자랐지만, 때때로 곡선 형태로 자라 꼬여 있는 경우도 있었다.

2. 이 패턴의 예외를 찾으려고 좀 더 자세히 관찰했다. 그 결과 어린뿌리가 위를 향하고 있는 씨앗 몇 개를 발견했는데, 모두 어린 새싹이었다. 새싹이 자라기 시작할때 방향을 결정하는 요인이 무엇인지 궁금해졌다.

3. 어린뿌리가 항상 씨앗의 둥근 점쪽으로 뻗으며 나타난다는 점을 발견했다. 더 조사해보니 이 점은 '배꼽'이라 불리며, 씨앗이 꼬투리 안에 있었을 때 붙어 있던 지점이었다. 이 씨앗이 배꼽을 아래로 한 채 땅에 떨어지면 어린뿌리가 곧게 아래로 자라지만, 배꼽이 위를 향한 채 떨어지면 어린뿌리는 흙에 닿기 위해 방향을 비틀어야 한다. 아직 싹이 트지 않은 씨앗 몇 개를 반으로 잘라보았더니, 씨껍질이 갈라지기 전부터 배꼽과 뿌리의 관계가 보였다.

4. 관찰을 통해 나는 칠엽수 씨앗의 발아에 관한 여러 질문에 답을 얻었고, 더 흥미로운 질문들도 떠올랐다. 식물은 어떻게 아래를 인식할까? 배꼽을 아래로 한 채 떨어진 씨앗은 생존 확률이 더 높을까? 이런 질문들은 패턴을 찾지 않았다면 떠오르지 않았을 것이다.

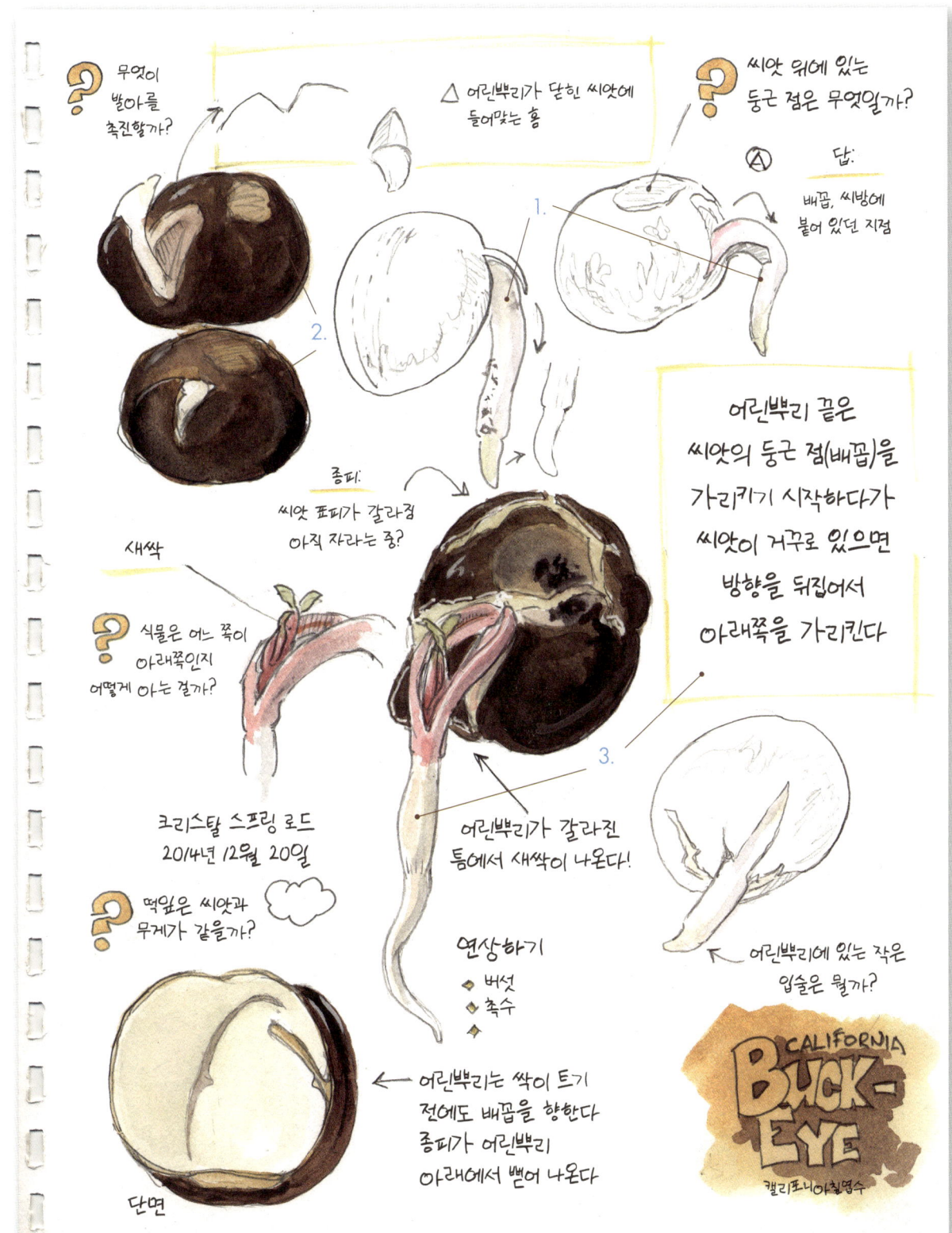

비교하기

같은 종의 두 개체나 유사한 종의 두 개체를 비교해보자. 이 과정에서 미세한 차이들이 두드러져, 미묘한 세부 사항을 인지하고 묘사하는 데 도움이 된다.

차이점 발견하기

물체의 특징은 비슷한 대상과 비교할 때 더욱 두드러진다. 예를 들어, 나뭇잎 하나를 묘사할 때는 잎 표면의 광택 정도를 언급하지 않을 수도 있다. 그러나 다른 종의 잎과 비교해보면 상대적인 광택 차이가 더욱 눈에 띌 수밖에 없다.

이러한 비교 관찰은 강력한 지적 도구로, "더 크다", "더 거칠다", "더 어둡다" 또는 "더 섬세하다" 등의 관찰을 가능하게 해준다. 비슷한 두 대상을 나란히 비교하면 각각을 더 넓은 틀에서 평가하고 묘사할 수 있다.

시간에 따른 변화 관찰하기

흥미로운 대상을 찾아 몇 분, 몇 시간, 며칠, 혹은 몇 주에 걸쳐 변화 과정을 따라가보자.
관찰한 변화를 기록하고 변화가 일어난 시점을 표시하다 보면 변화의 원인도 궁금해진다.

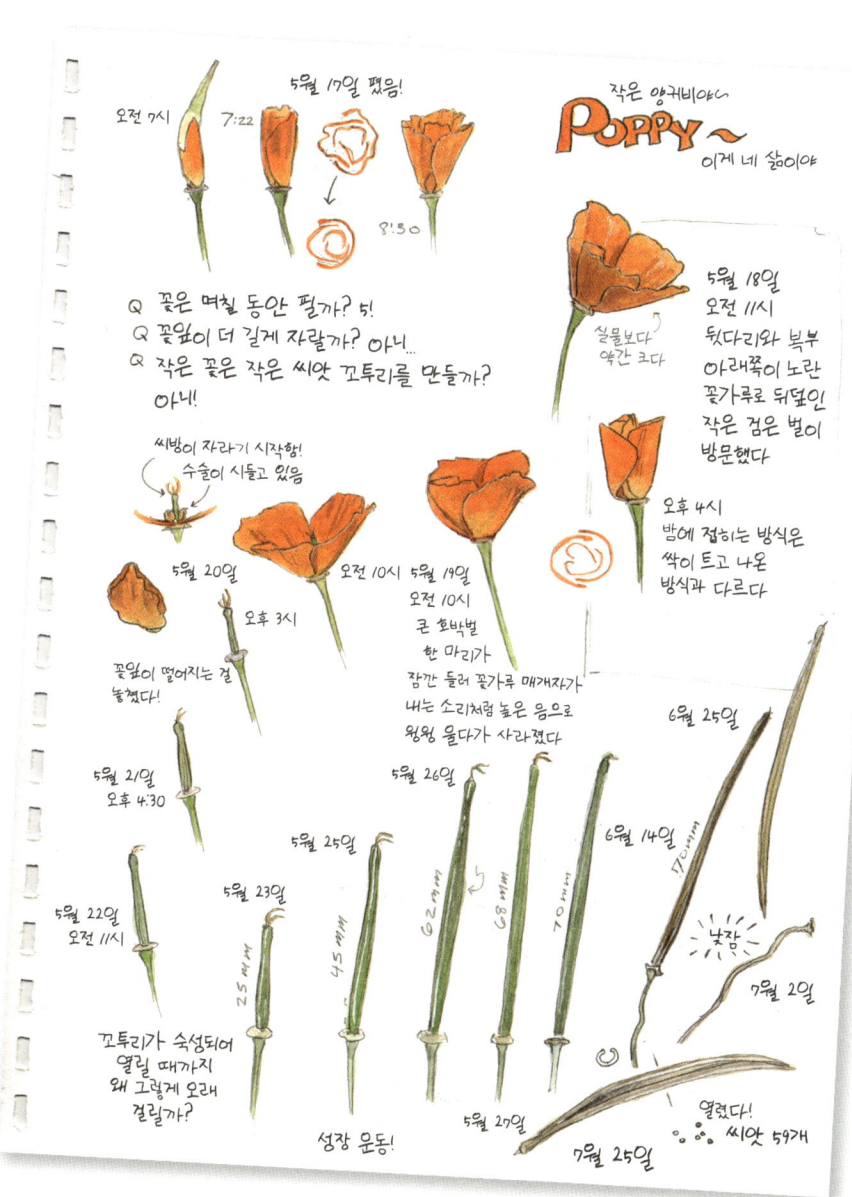

꽃 한 송이를 골라 며칠, 몇 달에 걸쳐 변화를 관찰해보자. 그 꽃이 얼마나 많이 변하는지 보고 놀랄 것이다. 줄기에 끈을 묶어두면 매번 같은 개체를 찾는 데 도움이 된다. 성장이 갑자기 빨라지거나 멈추는 시점을 찾아보자.

가을에는 단풍잎을 모아 색이 변하는 순서대로 나열해보자. 연말쯤에는 부패한 잎들을 가장 덜 썩은 순서대로 늘어놓아 보자.

버섯 무리를 발견했다면 매일 관찰하고, 자라면서 어떻게 변화하는지 기록해보자.

같은 해변을 매주 방문하여 조수 높이나 파도 상태에 따라 어떻게 보이는지 기록해볼 수도 있다.

이 연구는 오후 동안 한 장소에서 여러 꽃을 관찰하며 진행되었다. 나의 목표는 꽃눈에서 씨앗으로 변하는 과정을 관찰하는 것이었다.

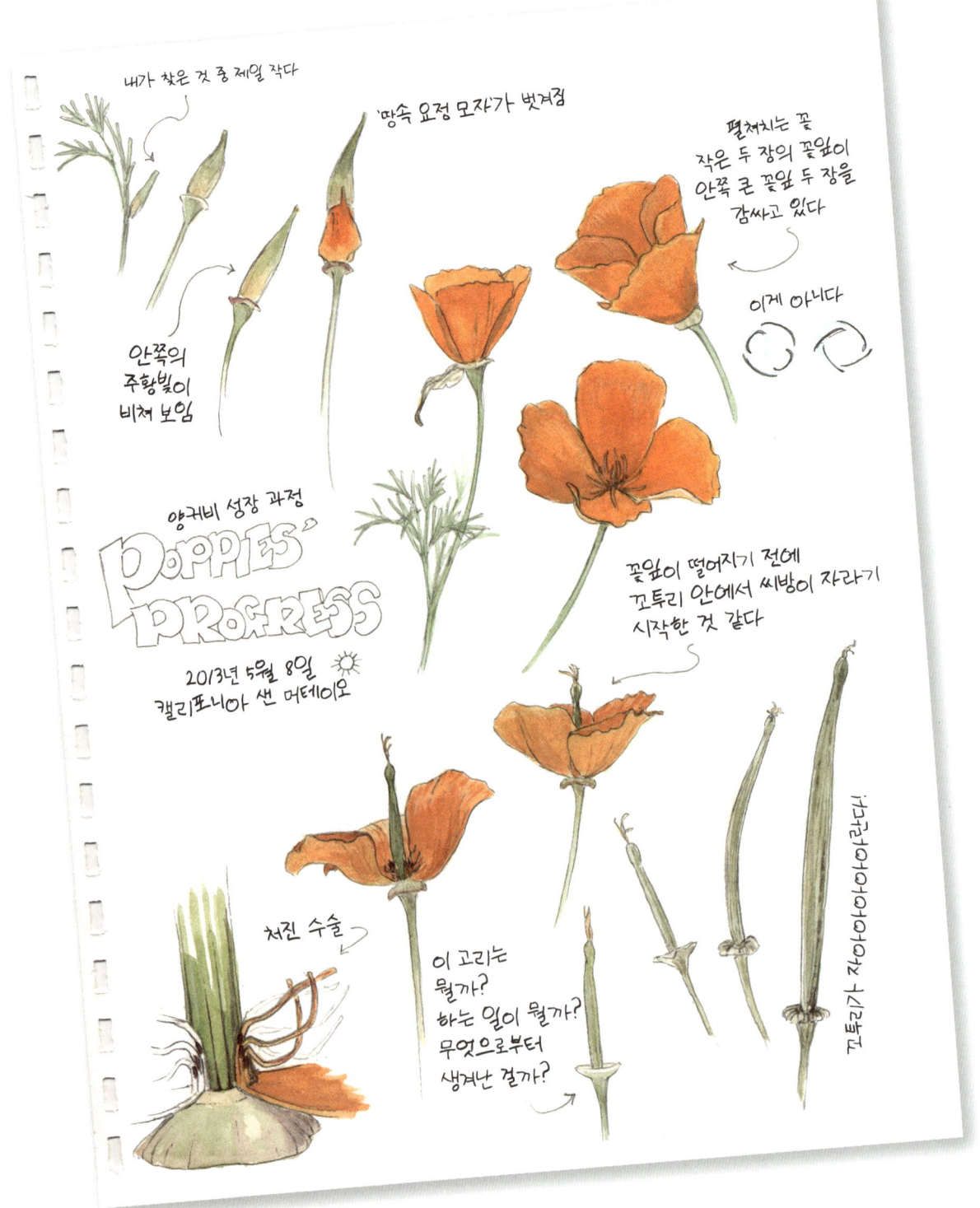

Q 성장률은 시간이 지남에 따라 어떻게 변할까?

7월 2일 오전 8시 45mm
　　　　오전 10:30 47mm
　　　　오후 1:30 49mm
　　　　오후 3:30 50mm
　　　　오후 5:30 51mm
　　　　오후 8:30 52mm
7월 3일 오전 8시 59mm
　　　　오전 10시 59mm
　　　　오전 11:30 60mm
　　　　오후 3시 62mm
　　　　오후 8:30 65mm
7월 4일 오전 4시 69mm
　　　　오전 9시 69mm
　　　　오후 12시 70mm
　　　　오후 2:30 71mm
　　　　오후 9:30 79mm
7월 5일 오전 8:30 76mm
　　　　오전 11:30 76mm
　　　　오후 2:30 76mm

이 측정값은 며칠 간의 잎과 꽃의 성장량을 보여준다. 오른쪽 그림도 마찬가지다. 데이터를 기록하는 방법은 여러 가지다.

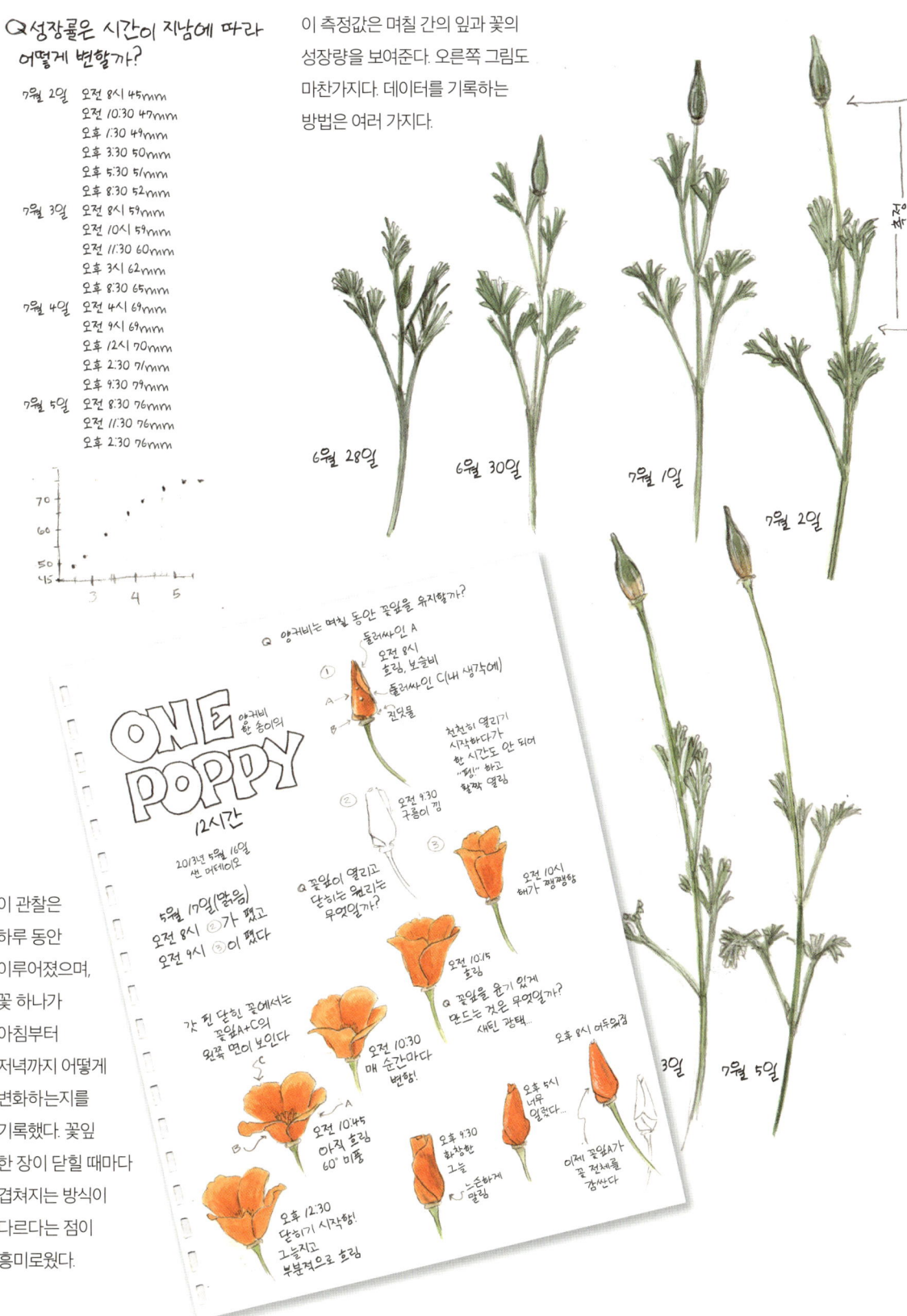

이 관찰은 하루 동안 이루어졌으며, 꽃 하나가 아침부터 저녁까지 어떻게 변화하는지를 기록했다. 꽃잎 한 장이 닫힐 때마다 겹쳐지는 방식이 다르다는 점이 흥미로웠다.

의식을 집중할 주제 찾기

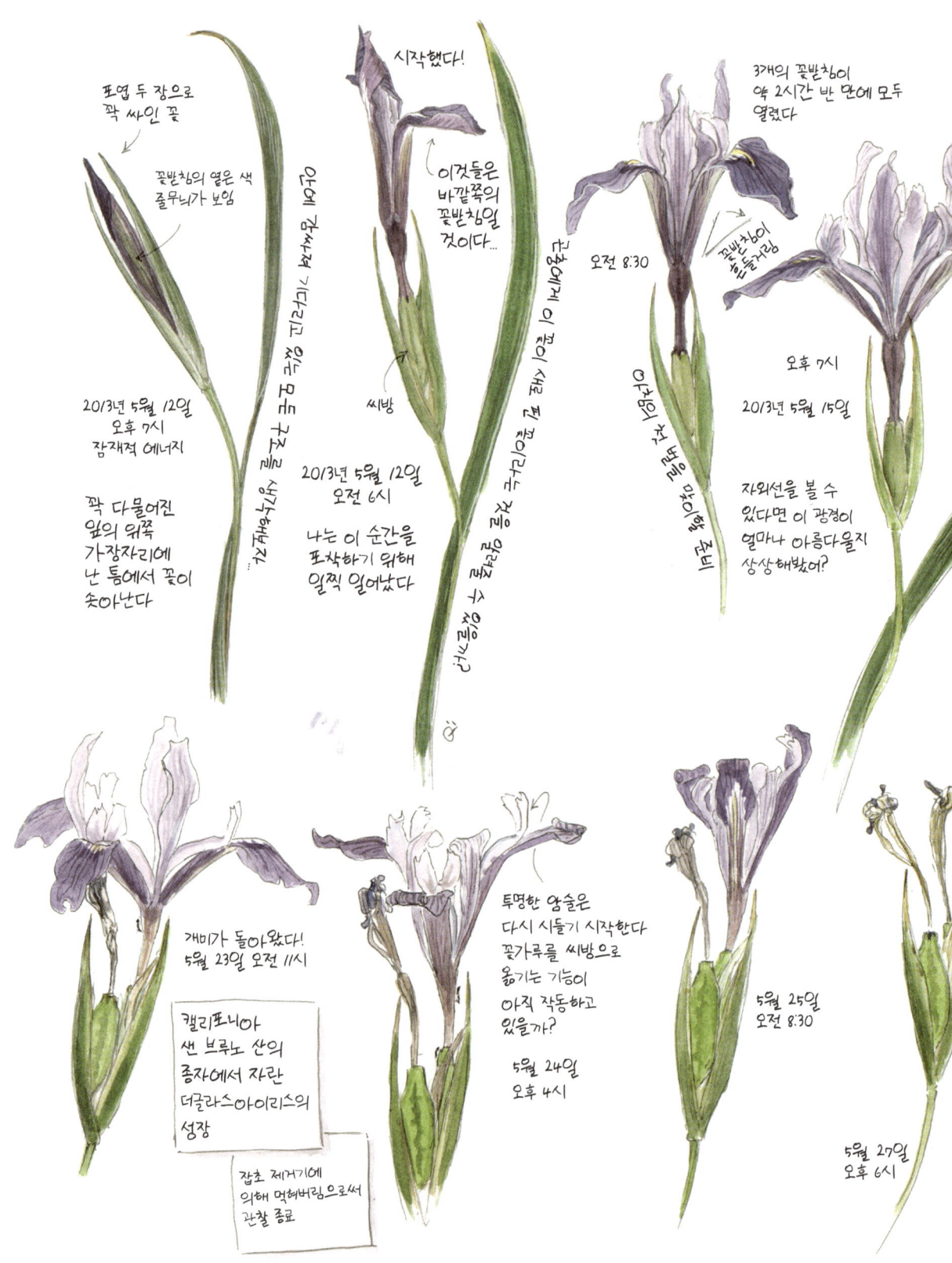

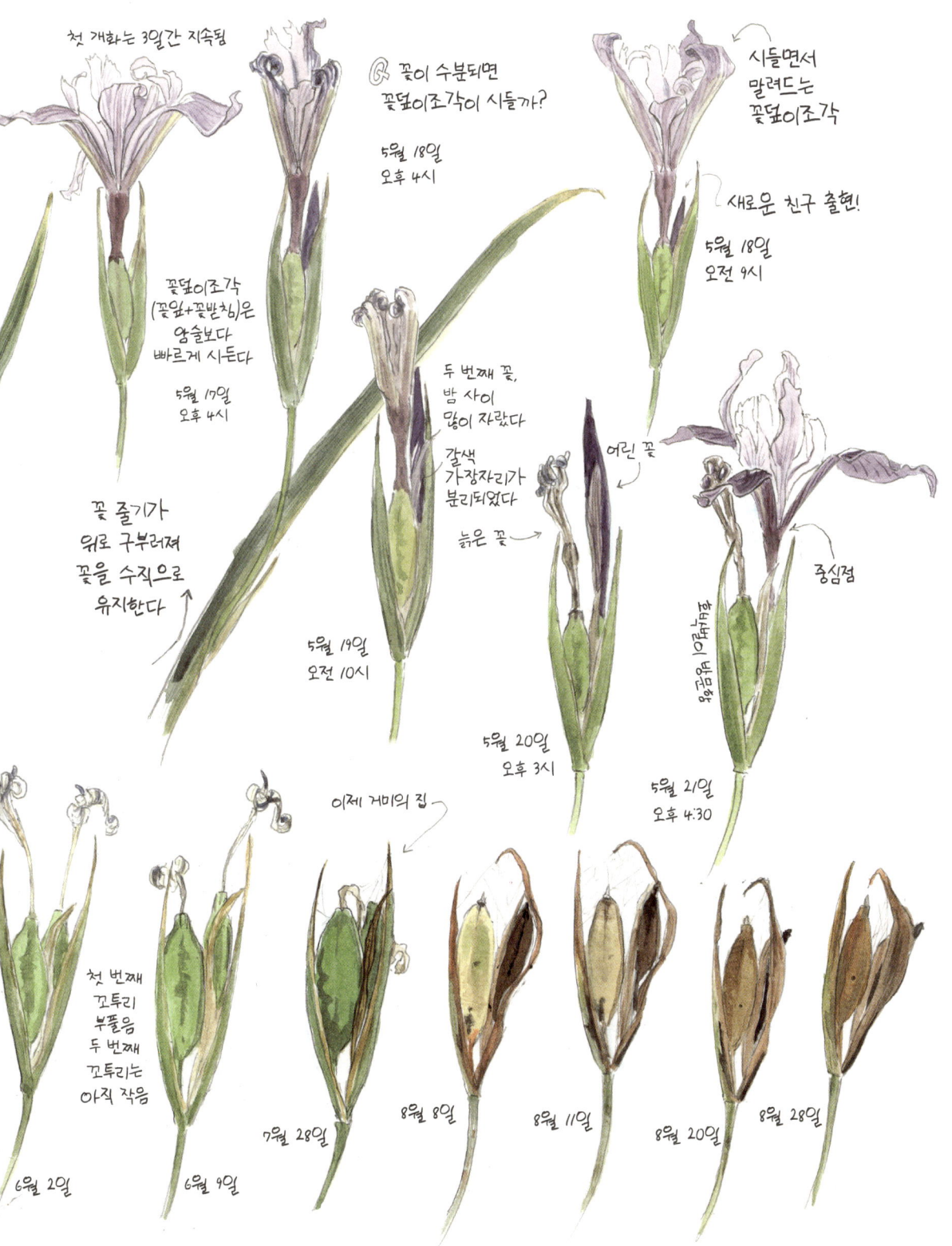

55 의식을 집중할 주제 찾기

사건 기록하기

동물 무리를 관찰하며 행동의 흐름을 그림과 글로 기록해보자.
그 안에서 이야기를 찾아낸 뒤 이를 전달해보자.

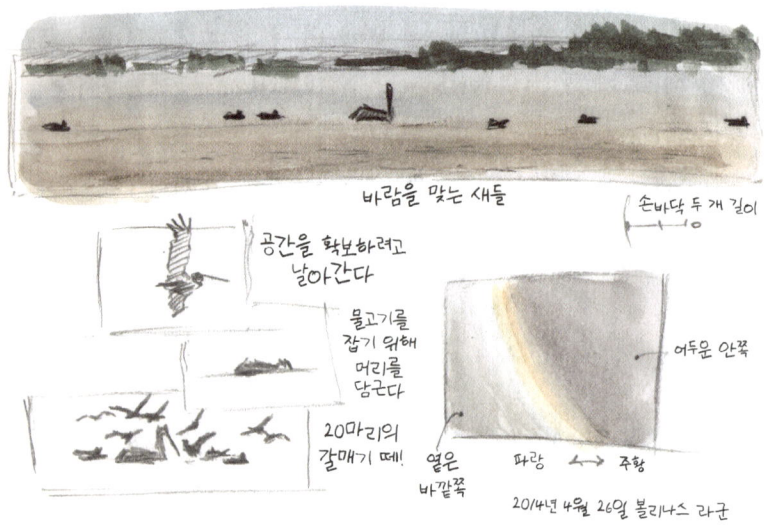

흥미로운 행동을 목격했을 때는 잠시 멈추고 사건의 흐름과 각 단계의 세세한 점들을 말로 표현해보는 것이 좋다. 이렇게 하면 목격한 내용을 일지에 기록할 수 있을 만큼 오래 기억하는 데 도움이 된다. 스케치가 상세할 필요는 없다. 스케치에는 간단히 크기와 개체들 간의 상대적인 간격 등을 기록하면 된다. 이야기 전달에 더 집중하자.

이 갈매기와 도요새 연구에서, 처음에 나는 갈매기와 도요새 들이 자리 잡은 간격을 관찰하는 것으로 이야기를 끝내려고 했다. 그런데 더 큰 서부갈매기가 날아와 무리를 흩어지게 하는 바람에 관찰하던 새들이 사라져서 실망스러웠다. 하지만 더 흥미로운 배움을 얻을 수 있다는 것을 깨달았다. 나는 같은 해변을 다시 그리며 새들이 서부갈매기에게 자리를 비켜주면서 이루는 새로운 배열을 알아냈다.

사건의 흐름을 보여주기 위해 화살표나 동선 표시를 사용해보자. 영화의 스토리보드나 그래픽 노블을 참고하여 행동을 보여주는 방법을 터득할 수 있다.

관찰을 마무리할 때는 일지에 빠뜨린 세부 사항이 있는지 점검하자. 한 친구가 논병아리의 구애 행동에 대해 쓰다가 새들이 물 위를 얼마나 오래 달리는지 물어본 적이 있다. 이에 대해 메모했던 적이 기억나서 오래전 일지를 펼쳐보았지만 자세히 기록하지 않았다는 점을 깨달았다. 시간이 지나면 기록하지 않은 내용은 쉽게 잊힌다. 미래에 필요할지도 모를 세부 사항을 누락하지 않게 잘 기록하자. 얼마나 멀리 달렸는가? 잠수할 때 물속에 얼마나 오래 머물렀는가?

의식을 집중할 주제 찾기

지도 만들기

지형의 특징이나 풍경의 일부를 지도처럼 그려보자. 넓은 지역의 지도를 만들 수도,
작은 지형지물의 지도를 만들 수도 있다. 이를 통해 장소의 지리적 요소를 더 자세히 살펴보고,
다른 관찰 방식에서는 놓쳤을지도 모를 어떤 패턴을 발견할 것이다.

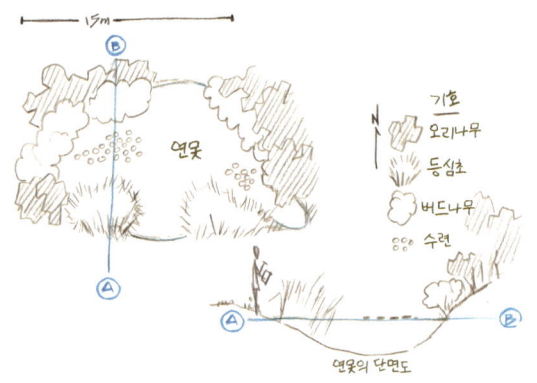

기호, 눈금, 방위표

관심 있는 개체를 나타내는 간단한 기호를 만들어보자. 약어나 재미있는 상징 그림 등으로 표시할 수 있다. 그러데이션으로 깊이를 나타내고, 눈금 막대나 작은 사람 모양 같은 참조 물체를 그려 넣어 크기와 배율을 표시할 수도 있다. 방위표를 그려 방향도 명확히 표시해보자.

공간의 미스터리

흥미로운 공간을 지도로 나타내보자. 예를 들어, 개미집의 세부 구조처럼 작은 영역을 확대해 그린 지도를 만들 수도 있다. 하나의 개미집에서 뻗어나가는 개미들의 이동 경로를 보여주는 더 넓은 지도를 그려볼 수도 있다. 또는 더 넓은 범위를 다루어 숲 전체에 걸친 개미집 분포를 기록하는 것도 좋다.

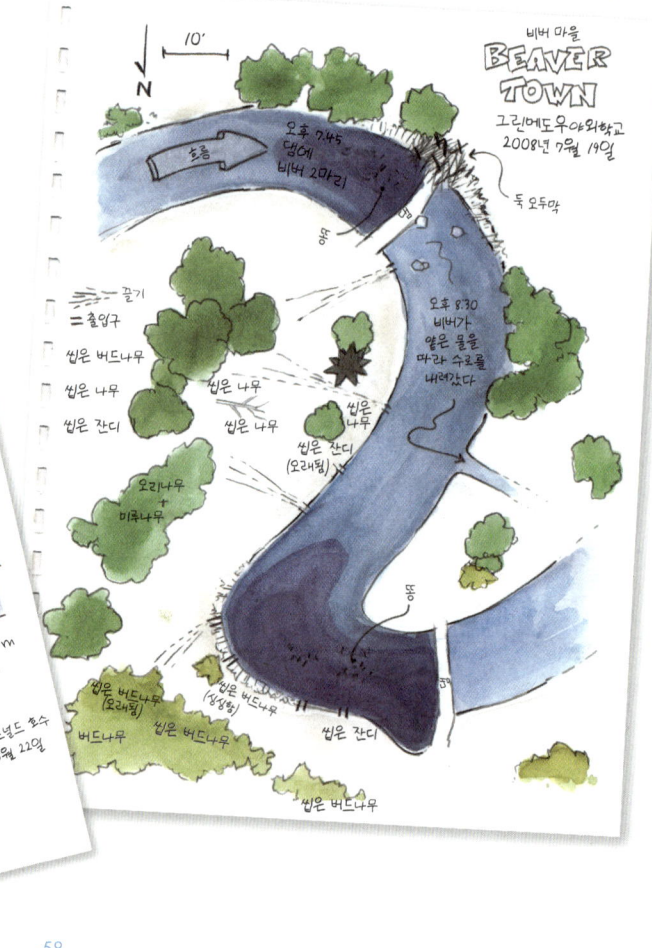

chapter 2

단면도 그리기

횡단면도 또는 측면도를 그리면 수직적 차원에서 패턴을 더 잘 관찰하고 설명할 수 있다.

필요한 만큼 정확하게

지리학자는 지도에 모든 특징을 정밀하고 정확하게 표시해야 하지만, 우리는 훨씬 더 유연하게 표현할 수 있다. 우리 지도 제작의 목표는 새로운 방식으로 풍경과 상호 작용을 표현하는 것이므로, 주요 관찰 내용을 표시할 수 있을 정도로만 정확하면 된다. 이런 지도나 횡단면도를 만드는 데 특별한 장비가 필요한 것은 아니다. 대부분의 경우 눈으로 관찰하고 근사치를 구하기만 해도 된다. 정확도를 더 높이고 싶다면 중요한 지형지물 사이의 거리를 걸어서 측정해보며 지도를 그려봐도 좋다.

수직, 수평의 패턴

자연의 힘은 흥미로운 수직 패턴을 만든다. 조수 간만의 차는 해안가에 식물과 동물의 수평 띠를 형성한다. 또 물과 습한 토양 사이의 거리 변화에 따라 물길 부근과 초지에 다양한 패턴이 생긴다. 태양의 고도 또한 단면도로 살펴볼 수 있는 요소다. 북반구에서는 북향 경사면이 그늘지고 습기를 오래 유지하는데 남반구에서는 정반대다. 단면 분석은 바위 하나만큼 작은 단위부터 계곡 전체를 포함하는 큰 단위에서까지 활용할 수 있다.

새로운 패턴의 발견

개울 양쪽의 식생 분포를 지도로 그려보면 거리, 높이, 습도의 관계가 더 명확하게 보인다. 관찰 일지에 기록하지 않았다면 이러한 패턴이 막연했을 것이다. 이런 작업은 풍경을 보는 새로운 시각을 만들어낸다.

블록 풍경 만들기

지도와 단면도를 결합하면 블록 다이어그램이 만들어진다.
이렇게 하면 풍경을 3차원으로 시각화하고 그 안에서 패턴을 찾는 데 도움이 된다.
실제 지형으로 만들어보기 전에 연습 삼아 몇 가지 가상의 블록 다이어그램을 만들어보는 것도 좋다.

블록 다이어그램은 평면도(상단에서 내려다본 지도)와 단면도(측면도 또는 입면도)를 결합한 것이다. 자주 방문하는 장소나 좋아하는 탐구 장소 중 한 곳으로 이러한 다이어그램을 만들어보자. 블록 다이어그램을 작성하면 경사(가파름), 방위(북쪽과 남쪽), 식생, 야생 동물 분포 등 다양한 요소 간의 관계를 생태적, 공간적으로 생각하는 데 도움이 된다. 이는 고급 작업이며 간단한 평면도와 단면도를 만드는 데 익숙해진 후 도전해보면 좋다.

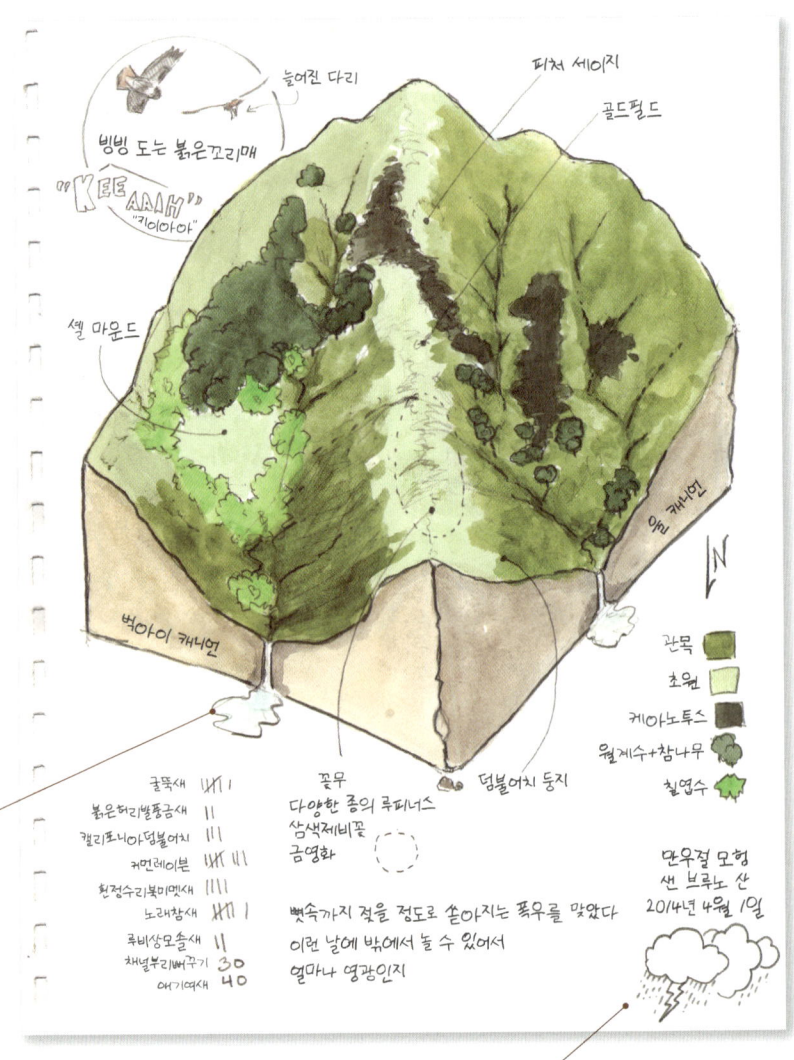

지도, 단면도, 블록 다이어그램은 지형과 관련된 식물과 동물 간의 공간적 관계를 이해하는 데 도움을 준다.

나는 이 날씨 기호를 꼭 일지에 넣어보고 싶었다. 그래서 폭풍우 속에서 뛰쳐나와 이걸 기록했다.

1. 먼저 3D 상자를 만들어라. 블록 다이어그램을 구상하는 데 도움이 된다.

2. 지형의 단면 모양을 상자의 네 면에 대략적으로 그려 넣자. 최대한 정확하게 그리되, 완벽하게 할 필요는 없다. 능선의 윤곽부터 그리면 쉽다.

3. 각 계곡의 바닥에 옅은 가이드라인을 그린다. 계곡 밑에는 항상 물줄기가 흐른다. 능선 위까지 이어지는 옅은 가이드라인을 그려보자.

4. 미리 그려놓은 가이드라인을 이용하여 지형을 구축해보자.

5. 식생을 나타내는 간단한 기호를 만들고 지면에 식물 군락을 그려보자. 숲의 앞쪽 면에는 나무의 작은 줄기들을 표시하고, 특별한 지형 특징과 야생 동물이 발견되면 그것도 추가해보자.

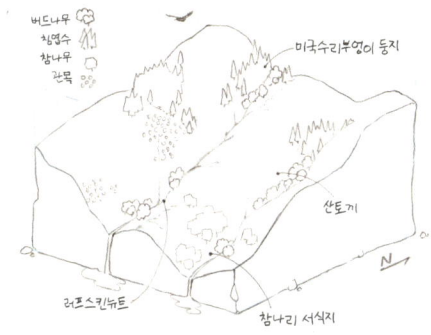

6. 색을 입히면 지형의 입체감과 윤곽이 좀 더 살아난다.

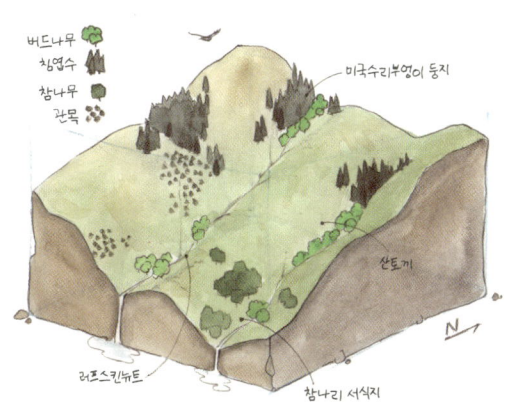

3. 탐구를 심화하는 방법들 Methods of Deepening Inquiry

셈, 측정, 추정, 목록, 소리 기록, 그림, 다이어그램, 과학적 설명, 개인 통찰 기록 등은 자연 관찰을 더욱 깊이 있게 만들어준다. 이런 도구들은 새로운 유형의 정보와 숨겨진 패턴을 찾고 새로운 사실을 발견하게 한다.

관찰을 확장하는 방법

글쓰기, 그림 그리기, 다이어그램 작성, 정량화(셈, 측정, 추정)는 대상을 좀 더 다양한 시각에서 탐구하도록 도와준다.
이런 정보 기록 방법들은 각기 다른 관찰과 사고 방식을 요구하기 때문에 함께 사용하면 더 폭넓은 시각을 얻을 수 있다.

이 책은 그림 그리기를 통해 관찰하고 탐구하는 방법을 알려주는 데 주력하는 책이다. 자연 속에서 그림 그리기는 정확하게 보는 능력과 관찰력, 기억력을 강화해준다. 하지만 여기서 소개하는 다른 방법들보다 그림 그리기가 더 중요한 것은 아니다. 모든 방법은 새로운 발견과 더 깊은 이해로 이어진다. 관찰 일지를 쓸 때 다양한 도구를 함께 활용해보는 것이 좋다.

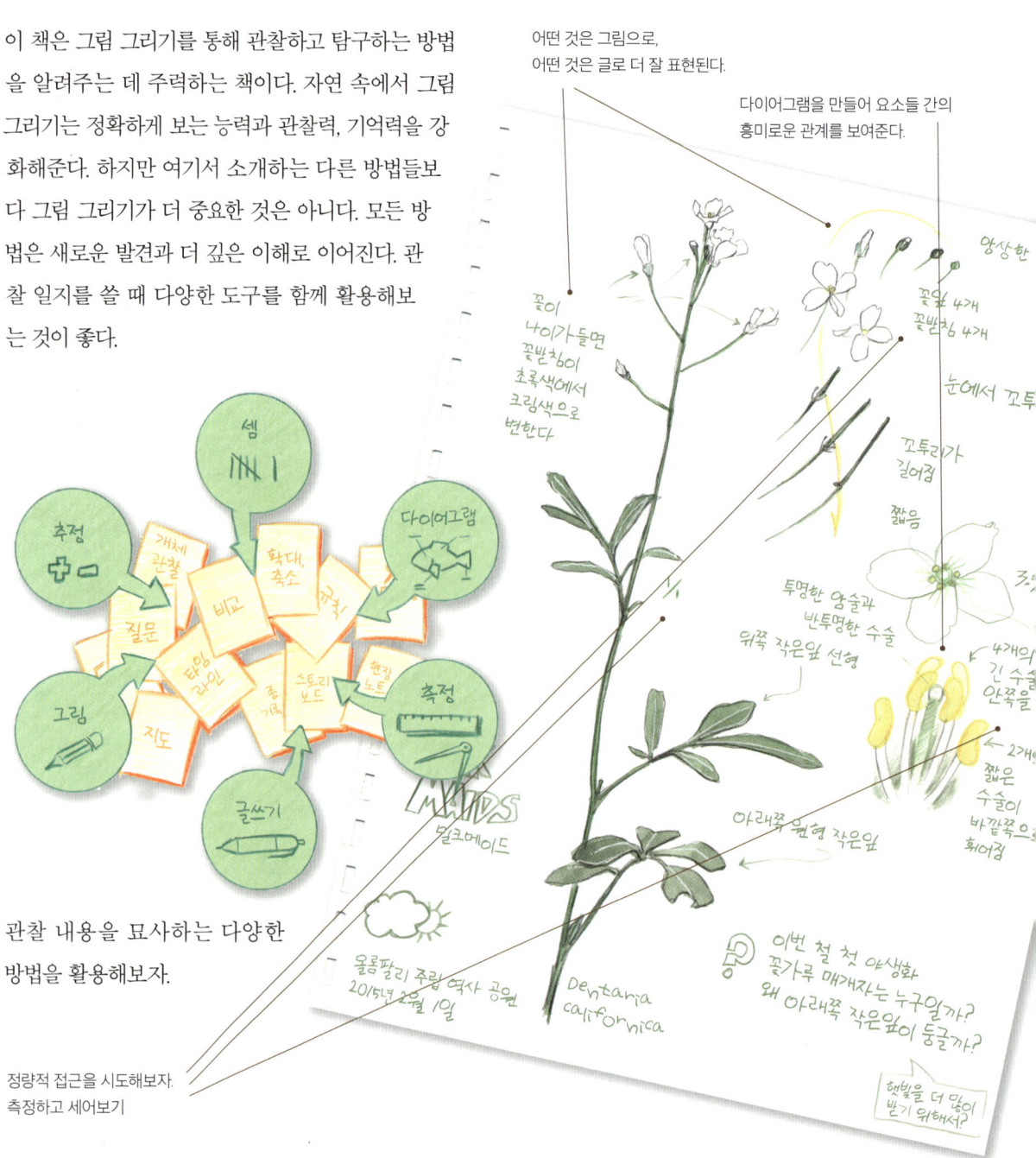

관찰 내용을 묘사하는 다양한
방법을 활용해보자.

정량적 접근을 시도해보자.
측정하고 세어보기

chapter 3   64

글쓰기

어떤 관찰과 생각은 그림으로 기록하는 편이 더 쉽지만, 어떤 경우는 글이 더 효과적이다.
그림과 글 모두 관찰 일지 쓰기에 매우 중요한 도구다.

글쓰기와 집중

관찰 일지에 짧은 메모, 문장, 묘사 단락 등을 활용하여 자신의 관찰, 질문, 설명을 기록해보자. 이를 통해 새로운 이해에 도달하고, 생각을 더 명확히 표현하며, 기억력을 높일 수 있다.[1]

과학적인 관찰 내용뿐만 아니라 그 순간의 다른 경험도 기록할 공간을 마련해보자. '이런 건 처음 본다', '버스를 기다리는 중' 또는 동행자 목록 같은 짧은 메모는 과학적 정보는 아니지만, 경험을 더 잘 기억할 수 있게 해준다. 훗날 다시 관찰 일지를 펼칠 때, 이 메모들은 그 순간을 더 생생하게 되살려줄 것이다.

자연 관찰을 통해 살아 있다는 감각을 더욱 깊이 느끼려면 일지에 개인적 통찰을 포함시키는 것도 좋다. 우리는 감각을 지닌 존재로, 이를 통해 세상을 살아가면서 느끼고 성장하고 변화한다. 배리 로페즈는 이런 글을 썼다. "나는 사람의 사고방식과 성격은 갔던 곳, 만진 것, 자연에서 관찰한 패턴에 깊은 영향을 받는다고 믿는다."[2] 관찰 일지를 꾸준히 쓰면서 자연에서 일어나는 일뿐만 아니라 자신의 내면에서 일어나는 일에도 주의를 기울여보자. 이렇게 스스로를 들여다보는 시간은 자기 성찰과 더 깊은 인식을 통해 감정 지능을 높여준다.

개인적 통찰과 자기 인식은 자연 관찰과 마찬가지로 주의 깊게 바라보는 것에서 시작된다. 개인적인 통찰을 구하려면 관찰의 과정을 내면으로 옮겨야 한다. 잠시 마음을 차분히 가라앉히고 깊이 심호흡해보자. 나 자신에 대해 무엇을 알아차렸는가? 지금 떠오르는 질문은 무엇인가? 이 순간 무엇이 떠오르는가? 떠오르는 생각들에 주목하자. 자연 속에서 속도를 늦추고 고요함에 머무르는 그 시간이, 예상치 못한 지혜나 새로운 깨달음으로 이끌어줄지도 모른다.

시 쓰기

개인의 통찰을 탐구하는 한 가지 방법은 자연에서의 경험을 시로 쓰는 것이다. 당신이 시를 쓸 수 있다는 것을 아는가? 관찰 일지에 관찰한 것, 질문, 관련 사항('알아챈 것', '궁금한 것', '연상되는 것')을 기록하고 있다면, 이미 시 쓰기의 기초를 다지고 있는 셈이다. 관찰 일지를 다 써갈 즈음 잠시 오늘 기록한 자연과 자신에 관한 관찰 및 질문을 되돌아보는 시간을 갖자. 한 걸음 물러나 깊이 심호흡한 뒤 관찰과 질문을 일렬로 쭉 적어보자. 풍경, 나 자신, 또는 특정 대상을 중심으로 글을 쓰다 보면 짧지만 순간을 생생하게 기록한 시가 된다.

특히 은유와 연상을 잘 활용해보자. 자연의 어떤 요소에 마음이 끌리는가? 그 안에 나를 일깨울 지혜가 있을지도 모른다. 예를 들어, 바람에 흔들리는 풀을 보며 자신의 회복력을 떠올릴 수 있다. 새와 나무는 나와 어떤 공통점이 있을까? 떠오르는 생각을 글로 적어보자. 철자와 문법, 운율과 형식에 얽매이거나 '잘 쓰려고' 애쓰지 않아도 된다. 이 짧은 시들을 그림처럼 생각하면 된다. 시가 나에게 무언가 새로운 것을 보여준다면, 성공이다. 이 글쓰기는 자신과 세상을 더 깊이 이해하기 위한 여정이다.

이렇게 하면 관찰 일지에 더 온전한 경험의 기록이 남게 된다. 훗날 그 장소에서의 경험뿐만 아니라 그 경험이 나에게 어떤 영향을 주었는지까지 떠올릴 수 있을 것이다. 세상을 관찰하며 마음과 생각을 자연과 연결해보자.

글로 페이지 꾸미기

글을 창의적이고 새로운 방식으로 활용해 페이지를 꾸며보자. 페이지가 풍성해지고, 사고 방식도 달라질 수 있다.

- 아이디어나 관찰한 내용 앞에 글머리 기호를 붙여 목록으로 작성해보자. 빠르게 많은 내용을 기록할 수 있다.
- 글과 스케치를 선으로 연결해 그림이 '말하도록' 만들어보자.
- 어떤 수수께끼를 탐구할 때는 마인드맵을 만들어 관련된 생각들을 연결하고 궁금한 것들을 더 탐구해보자(40쪽 참조).
- 제목을 쓰거나 강조할 때는 획을 굵게 혹은 몽땅 대문자로 쓰거나, 두껍고 동글동글한 글씨, 정자체로도 써보고 색연필 또한 활용해보자.
- 글을 세로로, 대각선으로, 호 모양으로 쓰거나, 글자가 그림의 가장자리를 감싸도록 써보는 것도 좋다. 글 덩어리의 형태를 페이지의 구성 요소로 생각해보자. 글씨를 작고 조밀하게 쓰면 글 덩어리의 밀도가 더 높아 보일 것이다.

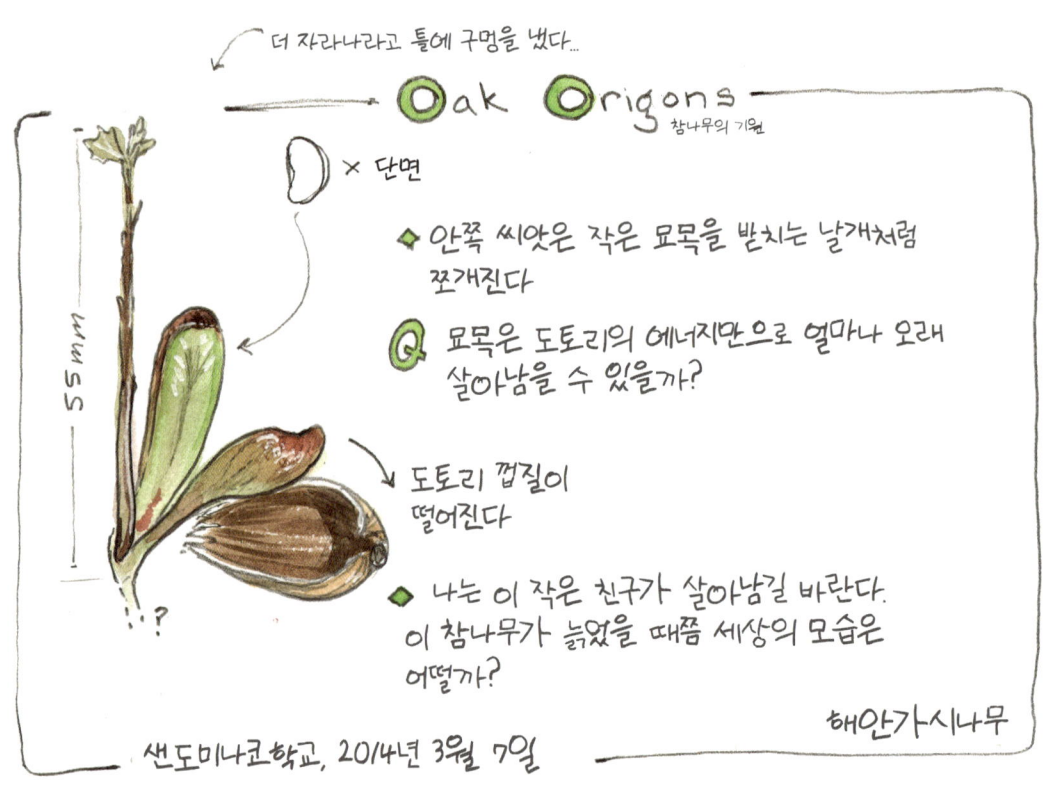

다이어그램 만들기

다이어그램은 그림과 유사하지만 데이터를 정확히 기록한다는 목적을 지녔다.
다이어그램의 아름다움은 정보의 밀도와 명확성에 있다.

아름다운 정보

다이어그램은 그림과 데이터 수집이 만나는 곳이다. 이상적인 다이어그램은 명확하고 단순하게 정보를 기록하거나 설명한다. 미적으로 아름다워야 한다는 부담감은 없지만, 얼마나 많은 정보를 담고 얼마나 명확하게 전달하느냐에 따른 또 다른 아름다움이 있다. 그 아름다움이란 역동성과 지적 흥미로움이다.

관찰 일지 응급 처치

만약 그림을 그리다가 마음에 들지 않거나 실망을 느꼈다면 그림을 다이어그램으로 바꾸는 것도 좋다. 화살표를 여기저기 그리면서 메모를 추가해보자. 이렇게 하면 페이지에 기록되는 정보의 밀도가 높아져 새로운 에너지가 생긴다. 메모를 추가하면 그림에 치중된 집중력과 압박감이 줄어들고, 현재 관찰하고 있는 대상에 주의를 쏟게 된다. 페이지의 완성도에 대한 걱정에서 벗어나 다시 관찰을 시작하고 지금 이 순간에 몰입할 수 있게 해준다.

반복되는 패턴 활용하기

막상 고사리를 그리려고 하면 겁이 날 수 있다. 작은 잎들이 프랙털 구조처럼 무한 반복되니 말이다. 시간을 많이 들여 명상하듯 여유롭게 그리는 것도 괜찮다. 그러나 빨리 그리고 싶다면 어떻게 해야 할까? 잎 위에 종이를 깔고 덧그려보는 것도 좋은 해결책이다. 또 다른 유용한 방법은 다이어그램을 만드는 것이다.

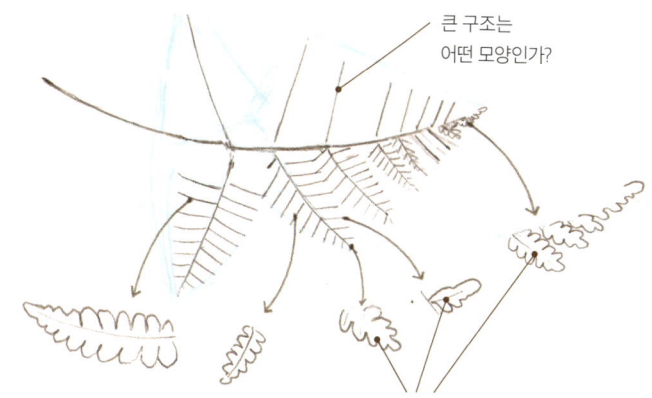

큰 구조는 어떤 모양인가?

반복되는 요소들 사이에는 어떤 변형이 있으며, 그것들이 전체 속에서 어떻게 어우러지는가?

작은잎(*겹잎을 구성하는 작은 잎)을 전부 그리는 대신 간단히 세부(위, 앞, 옆에서 본 모습)를 몇 개 그린 뒤 각각의 부분이 어떻게 맞물리는지 보여주는 다이어그램을 작성해보자. 같은 정보를 반복해서 그리느라 시간을 허비하지 않고, 관찰에 더 많은 시간을 할애할 수 있다. 또한 낱개의 잎들이 연결되는 구조를 파악하는 데도 도움이 된다. 잎을 하나씩 그리다 보면 전체 구조를 놓치기 쉽기 때문이다.

> "이제 내 귀의 귀가 깨어나고, 내 눈의 눈이 열린다."
>
> E. E. 커밍스

솔방울의 비늘은 패턴이 대칭으로 반복된다. 비늘 한 개의 생김새를 자세히 살피고 묘사해보자. 원뿔 모양

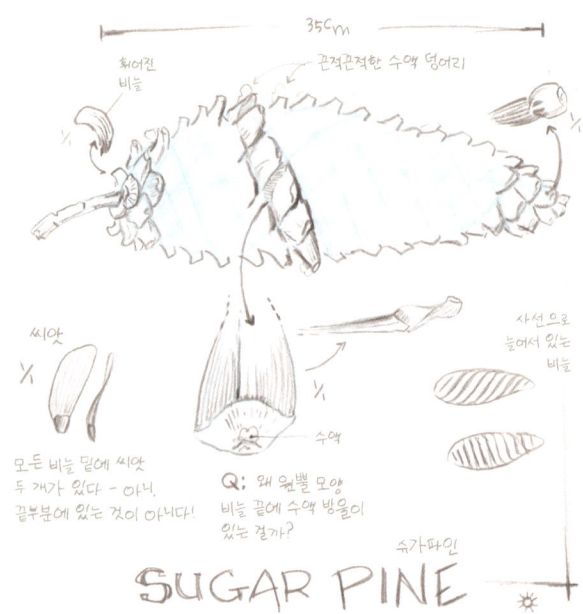

솔방울의 통통한 중앙의 비늘은 끝부분의 비늘과 어떻게 다른가? 반복되는 비늘들이 만드는 패턴은 어떤 모습인가?

그림을 그리다가 답답함을 느끼거나 더 이상 관찰할 것이 없을 때는 자연 관찰의 기본으로 돌아가보자. 내가 알아챈 것, 궁금한 것, 연상되는 것을 떠올려보라. 잠시 관찰 일지 기록은 접어두고, 관찰한 것과 의문, 연상되는 것들을 소리 내어 말해보자. 그러다 보면 마음이 편안해지고 다시 호기심이 생길 것이다. 새로운 시각을 찾아내고, 발견한 것을 다시 기록하면 된다.

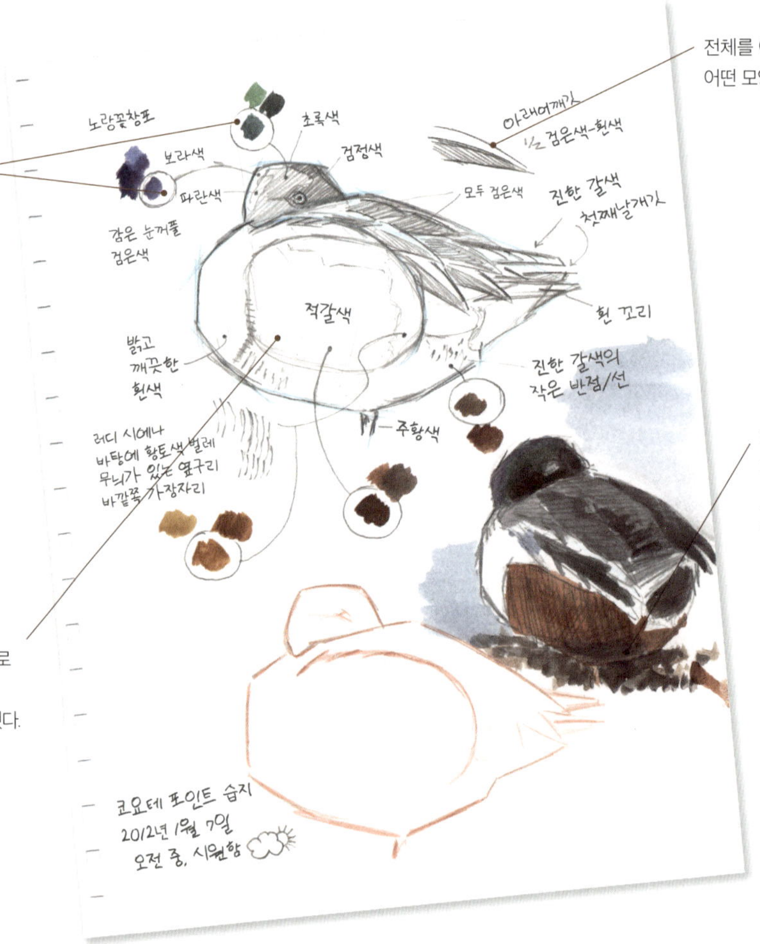

나는 위쪽 다이어그램이 오른쪽의 오리 그림보다 더 흥미롭다고 생각한다. 정보량과 명확함이 시선을 더 끌기 때문이다.

전체를 이루는 개개의 요소는 어떤 모양인가?

색상을 탐구하고 물감이 섞이는 방식을 익히기에 부담 없는 방법이다.

다양한 방식으로 관찰하기 위해 그림과 다이어그램을 함께 활용하자.

사실 이 오리는 그림으로 잘 표현되지 않아 다이어그램으로 전환했다. 덕분에 그림도 살릴 수 있었고, 관찰 작업에도 새로운 활력이 생겼다.

새소리 및 다른 소리들의 다이어그램화

자연의 소리를 다이어그램으로 표현하면 자연의 목소리에 더 귀 기울이게 된다.
이 방법은 귀로 새를 구분하고 식별하는 가장 빠른 방법이다.

나의 설명이 가장 효과적이다

녹음이나 책으로 새소리를 배우기는 어렵다. 현장에 도착했을 때는 테이프로 들었던 소리를 잊어버리기 쉽고, 도감에 있는 묘사는 이해하기 어려울 때가 많다. 도감 작성자에게는 "쿠가 추가 집 집 주릴립 립"처럼 들렸을지 몰라도 내게는 그렇게 들리지 않는다. 자신이 들은 새소리를 직접 묘사하는 것이 새소리를 배우는 가장 좋은 방법이다. 소리를 글로 쓰면 집중하게 되고, 들은 것을 기억하는 데 도움이 된다.

현장에서 새소리를 들으면 자신만의 방식으로 소리를 묘사해보자. 어떤 새인지 찾을 수 있다면 그 이름을, 알지 못한다면 '미스터리 새소리 3'처럼 적어두고 같은 소리를 하루 동안 계속 들어보는 것도 좋다. 새를 확실히 보게 되면 그 소리에 이름을 추가한다. 이렇게 소리에 집중해 묘사하고 기록하는 과정은 새소리를 기억 속에 단단히 새겨줄 것이다.

듣는 법 배우기: 숲속 노래방

새소리를 들을 때 무엇을 들어야 할지 틀을 세우면 좀 더 도움이 된다. 의사가 맥박을 잴 때와 비슷하다. 단순히 분당 박동 수를 세는 것이 아니라, 맥박의 리듬(규칙적인지, 불규칙적인지)과 질(강한지, 널뛰는지, 가느다란지)에 주의를 기울여보자. 그리고 속도, 리듬, 질이라는 동일한 틀을 사용해 자연의 다른 소리도 묘사할 수 있다. 연습을 하다 보면 소리를 묘사하는 어휘가 늘어나고, 비교할 기준점이 많아지면서 듣는 능력도 향상된다.

소리에 집중하기 위해 눈을 감아보자. 새가 노래할 때 손을 들어 지휘하듯이, 높은 음에서는 손을 올리고, 낮은 음에서는 내리고, 떨리는 소리에서는 손가락을 흔들어본다. 그런 다음 소리를 따라해보자. 휘파람을 불거나 콧노래로 흉내 내도 좋다. 들리는 소리에 단어나 아무 음절을 붙여 새들과 함께 노래를 불러보자.

리듬

노래의 흐름과 가사를 종이에 옮겨 적어보자. 물결선

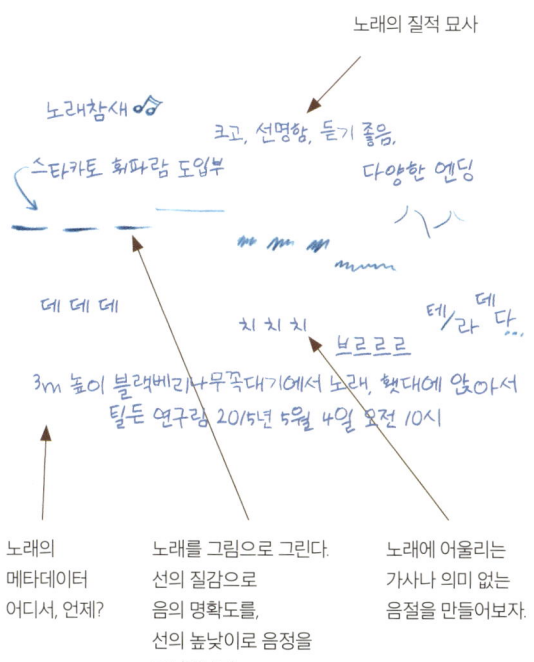

노래의 질적 묘사

노래의 메타데이터 어디서, 언제?

노래를 그림으로 그린다. 선의 질감으로 음의 명확도를, 선의 높낮이로 음정을 표시해보자.

노래에 어울리는 가사나 의미 없는 음절을 만들어보자.

으로 그림을 그리되, 이어지는 음에는 연속선을, 스타카토 음에는 점선을 사용할 수 있다. 큰 소리는 굵은 선을, 작은 소리는 가는 선을 사용하고, 음정 변화에 따라 선을 오르내리게 하면 된다. 큰 소리는 굵은 글자나 대문자로, 작은 소리는 소문자로 적는다. 글자도 음정 변화에 따라 오르락내리락 적자.

속도

새가 노래하는 속도가 빠른가, 느린가? 같은 속도를 유지하는가, 끝으로 갈수록 빨라지는가, 아니면 힘이 빠지는가? 익숙한 새와 비교해 노래의 속도를 가늠해보자. 울음소리를 하나하나 셀 수 있는가, 아니면 연결된 지저귐처럼 들리는가? 노래의 길이는 얼마나 되는가? 노래와 노래 사이에 몇 초의 간격이 있는가?

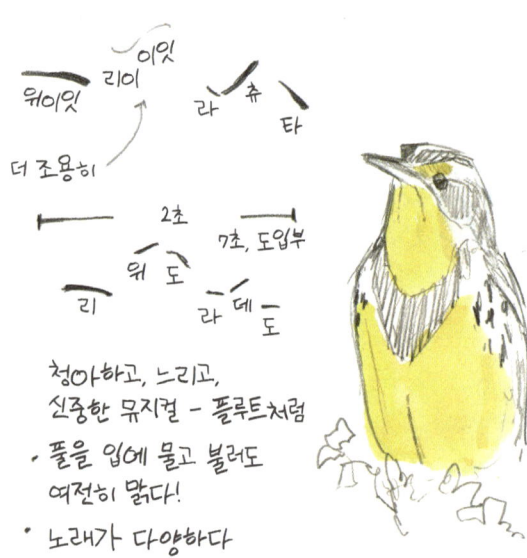

소리의 질

풍부하게 묘사해보자. 소리를 미묘하게 구별해 표현할 수 있는 단어들을 찾아보자. 소리가 시끄러운가, 부드러운가? 음량이 변화하는가? 음은 또렷한가, 아니면 이어지다 흐려지는가? 노래가 다양한가, 똑같은가? 음악적인가, 기계적인가, 소란스럽게 짹짹대는가, 플루트 소리, 아니면 곤충 소리 같은가?

소리 환경

노래가 들리는 장소의 전체적인 환경을 관찰해야 한다. 지금 있는 곳은 어떤 생태계인가? 이 소리 환경에서 어떤 다른 소리들이 들리는가? 새는 어디에서 노래하고 있는가? 새가 보이는가, 아니면 풀숲에 가려져 있는가? 높은 나무에서 노래하는가, 낮은 관목에서 노래하는가? 한 자리에서 노래하는가, 옮겨 다니며 노래하는가? 근처에 있는 같은 종의 새와 서로 주고받는 것처럼 들리는가, 아니면 홀로 노래하는가?

> "쉿, 주변을 둘러싼 소리를 들어보라. 음의 높낮이, 크기, 음색 그리고 여러 겹으로 얽힌 선율을 느껴보라. 빛이 모네에게 그림을 가르쳤듯이 이 땅이 당신에게 음악을 가르치고 있는지도 모른다."
>
> 피트 시거

기준점

검은눈방울새의 지저귐 소리는 빠른가, 느린가? 기준점이 없으면 이를 판단하기 어렵다. 무엇보다 빠르거나 느린가? 처음으로 새소리를 들으려고 할 때, 세 마리 정도 흔하고 익숙한 새의 노래를 먼저 익혀두면 좋다. 이 새들이 다른 새들의 울음소리를 비교할 수 있는 기준점이 되어준다. 기준점을 두면 다른 새의 지저귐이 익숙한 새보다 더 높은 음정을 가졌는지, 느린지 또는 더 기계적인지 묘사할 수 있다.

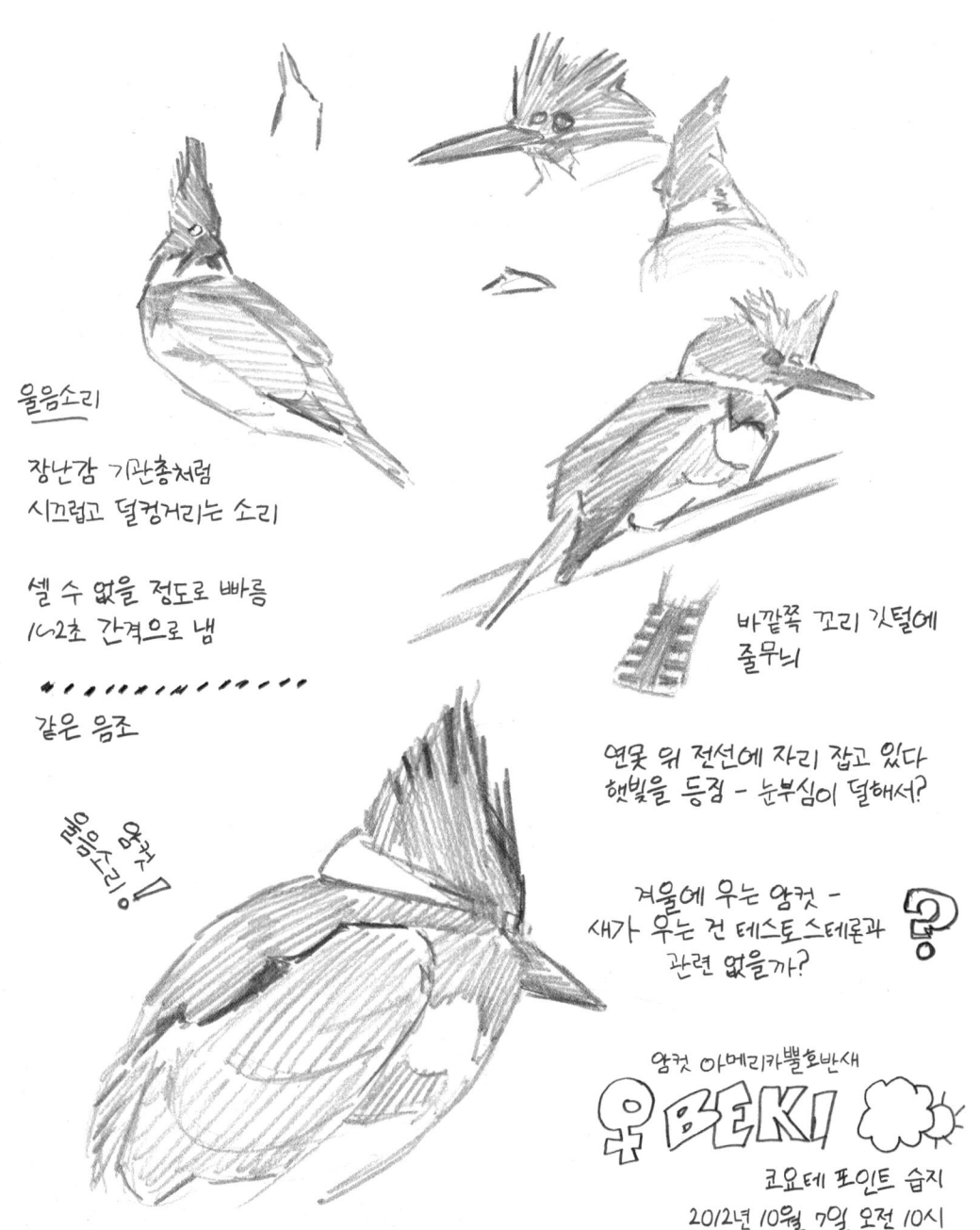

목록 작성하기

한 날짜에 한 장소에 존재하는 모든 것을 기록하면 중요한 과학적 정보가 되어준다.
관찰한 종의 개체 수를 나열하거나, 특정 지역에서 발견한 모든 종을 기록해 생물 다양성 목록을 만들어보자.

침니록의 경험

어릴 적 나는 부모님이 포인트 레예스 국립 해안에 있는 침니록을 정기적으로 방문하여 야생화 개화의 다양성과 시기를 기록하는 모습을 지켜보았다. 부모님은 수십 년간의 데이터와 함께 기후 변화를 예측할 수 있는 작은 창을 갖게 되었다. 이런 기록 방식은 장소와의 깊은 유대감을 형성하게 한다. 부모님이 보여주신 모습이 성인이 된 나의 가치관과 사고에 어떤 영향을 주지 않았을까 생각해본다.

언제, 어디에, 무엇이, 얼마나 있는가?

한 사람이 평생 동안 본 종의 수를 기록하는 목록을 관찰자들은 흔히 '생물 목록life list'이라고 부른다. 이는 과학적으로는 의미가 없다. 관찰자가 새를 슬쩍 보고 바로 다음 새로 넘어가기만 한다면 이 목록은 피상적인 관찰만 부추기는 셈이 된다. 대신 특정 시간과 특정 장소에서 본 종 목록은 유용하고, 각 종의 개체 수까지 포함하면 더욱 가치가 있다. 필드 노트에 위치별 목록을 기록하는 것이 중요하다. 하루에 여러 장소를 방문한다면 하나의 목록 속에 몽땅 적어 넣기보다 장소별 목록을 만드는 것이 좋다. 이런 기록은 '언제, 어디에, 무엇이, 얼마나 있었는지'를 재구성할 수 있게 해준다.

과학적인 탐구를 위한 목록 작성하기

생물계절학은 식물과 동물의 계절 주기 변화를 연구하는 과학이다. 새들이 이동하고 둥지를 틀고 새끼가 독립하는 현상, 곤충의 출현, 야생화의 싹이 트고 꽃이 피고 종자가 형성되는 모습, 잎이 나와 색이 무르익었다가 떨어지는 흐름 모두 기후 변화에 영향을 받는 생물학적 현상들이다. 사계절만 있다는 생각에서 벗어나자. 이는 자연의 주기에서 나타나는 세세한 변화를 지나치게 단순화하는 것이다. 월별, 주별, 심지어 날마다 계절 패턴 속 변화를 감지할 수 있다. 해마다 위와 같은 현상들의 발생 시기를 비교해보자.

전 세계적으로 기후가 변화하면서 아마추어 시민 과학자가 수집한 데이터가 지구의 변화를 감지하는 데 매우 중요한 역할을 하고 있다. 생물계절학적 현상의 의미를 이해하고 이를 관찰 일지에 기록하는 것부터 시작해보자. 세계 조류 데이터베이스 정보 시스템 이버드eBird나 미국 국립 생물계절학 네트워크USA National Pheonological Network의 네이처스 노트북Nature's Notebook과 같은 웹사이트에 자신의 관찰을 공유하는 것도 좋다. 우리의 관찰은 과학자들이 전 지구적 변화를 이해하는 데 도움을 주고, 토지 관리자와 정책 결정자가 의사 결정을 내릴 때 중요한 정보를 제공할 수 있다.

네 글자 코드 약어

조류학자들은 필드 노트 속 목록들을 쉽게 작성할 수 있는 네 글자 코드 시스템을 만들었다.

- 이름이 **한 단어**인 경우

단어의 처음 네 글자를 사용한다. 예) 물수리Osprey는 OSPR, 소라Sora는 SORA.

- 이름이 **두 단어**인 경우

각 단어의 처음 두 글자를 사용한다. 예) 우는비둘기Mourning Dove는 MODO, 캐나다기러기Canada Goose는 CAGO.

- 이름이 **세 단어이고 하이픈이 없는** 경우

첫 두 단어의 첫 글자와 마지막 단어의 처음 두 글자를 사용한다. 예) 큰뿔솔딱새Great Crested Flycatcher는 GCFL.

- 이름이 **세 단어이고 하이픈이 포함된** 경우

하이픈이 있는 단어는 첫 글자를, 하이픈이 없는 단어는 처음 두 글자를 사용한다. 예) 붉은꼬리말똥가리Red-tailed Hawk는 RTHA, 황갈색휘파람오리Fulvous Whistling-Duck는 FUWD.

- 이름이 **네 단어**인 경우

각 단어의 첫 글자를 사용한다. 예) 노란이마해오라기Yellow-crowned Night-heron는 YCNH.

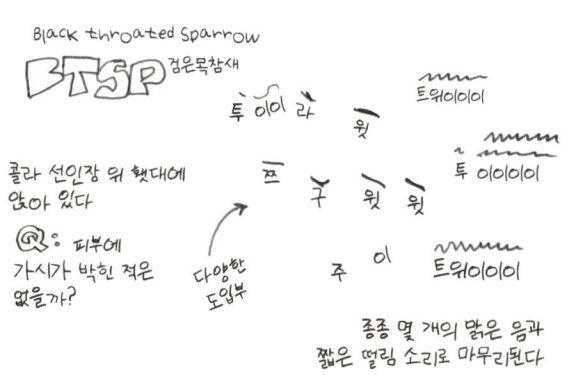

대문자와 소문자를 혼용하여 기록하면 읽기가 훨씬 수월하다. 예를 들어 붉은꼬리물오리Ruddy Duck의 경우 RuDu가 RUDU보다 해석하기 쉽다.

이 시스템을 사용하면 일부 종의 코드는 똑같아진다. 예를 들어 그레이킹버드Gray Kingbird, 노란배딱새 Great Kiskadee, 녹색물총새Green Kingfisher는 코드가 겹치기 때문에 고유 코드를 따로 암기해야 한다. 아마 동네에서 볼 수 있는 새들 중에는 많지 않을 것이다. 나는 난독증이 있어서 이런 예외를 외우기가 어려웠다. 당신도 마찬가지라면, 현장에서 최선을 다해 고군분투한 뒤 집에 돌아와 기억이 생생할 때 당신이 쓴 네 글자 코드를 정식 이름으로 바꾸자. 이렇게 하면 시간이 지난 후에도 노트를 보며 혼동하거나 의문이 생기는 일을 피할 수 있다.

고유 코드

여기 미국 본토에서 흔히 볼 수 있는 몇몇 새의 고유 코드가 있다. 전체 목록은 온라인에서 '조류 개체 수 연구소 알파 코드Institute for Bird Populations alpha codes'를 검색하여 확인할 수 있다.

- 흰뺨기러기Barnacle Goose BARG
- 깔깔기러기Cackling Goose CACG
- 캐나다기러기Canada Goose CANG
- 울음고니Trumpeter Swan TRUS
- 레이산오리Laysan Duck LAYD
- 큰고니Whooper Swan WHOS
- 넓적부리Northern Shoveler NSHO
- 까치오리Labrador Duck LABD
- 산메추라기Mountain Quail MOUQ
- 몬테수마메추라기Montezuma Quail MONQ
- 유럽자고새Gray Partridge GRAP
- 꿩Ring-necked Pheasant RNEP
- 슴새Streaked Shearwater STRS
- 불러슴새Buller's Shearwater BULS
- 쇠부리슴새Short-tailed Shearwater SRTS
- 밴드럼프드스톰페트렐Band-rumped Storm-Petrel BSTP
- 리스트스톰페트렐Least Storm-Petrel LSTP
- 큰군함조Great Frigatebird GREF
- 브랜트가마우지Brandt's Cormorant BRAC
- 해리스매Harris's Hawk HASH
- 메추라기도요Sharp-tailed Sandpiper SPTS
- 붉은부리회색갈매기Heermann's Gull HEEG
- 긴꼬리제비갈매기Roseate Tern ROST
- 로얄턴Royal Tern ROYT
- 큰애니Greater Ani GRTA
- 원숭이올빼미Barn Owl BANO
- 줄무늬올빼미Barred Owl BADO
- 녹색물총새Green Kingfisher GKIN
- 그린패러킷Green Parakeet GREP
- 노란배딱새Great Kiskadee GKIS
- 그레이킹버드Gray Kingbird GRAK
- 재때까치Northern Shrike NSHR
- 회색어치Gray Jay GRAJ
- 초록어치Green Jay GREJ
- 녹색제비Tree Swallow TRES
- 바하마제비Bahama Swallow BAHS
- 갈색제비Bank Swallow BANS
- 제비Barn Swallow BARS
- 캐니언굴뚝새Canyon Wren CANW
- 캐롤라이나굴뚝새Carolina Wren CARW
- 선인장굴뚝새Cactus Wren CACW
- 애기여새Cedar Waxwing CEDW
- 노란머리버들솔새Prothonotary Warbler PROW
- 커네티컷솔새Connecticut Warbler CONW
- 청솔새Cerulean Warbler CERW
- 블랙번솔새Blackburnian Warbler BLBW
- 검은머리솔새Blackpoll Warbler BLPW
- 프레리솔새Prairie Warbler PRAW
- 검은목회색솔새Black-throated Gray Warbler BTYW
- 검은목푸른아메리카솔새Black-throated Green Warbler BTNW
- 갈색발풍금새Canyon Towhee CANT
- 캘리포니아검은멧새California Towhee CALT
- 배크먼참새Bachman's Sparrow BACH
- 세이지참새Sage Sparrow SAGS
- 종달이멧새Lark Bunting LARB
- 초원멧새Savannah Sparrow SAVS
- 베어드참새Baird's Sparrow BAIS
- 염습지참새Saltmarsh Sparrow SALS
- 갈색덜미참새Rufous-collared Sparrow RCOS
- 푸른멧새Lazuli Bunting LAZB
- 청동흑조Bronzed Cowbird BROC

수량 세기, 추정하기, 측정하기, 시간 기록하기

관찰 내용을 정량화하면 자칫 놓칠 수 있는 패턴과 세부 사항을 좀 더 잘 발견할 수 있다.
이러한 관찰 방식은 자연을 들여다보는 또 다른 창을 열어준다.

수량 세기

잎의 가시, 새의 수, 식물의 구성 요소, 분당 먹이 주기 횟수 등 관심을 끄는 특징이나 행동을 세어보자. 숫자를 세다 보면 집중력이 높아지고, 다른 방법으로는 놓칠 수 있는 패턴도 발견할 수 있다. 나는 사슴이 뜯어 먹는 잎과 뜯어 먹지 못하는 높이에 달린 잎의 가시 수를 세어보았다. 사슴이 먹지 못하는 잎보다 먹을 수 있는 잎이 더 작은데도 가시는 더 많았다. 구체적으로 관찰하는 데 걸리는 시간은 그리 길지 않다.

수를 비율로 변환해보는 것도 좋다. 예를 들어, 아기

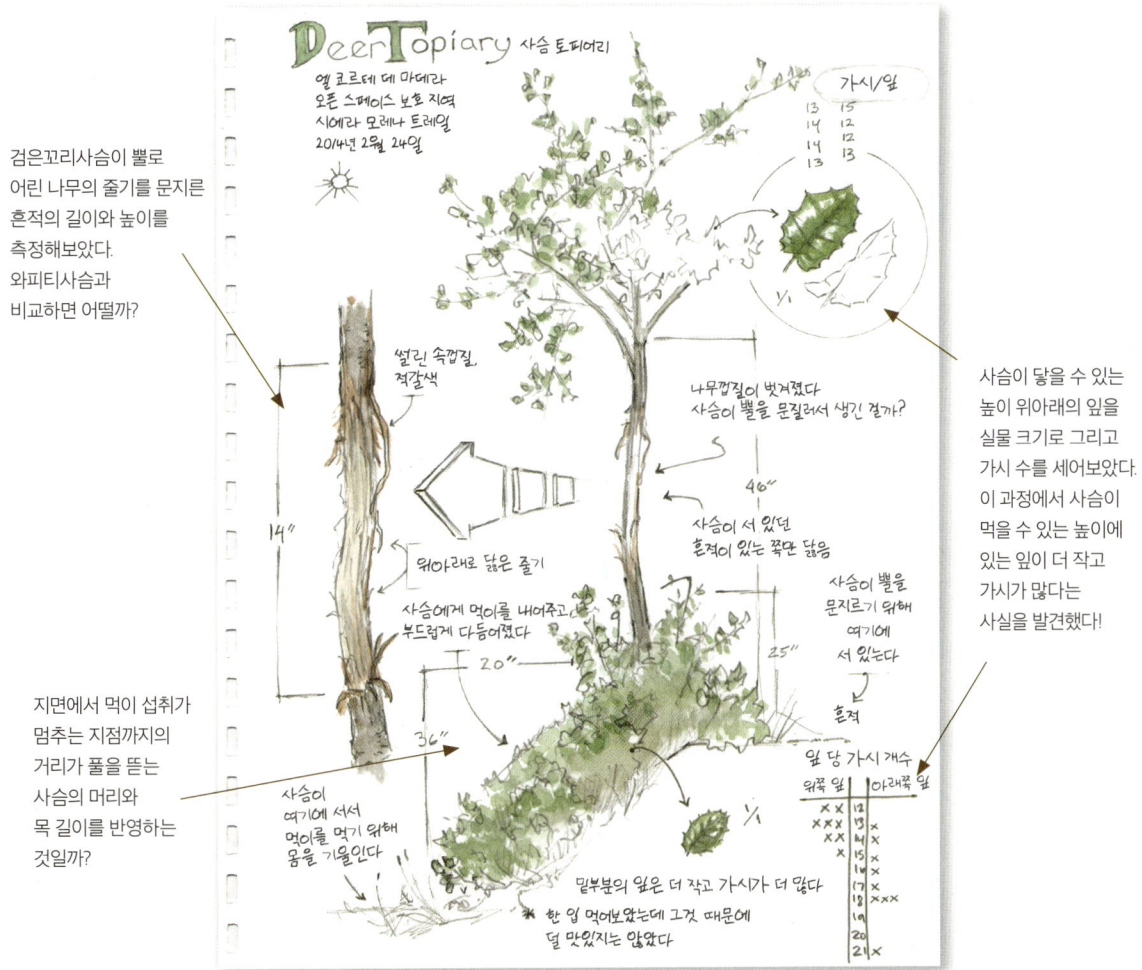

벌새는 30분 동안 몇 번 먹이를 받아먹는가? 먹이를 찾는 왜가리가 시도한 횟수와 잡은 물고기의 비율은?

추정하기

정확한 수를 셀 수 없을 때는 추정도 좋다. 우리는 종종 많은 수를 표현할 때 '셀 수 없이 많다'고 말하길 좋아하지만, 한번 실제로 추정해보는 건 어떨까? 백 단위, 천 단위로 추정할 수 있는가?

큰 숫자를 추정하는 연습을 해보자. 먼저 열 개의 개체를 세어본 후 전체적으로 어떤 모습인지 눈에 담는다. 그런 다음 그 열 개 묶음 이미지를 활용해 50개까지 세어본다. 이어서 50개의 모습을 눈에 담는다. 이번에는 50개 묶음 이미지를 활용해 백 개까지 세어보자. 똑같이 백 개 묶음은 어떤 모습인지 눈에 담는다. 이후 수백 개를 세어보자. 처음에는 어렵겠지만 연습하면 훨씬 나아질 것이다.

주변 사물의 수를 대략적으로 추정하는 연습을 한 다음 실제로 수를 세어 정확성을 확인해보자. 어두운 천 위에 쌀을 몇 줌 뿌리고 개수를 세어보는 훈련도 좋다.

쌀알 열 개를 센 뒤, 나머지는 쌀알이 차지하는 공간을 기준으로 체계적으로 추정해본다. 마지막으로 모두 세어 정확한지 확인해보자. 적게 혹은 크게 추정했는지 검토해본다. 오차 범위는 얼마인가? 다른 양으로도 다시 시도해보자.

추정치는 작업의 정밀도 수준에 맞춰 반올림도 가능하다. 예를 들어, 새 무리를 열 마리 단위로 추정해서 약 70마리라고 판단했다면, 두 마리를 더 봤다고 해서 노트에 '72'라고 적지 말라. 이렇게 구체적인 숫자를 적으면 정확하게 모두를 센 것처럼 보일 수 있다. 대신 '약 70'으로 유지하다가 대략 열 마리 정도 더 확인되면 80으로 올려 적는다.

뒷장의 점 그림을 참고하여 백 개 또는 천 개가 어떤 모습인지 짐작해보자. 무언가를 볼 때 실제 수량을 알고 놀랐다면 더 많을 거라 혹은 적을 거라 짐작했는지 기록해두자.

측정하기

자를 꺼내서 측정해보자. 손에 자를 들고 있으면 크기와 거리에 집중할 수 있게 된다. 이제 조금 더 흥미로운 패턴들이 드러난다. 나는 밀리미터 자를 인치 단위보다 더 유용하게 사용하는데, 단위가 더 작고 십진법으로 되어 있어 계산이 쉽기 때문이다. 관찰 도구함에 수축형 천 줄자, 밀리미터 자, 각도기를 챙겨 다닌다.

나의 걸음걸이도 측정해놓는 것이 좋다. 큰 지형지물들이나 그 사이의 긴 거리를 측정할 때 매우 유용하다. 백 피트를 걷는 데 필요한 나의 걸음 수를 세어보자. 보폭을 일부러 줄이거나 늘이지 말고, 자신의 고유한 보폭을 측정해야 한다. 그리고 다음 공식을 사용하여 결과를 환산하면 된다.

100 ÷ 걸음 수 = 걸음당 피트

걸음당 피트 × 0.3048 = 걸음당 미터

이 숫자(걸음당 피트와 걸음당 미터)가 당신의 보폭이다. 관찰 일지 뒤쪽에 기록해두자. 거리를 측정하고 싶을 때는 걸음 수를 세고 보폭과 곱하면 피트나 미터 단위를 얻을 수 있다. 거리를 보폭으로 나누면 그 거리를 걷는 데 필요한 걸음 수가 된다.

시간 측정하기

시계가 있다면 관찰 시간을 재고 발생 빈도(시간 당 관찰 횟수)를 확인해보자. 물총새가 10분 동안 몇 번이나 잠수하여 먹이 사냥을 시도하는가? 그중 몇 번이 성공적인가? 꼬까울새는 5분 동안 몇 번 노래하는가? 일렬로 이동하는 개미는 1분 동안 기준점을 몇 마리나 지나가는가? 개미 한 마리는 1분 동안 몇 센티미터를 이동하는가? 스톱워치를 사용하면 1분이 지났을 때 계속 시계를 확인할 필요가 없어 더 편리하다.

100은 어떤 모습일까?

이 그림들을 연구해 큰 숫자에 대한 직관적 감각을 키워보자. 자신의 직감을 실제 수량과 비교하여 내적 기준을 정기적으로 조정하는 것이 좋다. 주변의 작은 물체의 개수를 추정한 뒤, 하나씩 세어 정확한지 확인해보자. 연습을 통해 점점 나아질 것이다.

데이터 도구

다음은 수치 관찰을 기록하고 시각화하여 보다 정확하고 정밀하게 추정하는 데 도움이 되는 몇 가지 도구다.

줄기-잎 도표

긴 숫자 목록은 직관적으로 이해하기 어렵다. 줄기-잎 도표는 데이터를 그림으로 만들어 숫자 분포와 중심 경향(평균)을 시각화할 수 있는 방법이다.

예를 들어, 탁 트인 능선에서 자라는 식물이 인근 보호된 숲에서 자라는 식물보다 더 짧다는 사실을 관찰했다고 하자. 이렇게 일반적인 관찰만 하고 끝낼 수도 있지만, 두 위치에서 같은 종의 높이를 측정하면 이 패턴을 더 명확히 설명할 수 있다. 식물 높이를 측정한 후 결과를 단순히 목록으로 기록하면 아래와 같은 혼란스러운 숫자 나열만 남게 된다.

```
능선: 24 36 41 22 16 42 37 35
      30 4 16 54 7 66 42 34
      54 23 21 44 32 48 43 31
      23 18 10 4 54 72 33 24
      34
숲:   25 38 63 54 49 43 36
      41 89 41 62 51 94 71
      77 82 64 58 104 66 57
      51 40 42 56 32 13 53
      92 74 57
```

통계에 능숙하다면 평균과 표준 편차를 계산할 수도 있지만, 이는 현장에서 계산하기 어렵고 대부분의 사람에게는 의미가 없다. 더 나은 방법이 있다. 데이터를 모아서 나중에 분석하는 대신, 기록할 때 바로 줄기-잎 도표에 데이터를 써넣어보자. 방법은 다음과 같다.

1. 줄기-잎 도표의 틀을 만든다. 왼쪽 열이 줄기다. 줄기는 십의 자리와 백의 자리에 있는 숫자를 나타낸다.

2. 이제 잎을 추가한다. 현장에서 각 식물을 조사하면서 측정값을 기록한다. 첫 번째 값이 25였다. 줄기 열의 2는 십의 자리인 20을 나타내고, 5는 일의 자리인 5를 나타낸다.

3. 계속 측정한 뒤 목록에 추가한다. 다음 측정값은 38, 63, 54, 49, 43이다. 줄기-잎 도표에서 각각을 어떻게 기록했는지 살펴보자. 43의 3은 이전 숫자인 49의 9 옆에 추가했다. 일단 틀을 만들어놓으면 빠르게 진행할 수 있다.

	숲
0	
1	3
2	5
3	82
4	931102
5	41871637
6	36246
7	174
8	92
9	44
10	
11	4

4. 완성된 도표는 매우 유용하다. 데이터의 막대그래프가 되었다. 데이터 분포가 13에서 104까지로 50대 초반에 집중되어 있음을 한눈에 알 수 있다. 이 도표는 직관적이라서 쉽게 읽힌다.

능선		숲
474	0	
0866	1	3
431324	2	5
431240576	3	82
384221	4	931102
44	5	41871637
	6	36246
62	7	174
2	8	92
	9	44
	10	
	11	4

5. 능선과 숲을 비교하려면 줄기 반대편에 새로운 표를 그리면 된다. 이제 능선에서 자라는 식물이 더 짧을 뿐 아니라 높이의 분포 범위도 더 좁다는 것을 확인할 수 있다.

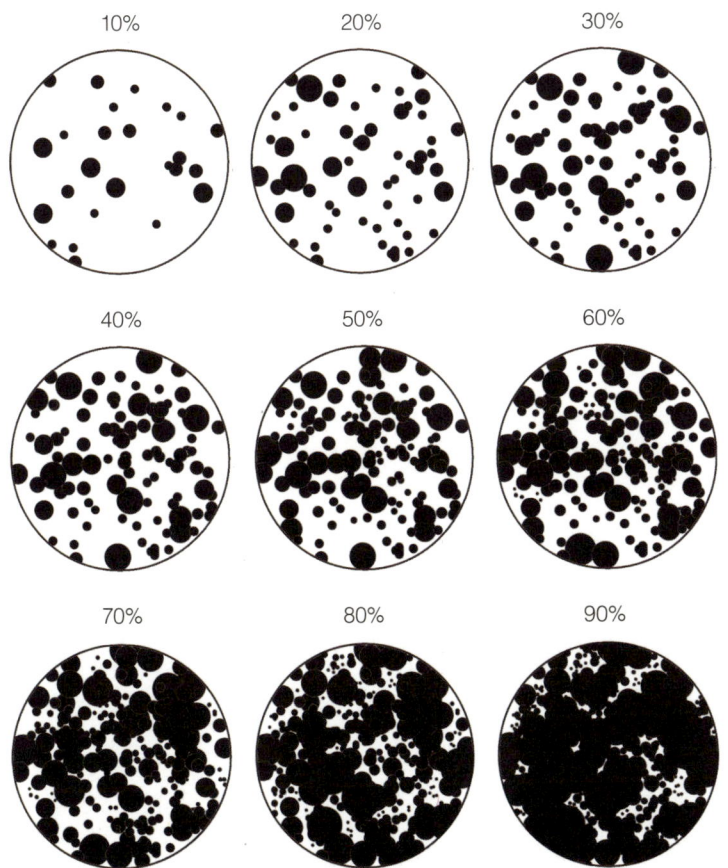

덮임 비율

하늘이 얼마나 구름으로 덮여 있는지 또는 산비탈이 얼마나 단풍으로 덮여 있는지 추정하기란 쉽지 않다. 우리가 큰 수를 추정하는 데 익숙하지 않은 것처럼, 덮임 비율을 추정해본 경험도 부족하기 때문이다. 왼쪽 원형 그림을 참고하여 보다 정확하게 덮임 비율을 추정해보자. 정확한 비율을 모르겠다면 범위를 제시하는 것도 좋다.

호의 각도

신체를 이용해 하늘이나 바다에 있는 대상물 사이 간격을 원의 각도로 추정해보자. 태양과 환일幻日 사이의 거리, 1차 무지개와 2차 무지개 사이의 거리 또는 태양과 수평선 사이의 거리는 얼마나 되는가? 이 방법을 사용해 친구에게 "헛간에서 왼쪽으로 30도 지점 울타리 기둥 위에 맹금류가 있어"라고 새의 위치를 알려줄 수도 있다.

팔을 최대한 뻗고 손가락을 사용해 각도를 측정해보자. 사람마다 손 크기는 다르지만 보통 팔 길이도 그에 비례해 다르기 때문에 누구나 대략 비슷한 각도를 추정할 수 있다.

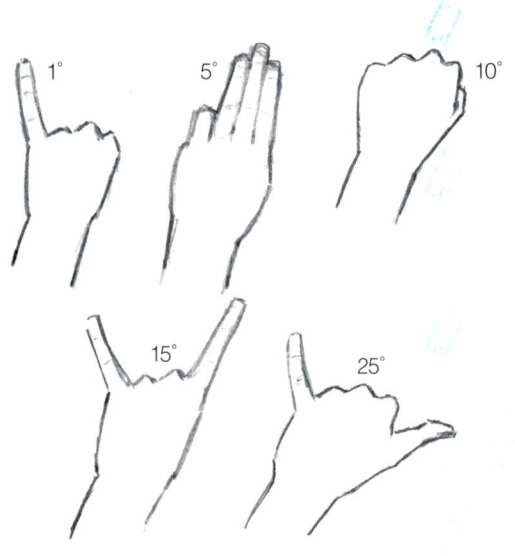

풍속

바람의 속도를 추정하고 수첩에 묘사해놓을 때 보퍼트 풍력 계급을 사용한다. 1805년 영국 해군 제독 프랜시스 보퍼트 경이 개발했으며, 바람의 속도를 0에서 12까지의 등급으로 평가한다. 아래는 그의 시스템을 최근에 수정한 버전이다.

보퍼트 풍력 계급

0. **고요**, <1mph(<1km/h): 연기가 수직으로 올라가며, 수면이 잔잔하고 유리같이 맑다.

1. **실바람**, 1~3mph(1.1~5.5km/h): 연기의 움직임이 바람의 방향을 나타낸다. 나뭇잎과 풍향계는 움직이지 않고 잔물결이 있지만 물마루는 없다.

2. **남실바람**, 4~7mph(5.6~11km/h): 피부에 바람이 느껴진다. 나뭇잎이 살랑거리고 풍향계가 움직인다. 작은 잔물결이 생기며, 부드러운 물마루가 펼쳐진다.

3. **산들바람**, 8~12mph(12~19km/h): 나뭇잎과 작은 가지가 계속해서 움직이고 깃발이 가볍게 펄럭인다. 큰 잔물결이 생기고, 물마루가 부서지기 시작하며 흰 물결이 군데군데 나타난다.

4. **건들바람**, 13~17mph(20~28km/h): 먼지와 가벼운 종이가 날아오르고, 작은 가지가 흔들린다. 비교적 자주 흰 물결이 나타나며 작은 파도에 물마루가 부서진다.

5. **흔들바람**, 18~24mph(29~38km/h): 중간 크기의 가지와 잎이 달린 작은 나무가 흔들린다. 중간 크기의 파도와 많은 흰 물결, 소량의 물보라가 생긴다.

6. **된바람**, 25~30mph(39~49km/h): 큰 가지가 흔들리고 전선 사이를 통과하면서 나는 휘파람 소리가 들린다. 우산 사용이 어려워지고 빈 플라스틱 통이 넘어진다. 긴 파도가 형성되고 흰 포말이 자주 나타나며 물보라가 발생한다.

7. **센바람**, 31~38mph(50~61km/h): 나무 전체가 흔들리며, 바람을 거슬러 걷는 데 많은 힘이 필요하다. 파도가 높아지고 부서진 파도의 포말이 바람을 따라 선을 그리며 날아간다. 물보라가 적당량 생긴다.

8. **큰바람**, 39~46mph(62~74km/h): 나뭇가지가 꺾이

고, 자동차가 도로에서 방향을 잃을 수 있다. 보행에 큰 어려움이 생긴다. 중간 크기의 파도가 부서지며 물보라가 일어난다. 포말 띠가 바람을 따라 흘러간다. 상당량의 물보라가 생긴다.

9. 큰센바람, 47~54mph(75~88km/h): 나뭇가지가 꺾이고 작은 나무가 쓰러진다. 건설 현장의 임시 표지판이 넘어간다. 높은 파도가 밀려오고 바람을 따라 짙은 포말이 날린다. 많은 물보라가 시야를 가리기도 한다.

10. 노대바람, 55~63mph(89~102km/h): 나무가 부러지거나 뿌리째 뽑히고, 구조물이 파손될 가능성이 있다. 매우 높은 파도가 넘쳐흐른다. 파도의 큰 포말로 인해 바다가 하얗게 보인다. 강한 충격으로 파도가 크게 출렁인다. 많은 물보라가 시야를 가린다.

11, 12등급도 있지만 그 정도로 바람이 세면 일지에 바람을 기록하는 일보다 더 중요한 문제들이 생긴다.

호기심 도구 키트

가지고 있는 도구가 망치 하나뿐이라면 모든 문제가 못처럼 보이기 마련이다.
다양한 관찰 및 측정 도구를 갖고 있으면 더 많은 질문을 할 수 있다.

휴대용 페이지

책의 맨 마지막에 실린 휴대용 데이터 도구 페이지를 복사해 관찰 일지 뒷면에 붙여두자. 간편히 참고할 수 있는 자료이기에 측정과 추정에 도움이 될 것이다.

호기심 키트 만들기

알맞은 도구는 더욱 깊이 있는 관찰과 묘사에 도움을 준다. 멀리 있는 물체는 망원경을 가진 사람에게 더 많은 비밀을 드러낸다. 줄자를 이용하면 동물 발자국을 더 정확하고 세밀하게 탐구하고 묘사할 수 있다. 가볍고, 작고, 다양한 용도로 사용할 수 있는 관찰 및 측정 도구를 찾자.

관찰 및 측정 도구

A. 근거리 초점 망원경: 펜탁스 파필리오 8.5×21은 내가 가장 좋아하는 망원경이다. 멀리 있는 새도 선명하게 볼 수 있고, 45센티미터 거리에 있는 꽃과 곤충에도 초점을 맞출 수 있다. 실제로 개미가 진딧물을 돌보는 모습이나 꽃을 핥는 벌의 혀도 볼 수 있다. 이 녀석과 함께하면 새로운 세상이 열린다. 이 망원경은 가벼워서 배낭에 넣어 다니기에 좋고, 야외 스케치를 할 때도 한 손으로 들고 나머지 손으로 그림을 그릴 수 있어 매우 편리하다.

B. 돋보기: 손에 들고 볼 수 있는 작은 물체를 자세히 관찰하는 데 유용하다. 나는 10배율 헤이스팅스 트리플렛을 사용한다.

C. 돋보기 상자: 투명 플라스틱 상자는 살아 있는 곤충을 가까이에서 관찰할 때 매우 유용하다. 한쪽 면에 돋보기가 내장된 상자를 구할 수 있다면 더욱 좋다.

D. 작은 포켓나이프: 가위가 달린 작은 나이프를 챙겨라. 씨앗 꼬투리를 열거나 단면을 그리거나 지도를 오릴 때 또는 다른 물건을 오려서 콜라주 형식으로 일지에 붙이거나 할 때 다목적으로 사용할 수 있다.

E. 각도계: 물리치료사가 관절의 가동 범위를 측정할 때 사용하는 도구로, 관찰한 각도를 수치화하는 데 탁월하다. 키트에 추가하기 전까지는 이 도구가 유용할지 짐작도 못 했지만, 이제 나는 무지갯빛을 연구하고, 바람을 타고 날아가는 것들의 구조를 기록하고, 나뭇가지의 각도를 비롯한 자연 속 수백 가지 각도를 측정하는 데 잘 사용하고 있다.

F. 작은 자: 밀리미터 단위의 딱딱한 자는 정밀한 측정에 유용하다.

G. 수축형 인치 및 미터 줄자: 철물점이나 재봉용품점에서 가벼운 줄자를 찾아보자.

H. 시계: 시계를 사용하여 관찰 시간을 기록한다. 예

를 들어 잠수하는 새가 물속에 머무는 시간, 새가 1분 동안 노래하는 횟수, 개미가 1분 동안 한 지점을 통과하는 횟수 등을 기록할 수 있다. 스톱워치와 카운트다운 기능이 있으면 더욱 편리하다.

I. 나침반: 주머니에 나침반을 넣어 두면 나중에 이를 활용해 새 떼의 이동 방향을 묘사하거나 지도에 북쪽 화살표를 추가하거나 산비탈 방위(방향에 따른 경사면) 확인, 바위 위의 이끼와 지의류의 성장 패턴 기록이 가능하다.

J. 풀과 투명 테이프 패드: 관찰 일지를 발견한 물건의 콜라주로 꾸며 보자. 풀이나 테이프로 깃털, 말벌집 조각, 벌레 먹은 나뭇잎처럼 납작하고 흥미로운 것들을 일지에 바로 붙일 수 있다. 도시 풍경을 탐험할 때는 기차표, 영수증 등 그 장소를 나타내는 물건을 함께 붙여보자. 디스펜서형 손목 테이프의 리필로 판매되는 적당한 크기의 테이프 패드를 구입하면 편리하다.

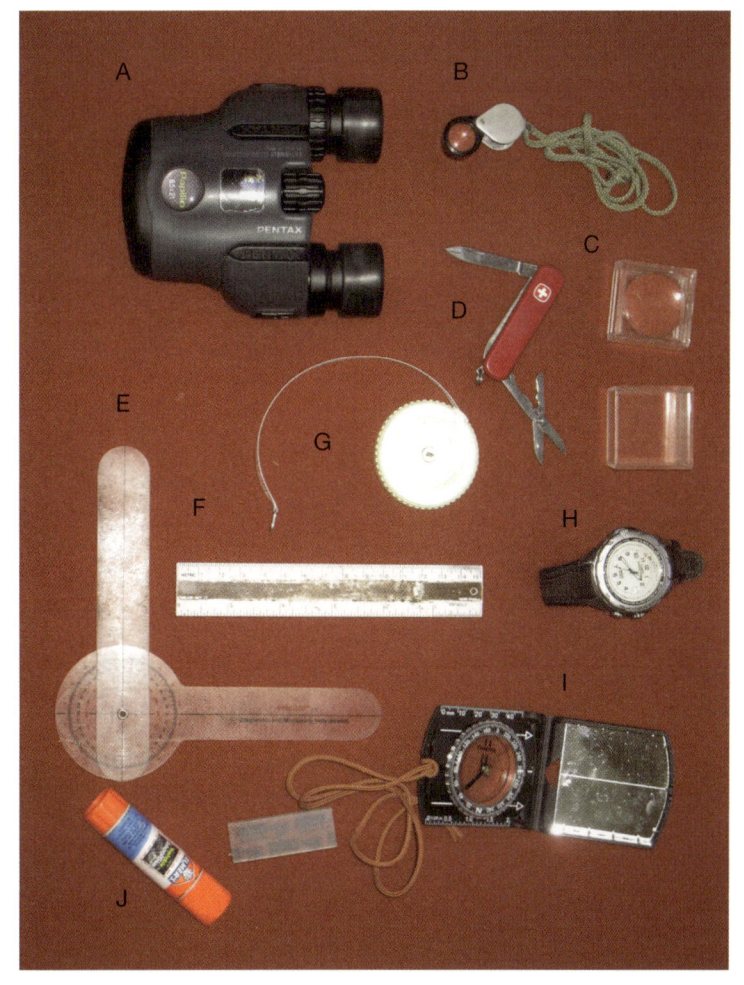

1 Shawn M. Glynn and K. Denise Muth, "Reading and Writing to Learn Science."
2 Barry Lopez, *Crossing Open Ground*.

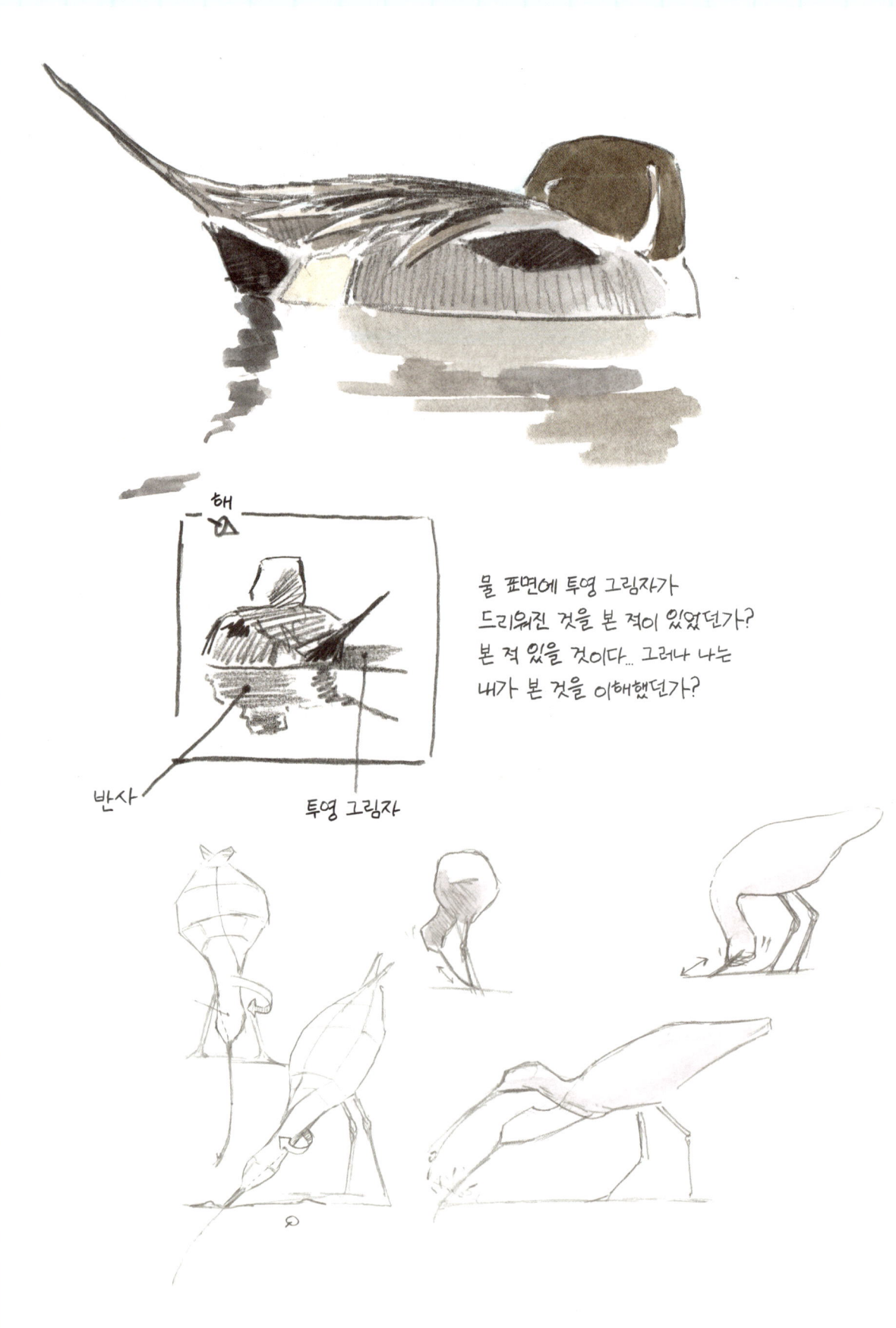

해

물 표면에 투영 그림자가
드리워진 것을 본 적이 있었던가?
본 적 있을 것이다... 그러나 나는
내가 본 것을 이해했던가?

반사   투영 그림자

4. 시각적 사고와 정보 표현 Visual Thinking and Displaying Information

관찰과 기록이 상호 작용하는 자연 관찰 일지 쓰기는 자연스럽게 속도를 늦추고, 이는 생각을 구조적으로 정리하는 데 도움이 된다. 관찰 일지 페이지의 구성과 배치에 신경을 써보자. 기록한 정보를 쉽게 찾을 수 있을 뿐만 아니라, 다른 이들이 일지를 읽어볼 때도 내용을 빠르게 이해할 수 있다. 요소를 어떻게 배치할지 고민하는 과정은 그 요소를 바라보는 시각에도 변화를 준다. 또 각 페이지를 다양하고 유연하게 구성하려는 시도는 창의성을 더욱 자극한다.

그리넬 필기법

그리넬 필기법은 관찰 내용을 상호 참조할 수 있도록 정리한 필드 노트의 과학적 표준 필기 방식이다.
전 세계 생물학자들이 사용하고 있으며 자연주의자라면 꼭 알아야 할 방법이다.
다소 까다로운 필기법으로 느껴질 수도 있지만, 이 필기법의 핵심 아이디어를 참고하면 유용할 것이다.

조셉 그리넬은 1900년대 초 캘리포니아대학교 버클리 척추동물학 박물관의 초대 관장이었다. 그는 살아 있는 생물과 환경에 대한 관찰이 물리적 표본을 수집하는 작업 만큼이나 중요하다고 믿었다. 시간이 지나면 모든 관찰 내용은 잊히고 관찰자가 사망하면 유실될 가능성이 크다는 점도 알고 있었다. 그는 이를 방지하고 자연사 기록을 보존하기 위해 자신의 직원과 학생 들에게 네 가지 요소로 구성된 엄격한 시스템에 따라 관찰한 모든 것을 기록하도록 지시했다. 바로 필드 노트, 관찰 일지, 종 기록, 수집한 표본 목록이다. 백 년이 지난 지금도 그의 노트는 캘리포니아 시에라네바다의 기후 변화 연구에서 핵심 역할을 하고 있다.

필드 노트

과학자들은 현장과 관련 있는 메모와 정보를 모두 휴대용 노트에 기록한다. 이 노트는 어디든 들고 다닐 수 있을 만큼 작아야 한다.

관찰 일지

야외 활동 도중 노트에 기록된 내용을 노트에서 관찰 일지로 옮길 때마다 내용을 좀 더 정확하고 중요하게 작성하는 것이 좋다. 더불어 미래의 과학자가 이 기록을 보고 어떤 질문을 할지에 대해서도 미리 예측하려는 노력이 필요하다. 백 년 후에 어떤 내용이 중요하거나 흥미로울지 알 수 없으므로 폭넓게 기록하자. 모든 것을 기록하기란 불가능하지만 그 자체로 가치 있는 목표가 될 수 있다. 기억은 빠르게 희미해지므로 필드 노트의 메모를 옮겨 적으려면 돌아오자마자 최대한 바로 작성해야 한다.

관찰 일지에는 날짜, 장소, 날씨, 지도, 동행인, 관찰한 내용을 시간 순으로 정리한 기록이 들어간다. 일지 마지막에는 관찰한 종의 목록과 그 종들의 대략적인 수를 기록한다. 관찰 일지를 현장에 직접 가지고 가서 기록하면 따로 메모를 옮길 필요가 없어서 편하다.

종의 기록

종 기록 페이지에는 종 하나하나를 자세히 관찰한 내용을 적어놓자. 이렇게 하면 종별로 다양히 관찰한 내용을 한곳에 모아둘 수 있다. 마찬가지로 날짜, 장소, 시간, 날씨, 관찰자를 기록해야 한다. 가능한 한 구체적으로 기록하자. 앞서 배운 대로 개체 수를 세고, 측정하고, 추정해보자. 스케치, 지도, 다이어그램도 그려 넣자.

표본 목록

그리넬은 자신이 수집한 표본을 목록으로 정리했고, 자신의 관찰 일지에서 표본 번호를 교차 참조할 수 있도록 작성했다. 오늘날 대부분의 자연 관찰자에게 크게 중요한 부분은 아니다. 요즘에는 표본을 수집하는 일이 드물고, 표본에 번호를 붙이는 시스템을 따로 갖추고 있지도 않기 때문이다.

체계적으로 정리하기

조셉 그리넬은 기록이 오래 보존될 수 있도록 6×9인치 크기의 루스 리프 노트에 중성지와 인디아 잉크를 사용해 일지를 작성했다. 그는 노트를 바인더로 옮기고, 매년 새 바인더를 사용해 연도별로 일지를 보관했다. 종 기록은 분류학적 순서에 따라 정리했다.

날짜(여백에 기록)와 장소(밑줄 표시)는 항상 같은 위치, 같은 방식으로 표기해 쉽게 참조할 수 있도록 해야 한다.

관찰 일지에 하루 동안의 사건을 세세하게 작성하자. 정보를 걸러내지 말고, 작은 사건이나 정보라도 훗날 무언가와 관련이 있을 수 있으니 모두 기록해야 한다.

지도, 사진, 다이어그램, 스케치를 넣어라.

종 목록을 작성하고 수를 세거나 추정해 기입하라.

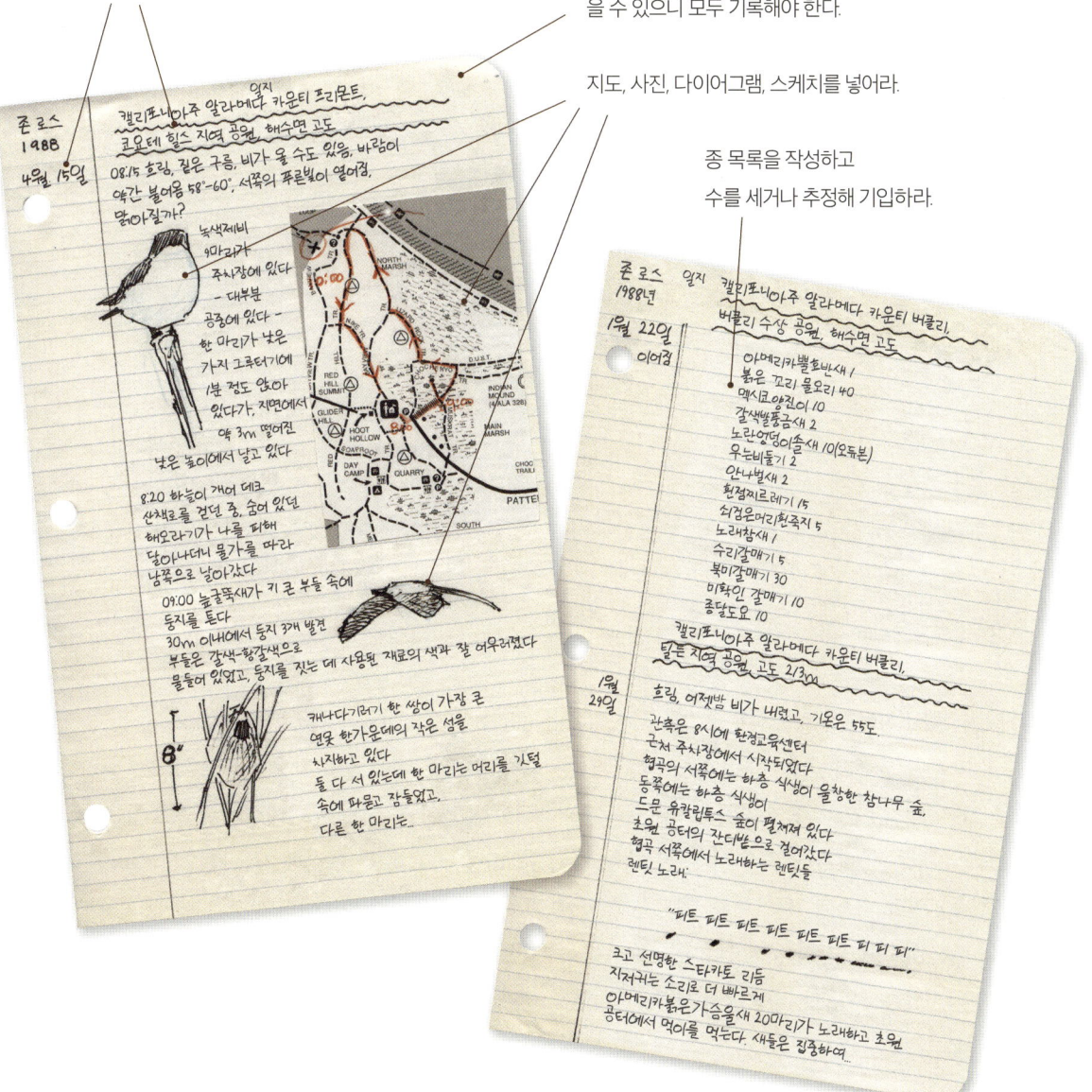

시각적 사고와 정보 표현

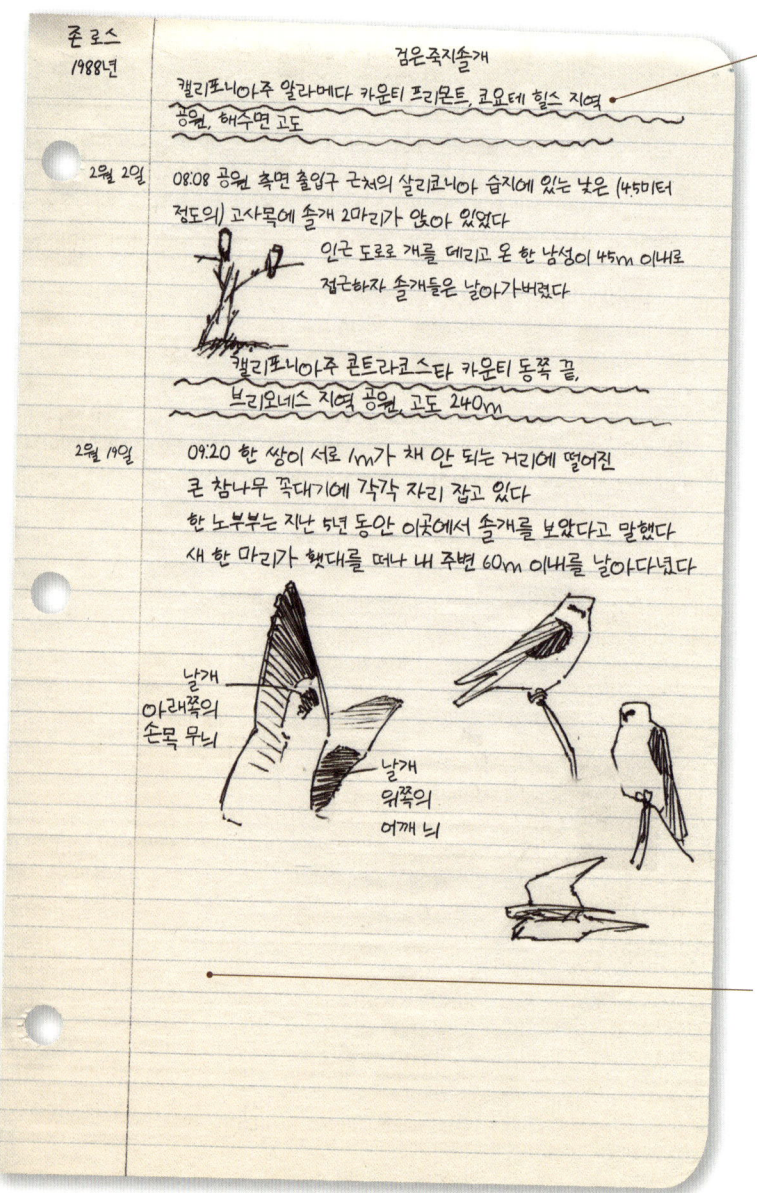

종 기록은 서로 다른 날 관찰한 동일한 종에 대한 내용을 하나로 묶은 것이다. 관찰 일지에 쓰다가 더 깊이 관찰하고 싶어지면 그 옆에 '종 기록 참조'라고 적은 뒤 종 기록 페이지로 이동해 작성한다. 한 종의 기록 페이지가 여러 장 생기면 이를 모아 정리한다.

다음 기록은 이전 기록의 바로 아래인 여기에서 시작한다.

내가 이 시스템을 사용하지 않는 이유

그리넬 필기법은 현장에서 수집한 데이터를 체계적으로 정리하고 상호 참조하며, 쉽게 찾아볼 수 있는 가장 효과적인 방법이긴 하다. 그러나 나는 이 방식을 따르지 않는다. 현장 기록과 종 기록을 모두 한데 적어 연대순으로 정리하는 방식을 더 선호하기 때문이다. 나는 큰 무지 노트로 만든 자연 일지 느낌을 좋아한다. 또 현장에서 모든 작업을 바로 마치길 선호하고 메모를 옮겨 적을 만한 인내심이 부족하다. 특정 종에 대한 옛 기록을 찾는 데 시간이 오래 걸리긴 하지만, 그 비효율적인 과정에서 노트를 한 권 한 권 뒤적이면서 추억 속을 여행하는 일을 즐긴다. 뭐든 자신에게 맞는 방식을 찾는 것이 좋다.

생각을 구조화하기

주제를 탐구하는 방식에 따라 그 주제를 바라보는 관점과 사고 방식이 달라진다. 의도적으로 다양한 관찰 방식과 기록 방법을 결합하면 생각의 문이 열리고 새로운 발견으로 이어질 수 있다.

구조를 바꾸면 사고도 바뀐다

방문하는 장소마다 어떤 정보를 찾을지 의도적으로 달리해보면, 관찰 일지가 훨씬 더 풍부해질 수 있다. 앞서 다룬 집중 프로젝트와 탐구 심화 방법은 관찰자와 자연 환경 사이의 상호 작용을 더욱 깊이 있게 만들어준다. 또한, 정보를 페이지에 기록하는 방식에 따라 배움과 일지 쓰기의 경험이 달라진다.

관찰 일지는 자칫하면 중앙에 특정 개체를 정성껏 그려 넣는 방식의 '자연물 초상화'가 되어버리곤 한다.

그런데 이런 정적인 접근 방식은 그 개체에 대한 공부는 가능하게 해도 호기심과 발견을 방해할 수 있다.

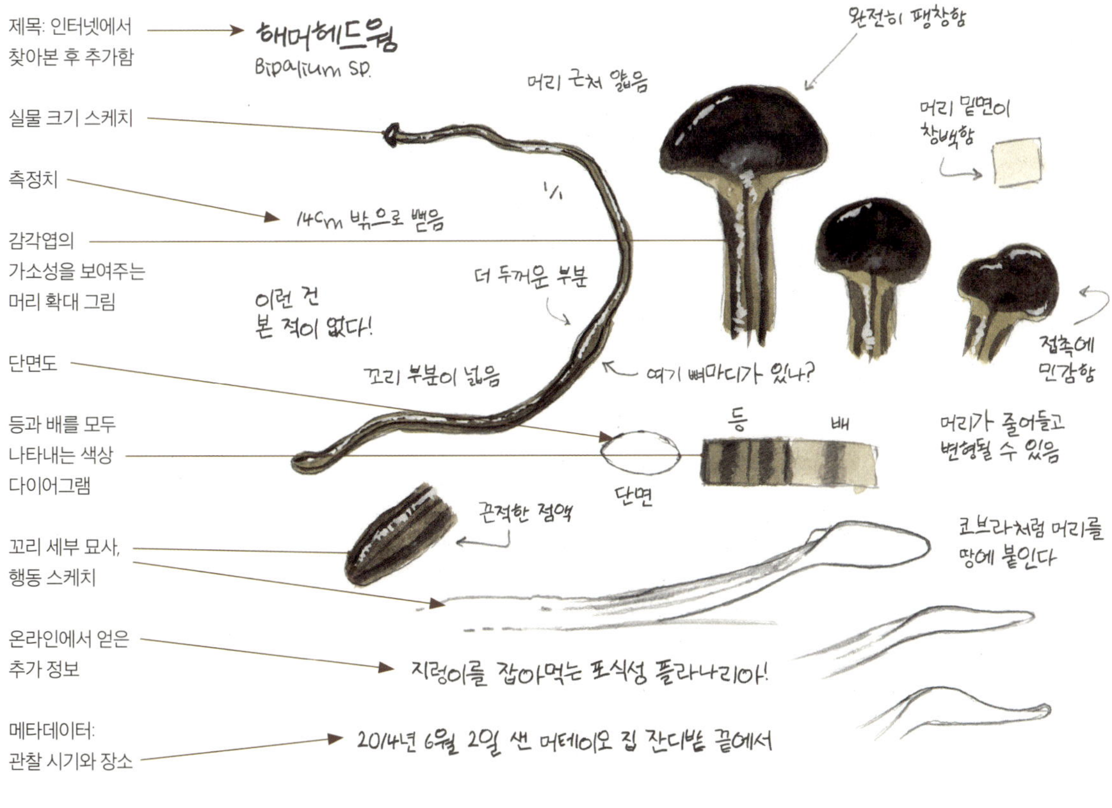

이런 유형의 기록은 새로운 방식으로 탐구하고 궁금해하도록 두뇌를 자극할 만한 단서가 없이, 시선이 페이지 중앙이나 글 단락에만 머무르게 하기 때문이다.

반면 메모, 스케치, 다이어그램, 지도, 목록, 질문, 정성스럽게 쓴 설명, 세밀한 클로즈업 그림, 풍경화, 시 등으로 가득한 일지는 생동감이 있으며, 작성하는 동안에도 활기가 넘친다. 경험을 기록하는 다양한 방식을 시도해보자. 이전 장에서 다룬 '탐구로의 초대' 방식을 활용해보는 것도 좋다.

'페이지에 담을 요소들' 목록을 복사해 일지에 붙여두면 다양한 탐구 방식을 떠올리는 데 도움이 된다. 여러 정보 기록 방식은 서로 상호 작용하며 새로운 관찰과 사고로 이끈다.

관찰 일지의 페이지를 다양한 요소로 기록한다 할지라도 여전히 일정한 틀에 갇힐 수 있다. 특정 대상을 그리거나 탐구하는 데 익숙한 방식이 생길 수 있기 때문이다. 이런 습관이 굳어졌다면, 이전 관찰 기록을 살펴보자. 새를 항상 크기와 정밀도 면에서 비슷하게 그리지는 않는가? 식물을 늘 동일한 비율로 그리지는 않는가? 자신의 작업에서 반복되는 패턴을 찾아보고 새로운 시도를 해보자.

관찰 일지를 다채롭게 만드는 또 하나의 좋은 방법은 다른 자연주의자나 예술가의 출판된 일지를 공부하거나, 동료 자연 관찰자의 작품을 살펴보는 것이다. 『훔쳐보고 싶은 과학자의 노트 Field Notes on Science and Nature』에서 마이클 R. 캔필드는 "다른 과학자의 실제 현장 노트는 내 노트를 구성하는 방식에 새로운 아이디어를 주곤 했다"고 말한다. 다른 사람의 일지를 살펴볼 때는 그들이 무엇에 주목했는지, 정보를 어떤 방식으로 기록했는지 유심히 살펴보자. 스케치노트는 이런 시각적 사고가 발휘되는 또 하나의 영역이다. 『스케치노트 핸드북 The Sketchnote Handbook』의 저자 마이

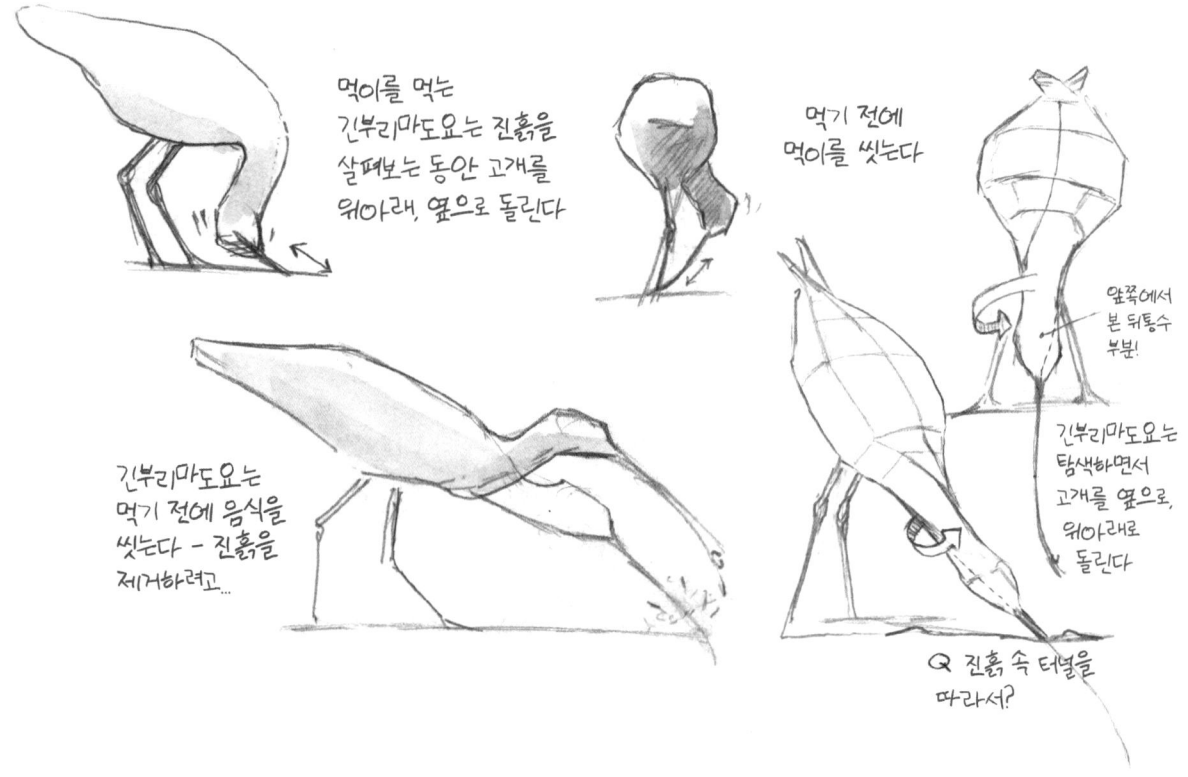

크 로데의 작업들을 참고해보는 것도 좋다.

다른 사람의 기법과 아이디어를 활용해 자신만의 일지를 더욱 깊이 있게 구성해가자. 남의 방식을 모방한다고 해서 자신의 창의성이 줄어들거나 다른 사람의 복제품이 되는 것은 아니다. 유용한 부분은 자신의 스타일로 흡수하고, 맞지 않는 부분은 버리면 된다.

뒷 페이지들에 생각을 시각적으로 표현하는 데 사용할 수 있는 또 다른 아이디어와 기법을 소개해놓았다. 이를 활용해 사고하고, 궁금해하고, 표현하는 방법을 확장해보자.

페이지에 담을 요소들
스케치북의 한 페이지에 담을 수 있는 요소들이다. 이 목록을 복사해 일지에 붙여두면 다양한 탐구 방식을 떠올리는 데 유용하다.

- 날짜, 시간, 장소, 날씨
- 질문
- 컬렉션, 도감
- 개체 또는 종의 연구
- 확대 관찰과 축소 관찰
- 패턴, 비교, 시간에 따른 변화
- 사건 스토리보드
- 지도, 단면도, 블록 다이어그램(인쇄된 공원 지도를 붙이고 주석을 추가할 수도 있다)
- 관찰, 생각, 느낌에 대한 서술
- 재미있거나 의미 있는 인용구 및 의견
- 그림, 다이어그램, 클로즈업 그림, 세부 사항, 풍경화, 단면도, 투영도
- 개체 수 세기, 측정, 정량화, 그래프 작성
- 개체 수를 포함할 수 있는 종 목록
- 제목, 화살표, 아이콘, 강조점, 상자

자연의 청사진

자연주의자들은 건축과 공학 분야에서 사용하는 시각화 및 서술 방식을 차용할 수 있다.
영감을 얻기 위해 청사진과 기계 도면을 연구해보자.

건축 청사진은 구조물을 명확하고 정밀하며 아름답게 묘사한다. 건축가와 엔지니어 들은 대상을 정확히 설명하는 방법에 대해 많은 고민을 해왔다. 자연주의자들도 이러한 도구를 활용해 꽃, 곤충, 그 밖의 다양한 발견들을 묘사할 수 있다.

건축 및 기계 도면을 살펴보며 복잡한 물체의 구조와 세부를 설명하기 위한 아이디어를 얻어보자. 솔방울을 만들기 위해 도면을 설계하는 건축가가 되었다고 상상해보자. 어떤 정보를 담아야 할까? 어떻게 하면 가장 명확하게 표현할 수 있을까?

투영도

하나의 대상을 여러 각도에서 보여주는 투영도는 매우 유용한 표현 기법이다. 평면도는 개체의 너비와 길이를 나타내고, 정면도와 입면도는 대상의 측면을 보여주어 높이와 너비를 파악할 수 있다. 점선은 관찰자의 시야에 보이지 않는 반대편의 위치를 나타낼 수 있다. 또한 일부가 잘렸거나 땅에 묻혀 있어 보이지 않는 경우, 대략적인 형태를 추측하여 점선으로 표시할 수 있다.

단면도

수직 및 수평 단면도는 연구 대상의 내부 구조를 보여준다. 흑요석처럼 자를 수 없는 물체의 단면을 나타낼 때는 주로 평행선 해칭을 사용하여 절단면을 표현한다. 이 기법은 사물을 바라보고 사고하는 새로운

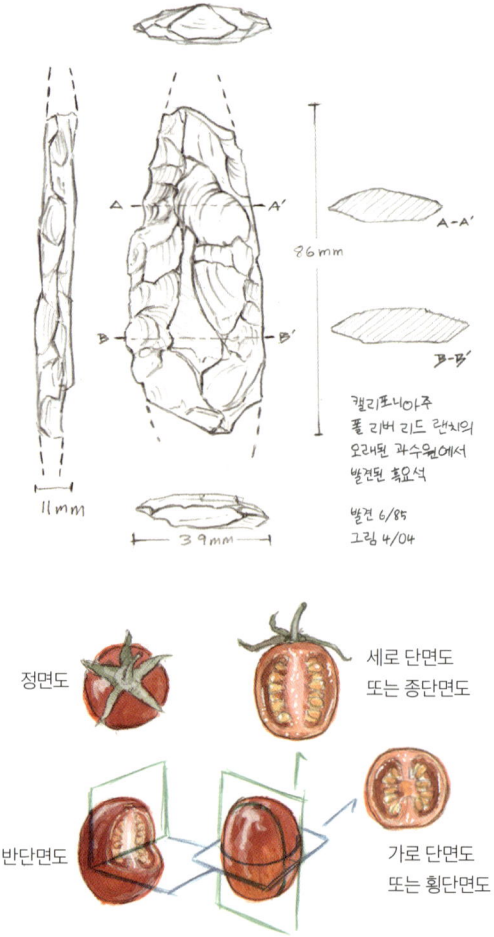

이 흑요석 그림에서는 기계 제도에서 사용하는 방식인 평면도, 정면도, 측면도를 적용했다. 점선은 부러진 부분의 형태를 내 나름대로 추정해 표시한 것이다. 평면도를 그릴 때는 날카로운 조각을 종이 위에 놓고 윤곽을 따라 그렸다.

관점을 열어준다.

단면선과 각 시점에 이름을 붙이면, 서로 다른 시점이 어떻게 연결되는지 나타낼 수 있다. 다음 페이지의 수선화 씨앗 꼬투리 단면도에서 B 단면 그림이 B-B'

의 단면선과 어떻게 잘 맞아떨어지는지 주의 깊게 살펴보자.

확대 그림과 세부 사항

더 자세히 보여주고 싶은 부분은 이름표, 원, 상자, 선을 사용하여 전체 그림과 시각적으로 연결되도록 표현해보자.

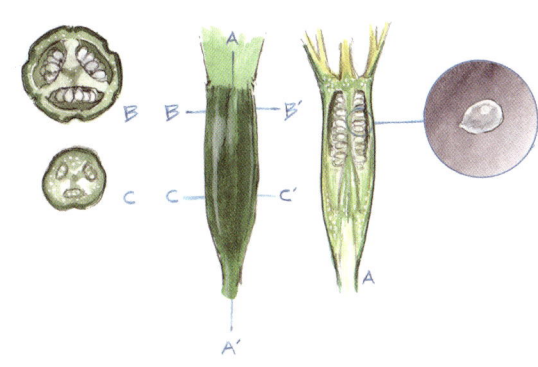

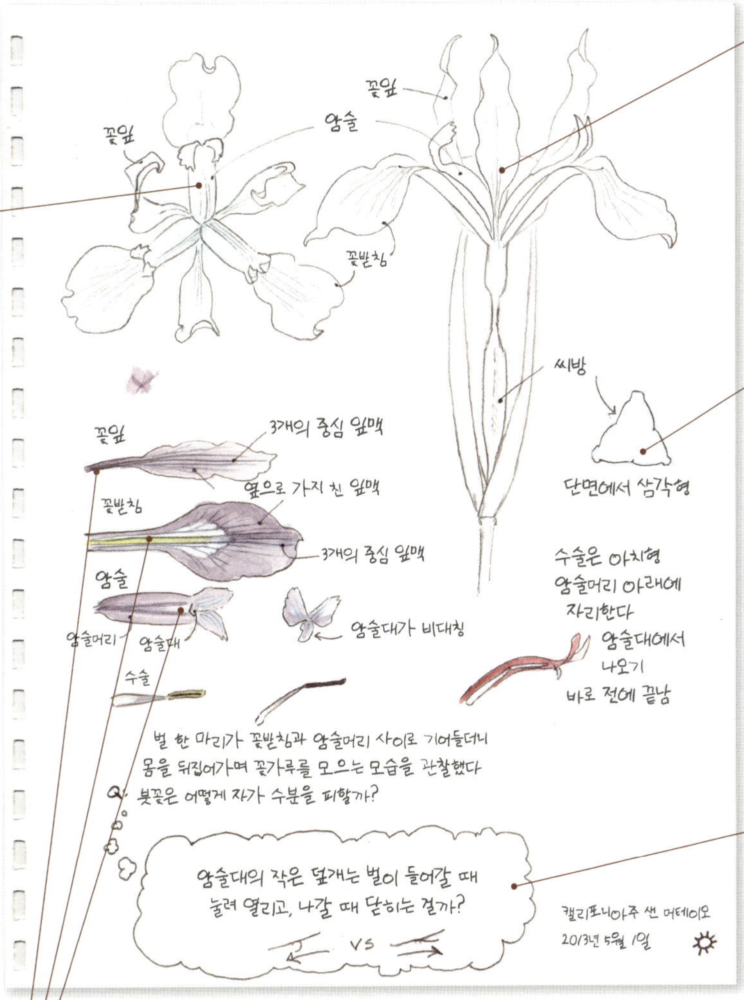

입면도
(측면에서 본 모습)

평면도
(위에서 본 모습)

단면도: 씨방을 반으로 자르지 않았기에 내부 구조는 보이지 않는다. 그러나 외부 형태는 표현할 수 있다. 씨방의 어느 부분을 단면으로 만들었는지 표시하지 않은 게 아쉬웠다.

과학적 사고는 억지로 이루어지거나 고정적일 수 없다. 관찰은 자연스럽게 질문으로 이어지며, 이는 답을 찾기 위한 깊은 생각으로 이어진다. 씨앗을 찾아내 물을 주고 키워보자. 점점 자라올라 큰 기쁨을 줄 게 틀림없다.

붓꽃의 구성 요소를 식물학적으로 분석해보면 더 정확하고 빠르게 그릴 수 있다. 엉켜 있던 보랏빛 덩어리가 깔끔하게 3중 구조로 바뀌었다.

페이지 구성

관찰한 내용과 생각을 강조하고 정리하기 위해 페이지마다 다양한 요소를 추가할 수 있다.
이러한 요소들은 현장에서 추가하거나 나중에 노트를 검토할 때 덧붙일 수 있다.

제목 달기

관찰 기록을 마쳤다면 기록한 내용을 검토하고 적절한 제목과 부제목을 생각해보자. 제목을 각진 글자나 동글동글한 글자로 써넣거나 마커펜을 사용해보기도 하고, 캘리그래피로도 표현해 달아보자. 원하는 만큼 단순하거나 화려하게 글자를 디자인하면 된다. 가로로도, 세로로도 모두 가능하다. 제목을 추가하면 관찰한 내용의 주요 주제를 파악하기 쉽고, 나중에 해당 기록을 빠르게 찾을 수 있다. 또한, 다른 사람이 노트를 보았을 때도 기록자의 생각을 잘 이해할 수 있도록 해준다.

아이콘 사용하기

관찰 일지에 사용할 그림 아이콘의 목록을 만들어보자. 아이콘은 주목할 만한 흥미로운 발견 사항을 알아보게 해주어 노트를 훑어보는 데 도움이 되는 간단한 기호다. 흥미롭거나 새로운 관찰 사항에는 눈 모양이나 느낌표를, 질문에는 굵은 물음표를, 소리를 묘사한 부분에는 귀 모양을, 확대된 세부 사항의 배율을 표시할 때는 돋보기를 사용해보자.

아이콘은 단순한 장식이 아니다. 느낌표는 새로운 발견을 인식하게끔, 우리가 이미 알고 있다고 여기는 태도에서 벗어나게끔 해준다. 질문에 강조 표시를 하면 호기심이 자극된다. 모르는 것을 당당히 여기자. 소리를 나타내는 아이콘을 추가하면 자연스럽게 소리에 더 주의를 기울이게 될 것이다.

날짜 및 장소 옆에 날씨 아이콘을 추가하면 데이터를 빠르게 더할 수 있다. 내가 난독증이 있어서일지도 모르지만, '약간 흐림'이라는 글자보다는 작은 해와 구름 아이콘이 더 눈에 띈다. 각 페이지 하단에 이런 아이콘을 추가하면 날씨에 더 주의를 기울이게 된다. 아침에 흐리던 날씨가 맑아졌는가? 구름은 몇 시쯤에 걷혔는가? 햇빛이 나면서 다람쥐의 행동이 변했는가? 선크림을 다시 발라야 할 시간인가?

글머리 기호

목록을 만들거나 글의 요소를 강조하려면 유용한 시각적 도구인 글머리 기호를 활용하자. 기호는 원하는 어떤 모양으로도 만들 수 있다. 그러나 한 가지 주의할 점이 있다. 모든 글을 글머리 기호로 줄여 표현하는 것이 능사는 아니다. 문자 메시지나 파워포인트 발

표가 일상화된 시대에, 복잡한 개념들이 자주 간단한 목록으로 축약되곤 한다. 물론 이런 방식도 유용할 때가 있지만, 글머리 기호가 우리 안에 사는 시인까지 억누르지 않도록 하자. 어떤 생각은 온전한 문장으로 표현할 때 더 잘 전달된다. 노트에 마음껏 글을 쓸 여유를 갖자.

글 쓰는 방식도 꼭 정해진 틀에 맞출 필요는 없다. 재미있게 페이지 가장자리를 따라 적어도 좋고, 비스듬하게 쓰거나 특정 모양에 맞춰 글을 배치해도 좋다.

프레임 작업

서로 연관 있는 아이디어나 관찰 내용을 묶을 때 상자를 사용해보자. 이렇게 하면 상자 안의 요소들을 통일감 있게 묶고 페이지에 구조감을 더할 수 있다. 특정 요소를 강조하고 싶을 때도 유용하다. 기록하면서 바로 상자를 넣거나 페이지를 마무리하면서 추가할 수도 있다.

콜아웃

콜아웃은 스케치의 특정 부분을 확대하여 자세하게 그리고, 그것이 전체 그림에서 어디에 해당하는지 나타낼 수 있는 그림 요소다. 이 방법으로 세부 사항, 뒷모습 혹은 다른 시점을 표현할 수 있다. 그림의 일부에만 섬세하게 묘사하고 싶을 때 콜아웃을 사용하면 유용하다. 콜아웃을 사용해 작성한 메모를 그림과 연결할 수도 있다.

그림에 콜아웃을 추가할 기회를 찾아보자. 초점을 의도적으로 변경하고 확대함으로써 다른 방법으로는 놓쳤을 대상의 세부적인 정보를 발견할 수 있다.

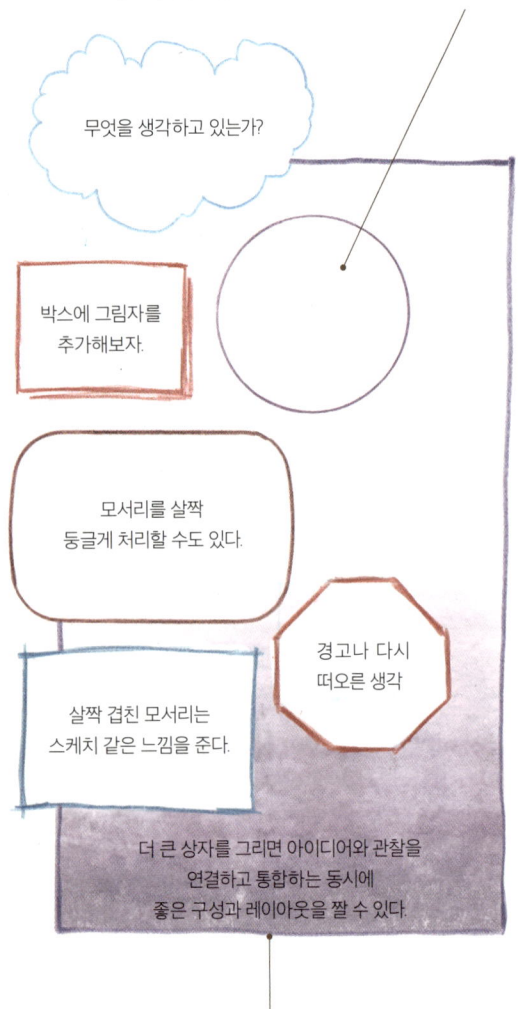

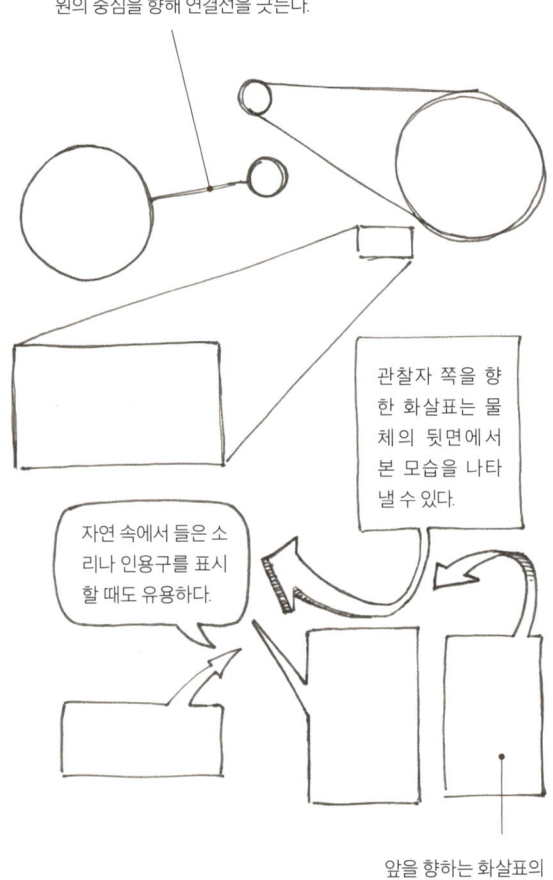

화살표에 대해 더 알아보기

화살표는 서로 관련 있는 아이디어들을 연결하거나 중요한 세부 사항 또는 발견을 강조할 때 사용할 수 있다. 과정이나 시간의 흐름을 보여주거나 글과 그림을 연결할 때도 유용하다. 확대해 그린 부분이 다른 그림의 어디에 해당하는지 표시하거나 동물, 바람, 물 등의 움직임을 표현할 수도 있다.

단순한 화살표

화살표는 마음대로 화려하거나 간단하게 만들면 된다. 빠르게 작업해야 할 때는 논포토 블루 연필(*복사나 스캔할 때 잘 보이지 않도록 만들어진 연필로, 스케치할 때 사용한다)로 단순한 화살표나 화살표 모양의 틀만 그리고 나중에 채워 넣으면 된다. 내가 좋아하는 단순한 화살표 중 하나는 점과 선으로 이루어진 형태이다. 강조하거나 확대 그림과 연결하고 싶은 부분에 점을 찍

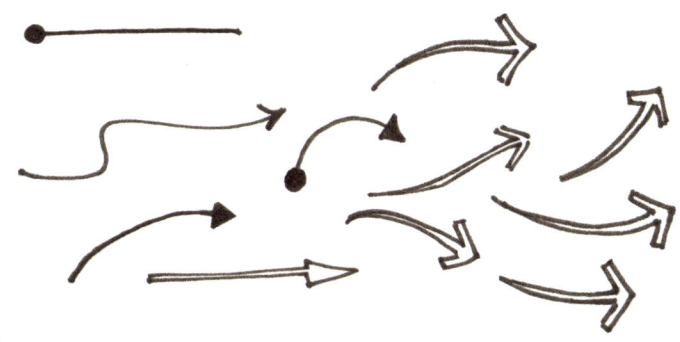

은 후, 그 점에서 선을 그어 메모나 클로즈업 그림으로 연결한다.

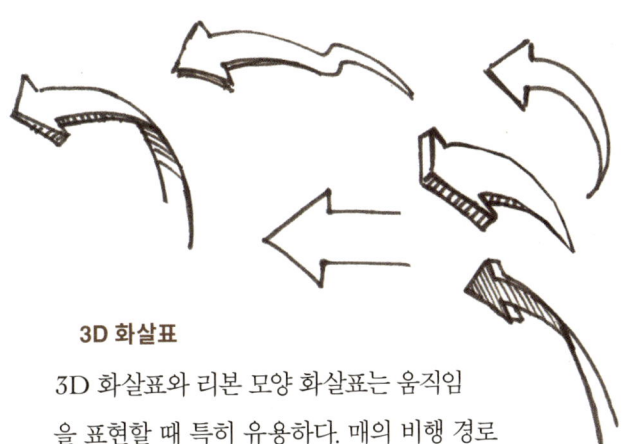

3D 화살표

3D 화살표와 리본 모양 화살표는 움직임을 표현할 때 특히 유용하다. 매의 비행 경로를 나타내거나 갈매기 떼가 바람을 등지고 모여 있는 방향을 보여줄 때, 3D 화살표는 어느 각도에서든 움직임을 나타낼 수 있다. 영화 스토리보드나 그래픽 노블, 만화책을 참고하여 움직임을 표현하는 방법을 더 탐구해보자.

한 페이지에 여러 화살표를 배치할 경우 화살표 끝의 각도를 일관되게 유지하는 것이 좋다. 90도(직각)가 가장 기본적이고 안정적인 각도이다. 같은 페이지에서 각도를 각각 다르게 사용하면 원근감을 줄 수 있다. 90도보다 큰 둔각 화살표는 관찰자에게 다가오거나 멀어지는 움직임을 나타낼 수 있고, 90도보다 작은 예각 화살표는 관찰자의 위나 아래를 향하고 있음을 암시한다.

화살표 만들기

더 복잡한 화살표를 그리기 위해 연한 논포토 블루 연필을 사용해 대략적인 형태를 잡아보자.

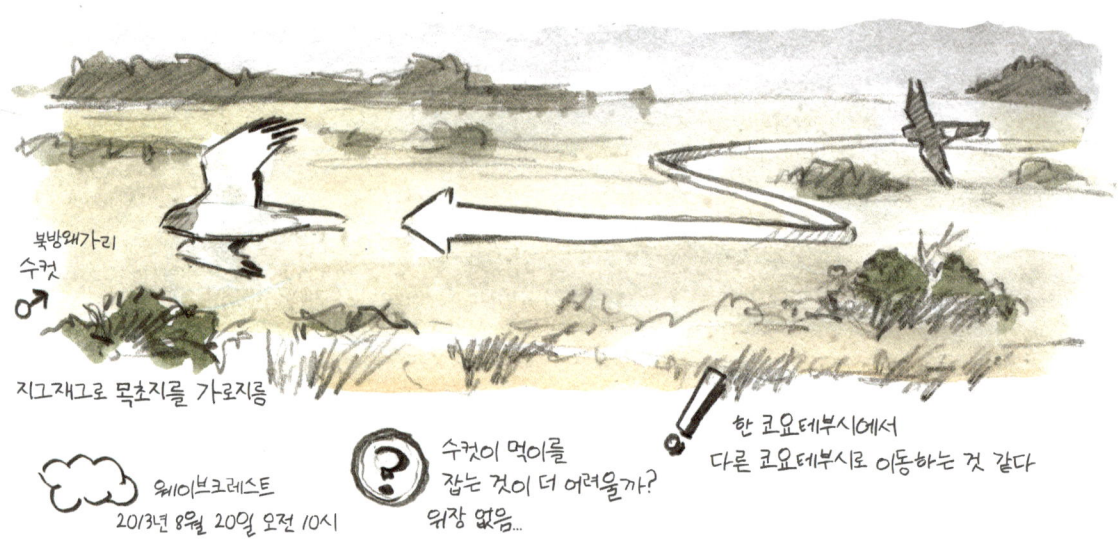

↑ 북방왜가리 수컷

지그재그로 목초지를 가로지름

웨이브크레스트
2013년 8월 20일 오전 10시

수컷이 먹이를 잡는 것이 더 어려울까? 뭐장 없음...

한 코요테부시에서 다른 코요테부시로 이동하는 것 같다

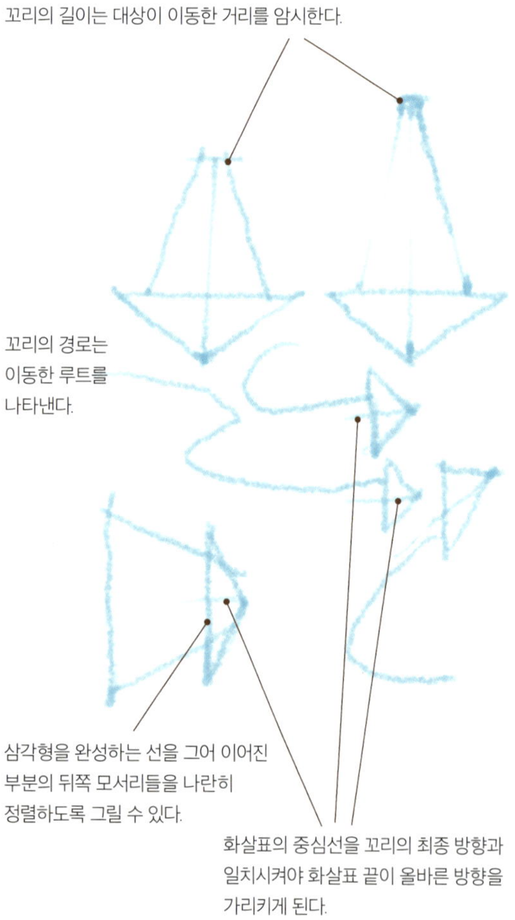

꼬리의 길이는 대상이 이동한 거리를 암시한다.

꼬리의 경로는 이동한 루트를 나타낸다.

삼각형을 완성하는 선을 그어 이어진 부분의 뒤쪽 모서리들을 나란히 정렬하도록 그릴 수 있다.

화살표의 중심선을 꼬리의 최종 방향과 일치시켜야 화살표 끝이 올바른 방향을 가리키게 된다.

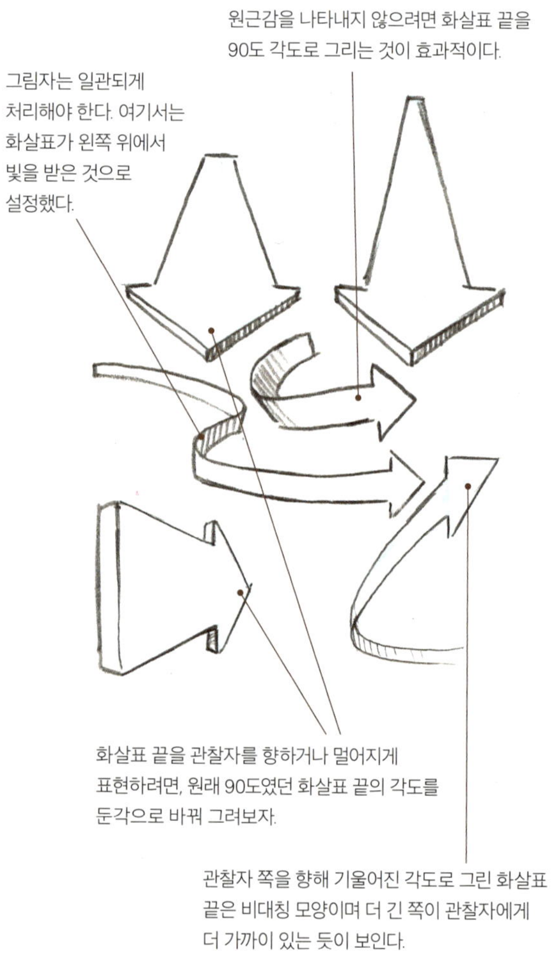

원근감을 나타내지 않으려면 화살표 끝을 90도 각도로 그리는 것이 효과적이다.

그림자는 일관되게 처리해야 한다. 여기서는 화살표가 왼쪽 위에서 빛을 받은 것으로 설정했다.

화살표 끝을 관찰자를 향하거나 멀어지게 표현하려면, 원래 90도였던 화살표 끝의 각도를 둔각으로 바꿔 그려보자.

관찰자 쪽을 향해 기울어진 각도로 그린 화살표 끝은 비대칭 모양이며 더 긴 쪽이 관찰자에게 더 가까이 있는 듯이 보인다.

원뿔형 화살표

원뿔형 화살표는 그리기 쉽고, 관찰자를 향하거나 멀어지는 움직임을 효과적으로 나타낼 수 있다. 나는 주로 햇빛이나 바람의 방향을 표시할 때 사용한다. 원뿔의 밑면이 되는 타원을 그린 뒤 관찰자 쪽으로 또는 반대쪽으로 뾰족하게 향하는 선을 연결해 원뿔을 완성하면 된다.

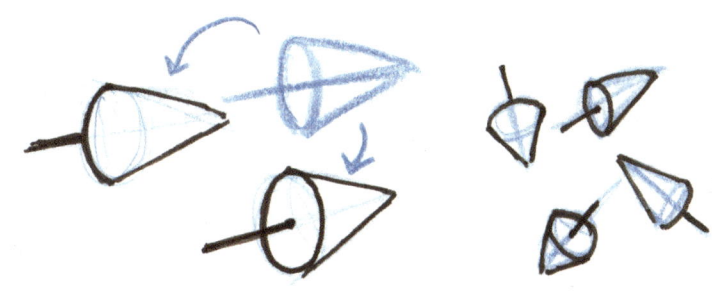

관찰자에게서 멀어지는 각도로 그린 화살표 끝도 비대칭 모양이며 좀 더 짧은 쪽이 관찰자와 더 가까이 있는 듯이 보인다.

어설픈 퍼덕임

몇몇 둥지 안에
거의 다 자란 듯한
큰 새끼 새들이 있다

5. 관찰 일지 키트와 재료 Your Journaling Kit and Materials

굳이 새 미술 도구 세트를 사러 나갈 필요는 없다. 당신 주변에는 이미 필요한 것들이 다 갖춰져 있을 것이다. 여행이나 탐험을 떠날 때 간편하게 가지고 다닐 수 있는, 휴대성과 접근성이 좋은 관찰 일지 키트를 만들자. '모든 상황에 맞는' 완벽한 키트는 없다. 자신의 선호와 필요에 맞게 키트를 구성해보자.

자연 관찰 키트 만들기

자신만의 자연 관찰 키트를 만들 때는 다음 세 가지 원칙을 기억하자.
간단하게, 휴대하기 좋게, 쉽게 손 닿을 수 있도록 구성할 것.

주방 싱크대처럼 모든 것을 담다

자연 관찰 일지를 쓰기 시작할 때 나는 미술 용품점에 있는 모든 도구가 필요하다고 생각했다. 다양한 경도의 연필, 수채화 물감, 색연필, 펜, 블렌더, 사포, 물병, 쌍안경, 도감 등 온갖 물품을 챙겼다. 배낭과 낚시 도구함을 잔뜩 채울 정도였다. 그런데 내가 수강한 미술 수업마다 새로운 재료를 필요로 했기에 낚시 도구함은 포화 상태에 이르렀고, 결국 '미술 용품'이라고 적은 상자 하나가 생겨 내 옷장 속에 자리 잡게 되었다.

이 많은 물건을 들고 다니는 일이 번거로워서 결국 집에 두고 오는 일이 잦아졌다. 가끔 미술 용품 상자를 뒤져 몇 가지만 배낭에 넣었는데, 매번 출발 전에 재료를 찾는 데 시간이 걸렸고, 현장에 도착하고 나면 가장 좋아하는 도구를 빠트렸다는 사실을 깨닫곤 했다.

배낭에서 재료를 꺼내는 것도 일이었다. 새를 스케치하려고 배낭을 열어 판초와 도시락을 옮기고 관찰 일지와 연필을 찾는 사이 새는 이미 날아가버리곤 했다. 이런 과정을 몇 번 겪고 나니 스케치하고 싶어도 관찰 일지를 꺼낼 생각이 나지 않았다. 심지어 관찰 일지를 가지고 나갔음에도 하루 종일 펼치지 않은 날도 있었다.

시간이 지나면서 나는 도구가 많을수록 오히려 들고 나가거나 쓸 가능성이 줄어든다는 것을 깨달았다. 도구를 챙기는 데 시간을 들여야 하면 종종 나는 서두르느라 모든 것을 그냥 두고 나가기도 했다. 배낭에서 관찰 일지를 꺼내기 번거로우면 길에서 마주친 작은 발견들을 스케치하지도 않게 되었다. 이런 문제는 사소해보이지만 쌓이고 쌓여 결국 나쁜 습관을 만드는 장벽이 되었다. 나는 관찰 일지를 꾸준히 들고 다니며 현장에서 바로 펼쳐 쓰게끔 해줄 정리 체계를 갖추지 못하고 있었던 것이다.

그 후 나는 잘 맞는 방식을 찾았다. 지금은 자연 관찰 키트를 어깨에 메는 메신저백에 넣어 현관 옆 고리에 걸어둔다. 이렇게 하니 집을 나설 때 잊지 않고 키트를 챙길 수 있었다. 항상 들고 다닐 수 있을 만큼 가볍고, 꺼내기 쉬운 키트를 구성해보자. 실제로 자주 사용할 도구들로만 채우는 것이 핵심이다. 다음은 자신에게 맞는 키트를 구성하는 데 도움이 될 몇 가지 고려 사항이다.

나만의 시스템을 개발하고 현장 키트를 구성하자

자연 관찰 일지 시스템에는 현장 키트와 이를 활용할 수 있는 습관 및 루틴이 들어간다. 자신의 기술, 관심사 그리고 생활 방식에 따라 구체화된다. 다음 외출 전에 현장 키트를 미리 준비해보자. 작업실에서 즐겨 쓰는 도구는 그대로 두고, 현장 키트를 별도로 마련해야 한다. 집에서 재료를 찾는 데 시간을 쏟으면 종종 중요한 것을 잊고 떠날 수도 있다.

키트를 구성할 때는 적을수록 좋다. 많은 도구는 필요 없다. 미술 용품이 너무 많으면 무거워지고, 즐겨 사용하는 도구를 찾기도 어려워진다. 선택의 폭이 너무 넓으면 오히려 아무것도 못 고르는 경우가 생긴다.[1] 자신이 좋아하고 자주 사용하는 재료 몇 개를 신중하게 선택하라. 훌륭한 관찰 일지를 만들고자 수채화, 펜, 색연필을 모두 들고 다닐 필요는 없다. 내가 좋아하는 일러스트레이터 윌리엄 D. 베리는 현장에서 대부분의 작업을 뾰족한 흑연 연필 하나로 해냈다. '진정한 예술가라면 수채화도 할 줄 알아야 한다'고 스스로를 압박하지 말자. 자신이 즐길 수 있는 도구에 집중하고 그것을 잘 다루는 데 시간을 쏟자. 단순한 도구로도 얼마나 많은 것을 해낼 수 있는지 알게 되면 짜릿해진다. 새로운 재료를 시도해보고 싶다면 도전하되, 너무 많은 것을 한꺼번에 추가하지는 말아야 한다.

만약 몇 달 동안 사용하지 않은 도구가 있다면 키트에서 뺀다. 다시 쓰고 싶어지면 그때 추가하면 된다. 새로운 도구를 발견했을 때는 일단 배낭에 넣고 시도해보자. 마음에 들면 계속 사용하고, 아니면 과감히 빼자. 자신만의 자연 관찰 일지 키트를 점점 발전시켜 나가자. 실력이 늘어갈수록 무엇이 나를 기록하게 하고, 또 무엇이 방해가 되는지 돌아보자. 그리고 현장 키트는 자신의 필요에 맞게 구성을 조정하자. 관찰하러 나갈 때마다 늘 가지고 다닐 수 있다면 크기가 딱 적당한 것이다.

빠르게 꺼내 그리기

'저걸 스케치하고 싶어'라고 마음먹은 후 관찰 일지를 꺼내 그리기 시작하는 데 시간이 얼마나 걸리는가? 이 과정이 빠르고 간단하다면 관찰 일지를 자주 쓰게 되지만, 반대로 꺼내는 일이 번거롭다면 점점 쓰지 않게 된다.

도구가 배낭 속 깊이 묻혀 있으면 꺼내기 어렵고, 손에 들고 다니면 불편할 수밖에 없다. 가벼운 숄더백을 사용하면 좋다. 나는 관찰 일지를 가장 큰 주머니에 넣어 쉽게 꺼낼 수 있도록 하고, 자주 사용하는 도구는 외부 주머니에 보관한다. 이렇게 하면 새나 여우를 스케치하고 싶을 때 눈을 떼지 않고도 연필과 일지를 꺼낼 수 있다. 점심, 물, 판초 등을 챙겨야 할 경우에는 배낭을 함께 메기도 한다.

언제든 떠날 준비 완료

좋은 현장 키트는 언제든 바로 들고 나갈 수 있도록 준비되어 있어야 한다. 집 안 눈에 잘 띄는 곳에 키트를 두면 나갈 때 자연스럽게 챙기게 된다. 나처럼 옷장 속에 보관하면 쉽게 잊어버린다. 주로 운전해서 스케치할 장소로 간다면 키트를 차 안의 손이 잘 닿는 곳에 두어도 좋다. 다만 이렇게 하면 집에서 창문을 통해 흥미로운 것들을 봤을 때 메모할 기회를 놓치기도 한다.

자연 관찰 일지를 쓰는 모험에서 돌아온 후에는 키트 속 줄어든 재료들을 채워 넣고 필요하다면 구성에도 변화를 준 다음, 다시 또 바로 들고 나갈 수 있도록 정해진 자리에 보관하자.

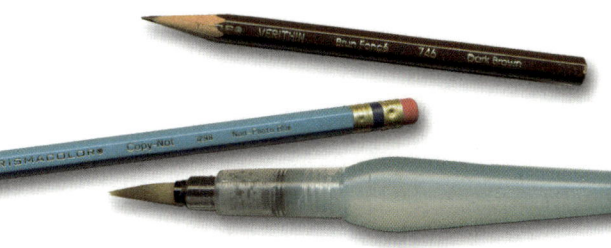

현장 키트 예시

다음은 관찰 일지 키트의 몇 가지 예시다. 필요와 취향에 맞게 자유롭게 조정해 사용하면 된다.

미니멀리스트 가볍게 시작하기에 아주 좋은 방법이다. 작은 키트를 재킷 주머니에 넣어 어디를 가든 갖고 다니자. 큰 키트를 따로 준비하더라도 이 작은 키트는 늘 소지하고 다니는 보조용 미니 키트로 쓰면 좋다.

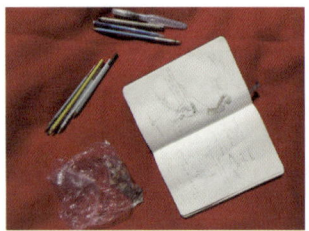 

수채화 도구 키트 야외에서 수채화 작업은 번거로울 수 있다. 하지만 이 휴대용 키트라면 야외에서도 수채화를 훨씬 쉽게 즐길 수 있다. 워터브러시, 물감을 짜놓은 팔레트, 손목에 두른 낡은 양말목은 현장 작업에 유용하다.

펜과 잉크 키트 펜은 빠르고 직관적인 도구이다. 지울 수 없다는 점 때문에 무서울 수 있다. 하지만 이런 불편함을 받아들이면 펜 작업의 가장 큰 장점을 발견하게 된다. 지울 수 없기 때문에 선을 그리고 나면 그대로 다음으로 넘어가야 한다. 덕분에 선을 더 자신 있게 그리게 되고, 이미 주어진 결과를 활용하는 법도 배우게 된다.

혼합 재료 키트 관찰 일지를 쓰는 게 점점 즐거워지고 자신감도 붙기 시작하면 다양한 재료를 함께 사용해보자. 연필, 펜, 수채화 물감 등 원하는 도구를 자유롭게 조합해보라. 하지만 재료가 많아질수록 키트를 잘 정리하고 체계적으로 관리하는 것이 중요하다. 눈에 띄는 밝은색 가방은 점심 먹은 뒤 잊지 않고 챙기기에 좋고, 반대로 차분한 색 가방은 새에게 조용히 접근하는 데 유리하다.

색연필 키트 이 키트는 색을 써서 빠르게 기록하는 야외 현장 작업에 적합하다. 색연필은 몇 개만 골라 시작해보자. 비슷한 계열의 색상(따뜻한 색, 차가운 색, 중간 색)끼리 고무줄로 묶어 놓으면 편하다. 참고로 이 키트에는 콜라주를 위한 딱풀도 넣어두는 게 좋다.

나만의 키트 만들기 이 예시들을 참고하여 나만의 독특한 키트를 만들어보자. 다른 사람의 키트를 그대로 따라 하면 만족하기 어렵다. 내 마음에 들게끔 가볍고 간단한 키트를 구성해보자. 필요와 관심사가 변함에 따라 키트를 점차 재구성해나가면 된다.

기본 그림 도구

사람마다 선호하는 도구가 다르다. 여기에 내가 자주 사용하는 도구들을 소개한다.
자신이 좋아하는 도구를 찾아 키트에 추가해보자.

연필

논포토 블루 연필: 내가 가장 자주 쓰는 기본 도구다. 세세하게 그리기 전 형태를 대략적으로 잡을 때 필수적인 도구다. 연하게 사용하면 나중에 그림을 스캔하거나 복사할 때 선이 거의 보이지 않는다. 프리즈마컬러 콜이레이즈 논포토 블루 연필 #20028을 추천한다. 아직 난 이 연필을 대체할 만한 도구를 찾지 못했다.

샤프 펜슬: 빠른 스케치를 할 때는 0.7mm 또는 0.5mm 굵기의 샤프에 2B심을 넣어 사용한다. 진하고 어두운 선을 그릴 수 있지만 쉽게 번지기도 한다. 느리고 세밀한 작업이 필요할 때는 0.3mm 샤프로 바꾼다. 현장에서 돌아온 후 고정용 스프레이를 뿌려 번짐을 방지한다.

수용성 색연필: 일반 연필처럼 사용해 스케치한 뒤, 물에 적신 붓으로 선을 문질러주면 수채화 효과를 낼 수 있다.

단단한 색연필: 샌포드 베르신처럼 심이 단단한 색연필로 스케치하거나 세부를 묘사해볼 수도 있다. 흑연보다 번짐이 덜하다. 진한 갈색 색연필로 스케치를 시도해보자.

반죽형 지우개: 연필선을 연하게 만들려면 부드러운 반죽형 지우개로 톡톡 두드린다. 사용 전에 지우개를 주무르고 늘려서 따뜻하게 만들어보자. 그런 다음 연필 선 위를 꾹 눌러주면 번짐 없이 흑연만 걷어낼 수 있다(신문 같은 인쇄물에 실리 퍼티를 붙일 때와 같다).

모노 제로 세밀 지우개: 흑연으로 그린 세밀한 부분을 지우는 데 적합하다.

부드러운 흰색 비닐 지우개: 실수한 곳을 지우는 데 좋다. 종이 표면을 손상시키지 않고 흑연을 효과적으로 지워준다.

말아 만든 종이 블렌딩 도구(토르티용 또는 스텀프): 흑연 선을 번지게 하거나 그림자를 블렌딩하는 데 사용한다. 끝에 흑연을 묻힌 뒤 회색 붓처럼 사용해 배경에 음영을 더하거나, 은은한 그림자 및 중간 명도의 패턴과 질감을 표현할 수 있다.

연필은 경도에 따라 다양한 종류가 있다. 매우 부드러운 연필(흑연의 부드러움이나 진하기는 B로 표시되며, 5B는 2B보다 더 부드럽다)은 진하고 풍부한 명암을 표현할 수 있으며, 잘 섞이고 번짐이 심하며 지우개로 쉽게 지워진다. 반면 딱딱한 연필은 H로 표시되며(5H는 3H보다 더 단단하다) 더 오랫동안 뾰족하게 사용 가능하고 밝은 선을 그릴 수 있다. 하지만 너무 강하게 누르면 종이에 자국이 남기도 한다.

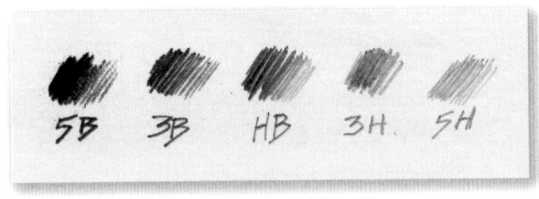

HB 연필은 딱 중간 단계로, 우리가 학교에서 흔히 사용하던 필기용 연필과 유사하다. 나는 주로 2B 연필로 작업한다. 진하고 풍부한 선을 표현할 수 있으며, 블렌딩 도구와 함께 사용하기에도 좋다. 다만 시간이 지나면 번질 수 있어서 현장에서 돌아온 후에는 정착액을 뿌려서 그림을 보호한다.

펜

수성펜과 붓: 수성펜으로 스케치를 한 뒤, 살짝 물을 묻힌 붓으로 덧칠해 잉크를 번지게 하여 색상이나 그림자를 표현한다. 잉크 선은 완전히 녹지 않고 어느 정도 선명하게 남는다. 다양한 브랜드의 펜을 실험해 보자. 어떤 펜의 잉크는 옅은 갈색으로 번지고 어떤 것은 회색이나 청회색으로 희석된다. 브랜드마다 용해되는 정도가 다르다.

붓펜: 한쪽 끝에 가느다란 팁이 달린 짙은 회색 또는 갈색 붓펜은 빠르게 어두운 음영을 깔거나, 검은색으로 깊이를 더하거나, 물을 묻혀 문질러 경계를 부드럽게 하거나, 은은한 그림자를 만드는 데 유용하다. 여러 겹 덧칠하여 더 어두운 영역을 만들 수 있다.

볼펜: (리필 가능한) 검정 고급 볼펜을 사용하면 섬세한 명암과 다채로운 선을 표현할 수 있다.

색연필 보조 도구

무색 블렌더: 무색 블렌더에는 안료 없이 왁스만 들어 있다. 색상을 더 밝게 하고 종이 표면의 미세한 요철 때문에 생기는 흰 점(빈틈)들을 메워준다. 그림의 마지막 단계에서 사용해야 한다. 블렌더를 사용해 물감이 잘 스며들지 않도록 미리 막아두는 '수채 저항 효과'를 만들 수도 있다.

블루택 점착 퍼티: 포스터를 붙일 때 사용하는 이 퍼티는 색연필 선을 지우거나 연하게 만드는 데 반죽 지우개보다 효과적이다.

엠보싱 도구: 양쪽에 각각 둥근 끝(큰 것과 작은 것)이 달린 금속 펜이다. 색연필로 표시할 수 없는 깊은 홈을 종이에 새기거나, 어두운 배경에 얇고 연한 선을 표현할 때 사용한다.

수채화 보조 도구

워터브러시: 이 합성모 워터브러시의 손잡이는 물 저장고이기도 하다. 나는 펜텔 아쿠아시의 대형 세필 워터브러시를 사용한다. 붓 끝이 뾰족하게 잘 모이는 데다 제법 널찍하게 칠하는 작업도 가능하다. 니지의 플랫 워터브러시도 함께 사용한다. 이 워터브러시의 플라스틱 페룰(손잡이와 털을 잇는 부분)을 빼서 평붓을 큰 둥근붓으로 교체할 수 있다.

흰색 연필: 마른 수채화 위에 사용해 하이라이트를 추가하거나 더 강조할 수 있다. 수채 물감을 칠하기 전에 사용하면 왁스 장벽을 형성하여 종이의 해당 부분에 물감이 스며드는 것을 방지한다.

흰색 젤 펜: 마른 수채화 위에 흰색을 추가할 때 사용한다. 예를 들어, 식물의 잎맥, 주요 윤곽선, 눈의 하이라이트 등을 표현할 수 있다. 젤이 마른 후에는 수채화 물감으로 색을 더하거나 젖은 붓으로 제거할 수 있다. 유니볼 시그노 브로드(0.7mm)나 사쿠라 겔리 롤(0.7mm)은 불투명도가 높고 빠르게 건조되기 때문에 특히 추천한다.

흰색 크레용 또는 무색 생일 초: 수채 물감은 왁스 속으로 침투하지 못한다. 크레용이나 양초를 문질러 그림에 거친 질감을 내면 해당 부분을 보호할 수 있다. 구름, 물에 반사되는 햇빛, 파도 등을 표현하는 데 딱이다.

헌 양말: 오래된 면 양말의 발목 부분을 잘라 손목에 끼워보자. 현장에서 워터브러시를 닦는 손목 걸레로 사용한다.

색연필 선택과 정리

색연필은 야외에서도, 작업실에서도 훌륭한 도구다.
사용법이 직관적이고 결과를 예측하기 쉬워 활용도가 높다.

품질 좋은 색연필을 선택하라

전문가용 수채 물감을 사용하면 작품의 질이 크게 달라진다. 색연필도 마찬가지다. 저가형 색연필은 결합제 함량이 높고 색소가 적어 풍부하고 생생한 색을 표현하기 어렵다. 이런 연필로 진한 색을 내려면 종이를 짓누르는 수밖에 없다. 아래는 주황색 색연필 네 개를 칠한 예시다. 왼쪽부터 순서대로 저가형 색연필 그리고 고급 색연필인 프리즈마컬러 베르신, 프리즈마컬러 프리미어, 파버카스텔 폴리크로모스이다.

나는 작업실에서 이 세 가지 고급 색연필을 모두 사용한다. 각 색연필은 장점과 단점이 있다. 야외용 현장 키트에는 보통 베르신 색연필 몇 자루만 넣는다.

프리즈마컬러 베르신: 프리미어나 폴리크로모스만큼 진한 색을 내진 않지만, 심이 날카롭게 유지되며 잘 부러지지 않는다. 색연필 자체가 얇아서 현장용 가방에서 자리를 많이 차지하지 않는다는 장점도 있다.

프리즈마컬러 프리미어: 색소 함량이 높고 색상 선택의 폭이 넓다. 마젠타 계열 색연필들을 비교해본다면 폴리크로모스의 푸시아보다 프리미어의 프로세스 레드를 더 선호한다. 또한 블랙 그레이프와 그레이드 라벤더는 내가 음영을 표현할 때 사용하는 기본 색상이다. 그러나 프리미어 색연필은 부러지기 쉬우며, 왁스 기반이기 때문에 짙게 칠한 부분 위로 옅은 하얀 막(블룸 현상)이 생길 수 있다.

파버카스텔 폴리크로모스: 블렌딩과 레이어링이 매우 잘된다. 심이 단단하여 깎을 때나 그림을 그릴 때나 잘 부러지지 않는다. 심이 나무 몸체에 단단히 결합되어 있어 내부에서 부러지거나 쭉 빠지는 일이 없다. 오일 기반으로 만들어져 왁스 블룸 현상도 전혀 생기지 않는다.

chapter 5

색상 선택

야외에서 스케치할 때 모든 색을 다 사용할 필요는 없다. 약 24색 세트로 시작하는 것이 좋다. 기본 색으로 프로세스 레드, 트루 블루, 캐너리 옐로를 고르고, 여기에 약간 탁한 회색, 초록색, 갈색을 추가하라. 이런 차분한 색이 가장 자주 쓰이는 색이 될 가능성이 높다. 블랙 그레이프와 그레이드 라벤더 같은 회보라색 색연필도 추천한다. 이들은 그림자 표현에 매우 효과적이다.

수채 색연필

일부 색연필은 물에 녹는 수용성 결합제로 만들어진다. 이러한 색연필은 워터브러시를 사용해 안료를 녹여 블렌딩할 수 있다. 또한 물 없이 일반 색연필처럼 사용하고 블렌딩하는 것도 가능하다.

파버카스텔 알브레히트 뒤러 수채 색연필 세트를 추천한다. 24색 세트를 구매하고 푸시아(세트에는 없지만 중요한 마젠타 색상)와 퍼플 바이올렛을 추가로 갖추면 충분하다.

그림자용 색연필

나는 그림을 채울 때 먼저 그림자부터 구상한다. 그림자의 기본 색으로는 프리즈마컬러 블랙 그레이프와 그레이드 라벤더를 주로 사용한다(이후 자세히 설명하겠다). 이 그림자 색들에 보색을 살짝 섞어주면 더욱 풍부하게 표현할 수 있다.

색연필 정리

차가운 색상, 따뜻한 색상, 갈색 및 중성색, 초록색 계열의 색연필을 각각 고무줄로 묶어두면 원하는 색을 쉽게 찾을 수 있다. 점점 짧아지는 색연필을 원래 상자에 다시 꽂는 것보다 훨씬 간단한 방법이다.

알맞은 관찰 노트 선택하기

관찰 노트를 고르는 건 아주 개인적인 일이다. 가장 좋은 관찰 노트는 결국 실제로 들고 다니게 되는 노트다. 자신이 좋아하는 디자인과 현장에 들고 다니기 편한 크기의 노트를 선택하라.

어떤 노트가 적합할까?

미술 용품점을 방문해 다양한 노트를 들어보고, 펼쳐보고, 냄새를 맡아보고, 질감을 느껴보자. 마음에 드는 것을 하나 골라 사면 된다. 하지만 새 노트를 지나치게 소중히 여겨서는 안 된다. 종이가 아까워서 혹은 예쁜 노트를 훼손할까 봐 스케치하거나 메모 남기는 것을 주저한다면 그 노트는 쓰이지 않은 채 남게 될 수도 있다.

물론 종이를 낭비하고 싶은 사람은 아무도 없지만, 적게 그리거나 너무 작은 그림만 그려서 나무를 보호하려는 시도는 환경 보호에 도움이 되지 않는다. 사실, 잘려나간 나무를 가장 존중할 수 있는 방법은 그 노트를 관찰 일지로 만들어 자신의 관찰로 가득 채우는 것이다. 노트는 활용되기 위한 도구임을 잊지 마라. 노트를 가득 채우고 나서 새 것을 마련하는 것만이 최선이다.

크기 선택

셔츠 주머니에 들어갈 만큼 작고 귀여운 노트도 있다. 이런 노트는 가지고 다니기 편하지만 아이디어를 나열하거나 꽃을 스케치하거나 시를 쓰기엔 공간이 부족하다. 작은 노트는 손이 아플 뿐 아니라 머리도 답답해질 것이다. 반대로, 배낭에 넣을 수 없을 정도로 큰 노트도 있다. 꾸준히 들고 다닐 수 있는 가급적 큰 용지를 선택하는 것이 중요하다. 기록할 공간과 휴대성의 사이의 균형점은 사람마다 다를 것이다.

종이의 특성

종이 종류는 선 표현과 물감 표현에 큰 영향을 미친다. 종이를 선택할 때 가장 고려해야 할 요소는 두께(무게)와 질감이다. 대부분의 스케치북은 가벼운(65파운드) 종이를 사용해 물을 묻히면 종이가 흐물흐물해진다. 빠르게 그리는 그림의 경우 큰 문제가 없지만,

시간이 오래 걸리는 작업에서는 불편해진다. 물을 사용하는 도구를 자주 다룬다면 더 두꺼운 종이가 적합하다. 두꺼운 종이는 구김에 강하고, 지우기, 색 덜어내기, 양각 작업도 견딜 수 있으며, 펜 사용 시 번짐도 적다. 고급 종이에 그림을 그리거나 칠해본다면 새로운 즐거움을 발견할 것이다. 수채화를 그릴 때는 적어도 140파운드짜리 종이를 사용하고 물을 많이 사용할 때는 더 두꺼운 종이를 쓰자.

종이의 질감도 중요하다. 매끄러운(핫 프레스) 종이는 펜 작업에 적합하다. 연필, 색연필, 수채 물감 등을 쓸 때는 모조지 또는 약간 거친 질감의 종이가 좋다. 물을 많이 쓴 수채화는 거친(콜드 프레스) 종이 위에서 훌륭하게 표현된다.

제본 방식

스프링 제본 노트는 저렴하고 편리하다. 종이들을 뒤로 넘겨 노트 뒤쪽이 단단해진 상태에서 그림을 그릴 수 있다. 하지만 몇 가지 단점도 있다. 그중 큰 문제는, 종이들이 쉽게 흔들리고 서로 문질러져서 연필로 부드럽게 그린 그림이 흐릿하게 번질 수 있다는 점이다. 이렇게 번지는 문제를 얼마간 해결하는 방법으로는 종이의 한 면에만 그림을 그린 다음 집에 돌아와 그 연필 그림 위에 정착액을 뿌리는 것이 있다. 펜, 색연필, 수채 물감으로 작업하는 경우에는 큰 문제가 되지 않는다.

또한 스프링 제본 노트는 야외 활동 중에 망가지기 쉽다. 앞표지가 그냥 종이이고 뒤표지는 마분지일 경우 특히 그렇다. 마지막으로, 스프링 제본 노트는 페이지를 쉽게 찢어낼 수 있다. 특히 예뻐 보이지 않는 페이지를 말이다. 이는 결코 장점이 아니다. 페이지를 찢는 것은 추억을 버리는 것이다. 관찰 일지는 삶을 담은 기록이다. 시간이 지나면 모든 페이지를 남겨두길 잘했다는 생각이 들 것이다.

반면 양장 제본 노트는 야외 작업의 험난한 환경에서도 더 잘 견딘다. 실 제본 노트는 걷거나 움직일 때에도 종이들이 덜 흔들리기에 연필 그림이 쉽게 번지지 않는다.

몇 가지 노트 추천

노트 선택은 매우 개인적인 문제다. 나는 대체로 캔슨 베이직 스케치북을 사용한다. 가격이 저렴하고 65파운드 종이의 질감이 연필 작업과 가벼운 수채화 작업에 적합하다. 또한 콤트랙 인스파이럴 노트도 사용하는데, 이 리필형 노트에는 다양한 종류의 종이를 채워 넣을 수 있다. 제조 업체에서 미리 타공된 종이를 구입하거나, 원하는 종이를 8.5×11인치 크기로 잘라 인쇄소에 타공을 맡기는 것이다. 나는 스케치 용지, 톤드 페이퍼, 수채화 용지를 끼워 넣어 사용한다. 작업실로 돌아오면 완성된 페이지를 꺼내 정착액을 뿌린 뒤 보관한다. 이렇게 하면 무게도 줄이고 번짐을 방지할 수 있다. 완성된 페이지들이 충분히 쌓이면, 플라스틱 제본기로 한데 묶는다.

몰스킨, 핸드북, 파브리아노, 스틸만앤번은 고급 노트를 만드는 품질 좋은 브랜드들이다. 훌륭한 종이를 사용해 튼튼하게 제작한다. 자신에게 가장 잘 맞는 용지를 찾아보자.

나만의 수채화 팔레트 구성하기

팔레트도 스케치 키트와 마찬가지다. 계속 조정하고 개선해나가며 자신에게 딱 맞는 팔레트를 만들어보자.

초록색 영역에 노란색 더하기

초록색 영역에 한사 옐로 라이트 물감 한 덩어리를 덜어두자. 노란색 영역을 더럽히지 않으면서 초록색을 섞거나 밝게 만들 수 있다.

색상 그룹별 혼합 영역

색상 그룹별로 혼합 영역을 나눠두자. 내 팔레트에서는 검정, 갈색, 초록, 시안-보라색, 마젠타-노란색 영역으로 나눴다. 과슈 물감을 위한 혼합 영역도 마련해놓았다.

이 영역은 초록색을 섞는 곳이다. 마젠타나 빨간색을 많이 섞지 않도록 하자.

이곳에서는 회색과 검은색을 섞는다.

이 영역은 시안, 파란색, 보라색을 섞는 곳이다. 빨간색, 노란색, 주황색을 많이 섞지 않도록 하자.

이곳에서는 갈색과 흙색 계열을 섞는다.

이 영역은 노란색, 주황색, 빨간색, 마젠타를 섞는 곳이다. 시안이나 파란색을 많이 섞지 않도록 하자.

이곳에서는 모든 색을 자유롭게 섞을 수 있다.

흰색을 사용할 경우

퍼머넌트 화이트 과슈 물감을 사용해 색을 연하게 혹은 불투명하게 만들 경우, 다른 색을 흐리지 않도록 물감과 혼합 영역을 구분해두는 것이 좋다.

홀베인 접이식 플라스틱 팔레트
1024-2000

노란색을 깨끗하게 유지하기

팔레트가 조금 지저분해도 괜찮다. 다만 노란색만큼은 반드시 깨끗하게 유지해야 한다. 나머지는 다 용서된다.

chapter 5

스케처스 포켓 세트

윈저 앤 뉴튼 코트만 스케처스 포켓 세트는 훌륭한 소형 팔레트다. 저렴하면서 튼튼하고, 배낭 여행을 할 때도 가지고 다닐 수 있을 만큼 작다. 기본 상태로도 충분히 좋지만, 약간만 자신에게 맞게 조정하면 훨씬 더 유용하다. 이 제품은 학생용 물감 12색 하프 팬으로 구성되어 있다. 물감을 다 쓰면 전문가용 색으로 교체하라(오른쪽 아래 추천 사항 참고). 새 하프 팬은 어느 미술 용품점에서든 구매할 수 있다. 하프 팬 대신 튜브형 물감을 팔레트의 빈 공간에 직접 짜 넣어도 된다.

섞을 때 편하도록 색이 비슷한 물감들을 팔레트 뚜껑의 섞는 칸에 맞춰서 배치하자. 첫 번째 혼합 영역 아래에는 따뜻한 노랑, 빨강, 마젠타를 배치하고, 두 번째 영역 아래에는 파란색과 보라색 계열을, 세 번째 영역 아래에는 갈색과 초록색 계열을 배치한다.

새 하프 팬을 처음 열 때 물감 덩어리가 쉽게 빠져나올 수 있다. 그럴 경우 덩어리의 뒷면에 물을 묻힌 후, 젖은 면을 아래로 하여 팬에 다시 넣고 팬 안에서 단단히 누른다. 일부 물감이 녹아 마르면서 팬에 고정될 것이다. 하프 팬과 팔레트 사이에 접착제를 소량 바르면 팬이 빠져나오는 것을 방지할 수 있다. 아니면 하프 팬을 아예 사용하지 않고, 물감 덩어리를 물로 적신 뒤 꿀 눌러서 팔레트에 직접 고정할 수도 있다.

색을 더 알차게 구성하려면 차이니즈 화이트를 뉴트럴 틴트로, 알리자린 크림슨을 퀴나크리돈 마젠타로 대체하자. 세트에 들어 있는 학생용 물감을 다 사용하면 다음의 전문가용 색으로 교체한다.

- 카드뮴 옐로 페일 휴를 윈저 옐로로
- 카드뮴 옐로 휴를 퀴나크리돈 골드로
- 카드뮴 레드 페일 휴를 윈저 레드로
- 울트라마린을 프탈로 블루(그린 셰이드)로
- 비리디언을 후커스 그린 또는 페릴렌 그린으로
- 번트 시에나를 윈저 바이올렛 디옥사진으로

한사 옐로 라이트나 윈저 옐로 같은 노란색 수채 물감 튜브가 있다면, 소량을 초록색 혼합 영역에 짜 넣어보자. 이렇게 하면 노란색 물감을 더럽히지 않고 초록색이나 갈색을 만들 수 있다.

튜브 물감을 사용하는 경우 팔레트의 칸에 원하는 색을 채울 수 있다. 나는 세트에 들어 있는 미니 붓보다 워터브러시를 선호한다. 미니 붓이 들어 있던 긴 칸은 추가 색상을 담는 공간으로 활용할 수 있다.

나만의 팔레트 만들기

틴 케이스와 집에 있는 물건들만으로도 훌륭한 휴대용 팔레트를 만들 수 있다.
고급스럽고 실용적인 나만의 여행용 팔레트를 제작해보자. 수채 물감이나 과슈 팔레트로 쓸 수 있다.

기본 버전

간단하고 저렴한 방법이다. 필요한 재료는 틴 케이스(알토이즈나 민츠 같은 사탕 케이스), 병뚜껑 몇 개 또는 여덟 칸짜리 플라스틱 껌 포장재, 접착제, 코티지 치즈나 요거트 용기의 흰색 뚜껑이다.

① 민트 사탕의 틴 케이스를 깨끗이 세척하고 말린다.

② 플라스틱 껌 포장재(캔 크기에 맞게 약간 자르기)나 플라스틱 병뚜껑을 틴 케이스 바닥에 접착제로 붙여서 물감을 담을 칸을 만든다. 강력 접착제(E6000 영구 크래프트 접착제 또는 비콘 글래스 메탈 앤 모어 프리미엄 영구 접착제)를 사용한다. 민트 사탕을 하나 먹자.

③ 틴 케이스의 아랫면을 본떠 코티지 치즈 용기 뚜껑을 안에 딱 들어가는 크기로 자른다.

④ 자른 뚜껑을 틴 케이스의 윗면에 접착제로 붙여 물감을 섞을 흰색 판을 만든다. 민트 사탕을 하나 더 먹자.

⑤ 칸에 좋아하는 색의 물감들을 채우고 말린다.

고급 버전

몇 가지 추가 작업으로 기본 팔레트를 훌륭한 휴대용 팔레트로 업그레이드할 수 있다. 이를 위해 필요한 재료는 수채화 하프 팬 15개(미술 용품점에서 구매 가능), 폭 1.3센티미터 마그네틱 테이프 한 롤(문구점에서 구매 가능), 흰색 러스트 올럼 고광택 보호 에나멜 페인트(철물점에서 구매 가능)다.

① 날카로운 칼로 하프 팬의 바닥을 살짝 긁어준다. 이렇게 하면 물감이 팬 안에 더 잘 붙는다.

② 마그네틱 테이프를 하프 팬 바닥 크기에 맞게 잘라 팬에 부착한다. 민트 사탕을 하나 먹자.

③ 틴 케이스 뚜껑의 안쪽에 에나멜 페인트를 칠한다. 뚜껑을 펼쳐 말린다. 페인트가 마르는 동안 만지지 않도록 주의한다. 그렇지 않으면 표면이 울퉁불퉁해질 수 있다.

④ 하프 팬에 좋아하는 색의 물감들을 채운다. 민트 사탕을 또 하나 먹자.

⑤ 물감이 다 마르면 자석이 부착된 하프 팬을 팔레트에 자신만의 순서대로 배치한다.

이 페이지에 나온 모든 팔레트는 밝은 색상 과슈 팔레트(다음 페이지 참고)를 다양한 크기의 틴 케이스에 담은 것이다.

플라스틱 껌 포장재 | 코티지 치즈 용기 뚜껑 | 고광택 에나멜 페인트 (러스트 올럼) | 쿤 민트 사탕 틴 케이스

빈 하프 팬 | 중간 크기 민트 사탕 틴 케이스 | 작은 민트 사탕 틴 케이스 | 흰색과 노란색 여분 물감 덩어리(너무 가장자리에 묻히지 말 것)

여행용 수채화 팔레트

팔레트 색상을 14가지로 제한해야 할 때 나는 다니엘 스미스 브랜드의 다음 색들을 선택한다.

- 뉴트럴 틴트
- 섀도 바이올렛
- 블러드스톤 제뉴인
- 번트 시에나
- 버프 타이타늄
- 페릴렌 그린
- 서펜타인 제뉴인
- 프탈로 블루
- 인단스론 블루
- 디옥사진 바이올렛
- 퀴나크리돈 핑크
- 피롤 레드
- 퍼머넌트 오렌지
- 한사 옐로 라이트

작은 수채화 팔레트로도 다양한 명도와 색조를 표현할 수 있다. 큰 팔레트는 부담스러울 때도 있기에 작은 팔레트로 시작하는 것이 좋은 방법이다. 더 밝은 명도를 얻으려면 종이를 비워두면 된다. 처음에는 고민하는 시간이 조금 필요하지만, 연습하다 보면 익숙해질 것이다.

밝은 색상 과슈 팔레트

내 과슈 팔레트에는 명도가 높은 14가지 색이 들어 있다. 과슈 회화를 위해서가 아니라 내 수채 물감 팔레트를 보완하려고 마련한 것이다. 나는 어두운 색상은 투명 수채화 물감으로 표현하고, 밝은 색상은 과슈로 표현한다.

팔레트에 들어 있는 색상은 다음과 같다.

- 한사 옐로(엠그라함)
- 존 브릴리언트 No.1(홀베인)
- 갬부지(엠그라함)
- 프라이머리 마젠타(홀베인)
- 피롤 레드(엠그라함)
- 아쿠아 블루(홀베인)
- 라이트 퍼플(타이타늄 화이트)과 퀴나크리돈 바이올렛(엠그라함)을 혼합
- 헬리오 그린 옐로이시(쉬민케)
- 리프 그린(홀베인)
- 옐로 오커(엠그라함)
- 타이타늄 골드 오커(쉬민케)
- 그레이 No. 1(홀베인)
- 그레이 No. 2(홀베인)
- 타이타늄 화이트(엠그라함)

과슈를 조금 덧칠하면 그림에 생기가 돈다. 주변만 칠하고 흰색 바탕을 남기는 방식보다 직접 흰 물감을 칠하는 게 더 재밌고, 빠르고, 효과적이다.

그리고 민트 사탕 하나 더 먹자.

수채 물감 선택하기

나는 햇빛에 잘 바래지 않고(매우 중요), 얼룩이 남지 않는, 투명한 물감을 선호한다.
또한 혼합 안료보다 단일 안료를 더 좋아한다.

시간이 흐르면서 새로운 색들을 발견함에 따라 팔레트 구성도 점점 달라진다. 색을 추가하거나 제거할 때는 물감의 품질, 내광성, 착색성, 입자감, 투명도 그리고 단일 안료와 혼합 안료의 차이를 고려해야 한다.

모든 수채화 물감이 동일하지 않다. 처음부터 고품질의 전문가용 물감을 사용하면 작업이 훨씬 수월해진다. 품질이 낮은 물감은 반응을 예측하기 어려우며, 전문가용 물감에서 얻을 수 있는 강렬한 색상이나 깊은 명암을 재현하지 못한다. 나는 다니엘 스미스 엑스트라 파인 수채화 물감과 윈저 앤 뉴튼의 일부 전문가용 물감을 사용한다. 각 안료에는 알파벳과 숫자로 이루어진 코드가 있으며, 이를 통해 다른 제조사에서 만든 유사한 안료를 추적하거나 혼합물의 성분을 이해할 수 있다.

사진이나 천이 햇빛에 바래는 것처럼 수채 물감도 햇빛에 색이 바랠 수 있다. 일부 색상은 다른 색상보다 더 빨리 바래므로 피하는 것이 좋다. 색상을 선택할 때 먼저 이런 퇴색하기 쉬운 색상을 제외하자. 이런 이유로 나는 알리자린 크림슨, 로즈 매더 제뉴인, 오페라 핑크, 아우레올린 같은 색을 사용하지 않는다.

직접 내광성을 테스트해볼 수도 있다. 종이에 모든 물감으로 각각 선을 그은 후 반으로 잘라, 한쪽은 어두운 서랍에 넣고 다른 한쪽은 햇빛이 드는 창가에 걸어둔다. 3개월 후 색 변화를 비교해보자. 밝아졌거나 어두워졌다면 퇴색성이 있는 것이니 새로운 안료를 찾아야 한다.

어떤 색은 종이에 착색되어 번지거나 지워지지 않는다. 또 어떤 색은 종이 표면에 입자 형태로 남아 젖은 붓으로 쉽게 지울 수 있다. 실수를 수정하거나 그림에 다시 흰색을 추가하는 것이 가능하다. 나는 착색되지 않는 색을 선호하지만, 넓은 색상 범위를 표현하기 위해 착색성 있는 색을 사용해야 할 때도 있다.

일부 물감에는 무거운 입자가 포함되어 있어서 거친 종이에 사용할 경우 마르면서 무늬를 형성하기도 한다. 이런 특징을 입자감이라고 하며, 아름답고 예상치 못한 효과를 만들어낼 수 있다.

나는 가급적 투명한 수채화 물감을 사용한다. 물감을 겹겹이 덧칠해도 수채화 특유의 밝고 투명한 느낌을 유지할 수 있기 때문이다.

어떤 예술가들은 팔레트에 몇 가지 기본 색만 담고 나머지 색은 직접 혼합해서 만들어내는 방식을 선호한다. 이는 색 혼합 기술을 익히는 훌륭한 훈련 방법이다. 나는 화학 물질이나 천연 광물질을 곱게 갈아 만든 다양한 색상의 물감을 활용하는 걸 좋아한다. 이런 단일 안료들을 조합해 다른 색도 만든다. 이는 요령을 피우는 것도, 지름길을 택하는 것도 아니다. 오히려 각 안료의 고유한 특성을 최대한 활용하는 방법이다.

물감 공급 업체들은 혼합 안료도 판매한다. 이러한 안료는 색을 섞기에는 유용하지 않지만 편리하다. 팔레트 크기에 한계가 있다면 혼합 안료보다 단일 안료를 더 중시하자.

뉴트럴 틴트 PBk6 PB15 PV19
불투명하고 착색력이 높은 검정 혼합 안료이다. 색의 명도를 낮추거나 깊고 진한 검정을 표현할 때 사용할 수 있다.

번트 엄버 PBr7
착색력이 낮고 반투명한, 따뜻한 갈색이다.

페인스 그레이 PB29 PBk9 PY42
착색력이 낮고 반투명하며 차가운 파랑-검정 혼합 안료이다. 노란색과 섞이면 초록색이 되기 때문에 그림자 색으로 사용할 때 주의해야 한다.

이탈리안 번트 시에나 PBr7
착색력이 없고 반투명한 붉은 갈색이다.

블랙 투르말린 제뉴인
착색력이 없는 투명하고 따뜻한 회색으로, 데이비스 그레이와 비슷하지만 색 바램이 없는 특징이 있다.

몬테 아미아타 내추럴 시에나 PBr7
착색력이 낮고 투명하며 따뜻하고 밝은 갈색이다.

섀도우 바이올렛 PO73 PB29 PG18
착색력이 낮고 투명한 보라-파랑-검정 혼합 안료로, 입자감이 뛰어나 건조되면서 예기치 못한 아름다운 효과를 낼 수 있다. 나의 주요 그림자 색상이다.

버프 타이타늄 PW6:1
착색력이 없고 반투명하며 연한 황갈색이다. 갈색 계열 새의 밝은 부분을 묘사할 때 즐겨 사용하는 색상 중 하나다.

블러드스톤 제뉴인
착색력이 없고 투명한 보랏빛 갈색으로, 연하게 칠하면 따뜻한 회색을 띤다. 진하게 칠하면 풍부한 보라-검정 색감을 만들어낸다.

페릴렌 그린 PBk31
중간 정도 착색되며 반투명한 짙은 초록색으로, 다양한 검은색을 만들어낼 때 사용할 수 있다(상위 12개 색상 중 하나).

로우 엄버 PBr7
착색력이 낮고 반투명한, 차갑고 짙은 갈색이다.

언더시 그린 PB29 PO49
중간 정도 착색되며 반투명하고 강렬한 탁한 녹갈색 혼합 안료이다. 건조되면 부드러운 올리브 드랩으로 변한다.

후커스 그린 PG36 PY3 PO49
착생력이 낮고 반투명한 초록색 혼합 안료로, 다른 초록색을 만들기 위한 기초 색상으로 적합하다.

망가니즈 블루 휴 PB15
착색력이 낮고 투명한, 프탈로 블루를 대체할 수 있는 색상으로, 보다 덜 강렬하고 깨끗하게 덜어내는 것도 가능하다.

크로뮴 옥사이드 PG17
착색력이 낮고 불투명한 올리브 그린으로, 세이지나 초록빛 솔새를 표현하는 데 적합하다.

코발트 블루 PB28
착색력이 낮고 투명한 파란색이다.

서펜타인 제뉴인
착색력이 없고 반투명하며 따뜻하고 입자감 있는 초록색이다.

울트라마린 블루 PB29
중간 정도 착색되며 투명하고 따뜻한 파란색이다.

리치 그린 골드 PY129
착색력이 낮고 투명한 황록색으로, 다른 초록색과 혼합하기에 좋다.

인단스론 블루 PB60
중간 정도 착색되며 투명하고 따뜻한 어두운 파란색으로, 진하게 칠하면 거의 검은색처럼 보인다.

프탈로 옐로 그린 PY3 PG36
중간 정도 착색되며 투명하고 강렬한 황록색 혼합 안료이다. 희석될수록 노란빛이 더 뚜렷해진다.

다이옥사진 바이올렛 PV23
중간 정도 착색되며 반투명한 보라색이다.

프탈로 블루(그린 셰이드) PB15
착색력이 높고 투명한 기본 시안이다. 소량으로도 강하게 발색되므로 주의해야 한다(상위 12개 색상 중 하나).

나프트아미드 마룬 PR171
착색력이 낮고 반투명하며 탁한 갈색빛 보라색으로, 채도가 높은 색을 중화하는 데 적합하다.

퀴나크리돈 핑크 PV42
중간 정도 착색되며 투명한 기본 마젠타 색상으로, 맑은 분홍색을 만들거나 빨간색 또는 보라색과 혼합하기 좋다.

피롤 레드 PR254
중간 정도 착색되며 반투명하고 강렬한, 소방차 같은 빨간색이다.

퀴나크리돈 시에나 PO49 PR209
착색력이 낮고 투명한 주황빛 갈색이다.

퍼머넌트 오렌지 PO62
착색력이 낮고 투명한 진한 주황색이다.

퀴나크리돈 골드 PO49
착색력이 낮고 투명한 황갈색으로, 옅게 칠하면 부드러운 황금빛을 띤다.

뉴 갬보지 PY153
착색력이 낮고 투명한 노란색으로, 투명한 안료와 섞으면 갈색빛에서 따뜻한 노란빛으로 변한다.

한사 옐로 미디엄 PY97
착색력이 낮고 투명한 노란색이다.

한사 옐로 라이트 PY3
착색력이 낮고 투명한 레몬 옐로 색으로, 색을 섞을 때 기본 노란색으로 사용된다.

유독성 물감
일부 안료에는 카드뮴, 크로뮴, 구리, 코발트, 니켈과 같은 유독성 중금속이나 유기 화합물이 포함되어 있다. 물감이 발린 붓을 입에 물거나 입으로 모양을 잡아서는 안 된다. 같은 이유로, 물감 찌꺼기가 섞인 물을 땅에 붓는 일도 피해야 한다. 워터브러시로 그리고 불필요한 물감 잔여물은 손목에 낀 낡은 양말로 닦아내자. 이 방식은 자연 속에서 그림을 그릴 때 환경을 해치지 않는 좋은 방법이다.

[1] Sheena S. Iyengar and Mark R. Lepper, "When Choice Is Demotivating."

6. 자연 그리기 Nature Drawing

그림 그리기는 관찰력을 키우고 기억력을 강화한다.
관찰하는 방식을 근본적으로 바꾸며, 글쓰기, 지도 만들기 등
다른 기록 기술을 보완해주는 강력한 도구다.
모든 기술이 그렇듯이 그림 실력도 연습을 통해 발전할 수 있다.

꿈을 실천하기까지의 로드맵

드로잉은 일지를 쓰는 데 도움이 되는 도구다. 그림 실력을 키우기 위해서는 스스로 발전할 수 있다고 믿고, 의식적으로 꾸준히 연습하며, 함께 성장할 수 있는 공동체 안에서 교류하는 것이 중요하다.

드로잉은 누구나 배울 수 있는 기술

드로잉은 자연 세계에 대한 탐구와 경험을 심화하는 도구 중 하나일 뿐이라는 점을 기억하자. 멋진 작품을 만들기 위한 것이 아니라 '보는 힘'을 기르기 위한 것이다. 그림을 그리는 과정에서 지금껏 보지 못했던 새로운 것을 발견했다면 이미 성공한 셈이다. 관찰 일지를 펼치기 전에 먼저 마음가짐부터 다잡아보자. '멋진 그림을 그려야 한다'는 생각은 내려놓자. 그림 실력이 뛰어나지 않아도 관찰 일지를 쓰는 과정에서 충분히 놀라운 것들을 발견할 수 있다.

많은 사람이 드로잉 실력은 타고난 재능이라고 믿는다. 어떤 사람은 태어날 때부터 잘 그리고, 자신은 '그림 유전자'를 물려받지 못했다는 식이다. 나는 종종 사람들이 "나도 그림을 그릴 수 있었으면 좋겠어"라고 말하는 걸 듣곤 한다. 어쩌면 당신도 그렇게 말해 본 적 있을 것이다. 많은 사람이 자신은 그림을 그리지 않기 때문에 아예 그릴 수 없다고 단정 짓는다. 그러나 이런 믿음과 달리, 전 세계의 미술 교실과 작업실에서 해마다 반복되는 일이 있다. "직선 하나도 못 그려요"라고 말하던 사람들이 드로잉을 하나의 기술로 받아들이고 꾸준히 연습하자 자신도 잘 그릴 수 있다는 사실을 깨닫는 것이다. 그림을 그리는 건 타고나는 '재능'이 아니라 누구나 익힐 수 있는 '기술'이다.[1] 그림 실력을 키우고 싶다면 스스로 할 수 있다고 믿어야 한다.

평소에 그림을 자주 그리지 않았다면 시작하기 두려울 수 있다. 많은 사람이 초등학교 3학년 때쯤 그림 그리기를 멈춘다. 반면 계속 그림을 그려온 또래는 실력이 꾸준히 향상된다. 그 결과 몇 년 뒤에는 그림 실력에 차이가 크게 벌어져 계속 그려온 사람들이 마치 재능을 타고난 것처럼 보인다. 사실 재능이 있다기보다는 그림을 오랫동안 많이 그려왔을 뿐이다.

그림을 잘 그리고 싶다면 많이 그려라

혹시 그림 수업을 듣거나 스케치에 관한 책을 사서 연습을 시작했지만, 한 달쯤 지나고 보니 조금도 그리고 있지 않았던 적이 있는가? 그렇다면 당신만 그런 것은 아니다. 많은 사람이 그림 실력이 좋아지면 더 자주 그리게 될 것이라고 생각하지만, 실은 그 반대다. 먼저 드로잉을 규칙적인 습관으로 만들어야 실력이 늘기 시작한다.

> "연습이 완벽을 만드는 것은 아니다.
> 완벽한 연습만이 완벽을 만든다."
>
> 빈스 롬바르디

우리는 기본적으로 습관의 동물이다. 어제 헬스장에 가지 않았거나 산책을 빼먹었다면 오늘은 더 나가기 싫어진다. 그림 그리기나 다른 어떤 것도 마찬가지다. 드로잉하는 습관이 없다면 스케치 수업이 끝난 후에도 이어지기 어렵다.

내가 함께 작업해온 성인들 대부분은 매주 세네 번 규칙적으로 그림을 그리자 1년 안에 실력이 크게 향상했다. 새로운 기술을 배우는 일의 첫걸음은 종종 좌절감을 동반한다. 연습하기 시작한 처음 몇 달이 가장 어려운 시기일 수 있다. 눈에 띄는 변화가 없다고 낙담하거나 포기하지 말자. 그만둔다면 실력이 늘 기회는 영영 없다.

특히 실력이 좋아지기 직전에 좌절감을 느끼기 쉽다. 다음 단계를 머릿속으로는 그릴 수 있지만 아직 손이 따라가지 못하기 때문이다. 이럴 때는 좌절감을 마음 챙김의 신호로 받아들이자. 당신이 이제 한 단계 더 성장하려는 바로 그 순간에 있음을 알려주는 감정이기 때문이다.

의도적으로 연습하기

실력이 조금씩 나아지는 것이 느껴진다면 '의도적인 연습'을 시도해보자. '의도적인 연습'이란 피드백을 수용하고 성찰하는 명확한 시스템을 갖추고 기술을 익혀가는 것이다.

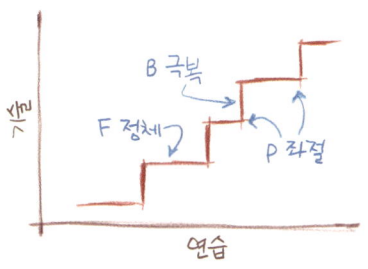

매 그림에서 무언가를 배우겠다는 마음가짐을 갖고 어떤 부분이 특히 잘 그려졌는지 주목해보자. 그리고 스스로에게 "왜 이 부분은 괜찮게 그려졌을까?"라고 물어보자. 계속 써보고 싶은 기술이나 기법이 있다면 집중해서 익히고, 자신의 강점으로 발전시키자. 그리고 "이 그림의 어떤 부분이 나아질 수 있을까? 어떻게 하면 좋을까? 내가 관찰한 대상을 더 잘 표현하려면 어떤 기법이 도움이 될까?"라고 자문해보자.

그림을 개선하는 방법을 고민하는 것과 내면의 비판자에게 휘둘리는 것은 다르다. 내면의 비판자는 "사슴을 그리는 거야? 이건 전혀 사슴 같지 않아. 머리가 너무 크잖아. 진짜 예술가는 이런 실수를 하지 않아. 그냥 포기해"라고 속삭인다. 이는 잘 그린 부분에는 주목하지 않고 기대에 못 미친 부분만 보며, 더 나아질 수 있는 가능성 자체를 부정하는 생각이다.

자신의 그림을 돌아볼 때 단순히 마음에 들지 않는 점만 짚고 넘어가지 말자. 사슴의 머리가 몸에 비해 너무 크게 그려졌다면 "다음에는 처음부터 그림의 비율을 확인해야지"라고 구체적인 해결책을 생각해보는 것이 중요하다.

나의 의도적인 연습도 내 작업에 조금씩 영향을 미쳐왔다. 2003년에 『시에라 네바다 필드 가이드』를 집필하기 위해 아메리카물닭을 그린 적이 있다. 당시 내 실력으로 최선을 다해 그린 그림이었고, 식별에 필요한 특징들을 잘 담아내어 표현하고자 했던 바를 충분히 보여주었기에 만족스러웠다. 그러나 2011년에 다른 프로젝트를 위해 또 아메리카물닭을 그리게 되었다. 첫 번째 그림을 재사용할 수도 있었지만, 지난 5년간 수천 점을 그리며 연습한 덕에 더 나은 화가가 된

나는 이전 그림에 만족할 수 없었다. 두 그림을 비교해보라. 내 그림 실력이 어떻게 변했는지 보이는가? 두 그림을 그리는 데 걸린 시간은 비슷했다. 내가 실력을 키울 수 있었던 이유는, 계속 성찰하며 실력을 높이는 데 도움이 되는 기술을 발견해나갔기 때문이다.

다른 예술가의 기법을 훔치기

그림 실력을 키우고 발전시키기 위해 우선은 이 책에서 설명한 도구들을 잘 활용해보자. 더 많은 영감을 얻고자 한다면 다른 예술가들의 작품을 살펴보고 내 것으로 삼을 만한 기술이 숨어 있는지 찾아보면 된다. 다만 주의할 점은, 다른 예술가들의 작품을 보며 나는 할 수 없다고 낙담하지 않는 것이다. 대신 감동적이거나 영감을 주는 작품을 만났을 때 경외심을 느끼며 그 작품에 사용된 기술을 과감히 따라해보자.[2] 단순히 "와, 정말 멋진 그림이다!"라고 말하는 데 그치지 말고 "좋아, 예술가님. 제법이야. 대체 여기에 무슨 짓을 한 거야? 사슴뿔에 윤곽 음영을 넣었네. 덕분에 형태가 좀 더 잘 보이는군. 선의 굵기에 변화를 준 것도 효과적이네. 사슴뿔 끝은 기하학적인 형태로 단순화했어. 눈 주위와 콧구멍 구조를 잘 살렸구나"라고 구체적으로 분석하고, 훔치고 싶은 기법을 목록으로 만드는 것이 좋다.

고인이든, 현존하는 예술가든, 작업실로 초대해 그림을 가르쳐달라고 요청해보자. 마음에 드는 그림을 선 하나하나 그대로 따라 그려보자. 동시에 그 예술가가 어떤 순서로 그림을 그려나갔을지 추측하고 재현해보자. 설령 모작이 원작과 완전히 똑같지 않더라도 새로운 기법을 배우는 소중한 기회가 된다. 이런 연습은 우리의 창의성을 억누르지 않는다. 오히려 다른 사람의 시선을 통해 세상을 바라보는 새로운 관점을 얻게 해주며, 그들의 접근 방식을 흡수함으로써 내 기술을 한층 더 발전시킬 수 있다.

공동체에서 도움을 얻자

혼자 연습하고 다른 예술가들의 작품을 살펴보기만 해도 실력을 키울 수 있다. 하지만 우리는 본래 사회적 동물로, 함께하는 것을 더 좋아한다. 식단을 조절하거나 운동할 때 다른 사람들과 함께하면 더 오래할 가능성이 높아진다. 선생님, 코치 혹은 격려해주는 동료들과 함께한다면 훨씬 도움이 될 것이다. 마찬가지로, 더 넓은 공동체에서 자연 관찰 일지를 함께 쓴다면 실력이 훨씬 빠르게 향상할 것이다.

가족 나들이나 홈스쿨링 커리큘럼에 자연 관찰 과정을 포함하는 것도 고려해보자. 자연 관찰 일지 쓰기 모임에 가입하는 방법도 있다. 이런 모임은 전국 곳곳에서 열리고 있으며, 근처에 없다면 직접 만들어보는 것도 좋다. 정기적인 모임은 구성원들이 미리 달

력에 일정을 표시해놓을 수 있게 해준다. 매 모임마다 장소를 바꾸고 다양한 주제로 탐구하다 보면 흥미를 오래 유지할 수 있다. 소셜 미디어를 활용하거나 지역 미술 용품점, 자연 센터, 박물관 등에 부탁해 공지를 게시해보는 것도 방법이다. 활동 스케줄 속에 도시락을 나눠 먹고 가볍게 교류하는 시간도 넣으면 좋다.

모임 중간 혹은 말미에는 관찰 일지를 펼쳐놓고 서로 공유해보자. 구성원들이 같은 장소에서 일어난 사건이나 특징을 서로 어떻게 기록하고 묘사했는지 살펴보도록 권하자. 그냥 예쁜 그림을 감상하기만 하지 말고 관찰과 기록에 대한 아이디어를 얻는 기회로도 삼는 것이다.

관찰 일지를 쓰는 하루의 첫걸음

그림을 그릴 때 자신을 몰입하게 만드는 것과 방해하는 것이 무엇인지 인식해야 한다. 예쁜 그림을 그리는 데만 너무 집착하면 그 순간을 놓치고 관찰도 멈추게 된다.

하루 중 가장 어려운 일은 처음으로 페이지를 펼치는 일이다. (나를 포함해) 많은 사람이 하이킹할 때 관찰 일지를 챙겨 가서 꺼내보지도 않은 채 돌아오곤 한다. 하루가 어느 정도 지나고 나서도 일지를 펼치지 않았다면, '아, 관찰 일지 써야 했는데. 이미 좋은 순간들을 다 놓쳐버렸으니 그냥 포기하자'라고 생각하기 쉽다. 우리는 단 하루 동안의 습관에도 지배받는 동물이다. 일단 일지를 꺼내 들고 탐색하다 보면 계속 기록하게 되고, 결국 발견으로 가득한 페이지들을 완성하게 된다.

처음 펼친 페이지의 첫 기록이 전부를 바꾼다. 관찰을 시작할 때 일지를 꺼내 위치, 날짜, 날씨부터 적어라. 그다음 내용들은 자연스럽게 흘러나온다.

하루의 첫 번째나 두 번째 그림은 그려내기까지 몹시 어렵다. 하지만 멈추지 말자. 이를 일종의 '희생 팬케이크'라고 생각하는 편이 좋다. 팬케이크를 아무리 잘 만드는 사람이라도 첫 번째 팬케이크는 대체로 엉망이다. 숙련된 요리사는 그 첫 번째 팬케이크가 더 나은 팬케이크를 위한 밑거름임을 잘 안다. 그림도 마찬가지다. 첫 번째 스케치가 마음에 들지 않아도 이상할 게 없다. 눈, 뇌, 손을 연결하는 시간이 필요하다. 망설이지 말고 그냥 과감히 시작하자. 몇 장 정도는 준비 운동 삼아 그려보는 것이다. 예쁜 그림을 기대하지 말고, 흥미로운 소재를 하나 선택해 집중해서 관찰해보자. 관찰 내용을 글로 적고, 측면도 같은 추가 정보도 더해보자. 일단 그리기 시작했다면 자연 관찰 일지 쓰기로 하루를 보낼 준비가 된 것이다.

몰입 상태에 들어가기

몰입은 집중력, 창의력, 수행력이 극대화되는 상태를 뜻한다. 뇌 과학자 미하이 칙센트미하이는 TED 강연 《행복의 비밀, 몰입Flow, the Secret to Happniness》에서 몰입 상태를 "우리가 하고 있는 일에 완전히 빠져 집중하고 있는 상태"라고 설명한다. 예술가나 운동선수는 이 상태를 시간의 감각도, 자기 자신에 대한 인식도 사라진 채, 오직 어떤 작업이나 과정에 완전히 몰입한 상태라고 말한다. 이를 흔히 '존에 들어갔다in the zone'고 표현하기도 한다.

몰입 상태의 뇌는 주어진 과제에 더 많은 주의를 기울이게 해 생산성을 극대화한다. 칙센트미하이의 설명에 따르면 인간의 뇌는 초당 약 110비트 이상의 정보를 처리할 수 없다. 한 사람의 말을 듣는 데만도 약 60비트를 사용하기에, 두 사람의 말을 동시에 이해하거나 여러 작업을 동시에 효과적으로 수행하기가 어려운 것이다. 몰입 상태에서는 자기 통제와 인식을 담당하는 전전두엽의 일부 기능이 일시적으로 비활

성화된다. 이는 잡생각 없이 작업에 전념하게 하고 창의성을 증폭한다. 칙센트미하이는 "완전히 몰입하여 새로운 것을 창조하는 과정에 빠져 있을 때는 신체 감각이나 집안 문제 같은 다른 일들을 신경 쓸 여력이 없다"고 설명한다. 몰입은 비디오 게임 플레이어, 패스트푸드 요리사, 익스트림 스포츠 선수 등 높은 생산성을 보이는 다양한 집단에서 연구되어왔다. 한 연구에서는 몰입 상태에 들어간 경영진들의 생산성이 다섯 배 증가한 사례도 보고되었다.[3]

나는 자연 관찰 일지를 쓰면서 자주 이 몰입 상태를 경험한다. 집중, 호기심, 발견이 글쓰기, 드로잉, 관찰이라는 행위와 어우러질 때, 우리는 자연 세계와 인지적으로 온전히 연결되고 그 경험을 페이지에 그대로 담아낼 수 있게 된다. 몰입 상태에 들어가면 뇌에서 나오는 자기 비판의 목소리가 일시적으로 멈춘다. "너는 못 해"라는 목소리가 사라지면서 창의력이 발휘된다.[4]

나는 자연 관찰 일지를 쓸 때 몰입 상태에 들어가기 위해 먼저 관찰한 것을 소리 내어 말해본다. 손에 들린 노트의 무게를 느끼고, 샤프펜슬을 꺼내 날짜와 장소를 적는다. 논포토 블루 연필은 나로 하여금 속도를 늦추고, 깊이 호흡하며, 눈앞에 있는 대상의 형태에 집중하게 만든다. 이러한 간단한 행동들, 즉 '몰입 트리거'들은 몰입 상태로 들어가게 하는 나만의 루틴이라고 할 수 있다.

스티븐 코틀러는 경기력이 뛰어난 운동선수들을 대상으로 한 연구에서 몰입 상태를 유도하는 요인들을 밝혀냈다. 이 '몰입 트리거'는 내 루틴처럼 많은 사람에게 나타난다. 당신도 관찰 일지를 쓰면서 몰입 상태에 확실히 빠지는 법을 배울 수 있다. 일지를 쓰면서 무엇이 자신을 더 깊은 곳으로 몰입하게 만들고 무엇이 그 순간에서 벗어나게 만드는지 주의를 기울이

자. 집중할 수 있는 루틴을 만들자. 아래의 몇 가지 몰입 트리거를 시도하고 자신에게 맞는 방법을 찾자.

몰입 트리거를 인식하고 활용하기

- 주변의 방해 요소를 정리하고 관찰 과정에 집중하자. 1분 동안만 길게 호흡해도 집중력을 높이는 데 도움이 된다.

- 관찰 일지의 목표를 명확히 정하자. 세상을 더 깊이 관찰하기 위해, 본 것을 오래 기억하기 위해, 세상에 대한 호기심을 키우기 위해 관찰 일지를 쓰자. 지금이 순간을 충만하게 살자. 다시는 돌아오지 않을 순간이다. 예쁜 그림을 그리려는 목표는 내려놓자. 그 목표는 저절로 이뤄질 것이다.

"진정한 발견의 여정은 새로운 풍경을
보는 것이 아니라 새로운 눈을 가지는 데 있다."

마르셀 프루스트

- 의식적인 연습과 자기 성찰을 함께 실천하자. 무언가 새롭게 발견했을 때는 그 순간을 놓치지 말고 메모 또는 스케치를 하거나 질문을 던지자. 관찰 과정과 그 깊이를 자각하는 것도 중요하다. 무엇이 효과적인가? 더 자주 해보자. 무엇이 방해가 되는가? 그것은 덜 하자.

- 자신에게 도전하는 것과 자신의 강점을 살리는 것 사이에서 균형을 찾아라. 스스로를 지나치게 몰아붙이지도, 안주하지도 말라. 적당히 긴장되면서도 감당할 수 있는 과제에 도전할 때 최상의 성과를 낼 수 있다. 과도한 성취를 추구하는 경향이 있다면, 한 걸음 물러서서 일부만 도전해보자. 반대로 편안함을 추

구하는 경향이 있다면 안락한 상태의 경계까지 자신을 밀어붙여보자.

- 자연의 풍요로움을 탐구하자. 자연은 놀라움과 정교함, 아름다움으로 가득 찬 복잡한 시스템이다. 주변 환경의 풍요로움에 마음을 열면 경이로운 순간들을 경험할 수 있다. 아프리카의 세렝게티 같은 특별한 장소여야만 하는 건 아니다. 풀 한 포기의 구조를 관찰하더라도 그 구조의 신비는 우리에게 비밀을 말해줄 것이다.
- 모든 감각으로 관찰하라. 무엇이 보이는가? 몇 겹의 소리가 들리는가? 어떤 냄새가 나는가? 손끝으로 돌멩이나 잎의 가장자리를 만져보자. 잎을 뺨에 부드럽게 문질러 질감을 느껴보는 것도 좋다. 지금 이 환경 속 모든 감각이 자신에게 어떤 감정을 불러일으키는지 주목해보자.

창의력을 발휘해 관찰 일지에 나만의 개성과 독창성을 자유롭게 펼쳐보자. 예술과 과학은 고도의 창의적 행위이다.

본질을 잊지 말기

뒤에 나오는 도구와 기술 들은 그림 실력을 키우고 본 것을 페이지에 더 정확히 옮길 수 있도록 도와준다. 그러나 '그림을 위한 드로잉'이 아니라, '배움을 위한 드로잉'이라는 점을 잊지 말아야 한다. 그렇지 않으면 지금 이 순간 자연 속에서 벌어지고 있는 흥미로운 일들을 놓치게 될지도 모른다.

그림을 그리다가 답답함이나 좌절감을 느낀다면 다시 관찰 기록으로 돌아가보자. 깊게 숨을 들이쉬고, 주변에서 아름다운 무언가를 찾아보자. 다시 시작하면 된다.

그림 그리는 법

꽃, 나무, 새를 그릴 때 각각 다른 접근법이 필요한 것은 아니다.
기본적인 스케치 기술은 어떠한 대상을 그릴 때도 활용할 수 있다.

보이는 대로, 느껴지는 대로 그리기

어떤 대상을 그리고 탐색할 때 아름다움과 경이로움이 깃든 작은 순간들을 종종 발견하게 된다. 가슴이 두근거리거나, 웃음이 터지거나, 마음이 춤추는 지점이 있는가? 그것이 새의 목선인가? 새 떼의 움직임인가? 꽃잎이 자주색에서 보라색으로 옅어지는 모습인가? 이런 순간들을 관찰 일지에 기록해 소중히 간직해보자. 자신이 진정으로 관심 있는 요소를 잘 반영할수록 그 그림은 더 큰 보물이 된다.

현장에서 그림을 그릴 때는 완벽한 시력도, 깃털이 겹치는 방식에 대한 백과사전 같은 지식도, 고가의 관측 장비도 필요하지 않다. 그저 보이는 것을 그리고 기록하면 된다. 만약 눈, 발, 날개 또는 귀가 보이지 않는다면 억지로 그려 넣지 말고 생략하자. 멀리 있거나 역광을 받은 새를 보면, 도감에 나오는 세밀화를 그릴 생각은 하지 말고 눈앞에 보이는 실루엣을 그리자. '이게 있어야 할 것 같다'는 생각에 상상해서 그리기 시작하면 그 그림은 경험의 기록이 아니라 만화가 되어갈 것이다.

어느 날 오후, 자연주의자 친구들과 함께 우리 지역에 있는 호수로 가서 관찰 일지를 썼다. 한 친구가 쌍안경을 가져오지 않아서 내 쌍안경을 빌려주었다. 우리는 통나무 위에서 깃털을 손질하는 가마우지 무리를 관찰하고 스케치했다. 친구는 내 쌍안경으로 확대해서 본 날개와 머리를 그렸다. 나는 장비가 없어도 할 일이 충분했다. 가마우지들을 본 그대로 스케치했다. 세부 묘사는 하지 않고, 단지 통나무 위에 일정한 간격으로 앉은 어두운 형체만을 그렸다. 나는 가마우

어울려 놀기 말리기

쌍뿔가마우지

지가 깃털을 손질하는 자세, 각도 그리고 뒤틀린 동작에 매료되었다. 망원경을 가져온 또 다른 친구는 가마우지의 청록색 눈에 반했다. 이렇게 각자의 경험은 전부 다르지만 모두 배움과 발견으로 가득했다. 주어진 환경에서 자신의 방식으로 관찰을 이어가면 된다.

작업 순서

내가 현장에서든 작업실에서든 어떤 대상을 그릴 때 따르는 작업 순서다. 각 단계의 자세한 기법은 뒤에서 예시 그림과 함께 좀 더 자세히 설명하겠다.

① 그리기 전에 충분히 관찰한다.
② 기본 형태를 가볍고 느슨하게 잡는다.
③ 멈춰서 비율을 점검한다.
④ 기본 틀 위에 점점 굵고 확실한 선을 그린다.
⑤ 명암과 색을 더한다.
⑥ 초점 영역과 전경의 세부를 묘사한다.
⑦ 그림에 과도하게 손대기 전에 멈춘다.

그리기 전에 관찰하라

드로잉의 첫 단계는 깊이 있는 관찰이다. 정확히 그리려면 먼저 눈앞에 있는 대상을 있는 그대로 받아들이면서 '이래야 한다'는 선입견에서 벗어나야 한다. 머릿속 이미지에는 크고 작은 오류가 숨어 있을 때가 많다. 이는 당신의 잘못이 아니다. 지금 이 순간, 이 환경 조건 속에서 이 대상을 본 적이 없기 때문이다.

눈앞의 대상을 머릿속에 있는 이미지가 아닌 실제 모습대로 그리고자 할 때, 관찰한 내용을 소리 내어 말하고 예상과 다른 부분을 찾아보면 좋다. 대상의 어떤 부분이 예상했던 바와 다른가? 관찰한 내용을 말로 표현하면 뇌가 새로운 정보를 받아들여 그 정보를 일지에 옮기는 데 도움이 된다.

기본 형태를 가볍고 느슨하게

종이에 그림을 그릴 때 우선 나는 대상의 기본 형태를 가볍고 느슨하게 스케치한다. 이 선들은 최종적인 선이 아니다. 대상의 자세, 비율, 각도, 기본적인 형태를 드러내는 임시 틀일 뿐이다. 이후 이 가볍고 느슨한 선들 중에서 선택한다. 이제 됐다 싶을 때 내가 본 것을 가장 정확하게 표현하는 선을 골라 강조하는 것이다.

대상의 자세, 비율, 각도를 더 잘 파악하기 위해 두 가지 전략을 사용한다. 첫 번째는 대상의 구조를 연구하거나 그 구조에 대한 기존의 지식을 활용해 대상을 이해하는 것이다. 식물의 경우 잎의 배열이나 꽃잎의 수에 초점을 맞출 수 있다. 두 번째 전략은 구조를 무

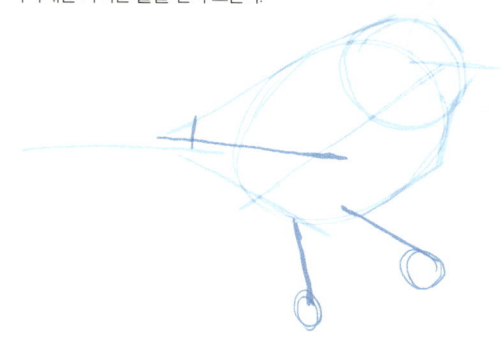

논포토 블루 연필로 자세, 비율, 각도를 나타내는 가벼운 틀을 먼저 그린다.

이 가이드라인 위에 선을 덧그려 부피감, 질감을 추가하고 좀 더 자세하게 묘사한다. 이렇게 하면 전체적인 비율이 설정된 상태에서 작은 영역에 더 집중할 수 있다.

시하고 대상을 서로 맞물린 도형들의 집합으로 바라보는 것이다. 그리고 그 도형들을 그대로 종이에 옮긴다. 보통 이 두 가지 전략을 함께 사용해 기본 형태를 잡는다.

비율 점검하기

그림에서 각 부분의 상대적인 크기가 정확한지 확인하기 위해 비율을 점검해야 한다. 이 중요한 단계를 건너뛰고 그림이 완성된 후에야 잘못된 비율을 발견하면 수정하기 어려울 수 있다. 나는 가볍고 느슨한 선을 그리는 동안 항상 비율을 두어 번 점검해 이런 실수를 방지한다.

기본 틀 위에 굵은 연필선으로 그리기

이 단계는 대부분의 사람들이 '그림 그리기'라고 하면 떠올리는 과정이다. 연필로 대상의 윤곽선을 굵게 그리는 것이다. 하지만 이 단계에 도달하기까지 얼마나 많은 작업이 선행되었는지 생각해보자. 이제 신중한 관찰과 기본 형태 잡기를 통해 만든 틀 위에 계획적으로 선을 그릴 수 있다. 가장 정확한 선을 따라 굵은 연필로 그어나가면 비율에 맞는 그림을 자신감 있게 완성할 수 있다.

명암, 색, 세부 묘사 추가하기

명암, 즉 밝고 어두운 정도의 범위는 그림을 명확하게 보이게 해주며 입체감을 부여한다. 이는 색보다 더 강한 영향을 미친다. 모든 색은 고유한 명암을 가지고 있으므로(노란색은 밝고 빨간색은 더 어둡다) 그림을 그릴 때 명암과 색을 함께 고려하자.

세세한 묘사는 그림에 생동감을 더하지만, 그리기의 마지막 단계에서 계획적으로 추가해야 한다. 그림을 현실감 있게 그리려고 모든 것을 자세히 묘사할 필요는 없다. 그림의 전경과 주목하게 하고 싶은 부분만 세밀하게 그려야 한다. 그림 전체를 자세히 묘사하면 오히려 그림을 망칠 수 있으니 주의하라.

다음 페이지의 예시는 이러한 단계들을 순서대로 보여준다. 계속해서 좀 더 상세히 설명해보겠다.

이 그림의 문제는 무엇일까?

세부 묘사는 훌륭하지만,
비율이 아쉽다…

여기에 아름답게 묘사된 도마뱀이 있다. 하지만 발이 과도하게 크고 몸이 너무 짧다. 비율을 점검하지 않으면 이런 일이 발생한다. 사람은 보통 가장 흥미를 느끼는 부위를 확대해서 그리는 경향이 있다. 그림을 좀 떨어져서 봤을 때 비로소 뭔가 잘못되었음을 깨닫게 된다.

퓨마의 두개골: 전체적인 드로잉 과정

아래는 그림 그리는 순서다. 기본 형태를 다듬은 뒤 명암과 세부 묘사를 추가한다.
어두운 부분은 투명한 수채화로, 하이라이트는 불투명한 과슈로 표현한다.

1. 두개골의 기본 형태를 느슨하게 그리고, 얼굴 중심선을 표시한다.

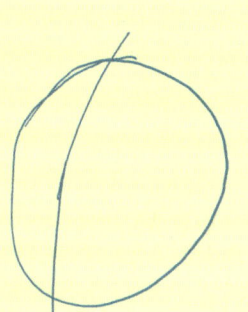

2. 평행선들로 얼굴의 대칭을 잡아 눈, 코, 입이 모두 같은 각도에 정렬되도록 한다.

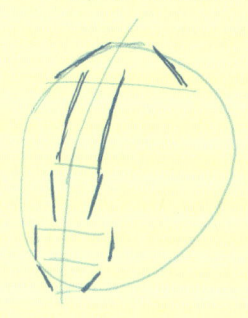

3. 얼굴의 중심부인 이마, 코, 치아, 턱 등의 기본 틀을 잡는다.

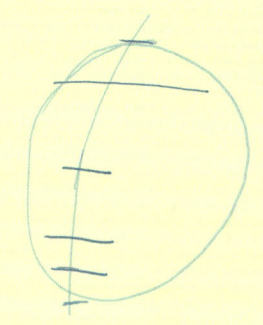

4. 또 다른 평행선을 그어 눈구멍의 위치를 설정한다. 먼 쪽 눈은 원근감을 고려해 더 작게 그린다.

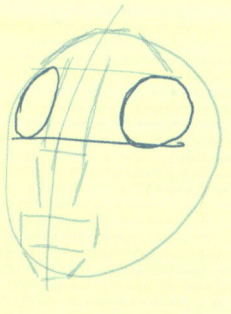

5. 턱과 광대뼈의 각도를 세밀하게 표시한다.

6. 논포토 블루 연필로 그린 틀 위에서 형태를 정교하게 다듬는다. 이 단계에서는 선 작업보다는 음영 공간의 형태와 얼굴의 각 요소에 집중한다.

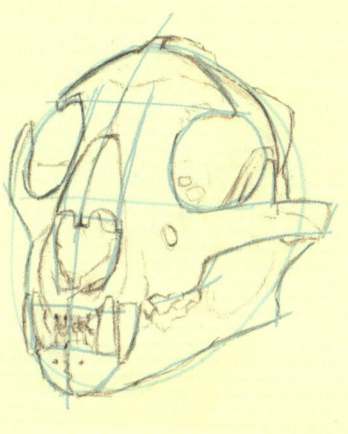

논포토 블루 연필로 그린 선은 스캔하면 보이지 않을 정도로 희미하지만, 이 예시 그림에서는 참조를 위해 일부러 선을 더 강조했다. 실제 그림의 선보다 훨씬 진하게 보인다.

자연 그리기

7. 선을 정교하게 다듬는다. 지저분한 선을 지우고 주요 윤곽선과 전경의 선을 더 진하게 강조한다.

8. 윤곽 음영 기법으로 3~4단계의 명암을 추가한다.

9. 세부를 묘사하며 그림을 마무리한다. 빛과 그림자의 경계나 갈라진 틈 등에 질감을 넣어 생동감을 더한다.

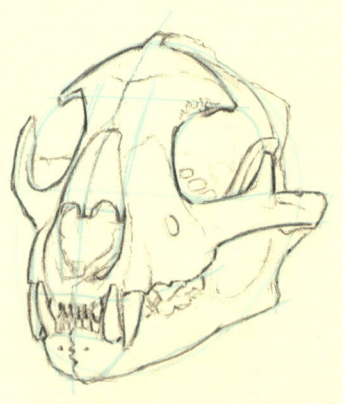

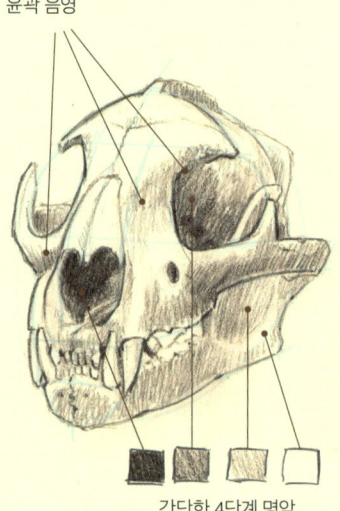

윤곽 음영

간단한 4단계 명암

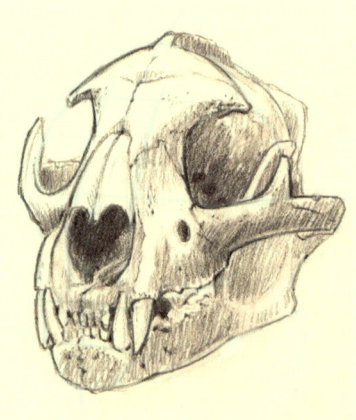

10. 연필 그림으로 끝내도 되고, 수채 물감을 연하게 칠해 음영을 강조하고 통일감을 부여해도 좋다. 투명하면서 어두운 색조는 연필 선을 그대로 드러나게 해준다.

11. 가장 많은 빛을 반사하는 표면에 불투명한 퍼머넌트 화이트 과슈를 덧칠해 하이라이트를 표현해보자. 종이 색이 보이도록 일부분은 손대지 않고 남겨두는 것도 중요하다. 종이 자체의 색을 명암 표현의 하나로 활용할 수 있다.

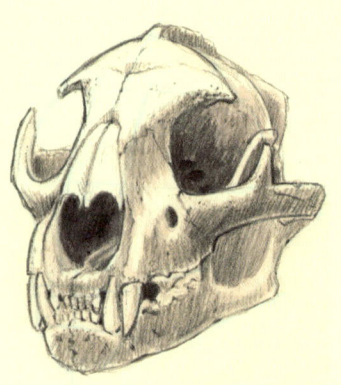

일부분은 손대지 않고 남겨둔다

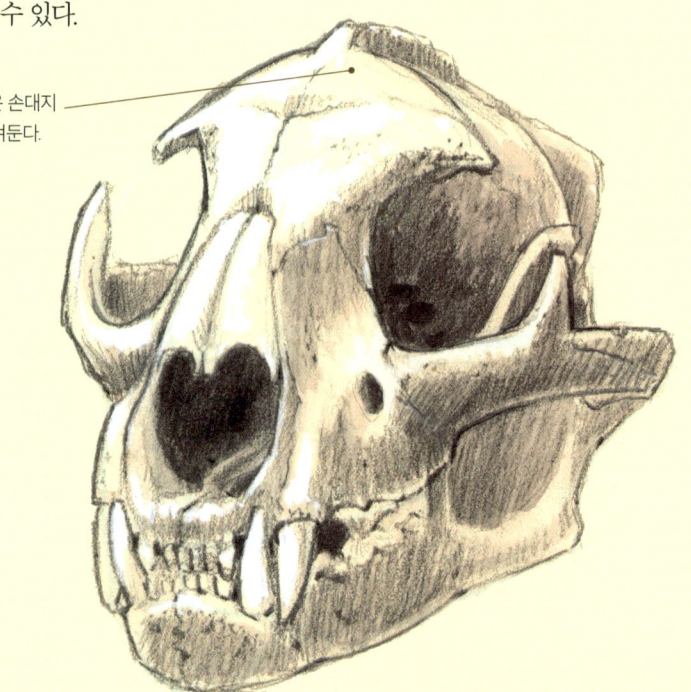

chapter 6

그리기 전에 관찰하기: 구조와 형태

대상을 관찰하고 단순화하는 방법으로는 두 가지가 있다. 첫 번째는 신체의 해부학적 구조를 이해하는 방법이다.
두 번째는 신체의 각도와 형태 자체에 집중해 바라보는 방법이다.

대상을 관찰하는 두 가지 방법

나는 대상을 관찰할 때 두 가지 상호 보완적인 접근 방식을 사용한다.

우선 대상의 구조를 연구한다. 식물의 경우, 잎이 배치된 방식이나 꽃잎의 개수를 살펴보거나 꽃의 구조를 단순화한 기하학적 형태를 찾아본다. 포유류라면 관절의 위치, 다리 비율, 털 패턴 등을 관찰한다. 새의 해부학, 버섯의 갓 조직, 사슴 뒷다리 뼈의 연결 방식을 이해할수록 대상을 보고 표현하는 게 더 쉬워진다. 물새의 해부학과 깃털에 대해 공부한 적이 있다면 오리의 옆모습을 구조적으로 잘 그려낼 수 있다.

오리의 구조를 이해하면 오리를 더 잘 관찰하고 일지에 담을 수 있다. 오리에 대해 더 많이 알수록 잘 분석할 수 있으며, 오리가 우리에게 익숙한 자세를 취하고 있다면 더 쉽다.

두 번째는 해부학적 구조를 무시하고 대상을 서로 맞물린 형태들의 집합으로 바라보는 방법이다. 3차원 대상을 2차원 평면으로 옮겨 단순화한 뒤 이를 기하학적 형태들로 나누어 종이에 옮긴다. 가까운 3차원 대상을 관찰할 때 한쪽 눈을 감으면 도움이 된다. 쌍안경보다 망원경으로 관찰하면 대상을 한 각도로만 보게 되어 작업이 더 수월해지고 손도 자유롭게 사용할 수 있다. 스케치북 위에 이 조각난 형태들을 하나씩 다시 조립하듯 그려

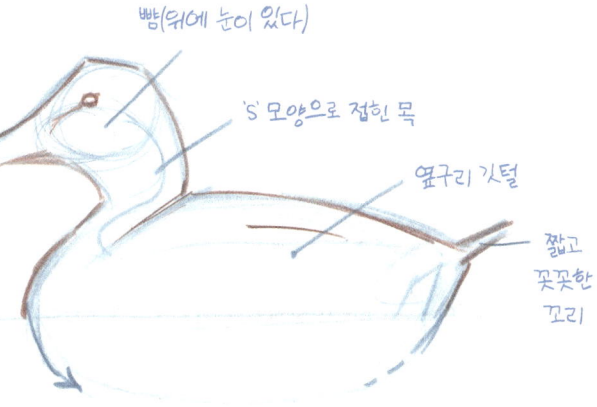

서 전체 형상을 재구성한다.

구조를 이해하기 어려울 때는 이 방법이 특히 유용하다. 예를 들어 잠자는 오리는 머리, 목, 등이 뒤틀린 공 모양처럼 보여 구조를 이해하기 어렵다. 이럴 때는 여러 형태로 분리해 표현하는 것이 더 쉽다. 이 방법은 말려 있는 잎사귀나 복잡하게 말린 꽃잎을 그릴 때도 효과적이다. 어떤 대상을 보더라도 그 대상을 형태 하나하나로 나누어 볼 수 있다.

예술가들은 오리의 갈색, 검은색, 흰색 깃털 영역을 '양의 형태 positive shapes'라고 부른다. 이를 머리, 가슴, 옆면이 아니라 평평한 추상적 다각형으로 인식하면, 오리 머리의 실제 형태를 더 정확히 볼 수 있다. 이제 오리 뒤의 물의 형태를 살펴보자. 물을 보면 오리 등의 각도가 더 뚜렷하게 드러난다. 몸의 세부 요소에서 벗어나면 이런 각도가 더 쉽게 보인다. 이를 '음의 형태 negative shapes'라고 부른다. 오리를 제외한 부분을 보면 오히려 오리의 형태가 더 잘 드러나는 것이다. 숙련된 예술가는 초보자보다 음의 형태를 자주 활용한다.

그림을 그릴 때는 대체로 구조와 형태를 함께 활용한다. 구조의 일부가 이해되지 않을 때는 형태를 활용해 작업할 수 있다. 반대로 눈에 띄는 형태가 적을 때는 구조에 더 의존하면 된다.

잠자는 오리의 해부학적 구조를 이해하기란 매우 어렵다.
몸의 형태와 각도 그리고 형태 간의 비율을 집중적으로 분석해보자.
여기에서 보이는 것은 '머리'가 아니라 '발톱 같은 형태'다.

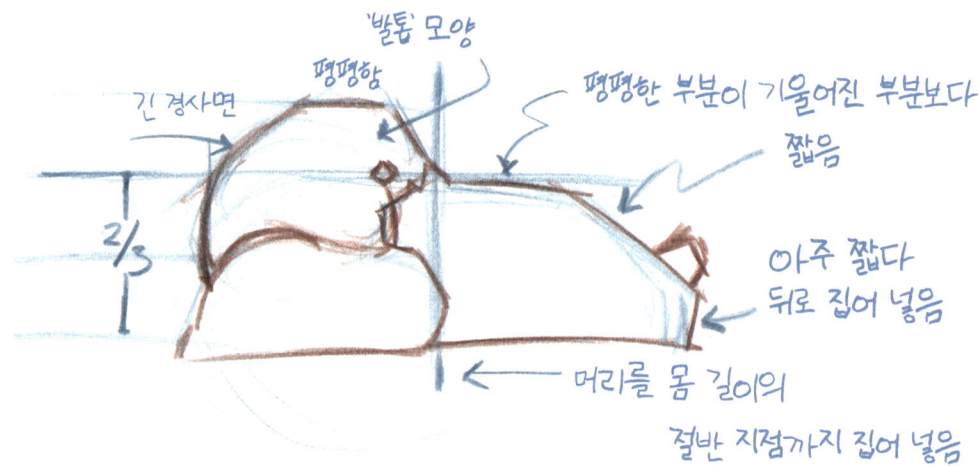

기본 형태 잡기: 예술가처럼 생각하는 법

예술가들은 관찰한 것을 종이에 옮기기 위해 형태, 각도, 선, 면을 인식하는 연습을 한다.
각각의 연습은 유익하지만 실제 그림을 그릴 때 자연스럽게 녹여내는 것이 무엇보다 중요하다.

예술가들은 다양한 기술을 활용해 자신이 본 것을 종이에 옮긴다. 이 기술들을 배우면 그림 그리기가 훨씬 쉬워진다. 이미 숙련된 예술가라고 하더라도 다양한 접근 방식을 충분히 활용하고 있는지 점검해보자. 새로운 기술을 발견한다면 자신의 그림에 이를 적용할 수 있는지 살펴보자.

이제 그림을 그릴 때 활용할 수 있는 다섯 가지 기법을 살펴보겠다.

첫 번째는 **윤곽선 드로잉**으로, 대상을 관찰할 때 각도와 곡선을 더 주의 깊게 보는 데 도움이 된다.

제스처 드로잉은 빠르고 느슨하게 최소한의 선으로 대상의 전체적인 모습을 포착하는 방법이다. **음의 형태 관찰**은 대상을 구성하는 형태뿐만 아니라 형태 사이의 공간을 파악하고 그리는 데 도움을 준다. 두 가지 모두 정확한 그림을 그리는 데 필수적이다.

측정과 비례 확인은 나중에 큰 문제가 될 수 있는 실수를 잡는 데 효과적이다.

마지막으로 **구조적 드로잉**은 대상을 3차원적으로 시각화해 보이지 않는 부분까지 정확하게 배치하는 데 도움을 준다.

윤곽선 드로잉

어떤 대상을 정확히 그리려고 할 때 가장 중요한 행동은 주의 깊은 관찰이다. 우리는 종종 대상을 있는 그대로 보지 않고 그것이 '이래야 한다'는 머릿속 이미지에 의존하는 경향이 있다. 윤곽선 드로잉은 대상을 제대로 보는 법을 훈련하는 효과적인 방법이다.

종이를 보지 않고 윤곽선을 그리는 연습을 해보자. 그리는 것보다 보는 것이 더 중요하다. 이 재미있는 연습은 눈과 손이 연결되도록 훈련시킨다. 흥미로운 물체 하나를 테이블 위에 놓고 앉는다. 그 물체를 응시하면서 종이를 보지 않고 천천히 형태를 그려나간다. 눈이 물체의 윤곽을 따라 천천히 움직이게 한다. 눈으로 각도와 곡선을 따라가면 연필도 위아래로 움직여 그 형태를 따라가도록 한다. 각도가 변할 때마다 연필도 방향을 바꾸어야 한다. 연필을 떼거나 종이를 내려다보지 말아야 한다. 천천히 시간을 들여 그려나가면 된다.

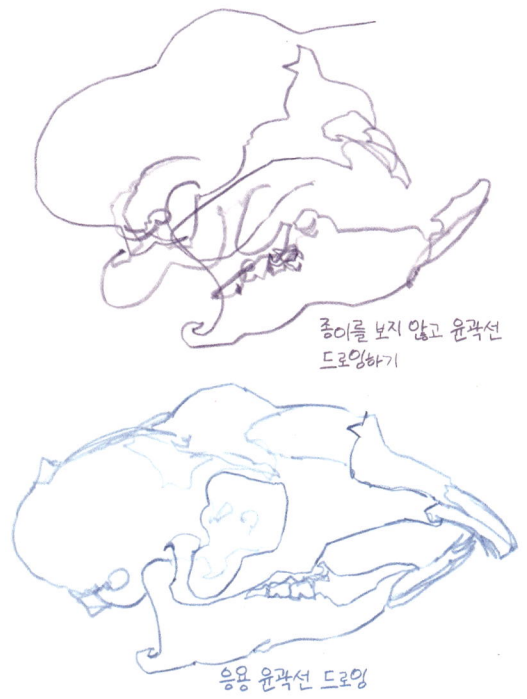

종이를 보지 않고 윤곽선 드로잉하기

응용 윤곽선 드로잉

그리기를 마친 뒤 결과물을 살펴보자. 우스꽝스럽고 흥미로울 것이다. 선이 대상의 미묘한 변화나 특징을 드러낸 부분을 찾아보자. 대상을 바꿔 이 과정을 스무 번 정도 반복해보자. 연습을 거듭할수록 눈으로 본 것에 손이 더 잘 반응하게 될 것이다.

응용 윤곽선 드로잉은 종이를 보지 않고 윤곽선을 그리는 연습을 하며 길러진 집중 관찰 능력을 활용해 대상과 훨씬 더 닮아 보이게 그리는 것이다. 이번에는 종이를 힐끔 보거나 연필을 떼고 다른 지점으로 옮겨도 된다. 간혹 종이를 내려다보며 선들 사이의 간격과 비율을 비교하되, 윤곽선 드로잉의 동력을 유지하기 위해 선을 그리는 동안 대상을 계속 주시하는 것이 중요하다.

제스처 드로잉

완벽한 원을 그리고 싶을 땐 어떻게 해야 할까? 종이를 한 장 꺼내 원을 단번에 그려보자. 아마 삐뚤거나 고르지 못한 원이 나올 것이다. 이런 방식으로 원을 그리는 것은 어렵다. 나도 그렇게는 못 한다. 더 쉬운 방법을 시도해보자.

먼저 가볍고 느슨하게 원을 그린다. 약간 삐뚤더라도 괜찮다. 지우지 말고 가볍게 선을 덧대며 불완전한 부분을 조금씩 수정한다. 다섯 번에서 열 번 정도 원을 겹쳐 그리면서 천천히 둥글게 다듬는다. 우리의 뇌는 자연스럽게 올바른 선을 선택할 것이다. 그 선을 따라 더 힘을 주어 그리면 된다.

핵심은 가볍게 시작해 선을 여러 번 겹쳐 그린 다음, 그중에서 정확한 선을 골라 강조하는 것이다. 선을 가볍게 그리면 뇌가 여러 가능성을 탐색하여 형태를 다듬거나 보완할 수 있다. 반면 처음부터 굵고 강한 선으로 그리면 잘못된 선이라는 사실을 알아도 그 선에 얽매이게 되니 주의하자. 이 방법은 어떤 대상을 그릴 때든 유용하다.

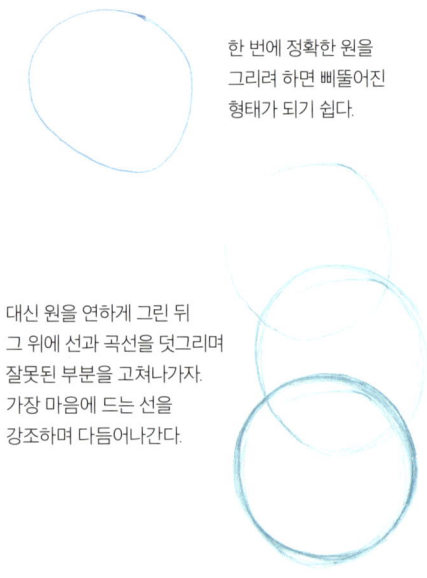

한 번에 정확한 원을 그리려 하면 삐뚤어진 형태가 되기 쉽다.

대신 원을 연하게 그린 뒤 그 위에 선과 곡선을 덧그리며 잘못된 부분을 고쳐나가자. 가장 마음에 드는 선을 강조하며 다듬어나간다.

처음에는 가볍고 느슨한 선으로 전체적인 형태를 잡는다. 처음부터 완벽할 필요는 없다. 마치 찰흙을 빚듯이 연한 선을 계속 더해가며 스케치를 다듬어나간다.

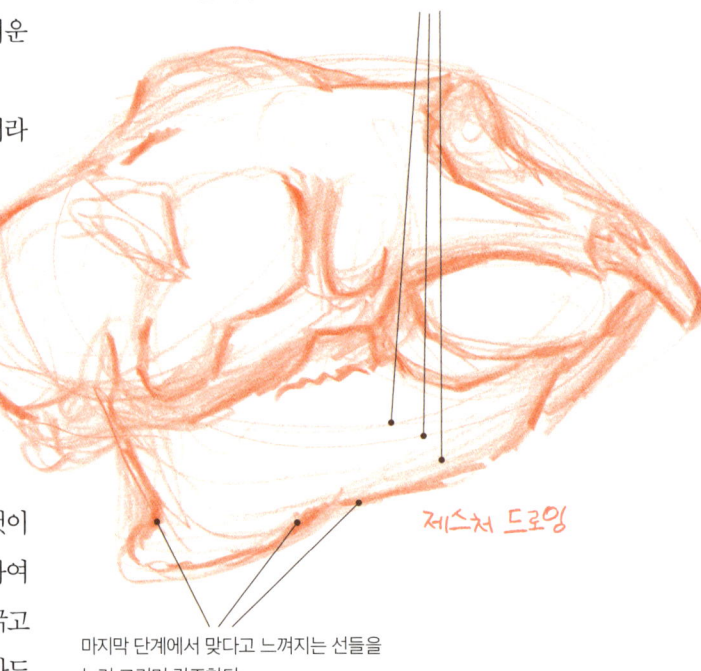

제스처 드로잉

마지막 단계에서 맞다고 느껴지는 선들을 눌러 그리며 강조한다.

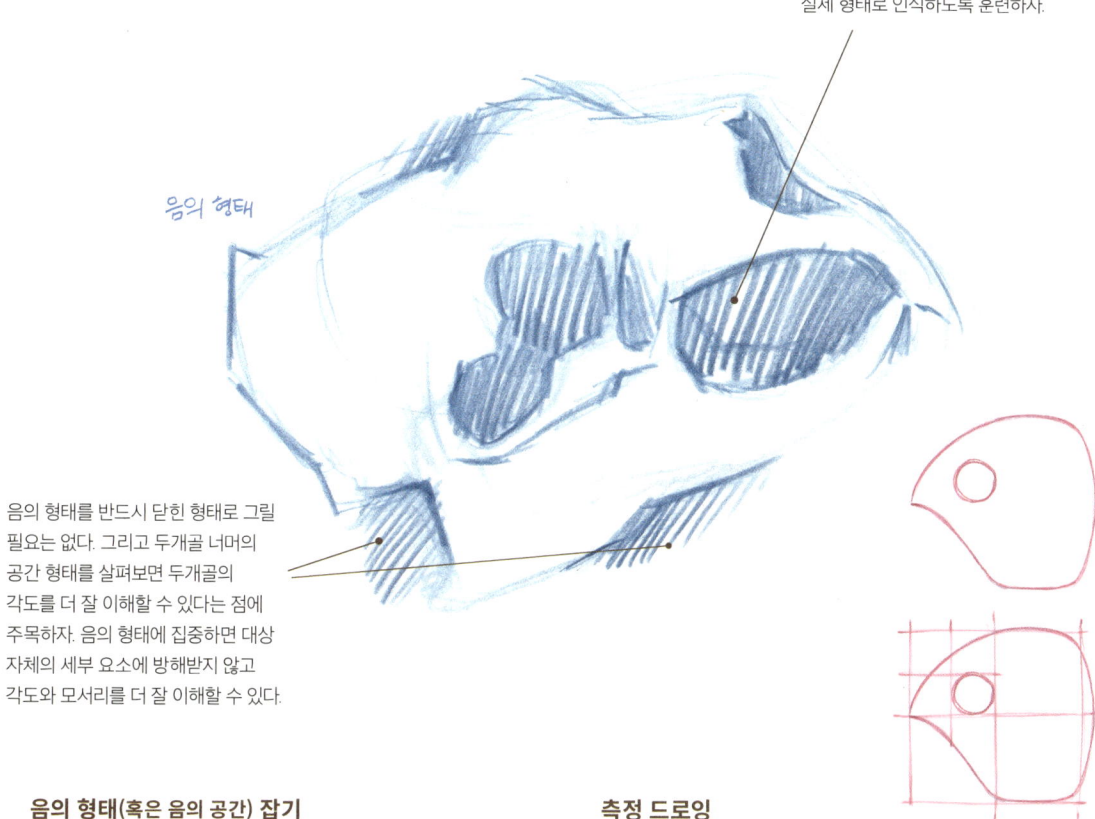

이 공간을 단순한 틈새로 보지 말고 실제 형태로 인식하도록 훈련하자.

음의 형태

음의 형태를 반드시 닫힌 형태로 그릴 필요는 없다. 그리고 두개골 너머의 공간 형태를 살펴보면 두개골의 각도를 더 잘 이해할 수 있다는 점에 주목하자. 음의 형태에 집중하면 대상 자체의 세부 요소에 방해받지 않고 각도와 모서리를 더 잘 이해할 수 있다.

음의 형태(혹은 음의 공간) 잡기

음의 형태는 우리가 그리려는 대상에 딸린 빈 공간의 형태를 말한다. 예를 들어 두개골을 그릴 때 보통 상악과 하악의 형태에 집중하게 된다. 그러나 상악과 하악 사이에는 빈 공간, 즉 음의 형태가 있다.

턱에 높이, 너비, 각도가 있듯이 음의 형태에도 그러한 요소들이 존재한다. 이 빈 공간을 실제 형태로 그리다 보면 상악과 하악을 서로 너무 가깝거나 멀게 그렸다는 것을 발견할 수 있다. 만약 그렇다면 이를 무시하고 넘어가지 말아야 한다. 비율에 오류가 있다는 중요한 신호다. 무엇이 잘못되었는지 찾아 수정한 뒤 작업을 이어가야 한다.

음의 형태를 이용하는 것은 매우 효과적인 기법 중 하나지만 종종 간과된다. 이 기법을 꾸준히 연습하면 그림의 정확도와 완성도가 크게 향상될 것이다.

측정 드로잉

위의 두 그림 중 상단 그림을 손으로 자유롭게 따라 그려본다면 형태를 왜곡하며 그리기 쉽다. 그림을 그릴 때 격자를 그려보면 각 부분의 비율이 명확해진다. 그런데 자나 일반적인 측정 단위보다는 대상의 특징적인 부분을 측정 단위로 활용하는 것이 좋다. 나는 다음 페이지의 호저의 두개골 그림을 그릴 때 이빨에서 코가 시작되는 지점까지의 거리를 측정 단위로 활용했다. 이 호저의 두개골을 '이빨-코 단위'로 측정하면 가로는 3 '이빨-코', 세로는 2 '이빨-코'다.

하나의 특징에서 다른 특징으로 선을 긋고 그 선이 어떤 요소와 교차하는지 살피자. 코의 앞쪽에서 이어진 수직선은 아래쪽 어금니의 시작점과 교차한다. 아래턱의 뒤쪽에서 시작되어 광대뼈를 지나가는 대각선은 이빨의 시작점 위로 뻗어 있다. 한쪽 눈을 감고

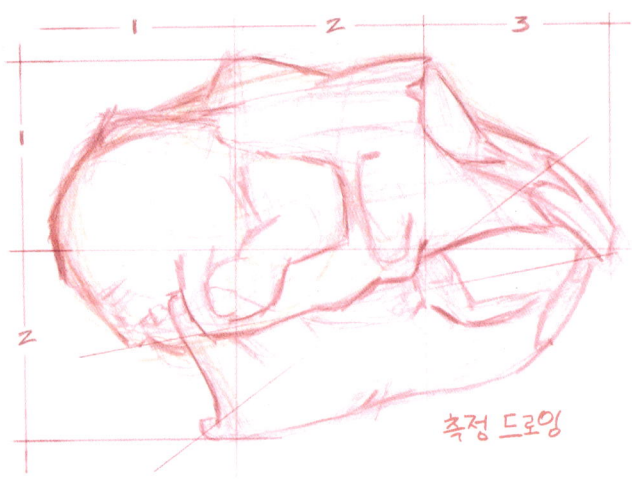

측정 드로잉

연필을 들어 직선 자처럼 대상에 대보면 직선과 각도를 명확히 파악하는 데 도움이 된다.

이러한 점검은 더 자세히 묘사하거나 선을 다듬기 전에 그림의 초기 단계에서 실행해야 한다. 만약 각도나 비율이 맞지 않는다면 멈추고 수정해야 한다. 어느 정도 그린 후 비율 문제를 발견하면 많은 부분을 지우지 않고서는 수정하기 어렵다.

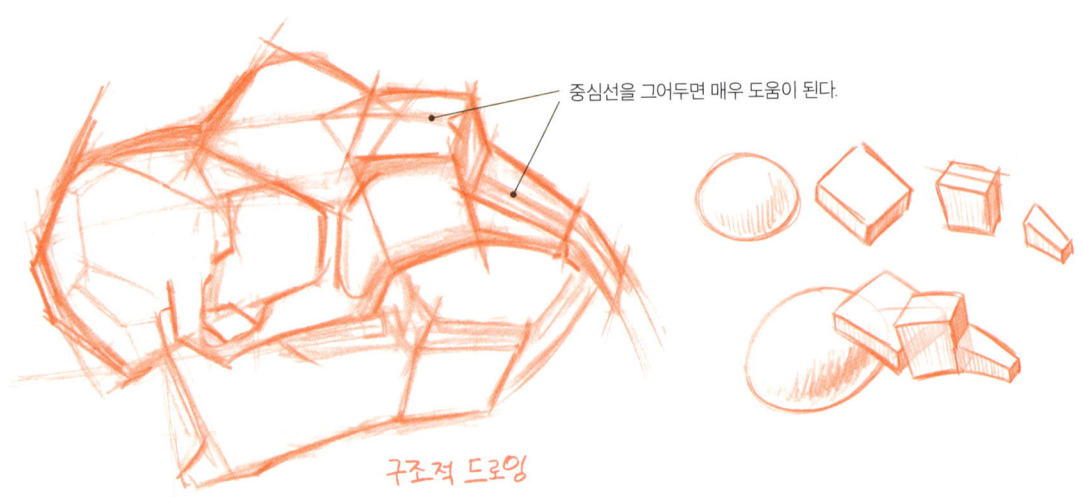

중심선을 그어두면 매우 도움이 된다.

구조적 드로잉

구조적 드로잉

대상을 단순한 3차원 기하학적 형태들이 맞물린 모습으로 시각화하자. 대상의 내부를 짐작해보자. 나는 종종 대상이 유리나 얼음으로 만들어졌다고 상상한다. 기하학적 형태들을 구성해보면 그림의 반대편까지 투시하며 대칭적인 부분들이 잘 맞물려 있는지 확인할 수 있다. 이러한 기하학적 형태들은 대상 위에 그림자가 어떻게 드리우는지 살피고 이해하는 데도 도움을 준다. 가장자리들은 그림자와 빛의 경계를 형성한다. 구조적 드로잉은 어떤 대상의 특정 부분을 표현할 때 더 적합할 수 있다(이 그림에서는 각진 코다). 당신이 지금 그리는 그림에서는 어떤 부분에 적용할 수 있을까?

기본 형태 잡기: 기법 결합하기

음의 형태와 측정을 이용한 기법들은 각각 단독으로 쓰이는 것이 아니다. 모두 드로잉 과정의 일부일 뿐, 각 기법의 장점을 결합하여 함께 사용해야 한다.

제스처 드로잉으로 기본 형태 잡기

관찰한 것의 형태를 느슨하게 스케치한다. 세부를 묘사하거나 선을 명확하고 강하게 긋지 않는다. 그림의 특정 부분에 얽매이기 때문이다. 이 임시 선들에 구애받지 않아도 되며, 그림을 다듬고 대상을 측정하는 과정에서 얼마든지 수정할 수 있다.

측정하고 선을 그어 비율 점검하기

대상의 특정 부분(다음 페이지의 호저 두개골 그림에서는 코의 시작점부터 이빨 끝까지의 거리)을 측정 단위로 선택한다. 이 단위를 사용해 대상의 높이와 넓이를 확인한다. 오류가 있을 거라 예상하면 오류를 더 잘 알아볼 수 있다. 이 호저 두개골의 가로는 3 '이빨-코', 세로는 2 '이빨-코'이다. 눈에 띄는 부분들, 그러니까 두개골 하부와 이빨 끝을 잇는 참조선을 그어본다. 이 선이 어느 부분들과 교차하는지 살펴본다. 한쪽 눈을 감고 연필을 들어 대상에 가까이 대어보면 좋다. 쭉 뻗은 연필을 활용하면 위아래 요소들이 어떻게 정렬되어 있는지 확인할 수 있다. 시각화가 잘된다면 측정이나 정렬을 위한 선을 그리지 않아도 된다. 하지만 비율을 점검하는 단계를 건너뛰어서는 안 된다.

음의 형태를 이용해 비율 다듬기

호저 두개골의 상악과 하악 사이에 있는 빈 공간의 형태를 잡아본다. 이 공간의 형태는 턱의 형태만큼이나 중요하며 그냥 대충 잡으면 안 된다. 눈 위쪽 능선과 광대뼈도 각각 따로 그리면 이 두 부분이 너무 가까워지거나 멀어지기 쉽다. 마찬가지로 둘 사이의 간격을 하나의 '형태'로 인식하면 더 정확한 비율을 유지할 수 있다. 음의 형태는 완전히 닫혀 있는 모습으로 그릴 필요가 없다. 두개골 뒤쪽과 하악의 각도를 보면 알 수 있듯이 말이다. 음의 형태를 연하게 스케치해본 뒤 그림의 다른 부분들을 음의 형태에 맞춰 조정하자.

구조적 드로잉으로 3차원 형태 구성하기

호저의 각진 코는 3차원으로 시각화하기 좋은 예다. 각진 상자나 쐐기를 그려 형태를 묘사해보자. 대상의 안쪽을 볼 수 있다고 상상하며 투명한 상자들을 그리는 것이다. 각 부분이 어디서 어떻게 교차하는가? 대상의 반대쪽은 어떻게 보일지 시각화할 수 있는가? 모든 대상이 이러한 구조적 드로잉에 적합한 것은 아니지만, 적합한 경우에는 그림의 구성 요소를 정렬하기가 더 쉬워진다.

윤곽선 드로잉을 응용해 정확한 선 그리기

대상의 윤곽이 '이래야 한다'는 기억에만 의존하지 말자. 대상의 작은 굴곡과 툭 튀어나온 곳, 움푹 들어간 곳까지 세심하게 관찰하고 재현하는 데 윤곽선 드로잉 기법을 이용하자. 연습을 거듭하면 종이 대신 대상을 보면서 선을 그릴 수 있게 된다. 윤곽선 드로잉 기법을 이용하지 않는다면 주기적으로 대상을 살피면서 상상에 의해서가 아니라 실제 보이는 대로 그리고 있는지 확인하자.

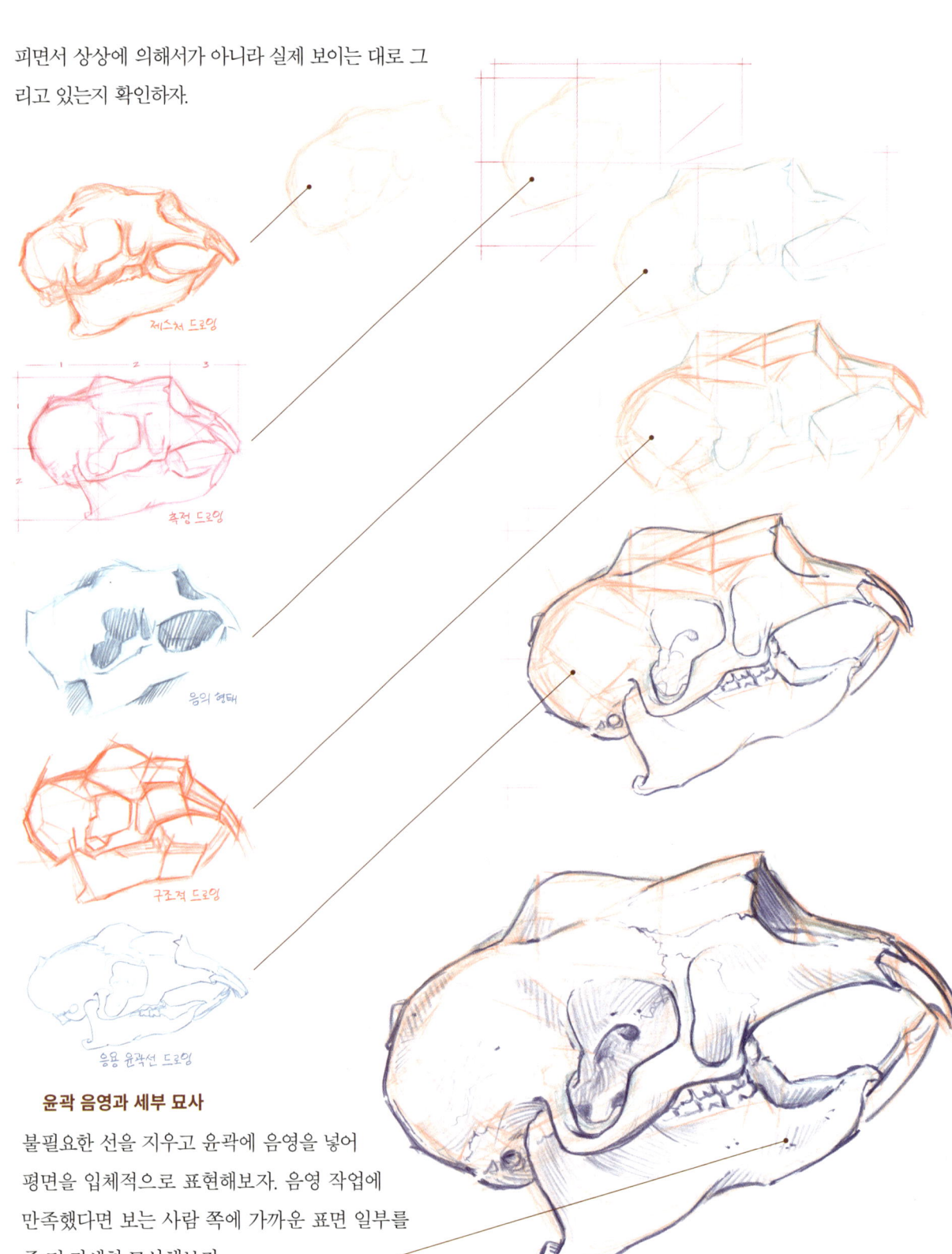

윤곽 음영과 세부 묘사

불필요한 선을 지우고 윤곽에 음영을 넣어 평면을 입체적으로 표현해보자. 음영 작업에 만족했다면 보는 사람 쪽에 가까운 표면 일부를 좀 더 자세히 묘사해보자.

기본 형태 잡기: 구조적 접근법

동물의 해부학적 구조를 이해하면 형태를 단순화할 수 있다. 여기서 설명하는 그림은 새가 단순한 자세를 취하고 있어서 보다 구조적인 접근법을 이용해 그린 것이다.

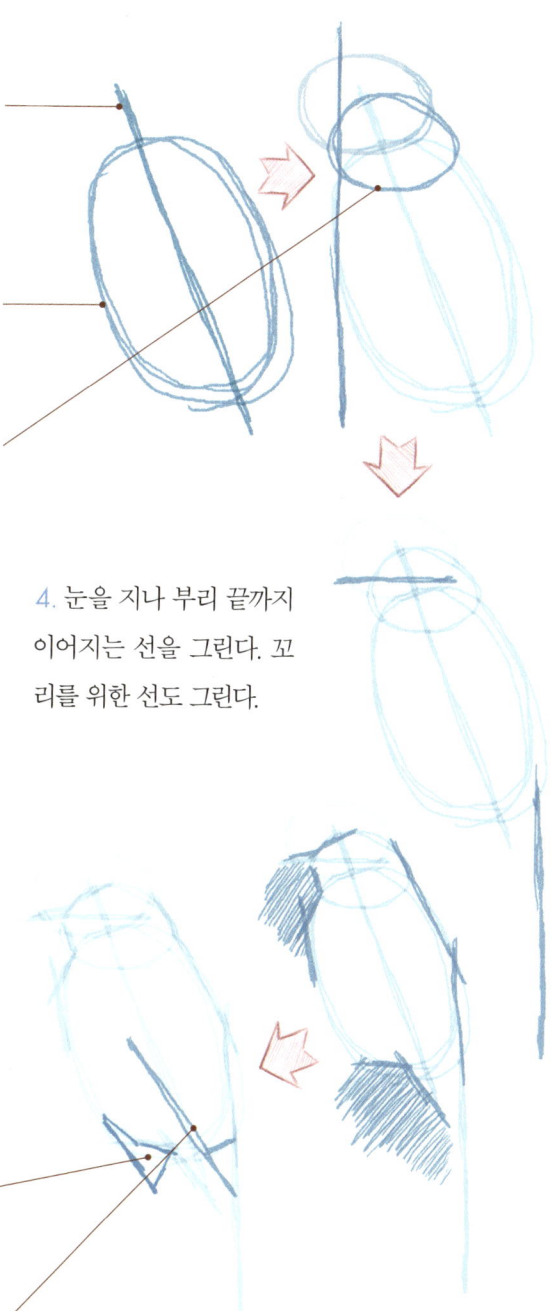

1. 먼저 자세부터 잡는다. 새의 중심축을 따라 선을 긋는다. 이 선은 꼬리가 아닌 몸통의 기울기를 나타낸다.

2. 몸통을 나타내는 타원을 그린다. 위쪽이 더 넓은 달걀 모양으로 그려도 좋다.

3. 몸통 위에 머리를 추가로 그린다. 머리의 크기, 몸통과의 거리, 방향에 주의한다. 머리 위치와 비율을 두세 번 확인하자. 대부분의 새는 머리를 가슴보다 뒤쪽에 둔다.

4. 눈을 지나 부리 끝까지 이어지는 선을 그린다. 꼬리를 위한 선도 그린다.

5. 머리와 몸통을 표시한 원은 새의 윤곽선이 아니라 비율을 잡기 위한 도구일 뿐이다. 윤곽선은 각도로 만들어야 한다. 모서리가 꺾이는 부분과 곡선이 휘는 부분을 찾아라. 단순히 원을 따라 그리지 말고 목 앞, 머리 뒤, 꼬리 아래의 음의 형태를 관찰하라. 머리와 꼬리가 몸통에 연결되는 지점에서 흥미로운 각도가 자주 발견된다.

6. 배, 다리, 나뭇가지 사이의 음의 형태를 표현하자.

7. 손목 지점(머리에 좀 더 가까운 쪽에 있다)에서 날개 끝까지 이어지는 작은날개깃의 위치를 나타내는 선을

그린다. 둘째날개깃이 끝나는 위치를 나타내기 위해 작은 가로선도 추가해준다.

8. 주요 깃털 부위의 형태를 살피며 새의 핵심 특징을 추가한다. 모든 깃털의 윤곽선을 그릴 필요는 없다. 다리를 먼저 그린 뒤 나뭇가지를 그린다.

다리와 발을 먼저 그리고 나뭇가지를 나중에 그린다.

9. 연필로 명암을 추가한다. 연필선은 채색 뒤에도 남아 몸통의 표면을 강조하고 질감을 더해준다.

10. 회보라색(회색에 가깝다)으로 그림자를 먼저 칠한다. 그림자를 마지막에 추가하면 세부 묘사가 희미해지거나 구도가 흐트러질 수 있다.

11. 이제 그림자를 나타낸 물감이 마르면 그 위에 본래 색을 칠한다. 머리 부분에는 파란색을, 날개와 꼬리 뒤쪽에는 시안을 칠했다. 파란색과 시안은 같은 색이 아니다.

12. 몸통에 회색과 부드러운 갈색을 추가한다. 가슴 부분에는 담황색을 살짝 덧칠한다. 부리와 눈을 어둡게 칠해 대비를 준다.

캘리포니아덤불어치

조용히 관찰 중
머리만 움직임

코요테 포인트
2013년 11월 18일

13. 새 뒤에 작은 창문 크기의 색 배경을 그려 넣으면 자세히 묘사하지 않아도 서식지의 느낌을 살릴 수 있다. 이 날은 흐리고 회색빛이었다.

메모를 넣자. 이것은 예술 작품이 아니라 현장 관찰 일지다. 어떤 것은 글로 표현하기 쉽고, 어떤 것은 그림으로 표현하기 쉽다. 위치, 날짜, 날씨를 반드시 기록하자.

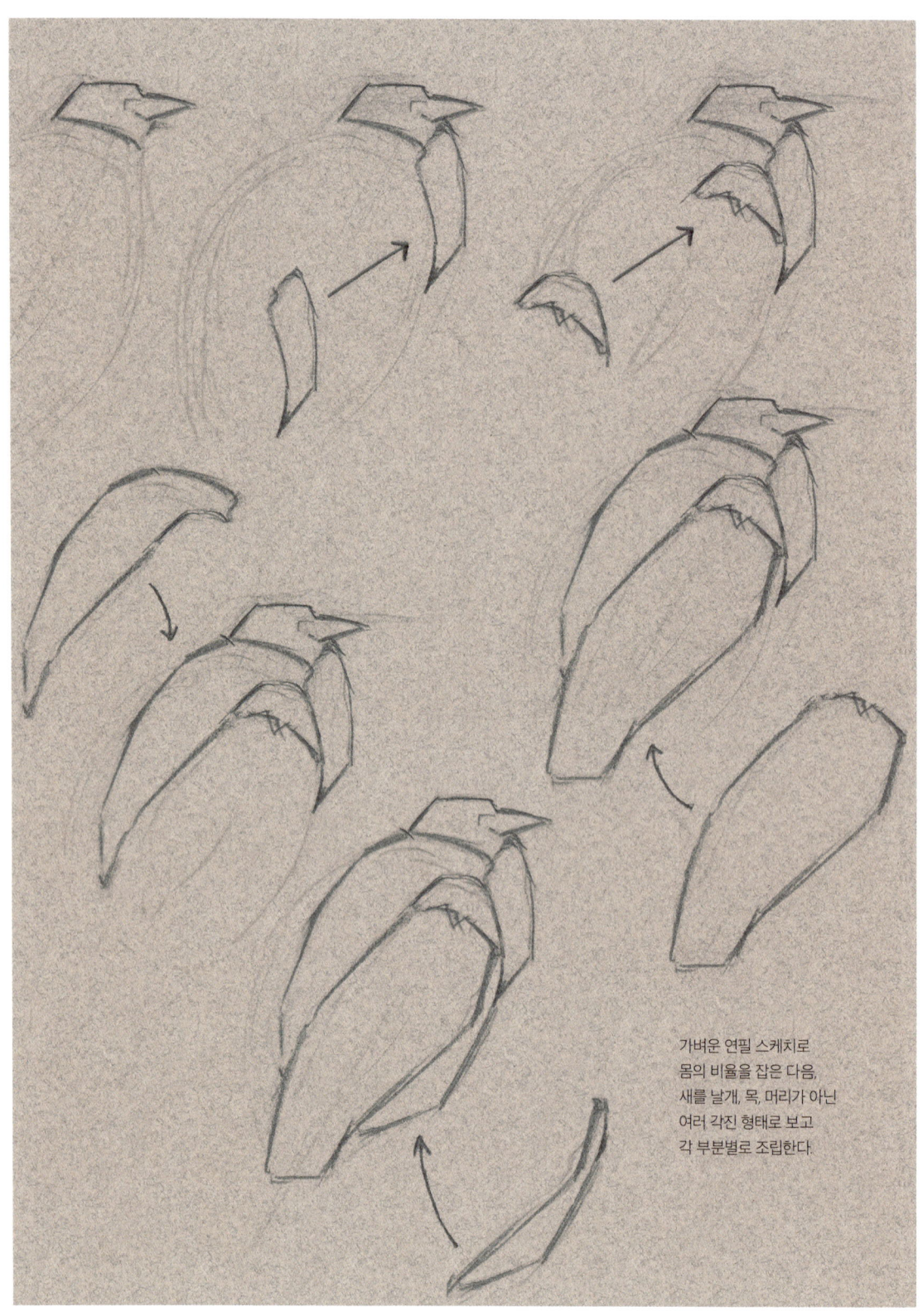

가벼운 연필 스케치로
몸의 비율을 잡은 다음,
새를 날개, 목, 머리가 아닌
여러 각진 형태로 보고
각 부분별로 조립한다.

기본 형태 잡기: 형태 접근법

편히 쉬고 있는 왜가리의 몸은 해부학적으로 이해하기가 어렵다. 머리, 목, 어깨, 날개, 가슴으로 나누는 대신, 몸의 각 부분을 추상적인 형태로 보고 그대로 그려서 조합하자. 각 부분의 특정한 형태에 집중하라.

전체적인 형태를 파악하기

먼저 자세, 비율, 머리와 몸통의 각도를 관찰해보자. 연하게 덩어리를 그려 머리와 몸의 상대적인 크기를 잡는다.

형태 관찰하기

이렇게 가이드라인이 만들어지면 몸을 서로 맞물리는 기하학적 형태들로 나누어 그린다. 각 형태의 비율과 각도에 대한 정확한 관찰이 그림의 정확도를 결정한다. 그저 "목 앞쪽이 불룩해"라고만 말하면 뇌가 가장 쉬운 길을 택한 결과 머리 아래에 불룩한 모양을 그리게 된다. 하지만 자세히 관찰하면서 "부리 밑에서 목이 바깥쪽으로 휘었다가 잠깐 곧게 뻗어 내려가 다시 안쪽으로 급격하게 굽어. 이 목은 어깨 위에서 휘어 올라가 있네"라고 입 밖으로 꺼내보면 미묘한 생김새를 이해할 수 있다. 나는 관찰 대상의 해부학적 구조나 형태를 파악하기 어려우면 이렇게 한 조각씩 조합하는 방법을 취한다.

이 방법은 대상의 해부학적 구조에 대한 이해를 바탕으로 할 때 더욱 효과적이다. 목이 구부러지고 연결되는 지점을 알면 기본 구조를 이루는 중요한 각도를 더 잘 찾아 배치할 수 있다.

기본 형태 잡기: 구조와 형태 결합하기

당신은 그림을 그릴 때 대체로 구조적 드로잉과 형태 접근법을 결합해 그리게 될 것이다.
내가 그림을 그리면서 어떻게 둘 사이를 오가는지 살펴보자.

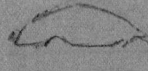  

1. 연필로 가볍게 스케치하며 비율을 잡는다. 색이 있는 종이에는 논포토 블루 연필로 선을 그리면 보이지 않는다.

2. 비율이 잡히면 흰색 모자 부분을 평면 형태로 그린다.

3. 구조적 드로잉 기법으로 전환해 눈과 부리를 추가한다. 부리가 머리에 어떻게 연결되어 있는지에 주의한다.

4. 다시 형태 접근법으로 돌아가서, 어두운 얼굴 부분을 흰색 모자와 연결된 형태로 그려 넣는다.

5. 가슴은 각진 상자 형태이며 왼쪽에는 뚜렷한 지그재그 선이 있다.

6. 양쪽에 작은날개깃 형태를 그린다. 이 형태들은 일반적인 '날개'처럼 보이지 않을 수 있다. 형태를 신뢰하자.

7. 가슴, 다리, 나뭇가지 사이 음의 형태를 그린다. 이 형태를 정확히 관찰하면 다리의 위치가 자연스럽게 정해진다.

8. 이제 다시 구조적 드로잉 기법으로 그린다. 방금 그린 음의 형태를 중심으로 발을 묘사한다.

9. 꼬리는 단축법이 적용되어야 해서 그리기 어려운 부분이다. 이때 형태를 신뢰하면 문제를 해결할 수 있다.

10. 다시 구조적 드로잉 기법으로 돌아간다. 비율과 각도를 재확인한다. 나는 이마의 형태를 수정하고 머리 뒤쪽을 좀 더 크게 그렸다.

11. 투명 수채 물감을 사용해 어두운 톤을 추가한다. 어두운 색을 만들되, 물을 적게 묻힌다.

12. 어두운 부분이 마른 뒤 중간 톤 물감을 칠한다. 중간 톤을 먼저 칠할 수도 있었지만, 물감이 때때로 연필선을 보기 어렵게 만들기도 해서 이 순서대로 칠했다.

13. 가슴과 머리에 흰색 과슈를 덧칠한다. 물에 젖은 붓으로 과슈의 일부를 덜어내면 종이가 더 많이 드러나면서 그림자는 더 짙어 보인다. 마르면 하이라이트 부분에 두 번째 층을 덧칠한다.

그림을 그릴 때는 양의 형태, 음의 형태, 구조적인 시각화 사이를 자유롭게 오가며 생각해보자. 어떨 때는 새를 해부학적으로, 즉 머리 옆면, 가슴, 축소된 날개와 꼬리 등으로 인식해본다. 또 어떨 때는 새를 각진 기하학적 형태들의 조합으로 바라본다. 이 두 방식은 서로를 보완한다. 어떤 사람은 형태를 강조해 작업하기를 좋아하고 어떤 사람은 구조적으로 접근했을 때 얻게 되는 이해를 사랑한다. 어쩌면 당신은 둘 중 하나를 더 선호할 수도 있지만 양쪽 활용법 다 배워야 한다. 자신에게 맞는 균형점을 찾아보자.

물에 젖은 붓으로 물감을 덜어내서 만든 그림자

선 작업: 팔꿈치, 손목, 손가락으로 호 그리기

부드러운 선을 그릴 수 없다면 이렇게 해보자. 팔꿈치, 손목, 손을 고정하고 그려보는 것이다.
연습을 많이 할수록 식물의 줄기나 평행한 선들을 빠르게 그릴 수 있게 된다.

팔꿈치를 이용해 호 그리기

팔꿈치를 책상에 단단히 고정하고 그 지점을 축으로 연필을 쥔 손을 회전시켜 부드러운 호를 그려보자. 팔꿈치 위치는 그대로 둔 채, 연필을 시작 위치로 되돌려 몇 밀리미터씩 옮기며 같은 동작을 반복한다.

손목을 이용해 호 그리기

팔을 종이에 놓고 손목을 움직여 더 짧은 호를 그려보자. 손목을 각각 다른 속도와 압력으로 움직여보자. 부드럽고 유연하게 여러 평행선을 그릴 수 있는가?

손가락으로 호 그리기

종이에 손을 올려놓은 채 연필을 쥔 손가락만 당기듯이 움직여 평행한 선들을 그려보자. 나는 연필을 밀기보다는 당기듯이 해서 그리는 편이 더 쉬웠다. 당신은 어느 쪽이 더 편한가? 연습장 열 장 정도에 팔꿈치, 손목, 손가락을 써서 호를 그려보자. 이렇게 연습하면 부드러운 선을 그릴 수 있게 될 것이다.

선 작업: 어깨로 그리기

손목과 손가락을 이용해 그린 선은 짧고 뚝뚝 끊어진다. 하지만 어깨에서 팔을 움직여 그리면 자신감 있는 직선이나 부드러운 곡선을 표현해낼 수 있다. 모든 그리기 동작에 익숙해지도록 연습하는 것이 좋다.

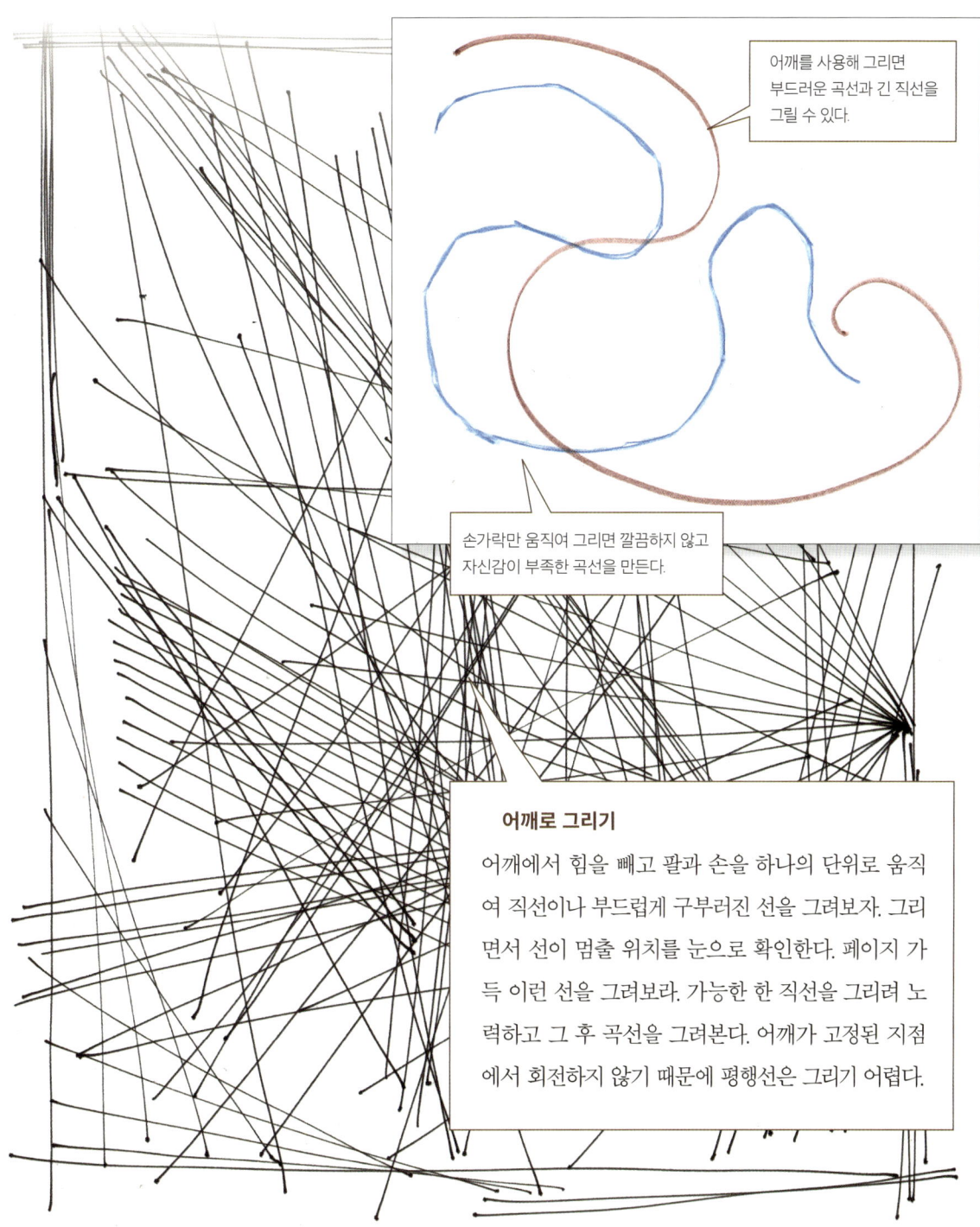

어깨를 사용해 그리면 부드러운 곡선과 긴 직선을 그릴 수 있다.

손가락만 움직여 그리면 깔끔하지 않고 자신감이 부족한 곡선을 만든다.

어깨로 그리기

어깨에서 힘을 빼고 팔과 손을 하나의 단위로 움직여 직선이나 부드럽게 구부러진 선을 그려보자. 그리면서 선이 멈출 위치를 눈으로 확인한다. 페이지 가득 이런 선을 그려보라. 가능한 한 직선을 그리려 노력하고 그 후 곡선을 그려본다. 어깨가 고정된 지점에서 회전하지 않기 때문에 평행선은 그리기 어렵다.

선 작업: 동적인 연필 드로잉

자신감 있게 그은 연필 선은 그림에 흥미와 생동감을 더한다.
그림자를 그릴 때 선을 뭉개며 그리기보다는 연필 선을 그대로 드러내보자.

1. 논포토 블루 연필로 가볍게 선을 그어 전체 형태를 잡는다.

2. 대상의 주요 부분을 덩어리로 나누어 그린다. 여기서는 안면과 머리로 나누었다.

3. 대칭적으로 그리려면 중심선이 유용하다.

4. 평행선으로 눈, 코 등의 요소를 정렬한다.

5. 세로로 배치할 요소들은 중심선에 맞춘다.

6. 눈이 들어갈 자리를 그리되 원근법이 적용되는 면 쪽 구멍은 각도에 주의하며 그린다.

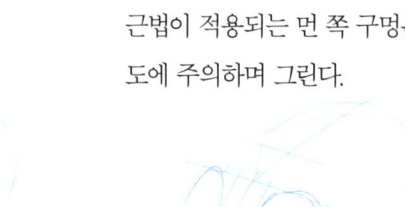

7. 형태를 묘사하는 데 도움이 되는 다른 각도를 추가한다. 지나치게 세세하게 그리지는 말자.

8. 잠시 멈춰 실제 대상의 크기, 각도, 비율과 비교해본다. 이 단계에서는 아직 수정하기 쉽다.

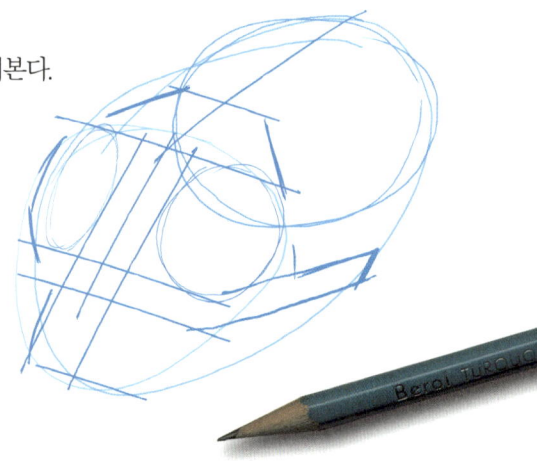

9. 논포토 블루 연필 가이드라인 위에 2B 연필로 선을 덧그린다. 단순히 베껴 그리기만 하는 게 아니라 실제 대상을 확인하고 선을 조정해 윤곽의 세세한 부분들을 반영해야 한다.

10. 보는 사람 쪽에 가까운 부분은 윤곽선을 강조해 깊이를 표현한다.

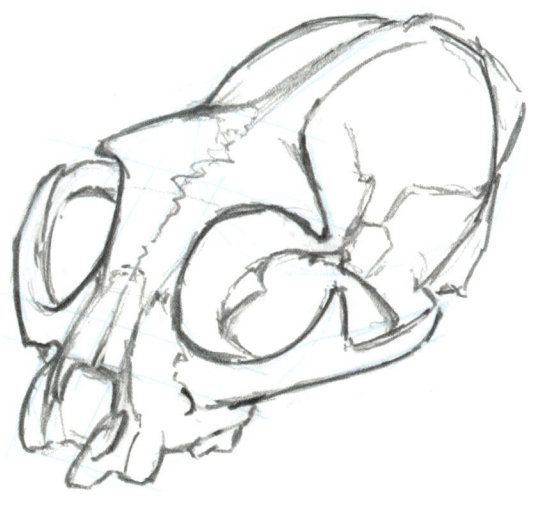

11. 세 영역으로 나누어 음영을 적용해보자: 깊은 그림자 영역, 흰색 영역, 중간 영역. 연필로 음영이 진 부분들을 묘사한다.

12. 그림자의 가장자리에 질감을 더하고 좀 더 세밀하게 묘사한다. 어떤 선은 더 또렷하게, 어떤 선은 더 가늘게 수정하면서 전체적인 윤곽선을 정리한다. 과하게 수정하기 전에 멈추자.

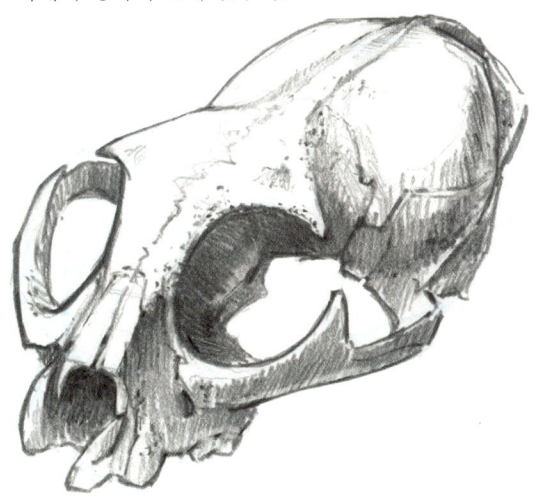

명암: 명암 관찰하고 단순화하기

명암은 우리 주변의 물체 또는 그림에서 볼 수 있는 밝고 어두운 정도를 말한다.
명암을 관찰하고 기록하면 그림 실력과 관찰 능력 모두 향상된다.

명암 관찰하기

명암을 정확하게 파악하기란 생각보다 어렵다. 우리는 색상과 세부 정보에 쉽게 주의를 빼앗기기 때문이다. 명암을 더 잘 보는 방법 중 하나는 눈을 가늘게 뜨는 것이다. 이렇게 하면 시야가 흐려져 세부 정보가 덜 보이기에 명암 차이에 집중할 수 있다. 지금 바로 시도해보라. 눈을 크게 뜨고 방 안을 둘러보다가 눈을 가늘게 떠보자. 밝은 영역과 어두운 영역의 차이가 훨씬 더 뚜렷하게 보일 것이다. 나는 어떤 대상을 스케치할 때마다 이런 식으로 명암을 관찰한다.

명암을 보는 또 다른 방법은 빨간색 필터를 사용하는 것이다. 나는 빨간색 무대용 젤 라이트 필터 조각을 슬라이드 프레임에 끼워서 가지고 다닌다. 이 필터를 통해 세상을 보면 온통 빨간색과 검은색으로만 보여 명암 대비를 쉽게 확인할 수 있다. 단, 빨간 필터는 파란색을 많이 어둡게 만든다는 점에 유의하자. 이를 염두에 두면 필터는 매우 유용한 도구가 된다. 흑백 드로잉을 할 때는 필터를 통해 명암을 확인한 뒤 그대로 반영해 그린다. 색을 사용할 경우에는 필터를 통해 대상과 그림을 보면서 둘의 명암을 비교한다.

명암 범위

명암 대비는 좋은 그림을 만드는 중요한 요소 중 하나이다. 가장 어두운 영역과 가장 밝은 영역이 서로 너무 비슷하면 그림이 빈약해 보일 수 있다. 이런 밋밋한 그림은 어두운 영역을 더 추가함으로써 개선할 수 있다. 물론 이 원칙을 의도적으로 깰 수도 있지만, 그럴 때는 분명한 목적을 가지고 실행해야 한다.

작가가 HB(또는 #2) 연필 하나만 사용해 흰 종이에 스케치할 경우 그림의 명암 범위가 대체로 좁아진다. 나는 빠르게 스케치를 할 때 연필을 바꾸는 것이 번거로워서 2B 연필 하나만 사용한다. 이렇게 하면 훨씬 깊고 풍부한 어두움을 표현할 수 있기 때문이다. 내 샤프펜슬에도 부드러운 2B 심을 넣어놨다. 짙은 색 색연필을 사용하는 것도 더 짙은 어두움을 표현하는 좋은 방법이다. 색연필은 지우기 어렵지만 부드러운 연필보다 번지거나 묻는 일이 덜하다.

톤드 페이퍼에 그림을 그릴 때는 종이 자체를 일부 비워둔다. 비워둔 부분도 그림 안에서 하나의 명암이

되어준다. 다음 페이지의 새 그림을 보면 등 전체를 연필로 칠하지 않고 그대로 둔 것을 알 수 있다.

톤드 페이퍼에 흰색 색연필을 함께 사용하면 명암 범위가 넓어진다. 흰색으로 얼룩덜룩 칠한 새의 가슴이 보이는가. 또 종이 색은 배 아래쪽의 그림자를 표현해주고 있다. 새의 등은 흰색 색연필을 덧칠해 희뿌예진 배경과 대비된다. 종이 색 자체가 빛 받은 회색 등과 그림자가 드리워진 하얀 배를 표현해내는 데 동시에 쓰였다는 점을 주목하자.

명암 단계 제한하기

우리의 시각 기관은 수백 가지의 회색을 구별하거나 기억할 수 없다. 어두운 부분에서 밝은 부분으로 자연스럽게 넘어가도록 그리는 데 집중하다 보면, 그림자와 하이라이트의 형태를 놓치기 쉽다. 자연 속 많은 물체의 표면은 대부분 완벽한 곡면이 아니라 평면들로 이루어져 있다. 그림자는 새로운 평면을 만날 때 갑자기 변한다. 그림자를 빛에서 어둠으로 이어지는 연속체로 생각하기보다는 이를 서너 단계로 나누어보자. 각 단계, 즉 하이라이트, 핵심 그림자, 중간 영역은 고유한 형태를 가지고 있다. 세 단계만이라도 형태와 명암을 잘 맞추어 배치한다면, 빛에서 어둠으로 균일하게 변하는 식으로 그림자를 묘사할 때보다 명확하게 대상의 윤곽을 표현할 수 있다. 중요한 것은 단계가 몇 개인지가 아니라 그 단계들의 형태다. 책 뒷부분의 바위 그리기 대목에서 이를 다른 시각으로 자세히 다루겠다.

흰꼬리솔개의 명암을 표현하는 단계별 과정

1. 논포토 블루 연필은 톤드 페이퍼에 초안을 그리기엔 너무 연하다. 대신 연필로 가볍게 그리며 자세, 비율, 각도를 잡는다.

2. 초안을 좀 더 자세히 묘사한다. 깃털 하나하나 다 그릴 필요는 없다. 세부 요소는 어떻고 주요 깃털들의 위치는 어딘지 알아볼 수 있을 정도로만 표현한다.

3. 연필로 어두운 영역과 중간 영역에 명암을 추가한다. 새의 전체를 칠하지 않고 일부 영역은 종이 색으로 남겨둔다.

4. 찰필로 등을 문질러 명암을 부드럽고 어둡게 다듬는다. 찰필은 종이 표면의 작은 틈들을 채워주어 그림의 전체적인 명암을 높이는 동시에 종이 색과 더 대비되게 만든다. 등 전체를 문지르지 말고 윗부분은 종이의 밝은색이 드러나도록 내버려두자.

5. 이제 가장 재미있는 부분이다. 흰색 프리즈마컬러 색연필로 하이라이트와 흰 깃털을 표현한다. 종이 색으로 그림자 효과를 내기 위해 가슴 일부분도 칠하지 않고 내버려둔다.

명암: 그림자의 구성 요소

그림자는 대상에 입체감을 부여한다. 그림자의 구성 요소인 핵심 그림자, 반사광, 직사광, 하이라이트, 투영 그림자를 관찰하고 그리는 방법을 배워보자.

1. 빛으로부터 가장 먼 곳에 어두운 핵심 그림자를 묘사한다.

2. 핵심 그림자와 그림자 지는 가장자리 사이에 중간 명암의 반사광을 칠한다.

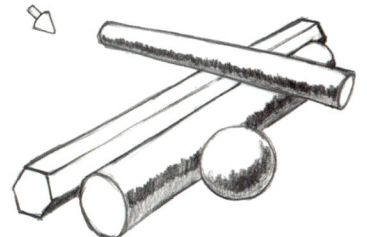

3. 직사광은 중간 명암으로 칠한다. 빛이 오는 방향으로 갈수록 점차 밝아지게 한다.

4. 직사광의 일부를 지워 선명한 하이라이트를 표현한다. 광택 있는 물체는 광택 없는 물체보다 더 밝은 하이라이트를 가진다.

   하이라이트는 관찰자의 위치에 따라 이동한다. 만약 빛이 관찰자의 뒤에 있다면 직사광의 중앙에 가깝게 위치하고, 관찰자가 빛을 바라보고 있다면 핵심 그림자 쪽으로 이동한다.

5. 투영 그림자를 그린다. 투영 그림자는 일반적으로 물체 자체의 그림자보다 더 어둡다. 또한 물체의 가장자리 아래로 들어갈수록 어두워진다. 투영 그림자는 평평한 면을 가진 물체에서는 각지고 날카롭게 나타나고, 둥근 물체에서는 부드러운 곡선으로 나타난다.

명암: 흰 물체의 그림자

흰 물체(달걀, 버섯, 양파, 마늘 등)를 찾아 연필로 그려보자. 지우개와 찰필을 그림 도구로 활용한다.

1. 중심축을 잡은 뒤 기본 형태와 비율을 설정한다. 높이와 너비를 비교한다. 이 단계에서는 수정이 용이하다. 논포토 블루 연필 대신 연필을 사용해 가볍게 그린다. 왁스 성분의 색연필로 가이드라인을 그릴 경우 그림자 작업에 방해가 되기 때문이다.

2. HB 연필로 주요 구조의 윤곽선을 그린다.

3. 2B 연필로 핵심 그림자와 투영 그림자를 그려 넣어 명암을 추가한다. 마늘은 흰색이므로 핵심 그림자를 너무 어둡게 그리지 않도록 한다. 명암 선은 마늘의 윤곽을 따라 수직으로 그린다.

4. 찰필을 문질러 그림자를 밝은 영역 쪽으로 부드럽게 블렌딩한다. 마늘의 윤곽을 따라 작업한다. 투영 그림자는 수평으로 블렌딩한다. 블렌딩 과정에서 그림자가 더 어두워질 수 있음을 기억하자.

5. 반죽형 지우개를 사용해 하이라이트를 넣고, 마늘의 세로 주름과 뿌리를 세밀 지우개로 표현한다. 이때도 지우개를 마늘의 윤곽을 따라 움직이며 지운다.

6. 부서진 종이 같은 껍질을 묘사한 뒤, 뿌리 사이의 그림자 부분을 더 어둡게 다듬는다. 세밀 지우개를 사용해 껍질 가장자리에 하이라이트를 넣는다.

색상: 원색 혼란

색을 혼합하는 과정은 종종 혼란스럽고 답답하게 느껴질 수 있다. 어떤 조합은 탁하고 흐린 색을 만들고, 어떤 색은 도무지 섞는 것이 불가능해 보이기도 한다. 이 혼란을 말끔히 정리해보자.

원색이란 무엇인가?

원색은 두 가지 특징을 가진다. 첫째, 다른 색을 섞어서 만들어낼 수 없다. 예를 들어, 어떤 색을 섞어도 노란색은 만들어지지 않는다. 둘째, 원색을 조합하면 다양한 색상을 만들어낼 수 있다.

두 가지 원색을 혼합하면 2차색이 된다. 예를 들어, 빨강과 노랑을 섞으면 주황이, 파랑과 노랑을 섞으면 초록이 만들어진다. 원색 비율을 바꾸면 색조를 정밀하게 조절할 수 있다. 그러나 2차색을 섞을 경우, 두 가지 이상의 색상이 한꺼번에 혼합되기 때문에 결과를 조절하기 힘들다.

빨강, 노랑, 파랑 삼원색의 한계

오랫동안 예술가들은 빨강, 노랑, 파랑을 원색으로 알고 있었다. 그런데 이 세 가지 색으로 혼합한 색상환을 보면 이 체계의 몇 가지 문제점이 드러난다. 빨강과 노랑을 섞으면 선명한 주황색을 만들 수 있지만, 보라색과 초록색은 탁하고 채도가 낮다.

선명한 초록색은 만들어지지 않으며, 선명한 보라색 또한 얻을 수 없다. 이 밖에도 빨강, 노랑, 파랑으로는 마젠타, 분홍, 시안 같은 색상을 만들 수 없다.

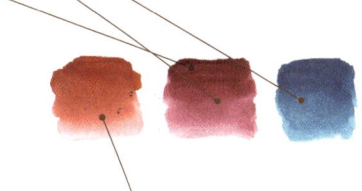

예를 들어, 연한 빨강은 마젠타나 분홍을 만들지 못한다. 연한 빨강은 단지 연한 빨강일 뿐이다.

또한, 원색의 정의에 반하는 점 중 하나는 다른 색을 섞어서 빨강과 파랑을 만들 수 있다는 것이다. 마젠타와 시안을 섞으면 파랑이 되고, 마젠타와 노랑을 섞으면 빨강이 된다. 원색은 다른 색을 섞어 만들 수 없다는 원칙에서 보면 빨강, 노랑, 파랑은 원색이 될 수 없다.

내가 분할 원색 팔레트를 좋아하지 않는 이유

위 문제를 해결하기 위한 방법 중 하나로 분할 원색 팔레트가 있다. 원색의 수를 여섯으로 늘려 빨강, 노랑, 파랑에 마젠타, 레몬 옐로, 시안을 추가한다. 이렇게 하면 각각의 원색을 따뜻한 색조와 차가운 색조로 나눌 수 있게 된다. 주황색은 따뜻한 노랑과 빨강을, 초록색은 차가운 레몬 옐로와 시안을, 보라색은 따뜻한 파랑과 차가운 마젠타를 섞어 만든다. 이 방식은 기존 삼원색으로 만들 수 있는 색상 외에도 선명하고 채도가 높은 분홍색, 초록색, 보라색을 표현할 수 있게 해준다.

그러니 단순하게 접근하면 된다. 원색은 이 세 가지다. 시안, 노랑, 마젠타. 이 세 가지 색을 사용해 다른 색들을 만들면 된다.

문제는 난독증이 있는 나는 따뜻한 색과 차가운 색을 구분하거나 언제 어떤 색을 섞어야 하는지 기억하기 어렵다는 점이다. 설령 어떤 이들은 잘 기억할 수 있다고 하더라도 이 방식은 불필요하게 복잡하다. 오른쪽 위 그림의 세 가지 따뜻한 원색은 실제로는 2차색으로, 차가운 원색을 섞어서 만든 것이다.

색상: 시안, 노랑, 마젠타

시안, 노랑, 마젠타를 조합해 채도가 높은 2차색을 만들 수 있다.
세 가지를 모두 섞으면 탁하고 채도가 낮은 색상이 만들어진다.

간단한 색 혼합법

원색을 2차색의 관점에서 설명할 필요는 없다. 시안은 '초록빛이 도는 파랑'이 아니다. 시안은 진짜 원색으로 초록이나 파랑과는 무관하다. 대신, 이 색조 자체에 익숙해지자. 잘 관찰해보면 일상에서 시안을 자주 발견할 수 있다. 파랑을 '마젠타빛 도는 시안'으로 생각하기 시작해보자.

마찬가지로 마젠타를 제대로 이해하자. 마젠타는 '보랏빛이 도는 빨강'이 아니다. 오히려 빨강은 '노랑빛이 도는 마젠타'다.

원색을 한 번에 하나씩 사용해 원하는 색조를 만들어내자. 만약 빨강이라는 2차색을 사용해 색을 조정한다면, 그 안에 마젠타와 노랑이 얼마나 섞여 있는지 알 수 없기에 결과를 예측하기 어렵다.

모든 색을 혼합해 만들 필요는 없다. 많은 안료는 흙 속 광물을 갈거나 특정 원소를 화학적으로 처리해 만들어졌다. 각각의 안료는 착색력, 지속성, 투명성 같은 고유한 특성을 가지고 있다. 어떤 안료는 농도를 높이면 깊고 풍부한 어두운 색을 만들어낼 수 있다. 이러한 특성을 활용해 다양한 안료가 지닌 색의 스펙트럼을 즐길 수 있다. 기존 안료 색을 기본 색으로 삼고 여기에 원색을 더해서 색조를 조정해도 된다.

어떤 도구의 시안, 마젠타, 옐로를 섞든 선명하고 채도 높은 색을 만들 수 있다. 빨강, 주황, 초록, 파랑, 보라를 표현해보자. 여기 있는 모든 색상환도 세 가지 물감, 색연필 등으로만 만들었다.

시안, 노랑, 마젠타는 4도 인쇄에서도 사용되며, 어떤 도구의 시안, 노랑, 마젠타를 섞든 선명한 2차색이 나온다. 이 세 가지 색이 반드시 팔레트나 색연필 상자 속에 들어가 있게 하자. 그런데 자칫하면 안료나 도구의 이름을 혼동할 수 있다는 점을 유의해야 한다. 같은 안료라도 브랜드에 따라 이름이 다른 경우가 있기 때문이다. 또 대부분의 브랜드는 상품에 '시안'이나 '마젠타'라고 직접적인 이름을 붙이지 않는다. 프리즈마컬러 색연필의 '마젠타'보다는 '프로세스 레드'가 더 순수한 원색 마젠타에 가깝다. 다니엘 스미스의 수채 물감에서는 '퀴나크리돈 핑크'가 '퀴나크리돈 마젠타'보다 원색 마젠타에 더 가깝다.

원색 물감과 색연필 추천

도구	시안	레몬 옐로	마젠타
수채화 물감 (다니엘 스미스)	프탈로 블루 (그린 셰이드) PB15:4	한사 옐로 라이트 PY3	퀴나크리돈 핑크 PV42
과슈 (홀베인)	프라이머리 시안 PB15	한사 옐로 라이트 PY3	프라이머리 마젠타 PR122
아크릴 물감 (골든)	프탈로 블루 (그린 셰이드) PB15:4	한사 옐로 라이트 PY3	프라이머리 마젠타 PR122
색연필 (프리즈마컬러, 파버카스텔)	트루 블루 프탈로 블루	레몬 옐로 라이트 크롬 옐로	프로세스 레드 푸시아

채색: 색 혼합하기

색조, 채도(순도), 명도를 활용해 색을 묘사하는 법을 배우자.
색이 혼합되는 방식을 탐구하고 2차색을 사용해 색조를 눌러주는 방법도 익히자.

색조

색조는 우리가 어릴 적 배운 빨강, 주황, 노랑과 같은 색의 이름이다. 이제 시안과 마젠타도 함께 외우자. 따뜻한 계열의 색조는 마젠타, 빨강, 주황, 노랑 등과 같이 다양한 이름을 가지고 있지만, 차가운 계열의 색조는 어휘가 부족하다. '파랑'과 '초록'이라는 용어가 넓은 범위의 색상의 이름을 대신한다. 우리는 두 단어에서 파생된 '청록'이나 '황록'과 같은 복합어를 사용하곤 한다. 이처럼 제한된 어휘를 사용하면 색조를 구분하는 데 어려움을 겪을 수 있다.

채도(순도)

채도는 명도(밝기)가 일정할 때 그 색이 얼마나 선명하고 강렬한지 나타내는 척도다. 채도가 낮아질수록 색상은 점점 회색빛을 띤다. 밝고 생생한 색일수록 채도가 높다. 색상의 채도를 낮추려면 검정이나 회색을 더한다. 또는 그 색의 조합에 들어 있지 않거나 적게 들어 있는 원색을 약간 추가하면 된다.

고채도 　　　　　　　　　　　　저채도

명도(밝기)

명도는 색상의 밝고 어두운 정도를 나타낸다. 예를 들어, 채도가 높은 강렬한 빨강을 점점 희게 만들면 다양한 명도 단계를 생성할 수 있다. 수채 물감은 물을 더해 색을 밝게 만들면 되고, 색연필은 힘을 덜 주어 칠하면 된다. 과슈는 흰색 물감을 추가해 명도를 조정할 수 있다.

고명도 　　　　　　　　　　　　저명도

색 혼합

파랑, 노랑, 빨강을 사용해 색을 혼합하는 방식은 익숙할 것이다. 시안, 노랑, 마젠타로 혼합하는 방식도 동일한 원리로 작동하지만 더 넓은 범위의 선명한 색상을 만들 수 있다.

마젠타와 노랑을 섞으면 빨강이 된다. 노랑을 더 추가하면 주황으로 변한다.

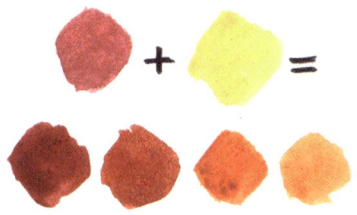

마젠타와 시안을 섞으면 파랑이 된다. 마젠타를 더 추가하면 보라로 변한다.

시안과 노랑을 섞으면 초록이 된다. 노랑을 더 추가하면 황록색이 된다.

시안, 마젠타, 노랑을 섞으면 각 색의 비율에 따라 회색이나 갈색이 만들어진다.

보색

세 가지 원색을 어떻게 섞으면 중성적인 갈색이나 회색이 나오는지 살펴보자. 이 조합을 활용하면 색상의 채도를 낮추거나 색이 있는 물체의 그림자를 표현할 수 있다. 검은색을 더하는 대신, 색상환에서 반대편에 위치한 보색을 약간 섞어보자. 이렇게 하면 세 가지 원색이 모두 혼합되어 더 어두운 중성 색조가 만들어진다.

세 가지 보색 쌍을 기억해두자. 주황과 파랑(일몰이나 미식축구 팀 시카고 베어스를 떠올려보자), 보라와 노랑(부활절 달걀이나 농구 팀 로스앤젤레스 레이커스를 떠올려보자), 빨강과 초록(크리스마스 리스를 떠올려보자)이다.

색상: 색 조정하기

종이 한쪽에 물체의 색조, 명도, 채도를 조정하기 위한 견본을 표시하자.
그냥 '노란색'에 만족하지 말고 대상의 정확한 '노란색'을 만들어보자. 될 때까지 조정해본다.

색상 연구

스케치 옆에 여러 상자를 그려 대상의 색상을 최대한 정확하게 조정하는 연습을 해보자. 정확한지 확인하려면 물체를 종이에 직접 올려놓고 비교하면 된다. 색조, 명도, 채도를 고려하며 수정한다. 더 노란빛이 필요하지 않은가? 더 어둡거나 더 생동감 있게 조정해야 하는가? 색상을 완벽히 맞춘 후에는 그 혼합한 색을 스케치 위에 바로 칠하거나, 색을 어디에 적용할지 선을 그어 표시한다.

가을 낙엽

가을 낙엽 색 만들기는 훌륭한 연습이 된다. 낙엽을 종이에 평평하게 올려놓고 윤곽을 따라 그려보자. 그러면 간단하고 선명한 외곽선이 생겨 색에만 집중할 수 있다. 낙엽을 색 견본 상자에 갖다 대보면서 비교하자. 눈을 가늘게 뜨면 색에만 집중할 수 있다. 색이 만족스럽다면 낙엽의 오른쪽 아래에 옅은 그림자를 추가하여 페이지에서 튀어나온 듯한 느낌을 내보자. 낙엽이 있는 숲길을 걷는 경험은 이제 예전과 전혀 다를 것이다.

자연스러운 초록색

순수한 초록색 안료는 풍경화에서 이질적인 느낌을 줄 때가 많다. 마젠타를 약간 섞으면 색을 좀 더 자연스럽게 만들 수 있다. 마젠타를 더 많이 섞을수록 초록색은 올리브색에 가까워진다.

세밀한 묘사와 질감

적절한 곳에 세밀한 묘사를 가하고 질감 표현을 더하면 그림의 완성도가 높아지고 생생해진다.
하지만 잘못 사용하면 그림이 평면적으로 보이고 생동감을 잃는다. 그림 전체를 세밀히 묘사하거나
질감 표현으로 뒤덮어서는 안 된다. 그림을 마무리할 즈음에 특정 위치만 자세히 묘사하는 편이 좋다.

땅거미 질 때의 질감 표현하기

먼저 초승달 사진을 자세히 들여다보자. 분화구가 가장 선명하게 보이는 곳은 어디인가? 달의 가장 오른쪽은 태양빛을 직접 받아 분화구가 보이지 않고 그림자도 없다. 달의 어두운 면에는 빛이 없기 때문에 분화구가 보이지 않는다.

이제 땅거미의 경계를 살펴보자. 태양빛이 사선으로 달 표면을 스치면서 그림자를 드리우고 분화구의 솟아오른 부분을 밝힌다. 빛과 어둠을 가르는 경계를 터미네이터(명암 경계선)라고 부른다. 터미네이터의 밝은 쪽은 그림자가 질감을 드러내고, 어두운 쪽은 하이라이트가 질감을 보여준다.

이러한 관찰을 자신의 그림에도 적용해보자. 스케치를 질감 표현으로 가득 채우면 형태가 흐려진다. 질감은 땅거미의 경계 주변에만 더하자. 중심부의 빛을

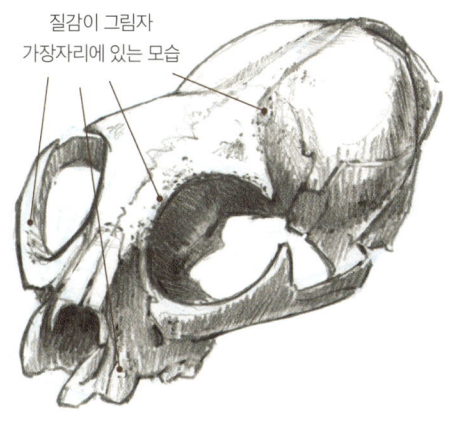

질감이 그림자 가장자리에 있는 모습

직접 받는 부분은 밝게 두고, 그림자 영역은 복잡하지 않게 비워두어 눈이 쉴 수 있도록 한다. 이렇게 하면 그림이 흥미롭고 다채로워지며 깊이감이 생긴다.

악마는 디테일에 있다

세부 묘사는 그림에 재미와 강조를 더해준다. 또한 가까운 대상일수록 더 많은 세부 묘사가 보이기 때문에 거리감을 나타내는 역할도 한다. 시선이 가장

집중되는 곳이나 중요한 초점, 전경만 세밀하게 묘사하는 것도 효과적인 방법이다. 모든 곳을 자세히 그리면 어디도 강조되지 않고, 전경부터 배경까지 모두 똑같이 묘사되어 그림이 단조롭고 평면적이 된다. 오히려 완전히 다 그려지지 않은 부분이 작업 과정이 어땠을지 추측하게 만들어 시각적으로 흥미롭다.

세부를 묘사하는 작업은 즐겁다. 작은 디테일이 하나씩 더해질 때마다 그림이 살아나는 것 같아 뇌가 도파민을 조금씩 분비한다. 문제는 언제 그만둬야 하는지 판단하기 어렵다는 것이다. 연필을 내려놓으라는 신호가 따로 주어지지 않아서 그림이 과해진 뒤에야 '좀 더 일찍 멈췄어야 했는데' 하고 깨닫는 경우가 많다. 결국 가장 좋은 방법은 완성됐다고 느끼기 직전에 멈추는 것이다.

세밀한 묘사가 없으면
초점도 없다.

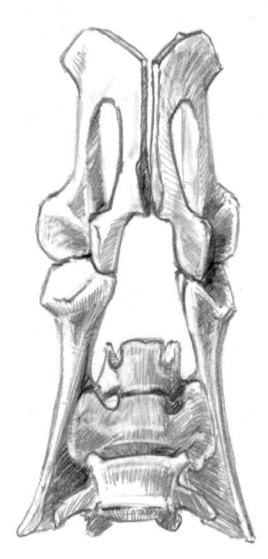

자잘한 세부 묘사가
강조와 초점을 더한다.

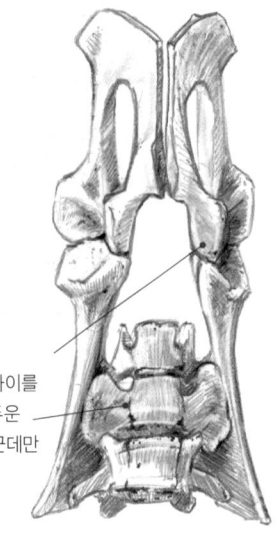

작은 디테일
하나가 큰 차이를
만든다. 어두운
부분을 몇 군데만
추가해도
초점이
생긴다.

과도한 세부 묘사는
초점을 잃게 한다.

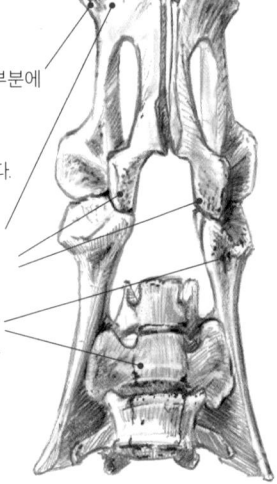

좋은 것도 과하면
문제가 된다.

골반의 가장 먼 부분에
과도한 디테일을
추가하면 그림이
평면적으로 보인다.

그림의 모든 곳을
자세히 묘사하면
초점이 사라진다.
마치 그림 전체에
후추를 뿌린 듯한
느낌을 준다.

chapter 6　　164

입체감을 표현하는 방법

여기에 입체감을 표현하는 도구들이 있다. 이 모든 기법을 사용할 필요는 없지만, 그림이 평면적으로 보인다면 이 목록을 참고하여 공간감을 더할 수 있다.

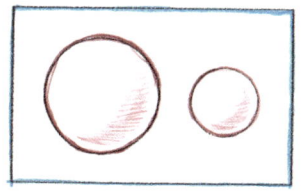

크기
가까운 물체는 같은 크기의 먼 물체보다 더 크게 보인다. 그림의 전경에 작은 나무를 넣는다면 시각적으로 혼란스러울 수 있다. 이런 경우 다른 기법들을 함께 사용해 보완해야 한다.

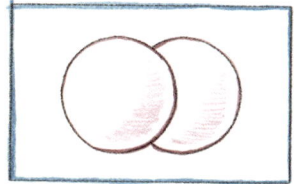

겹침
먼 물체는 앞에 있는 물체에 의해 부분적으로 가려진다. 의도적으로 물체를 겹치게 배치하면 그림에 깊이감을 더할 수 있다.

화면 내 높이
두 물체가 같은 평면 위에 있을 때, 더 높은 위치에 있는 물체가 더 멀리 있는 것처럼 보인다.

수평선 왜곡
바닥에 누운 원은 수평선에 가까워질수록 타원형으로 납작하게 보인다. 하늘에 있는 원도 마찬가지다. 이런 이유로 먼 호숫가의 경계선은 곡선이 아닌 직선으로 곧게 뻗은 것처럼 보인다. 같은 원리를 구름의 바닥이나 구름 사이의 구멍, 가까운 오리와 먼 오리가 닿아 있는 수면의 선에서도 관찰할 수 있다.

화면 경계선 깨기
그림의 일부가 화면의 경계를 넘어가면, 즉 '화면을 깨뜨리면', 그 대상은 다른 물체들보다 더 앞에 있는 느낌을 준다.

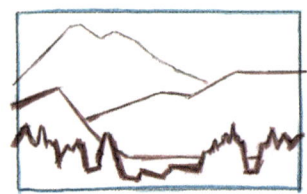

선
더 어둡거나 굵은 선은 앞으로 튀어나와 보이는 반면, 얇거나 밝은 선은 뒤로 물러나 있는 느낌을 준다. 배경 물체와 겹치는 지점에 있는 전경의 선을 강조해보자.

세밀한 묘사
가까운 물체는 먼 물체보다 더 세밀하게 보인다. 너무 많은 배경 요소를 자세히 그리면 그림이 평면적으로 보인다.

명도
멀리 있는 물체일수록 대기 중 산란광에 의해 점점 더 희미하게 보인다.

대비
가까운 물체는 먼 물체보다 더 넓은 범위의 명암 단계를 가진다. 전경의 어두운 부분은 더 어둡게, 밝은 부분은 더 밝게 보인다. 반면 배경에 있는 물체는 빛을 산란시키는 공기 중의 필터를 통해 보이기에 전체적으로 더 옅어지고 밝은 부분도 덜 선명하게 보인다.

색 채도
가까운 물체는 본래의 색상에 가깝게 보이는 반면, 멀리 있는 물체의 색상은 채도가 떨어지며 중립적인 회색이나 청회색에 가까워진다(색 온도 참고).

색 온도
파란빛은 다른 파장보다 더 많이 산란되어 물체가 멀리 있을수록 더 푸른빛을 띤다. 반면 노랑, 주황, 빨강 같은 색은 멀어질수록 흐려진다.

구도

구도를 나타내는 가이드라인을 그리면 시각적으로 아름다운 그림을 만드는 데 도움이 된다.
구도 원칙은 단일 그림뿐만 아니라 전체 페이지의 구성에도 적용된다.

다양함이 생명이다

통일성과 강조

다양함은 색이 뒤섞인 조잡한 혼합을 의미하지 않는다. 색이 무작위로 얼룩덜룩 뒤섞여 있으면 산만하게 느껴지고, 초점을 잃게 된다.

그런데 아래의 노랑-주황색 그림처럼 약간의 빨간색과 보라색을 더해도 조화롭게 보인다. 그림 전체가 하나의 색조로 이루어져 전체적으로 통일성이 있는데 군데군데 깔린 빨간색 때문에 그림이 좀 더 다채로워 보인다. 보라색 포인트는 초점이 된다. 이 원칙을 명도, 색상, 그 외 그림의 다른 요소에도 적용해보자.

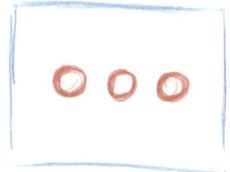

간격, 크기, 형태, 명암, 색상 등에 변화를 줄수록 그림은 더욱 흥미로워진다. 단조롭고 정적인 구도를 수정해보자.

간격: 원들 간의 간격 또는 프레임과 원 사이의 간격을 조절하면 그림이 더 역동적으로 변한다.

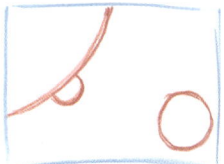

크기: 물체의 크기와 배경의 면적을 다양하게 구성하면 더욱 흥미롭다.

형태: 물체의 형태에 변화를 주는 것도 좋은 방법이다.

명암: 그림에 명암을 추가하면 또 다른 흥미 요소를 더할 수 있다.

색상: 그림 안에서 간격, 크기, 형태, 명암과 조화를 이루도록 색조에 변화를 주면 더 흥미로운 디자인을 만들 수 있다.

균형 vs 대칭

균형 잡힌 그림은 관심이 집중되는 지점을 고르게 분포시켜 시선이 그림 전체를 훑게 하고, 특정 부분이 지나치게 강조되지 않도록 한다. 그림을 구성할 때 대체로 균형을 유지하는 것이 좋지만, 대칭적으로 균형 잡힌 구도는 지루해 보이기 쉽다.

그림 속 요소들이 무게를 가지고 있다고 생각하면 좋다. 큰 물체는 작은 물체보다 무겁고, 어두운 물체는 밝은 물체보다 무겁다. 세밀하게 묘사된 물체는 단순한 물체보다 더 무거워 보인다. 이처럼 대칭에 의존하지 않아도 균형 잡힌 구도를 만드는 방법은 많다.

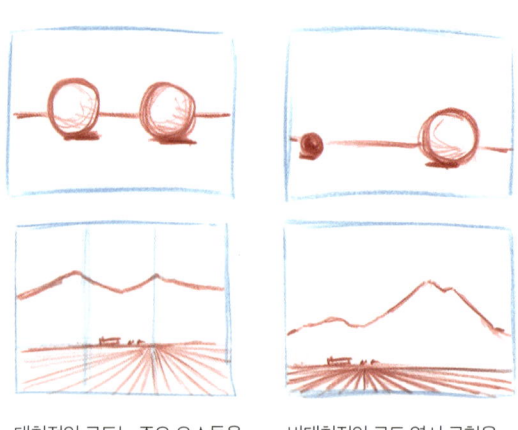

대칭적인 구도는 주요 요소들을 반복함으로써 균형을 이룬다. 하지만 이는 하품이 나올 만큼 지루할 수 있다.

비대칭적인 구도 역시 균형을 이룰 수 있다.

3분할 법칙

3분할 법칙은 초점이나 수평선을 그림 한가운데에 배치하지 않도록 도와주는 간단한 방법이다. (이 비율에 마법 같은 효과가 있는 것은 아니며 반드시 엄격히 지켜야 하는 것도 아니다.) 그림 위에 3×3 격자가 겹쳐져 있다고 상상해보자. 이 세로선과 가로선을 활용해 주요 요소들을 배치하면 된다. 지평선을 위쪽 가로선에 맞추면 그림의 대부분을 지면이 차지하게 되고, 아래쪽 가로선에 맞추면 하늘이나 구름을 주제로 한 그림이 된다. 비슷한 원리로, 중요한 초점은 격자선의 교차점에 배치할 수 있다.

이렇게 하지 말자…

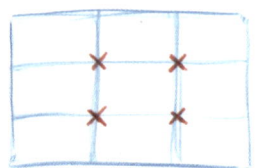
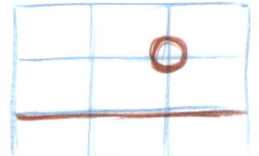

선의 접점

선이 겹치는 상황에 주의하자. 배경 물체의 윤곽선이나 모서리가 전경 물체의 윤곽선이나 모서리와 정렬되면, 이 둘이 하나의 연속적인 형태로 보여 혼란을 줄 수 있다. 배경 물체의 가장자리가 전경 물체의 각도가 바뀌는 지점과 겹치지 않도록 하고, 두 물체의 가장자리를 동일한 방향으로 그리지 않도록 해야 한다. 세 개 이상의 요소가 한 지점에서 교차하지 않게 하는 것도 중요하다. 또한 물체의 윤곽선이나 모서리가 프레임과 딱 맞물릴 때도 시각적으로 혼란을 준다. 약간만 위치를 조정해도 전경과 배경의 관계를 더 명확하게 전달할 수 있다.

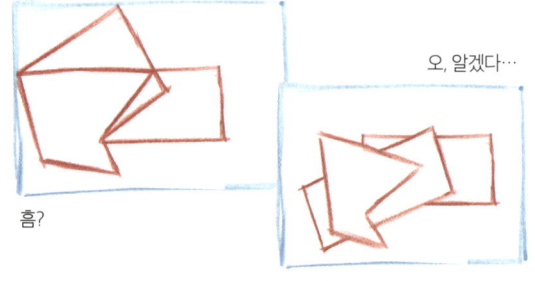

흠?

오, 알겠다…

초점

그림에서 관심을 집중시킬 초점을 하나 선택하라. 세부 묘사, 색상, 시각적 틀 또는 초점을 강조하는 다른 구도적 요소를 활용해 그 영역을 부각해보자. 사람들이 어디를 보길 원하는지 먼저 정하고, 그곳으로 자연스럽게 시선을 유도하는 것이 중요하다.

간단한 해결책

땅과 하늘의 비율이 동일한 그림은 하늘을 조금 더 넓히는 것만으로도 쉽게 구도를 개선할 수 있다. 하지만 이미 페이지 끝까지 그림을 그려버렸다면 이 방법은 쓸 수 없다. 그래서 풍경을 그릴 땐 종이의 여백을 전부 사용하기보다 그리기 전에 틀을 따로 그려두는 게 좋다.

문제…   …해결되었다!

페이지 구성

하나의 그림에 적용되는 원칙은 페이지 전체 구성에도 적용될 수 있다. 페이지에 다양한 간격, 크기, 형태의 요소를 배치하면 균일한 크기와 간격으로 배열된 페이지보다 훨씬 흥미롭게 보인다. 제목, 프레임을 넣거나, 요소들을 서로 겹치게 하거나, 세로로 길거나

가로로 긴 요소를 활용해도 좋다. 페이지에 들어가는 글도 구성 요소가 될 수 있다. 그림을 먼저 그리고 나서 글을 덧붙이면 페이지의 균형을 맞출 수 있다.

페이지 구성은 미리 계획할 수도 있고 즉흥적으로 짤 수도 있다. 미리 계획한다면 페이지에 어떤 요소를 포함할지, 어떻게 배치할지를 먼저 생각하라. 주요 요소들이 들어갈 자리를 논포토 블루 연필로 대략적으로 그려놓을 수도 있다.

즉흥적으로 페이지를 구성하고 싶다면, 구도의 기본 원칙을 정해두고 페이지에 요소를 더해가면서 자연스럽게 완성하면 된다. 비슷한 종을 비교할 때처럼 크기와 간격이 동일한 대상을 배치하고 싶을 때가 있다. 이럴 땐 대칭적인 레이아웃을 사용하면 그림 속 유사한 부분들 간의 관계를 잘 보여줄 수 있다.

그러나 만약 페이지를 구성하고 예쁘게 꾸미는 데 집중하느라 기록하는 흐름이 방해받는다면 너무 신경 쓰지 말고 다시 관찰에 집중하는 편이 좋다.

사후 구성

미리 레이아웃을 계획하지 않았더라도 이미 페이지를 채운 스케치와 글로 멋진 구성을 만들어낼 수 있다.
요소들을 통일감 있게 연결하고 글을 화면 구성에 자연스럽게 녹여 넣으면 된다.

종종 나는 스케치에 몰두하느라 페이지 구성을 완전히 잊곤 한다. 관찰에 몰두하다가 페이지를 내려다보며 '음, 이걸 어떻게 해야 하지?'라고 생각할 때가 있다. 이때 제목을 붙이거나, 글을 네모 틀 안에 넣거나, 색이나 명암으로 구역을 나누고, 일부 요소를 확장해 서식지나 풍경 그림으로 재탄생시킴으로써 산재한 스케치들에 흥미로운 구성을 부여할 수 있다.

현장 기록의 목적은 예쁜 페이지 만들기가 아니라는 점을 기억하자. 페이지 구성이 또 다른 부담으로 느껴진다면 한번 해보고 싶은 마음이 들 때까지 신경 쓰지 않아도 좋다. 페이지 구성은 재미있고 즐거운 일이 되어야 한다. 그래야 관찰 일지 작성 경험이 늘어나며, 긍정적인 동기 부여가 되어줄 것이다.

새가 다가와 먹이를 먹고 날아가는 과정을 담은 스케치들

1. 붉은꼬리말똥가리가 근처 참나무로 날아와 사냥한 작은 포유류를 먹기 시작한다. 새가 시야에 있는 동안 다양한 자세를 스케치할 수 있다. 한 페이지에 새의 여러 모습을 스케치하고 확대해 그리기도 하면 사후 구성을 시도해볼 수 있는 재료가 완성된다.

2. 새가 날아간 후, 일부 스케치에 서식지나 풍경을 추가로 그려 넣는다. 이때 각 부분의 구성을 고려하며 작업한다.

일부 스케치에 배경을 추가하면 사건을 더 풍부하게 전달할 수 있다. 그러나 모든 그림에 배경을 추가하려는 유혹에 굴하지 말아야 한다. 어떤 그림은 독립적인 이미지로 남겨두어야 시각적으로 더욱 흥미롭다.

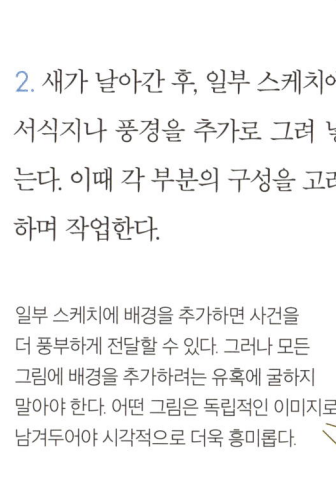

페이지의 요소들을 모자이크처럼 구성해보자. 일부는 겹치게, 일부는 독립적으로 배치해 다채롭고 흥미로운 구성을 만들 수 있다.

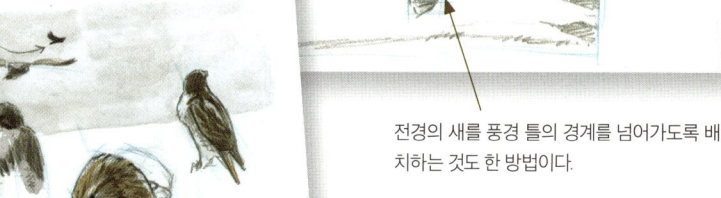

전경의 새를 풍경 틀의 경계를 넘어가도록 배치하는 것도 한 방법이다.

페이지를 다양한 형태로 채워보자. 분리되어 있는 여러 그림을 하나의 형태로 묶기 위해 네모 틀이나 색상 견본을 삽입해볼 수 있다. 이러한 요소들을 또다시 겹치거나 연결하는 방식도 고려할 수 있다.

3. 관찰하자마자 기억 속에 남아 있는 색을 더듬어 칠한다. 흐린 날씨를 표현하기 위해 위쪽 새들 뒤에 네모난 회색 배경을 추가했다. 다른 그림들과 약간 겹치게 배치하면 통일감이 생기고 흥미로운 구성 요소가 된다.

4. 페이지에 들어가는 글을 하나의 구성 요소로 생각해보자. 메모를 쓸 때는 프리즈마컬러 베르신과 같은 딱딱한 색연필을 사용한다. 그림과 어울리는 색을 선택하면 더욱 조화롭다. 메모 박스, 색 견본, 프레임, 화살표, 제목, 메타데이터 등을 추가할 수 있다. 박스와 프레임은 유사한 정보를 연결해주고 페이지를 훑거나 읽기 쉽게 만들어준다.

잡아둔 틀 안팎에 색연필로 색을 추가하거나 구도를 수정할 수도 있다.

제목을 삽입해보는 것도 좋다. 창의적이고 자유롭게 글자를 꾸며보자.

수채 물감 색을 테스트한 흔적도 그 자체로 흥미로운 요소가 될 수 있다.

이 메타데이터 기록 또한 구도의 일부가 된다.

필드 노트의 메모 박스도 하나의 요소다. 메모 박스의 크기와 형태를 다양하게 구성하고, 그림과 메모 박스 사이 빈 공간을 잘 관찰해보자.

테두리를 강조 색(제목 색상)과 일치시키는 것도 하나의 방법이다.

chapter 6   172

빠르게 그리는 방법과 요령

그림을 그리지 않고도 시각 정보를 페이지에 담을 수 있는 여러 방법이 있다.
스케치에 자신이 없다면 이 방법들을 시도하며 시각적 기록의 재미를 느껴보자.

문지르기

잎사귀나 다른 납작한 물체를 단단한 표면 위에 놓고 얇은 종이로 덮는다. 잎맥은 뒷면에서 더 뚜렷하게 보이므로 뒤집어놓는 게 좋다. 잎을 단단히 고정한 상태에서 부드러운 색연필로 종이를 문지른다(크레용보다 색연필이 더 효과적이다). 한 가지 색으로 문지른 후 잎을 제거하고 그 위에 직접 잎맥이나 윤곽선을 덧그린다. 다른 색 색연필을 사용해 색을 더할 수도 있다. 이 방법은 나무에 생긴 딱정벌레 굴처럼 질감이 흥미로운 자연물을 기록하는 데도 활용할 수 있다.

윤곽 따기

잎사귀나 다른 작은 물체를 종이 위에 올려놓고 그 주위를 따라 윤곽선을 그린다. 물체가 움직이지 않도록 손가락으로 단단히 고정해야 한다. 이 방법을 이용하면 빠르고 정확하게 윤곽을 그릴 수 있다.

점으로 그리기

어떤 잎사귀는 너무 가볍고 유연하거나 너무 세밀하고 복잡해서 윤곽을 따기 어렵다. 이러한 잎사귀를 그리려면 잎사귀를 종이 위에 올려놓고 그 가장자리를 따라 작은 점을 여러 개 찍어보자. 잎사귀를 치우면 남은 점들이 비율과 형태를 잡는 데 큰 도움을 줄 것이다.

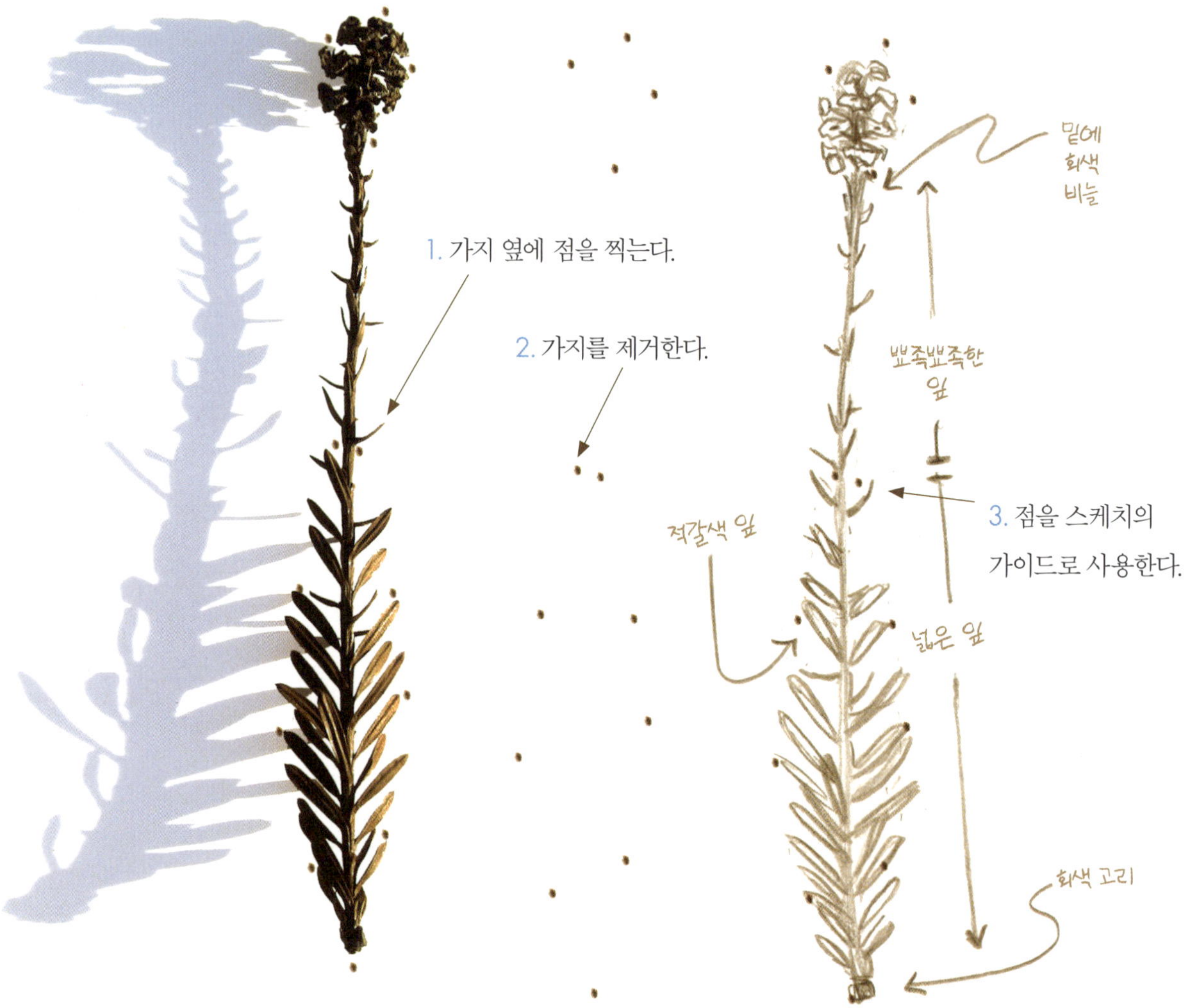

1. 가지 옆에 점을 찍는다.

2. 가지를 제거한다.

밑에 회색 비늘

뾰족뾰족한 잎

적갈색 잎

넓은 잎

3. 점을 스케치의 가이드로 사용한다.

회색 고리

속이 빔

섬유질 줄기 대

3개가 붙어 있음

포자 무늬 프린트

버섯 갓의 아래쪽 주름살이 밑을 향하도록 펼쳐서 일지의 페이지 위에 올려놓고 하룻밤 둔다. 다음 날 아침에 포자 무늬를 정착 스프레이로 고정하거나 투명 테이프로 코팅한다.

얼룩과 자연 물감

열매즙으로 종이를 물들이거나 떨어진 꽃잎을 문질러 색을 만들어보자. 식물의 색은 시간이 지나면서 변하므로 물감으로 그 순간의 색을 만들어봐도 좋다.

자연에서 다른 색소나 그림 도구를 찾아보는 것도 흥미롭다. 오른쪽 그림의 일부는 군소가 분비한 보라색 액으로 채색한 것이다.

색이 있는 흙이나 퇴적암을 갈아 원시적인 물감을 만들 수도 있다. 예를 들어, 사암에서 색을 얻으려면 그 표면을 적신 뒤 비슷한 바위나 더 단단한 바위에 문지른다. 그러면 짙은 색 웅덩이가 생긴다. 이걸 워터브러시로 그림에 칠하거나 종이 한쪽에 문질러 바위 색을 물리적으로 기록할 수 있다.

데날리 국립 공원을 여행하던 중 회색늑대가 우리 버스 앞을 지나가다가 오줌을 누는 것을 보았다. 늑대가 떠난 뒤, 나는 버스에서 뛰어내려 스케치북 종이 한쪽을 늑대가 다녀간 진흙에 살짝 담갔다. 한 달 정도 일지에서 늑대 오줌 냄새가 났다. 정말 멋지다고 생각했다. 너무 지나친 걸까?

자연 콜라주

납작한 물체를 찾아 풀이나 테이프로 일지에 붙여보자. 떨어진 말벌집 조각, 단풍나무 씨앗, 압화, 나뭇잎 등을 붙일 수 있다.

콜라주할 때 몇 가지 주의사항이 있다. 미국의 주립 및 국립 공원에서는 채집을 피해야 한다. 새 깃털은 수집하지 않는 것이 좋다. 1918년 제정된 철새조약법Migratory Bird Treaty Act에 의해 금지되었기 때문이다. 이 법은 깃털을 얻기 위한 상업적 사냥을 막기 위해 만들어졌다. 대신 발견한 깃털의 윤곽을 따라 그리고 스케치한 후 그 자리에 놓고 오길 추천한다. 깃털이

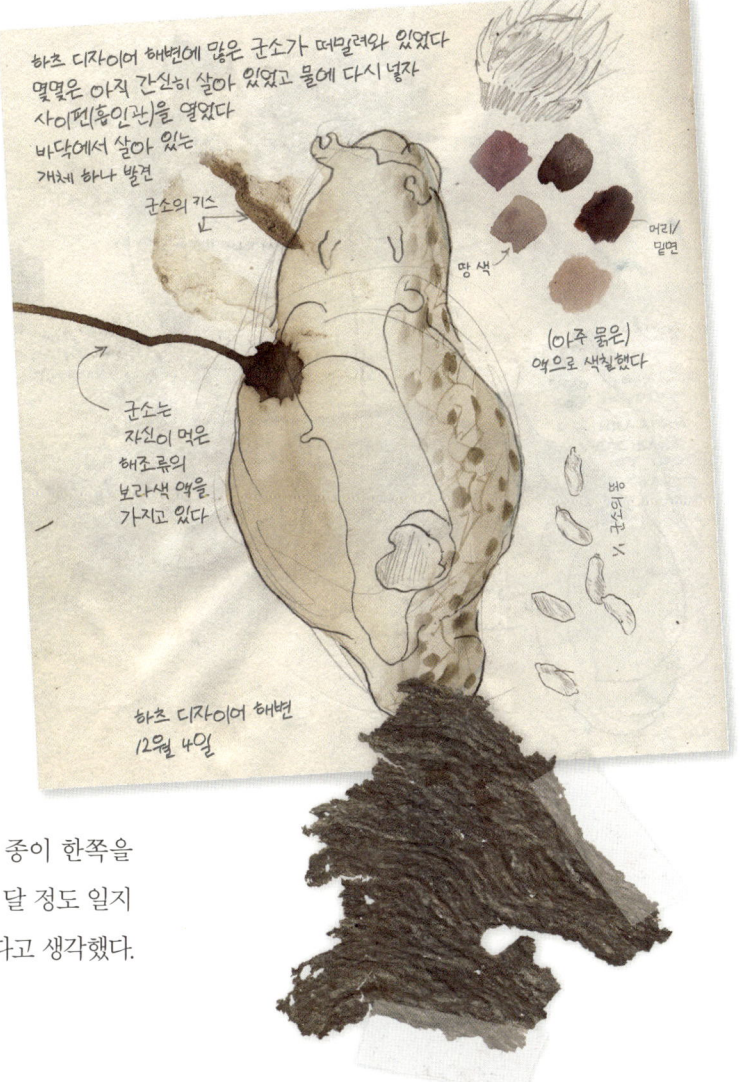

어떤 새로부터 왔는지 추측해봐도 재미있다.

1. K. Anders Ericsson, Roy W. Roring, and Kiruthiga Nandagopal, "Giftedness and Evidence for Reproducibly Superior Performance."
2. Austin Kleon, Steal Like an Artist.
3. Susie Cranston and Scott Keller, "Increasing the 'Meaning Quotient' of Work."
4. C. J. Limb and A. R. Braun. "Neural Substrates of Spontaneous Musical Performance."

7. 도구별 기법 Media-Specific Techniques

모든 종류의 도구를 완벽하게 익힐 필요는 없다. 자신에게
잘 맞는 도구를 찾아 꾸준히 연습하면 연필이나 물감이 어떻게
반응하는지 자연스럽게 깨닫고 다루는 것도 익숙해진다.
그러면 현장에서 스케치할 때 도구에 신경 쓰느라
방해받지 않고 관찰과 기록에 집중할 수 있을 것이다.

연필로 명암 강조하기

흰색부터 짙은 검정까지 명암 범위를 확장할수록 그림에 깊이와 생동감이 더해진다.
선을 더하고 지우기를 반복해 명암을 조절해가는 과정 자체를 즐겨보자.

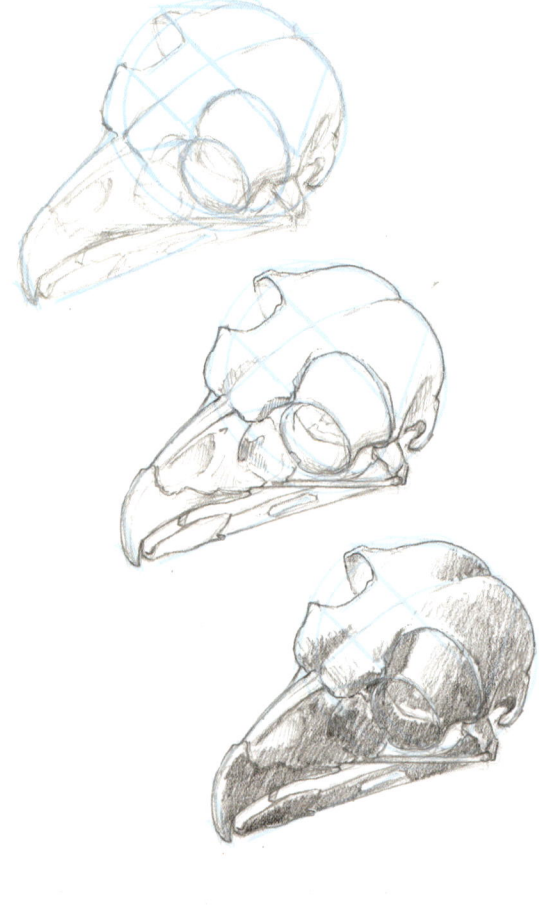

1. 가벼운 선으로 기본 형태를 잡는다. 연한 연필이나 논포토 블루 연필로 윤곽선을 대략적으로 스케치하고, 음의 형태를 신경 써가며 다듬는다.

2. HB 연필로 더 명확한 선을 추가해 윤곽선을 정리한다. 손에 닿아 그림이 번지는 것을 방지하려면, 손바닥 아래에 종이를 한 장 깔고 작업하자.

3. 2B 연필로 그림자를 묘사하여 하이라이트 영역이 드러나게 한다.

4. 5B 연필로 가장 어두운 부분을 강조하고, 경계를 어둠 속에 자연스럽게 녹아들게 한다.

5. 블렌딩 도구로 그림자를 부드럽게 번지게 하고 하이라이트 영역에는 질감을 추가한다.

6. 반죽 지우개로 하이라이트를 표현한다. 가볍게 두드리며 밝아야 할 부분을 정리한다.

7. 모노 제로 세밀 지우개나 지우개판을 이용해 어두운 영역은 보호하면서 하이라이트 영역의 가장자리를 정리한다.

8. 5B 연필로 세부를 묘사하고 윤곽선을 다듬는다. 너무 많은 곳을 자세히 묘사하지 않도록 주의한다. 보는 사람 쪽에 가까운 부분이나 가장자리 등 강조해야 할 부분에 집중하는 것이 좋다. 그리고 그림의 마지막 단계에서 작업해야 한다. 너무 일찍 세밀히 묘사하면 이후 블렌딩이나 수정 과정에서 지워질 수 있다.

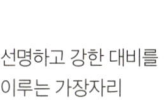
선명하고 강한 대비를 이루는 가장자리

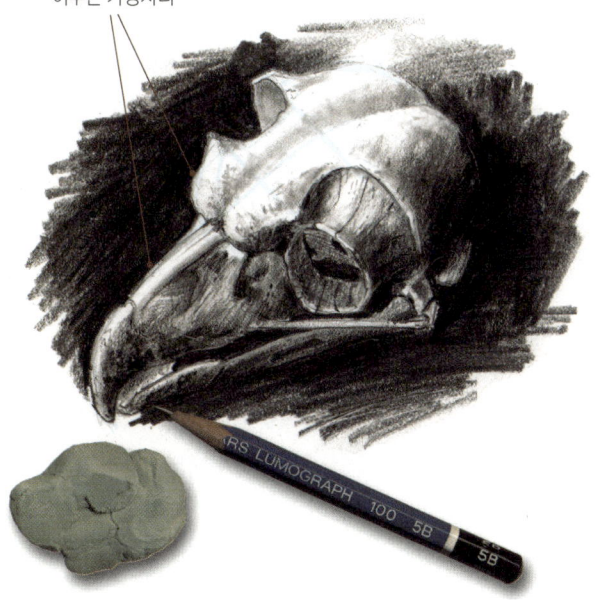

9. 명암 대비를 조정하면 가장자리가 더 돋보인다. 그림에서 조금 떨어져 전체를 살펴보고 강조해야 할 부분이 있는지 확인하자. 나는 배경이 너무 밝고 해골 윗부분이 너무 회색빛을 띠고 있다고 판단했다. 그래서 반죽 지우개로 해골은 밝히고 배경의 어두운 톤은 더욱 강화했다. 일부 가장자리는 배경과 자연스럽게 어우러지도록 처리했다. 이렇게 '사라졌다 나타나는' 가장자리는 그림에 깊이와 흥미를 더해준다. 부드러운 연필은 쉽게 번지므로 정착 스프레이를 뿌려 마무리하는 것이 좋다.

비율과 논포토 블루 연필

정확한 비율을 관찰하는 것은 정확한 그림을 그리는 데 필수적이다.
논포토 블루 연필은 비율을 잡기에 가장 좋은 도구이다.

억지로 줄여버린 기린: 비율

비율, 즉 그림에서 각 부분의 상대적인 크기를 정확히 잡는 것은 그림을 실물처럼 보이게 만드는 데에서 가장 중요하면서도 동시에 가장 간과되기 쉬운 요소다. 연필로 가볍고 느슨하게 그리면서 반드시 비율을 두 번 이상 확인해야 한다. 본격적으로 진한 선을 넣기 전에 비율을 조정해야 나중에 수정하기 훨씬 쉬워진다.

매의 부리나 발톱처럼 특정 부분에 관심이 쏠려 있으면 무의식적으로 그 부분을 더 크게 그리는 경향이 있다. 그래서 머리나 눈을 지나치게 크게 그리는 일이 흔하다. 또 하나의 문제는 우리의 뇌가 전체적인 형태와 디테일을 동시에 처리하지 못한다는 점이다. 도마뱀 발 비늘을 세밀하게 그리는 데만 집중하면, 발 크기와 머리의 비율을 제대로 맞추지 못할 수도 있다.

비율이 어긋나는 또 다른 이유는 공간 배분 때문이다. 기린처럼 긴 동물을 그리다가 종이 공간이 부족했던 경험이 있는가? 종이 가장자리에 가까워질수록, 기린의 목 길이를 줄이거나 다리를 짧게 그려서 전체를 담고 싶어질 것이다. 하지만 이렇게 하면 비율을 왜곡하는 습관이 생긴다. 그렇다고 무작정 종이 끝까지 그리다가 공간이 부족해지면 계획 없이 그린 것처럼 보인다. 차라리 종이 끝에 여백을 조금 남긴 채 멈추고 몸통을 그린 습작으로 남기자. 그 옆에 따로 머리를 확대해 그리거나 동물 전체를 작게 덧그리는 것도 괜찮다.

이러한 문제를 피하려면, 작업 초기에 논포토 블루 연필로 기본 형태를 가볍게 스케치하면서 비율을 다시 확인하는 것이 중요하다.

논포토 블루 연필

나는 캘리포니아주립대학교 몬터레이베이에서 과학 일러스트레이션을 가르치는 제니 켈러로부터 간단하면서도 혁신적인 드로잉 기법을 배웠다. 이전에는 연한 흑연 연필로 자세와 비율을 스케치했다. 하지만 이 연필 자국이 최종 그림에서도 보여서 지우는 데 많은 시간이 걸리곤 했다. 제니는 논포토 블루 연필을 사용해 기본 형태, 자세와 비율, 각도를 정확하게 잡는 방법을 가르쳐주었다. 이 연필은 지울 수 있지만 흑연이나 수채화를 위에 덧칠하면 자연스럽게 사라지므로 굳이 지울 필요가 없다.

논포토 블루 연필의 선은 흑연 연필로 덧그리기 전에는 잘 보이지만, 스캔을 하면 거의 나타나지 않는다 (이 책의 단계별 실습 예시에서는 논포토 블루 연필의 선을 강조하기 위해 포토샵으로 보정했다). 연필로 덧그린 후에는 거의 보이지 않는데, 이는 뇌가 명암 대비를 기준으로 그림을 인식하기 때문이다.

논포토 블루 연필은 브랜드와 종류마다 다르다. 나는 프리즈마컬러 카피냇/콜이레이즈 논포토 블루 연필 #20028을 사용한다. 이 제품은 가볍고 연한 선을 그리는 데 적합하다. 프리즈마컬러 프리미어 논포토 블루 연필은 선이 너무 진하게 나와서 예비 스케치용으로 적절하지 않다. 다른 브랜드의 논포토 블루 연필도 진한 편이므로 주의해야 한다.

   논포토 블루 연필을 쓸 때 힘을 주어서는 안 된다. 너무 힘주어 그으면 그 선 위에 흑연 연필 선이 덧입혀지지 않아 세밀한 명암을 표현할 때도 그대로 남아 있을 수 있다. 일부 수채화 종이에서는 논포토 블루 연필 선이 저항층처럼 작용해 물감이 제대로 스며들지 않는 경우도 있다. 또한 표면이 매끄러운 종이에서는 논포토 블루 연필 선이 잘 드러나지 않는다. 톤드 페이퍼에서도 효과가 떨어진다. 이런 문제가 발생하면 다시 연한 흑연 연필로 기본 형태를 스케치하는 것이 좋다.

   처음에 잡은 기본 틀은 어디까지나 가이드라인일 뿐이다. 본격적으로 연필로 그릴 때는 세심하게 관찰하며 윤곽선을 정리하고 더욱 정교하게 만들어야 한다. 예비 스케치를 단순히 따라 그리는 실수는 피하자. 특히 새를 그릴 때 자주 보이는 실수 중 하나가 원 모양 기본 형태 스케치를 그대로 남기는 것이다. 새의 머리와 몸통을 두 개의 원으로 스케치하는 방식은 비율을 잡는 데 유용하지만, 연필로 그대로 따라 그리면 결과물이 마치 원 두 개를 겹쳐놓은 눈사람처럼 보인다. 이는 우리의 뇌가 '격자에 맞추기 snap to grid'를 수행할 때와 비슷하다. 즉 이미 그려진 선을 따르는 게 더 쉽고 간편해서 실물의 미세한 각도나 형태를 놓치게 되는 것이다. 따라서 원 두 개를 그린 뒤 각도를 세밀하게 다듬는 과정이 반드시 필요하다. 이 단계에서 나는 새가 둥글게 그려지지 않도록 각진 면을 의도적으로 과장한다.

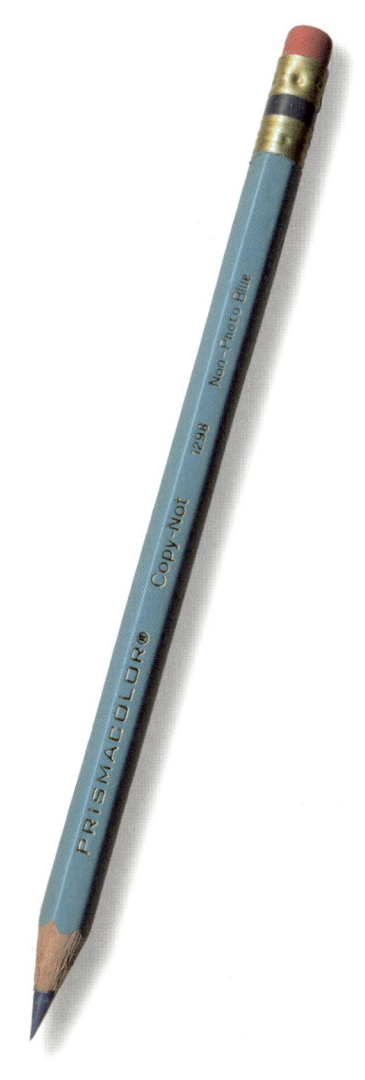

수성펜으로 스케치하기

수성펜을 사용해 빠르게 명암 스케치를 한 후, 워터브러시로 번지게 해보자.
붓펜은 끝이 넓고 뾰족하기 때문에 붓처럼 자연스러운 효과를 낼 수 있다.

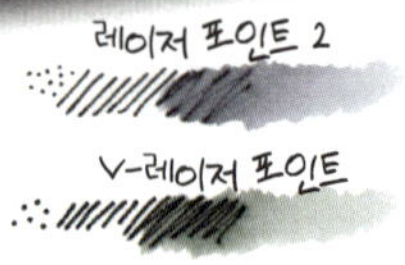

펜 스케치에는 몇 가지 장점이 있다. 지울 수 없기 때문에 그린 대로 받아들이고 계속 진행하게 된다. 나는 논포토 블루 연필로 기본 틀을 그리고 그 위에 펜으로 신중하게 선을 그린다.

잘 번지는 펜을 찾으려면 스케치북과 워터브러시를 가지고 문구점이나 화방에 가보자. 여러 펜으로 각 펜의 이름을 적고 워터브러시로 문질러본다. 잉크가 부드럽게 번지면서 원하는 색감을 내는 펜을 선택하면 된다.

구름과 파도를 구분하는 선명한 윤곽선은 펜이나 물을 사용하기 전에 흰색 왁스 크레용을 발라 표현했다. 수채화 기법과 같은 원리로, 왁스가 종이를 물감으로부터 보호하는 역할을 한다.

마커로 스케치하기

촉이 넓은 마커는 넓은 면적을 빠르게 균일한 톤으로 채울 수 있다. 다양한 색상의 마커 세트를 들고 다니기는 어렵지만, 회색 계열 마커 몇 개만 있어도 충분히 재미있게 활용할 수 있다.

1. 연한 회색 마커로 초원 부분의 명암을 잡는다. 앞쪽 언덕의 능선에는 밝은 하이라이트 부분을 남기고, 구름의 형태는 불규칙한 선으로 깎아내듯 표현한다.

2. 조금 더 진한 색 마커로 멀리 있는 참나무 숲의 형태를 잡는다. 중간 언덕의 윤곽을 가볍게 강조해주고, 앞쪽 나무들의 밑부분에 그림자를 더한다. 아래로 기울어진 그림자는 가파른 경사를 나타낸다.

3. 앞쪽 숲을 더 어두운 색으로 칠한다. 마커를 한 번 더 덧칠해 큰 나무 군락에 미묘한 변화를 준다.

토너 그레이, 웜 그레이, 프렌치 그레이 등 다양한 색의 회색 마커가 있다.
같은 계열에서 명암이 다른 몇 가지를 준비해두면 유용하다.

4. 맨 앞쪽 나무들 사이에 그림자를 추가한다. 나무 군락의 윗부분 가장자리는 밝게 남겨 역광을 표현한다.

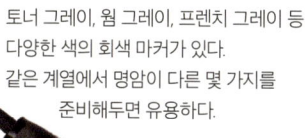

10% 20% 30% 50% 70%

183 도구별 기법

1. 가장 밝은색 마커를 사용하여 흰 새의 그림자를 넣는다.

2. 마커를 가로로 칠해 물을 표현한다. 처음에는 색이 고르지 않아 보일 수 있지만, 잉크 속 용제가 한동안 젖어 있기 때문에 자연스럽게 섞인다.

3. 단순하고 들쭉날쭉한 형태로 나무를 표현한다. 붓 끝의 압력을 조절하며 수면의 잔물결을 나타낸다.

4. 풀을 나타내는 선을 불규칙하게 그리고, 긴 풀 몇 가닥을 겹쳐 그려 깊이를 준다.

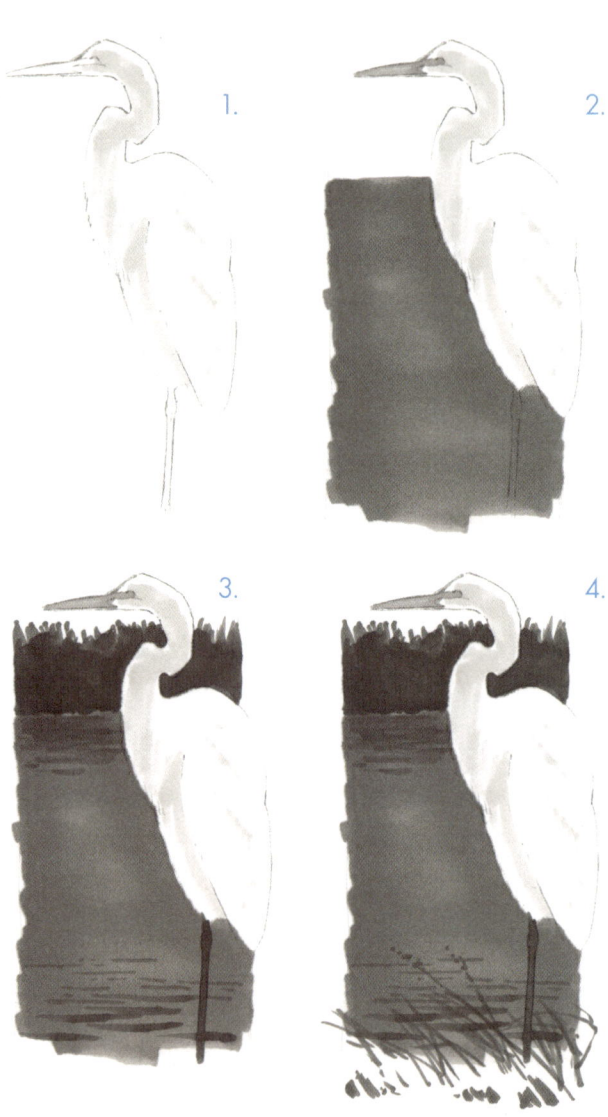

5. 어두운 획 위에 흰색 젤 펜으로 밝은 풀을 그린다. 과하게 덧그리지 않도록 주의한다.

세 개의 펜

참나무 숲과 백로 그림을 단 세 개의 마커로 완성했다(백로 그림에는 젤 펜을 함께 사용했다). 밝은색 마커를 겹쳐 칠해 점점 더 어두워지게 만들 수 있다. 모든 명도의 마커를 갖출 필요가 없다.

볼펜으로 스케치하기

볼펜은 현장 스케치에 매우 적합한 도구다. 다양한 두께의 선을 표현할 수 있으며 번지지 않아 선의 선명함을 유지할 수 있다. 또한 지울 수 없기 때문에 세부 묘사에 집착하지 않고 계속 그리는 습관을 기르는 데 도움이 된다.

다양한 활용이 가능한 도구

연필과 마찬가지로 볼펜도 필압을 조절하면 진한 선과 옅은 선을 모두 표현할 수 있다. 가격도 저렴하고 어디서나 쉽게 구할 수 있어 유용한 도구다. 파커, 크로스 등의 리필식 볼펜은 약간 더 비싸긴 하지만 잉크 카트리지가 밀폐되어 있어 대량으로 판매되는 일반 볼펜보다 잉크 뭉침이나 끊김이 적다. 만약 볼펜 잉크가 뭉치기 시작하면 휴지로 펜촉을 닦아주고, 필요하다면 잉크를 교체하거나 리필하자.

스케치에는 주로 검은색 잉크를 사용하는 것이 좋

볼펜은 다양한 굵기와 질감의 선을 만들어낸다.

해칭 선은 꼭 평행하지 않아도 된다. 부채꼴로 퍼지거나 형태를 따라가도 된다.

크로스 해칭 선은 사선으로 교차되어 정사각형이 아닌 다이아몬드 모양을 형성한다.

다. 색이 있는 잉크는 햇빛에 쉽게 바래기 때문이다. 지울 수 있는 볼펜도 있지만, 잉크가 마르는 데 시간이 더 걸린다는 단점이 있다.

1. 논포토 블루 연필로 간단히 윤곽을 그린다. 초기 선 중 일부가 잘못된 위치에 있더라도 더 강한 선을 덧그려 수정할 수 있다.

2. 기본 형태를 다듬는다. 등을 따라 흐르는 곡선과 부리가 어떻게 정리되었는지 살펴보라. 깃털의 부드러움을 윤곽선만으로 어떻게 표현할 수 있을까?

3. 윤곽에 음영을 더하고 크로스 해칭을 해서 명암과 질감을 표현한다. 일부 선의 굵기를 조절하고 어두운 부분을 강조하여 변화를 준다.

4. 묽은 보랏빛 회색 물감(여기서는 다니엘 스미스의 섀도우 바이올렛)으로 그림자를 추가한다.

5. 그림자가 마르면 그 위에 색을 얇게 여러 겹 칠해 깊이를 더한다.

6. 밝은색부터 어두운 색 순으로 채색한다. 투명한 수채 물감 아래로 볼펜선과 그림자가 비쳐 보이는 것을 확인하며 칠해나간다.

7. 불투명한 과슈는 볼펜 스케치와 잘 어울린다. 실수를 가리거나 어두운 수채화 위에 밝고 세밀한 묘사를 더할 때 유용하다.

8. 배경으로 칠한 사각형(연두색 과슈로 잎을 그린 수채화 배경)은 서식지의 느낌을 살려주고 삐져나온 외곽선을 정리해준다. 필요하다면 윤곽선을 새롭게 그어 다듬고, 이전 선은 과슈로 덮어 깔끔하게 정리할 수도 있다.

숲가에 앉아 지상 사냥을 하고 있다!

양쪽 페이지를 활용한 드로잉

연필로 양쪽 페이지에 그림을 그리면 서로 맞닿은 부분이 번질 수 있다. 그래서 연필 드로잉을 할 때는 한쪽 페이지를 비워두는 편이 좋다. 반면 펜은 번지거나 묻어나지 않기 때문에 양쪽 페이지를 자유롭게 활용할 수 있다. 이렇게 하면 메모와 그림을 더욱 넓은 공간에서 연결할 수 있어 생각을 정리하는 데도 도움이 된다. 그림이나 프레임의 일부를 제본선을 넘어가도록 배치하면 두 페이지가 시각적으로 자연스럽게 연결된다.

톤드 페이퍼에 그리기

톤드 페이퍼를 사용하면 밝은 값과 어두운 값을 모두 표현할 수 있다.

톤드 페이퍼는 명암을 연구하기에 좋은 재료다. 중간 톤의 회색이나 갈색 톤드 페이퍼를 사용하면 넓은 범위의 명암을 표현할 수 있어 그림자와 하이라이트를 보다 명확하게 배치할 수 있다. 또한 강한 햇빛 아래에서 스케치할 때도 종이의 반사광이 적어 눈의 피로를 줄여준다. 백색 종이를 오래 바라보면 눈이 부셔 설맹 같은 증상이 나타날 수도 있다.

종이

회색이나 갈색처럼 중성적인 색상에, 명도는 중간 정도인 톤드 페이퍼를 선택하는 것이 좋다. 종이가 너무 어두우면 연필선이 잘 보이지 않고, 너무 밝으면 흰색 하이라이트의 효과가 약해질 수 있다. 파스텔 작업용으로 판매되는 다양한 색상의 종이를 야외 스케치 때 활용해도 좋다. 개인적으로 캔손 미뗑스 종이를 선호하며, 오이스터 340(중간 갈색), 문스톤 426(따뜻한 회색), 스카이 블루 354(푸른빛 회색), 플란넬 그레이 122(밝은 회색) 등을 추천한다. 다만 이 종이들은 대체로 크기가 커서 야외에서는 다소 불편할 수 있으므로, 원하는 크기로 잘라 스케치북에 붙여 사용하면 좋다. 또한 스트라스모어 톤드 탠과 톤드 그레이 400 시리즈 같은 톤드 페이퍼 전용 스케치북을 구매하는 방법도 있다.

톤드 페이퍼 전용 스케치북이 꼭 필요한 것은 아니다. 평소 사용하는 스케치북 크기에 맞춰 몇 장의 톤드 페이퍼를 잘라 끼워두고 필요할 때 사용하자. 톤드 페이퍼에 스케치한 뒤 스케치북의 이를 붙여 넣을 공간에 틀을 그려 넣고 이후 해당 위치에 톤드 페이퍼를 붙인다. 이렇게 하면 기록 순서를 유지한 채 보관할 수 있다. 여행을 떠날 때는 작은 풀을 챙겨 가자. 티켓이나 기타 소지품을 스케치북에 붙여 콜라주처럼 만들 수 있다.

명암 연구

스케치를 시작하기 전에 톤드 페이퍼의 명암을 확인해보자. 사용할 톤드 페이퍼의 색이 내가 정한 명암 단계에서 어디에 해당하는지 알 수 있다. 밝은 종이라면 평소 쓰던 연필로 스케치하고 하이라이트 부분에만 약간의 흰색을 더해주면 된다. 어두운 종이라면 흰색을 이용해 더 많은 명암 단계를 추가한다.

종이 한쪽 구석에 작은 명암 차트를 만들어보자. 먼저 종이의 원래 색상을 표시할 상자를 하나 그린다. 그런 다음, 한쪽에는 점점 어두워지는 명암 상자들을, 반대쪽에는 흰색으로 점점 밝아지는 상자들을 추가한다. 이렇게 하면 어두운 부분은 '밀고', 밝은 부분은 '끌어당기는' 방식으로 작업하는 감각을 익힐 수 있다.

종이 색 활용하기

연필이나 흰색 연필로 전체를 덮어버리기 쉬운데, 종이의 기본 색상을 활용하는 것도 그림의 중요한 요소다. 예를 들어 갈매기의 가슴이 하얗다고 해서 가슴 전체를 흰색 연필로 칠할 필요는 없다. 같은 회색 종이 위에서도 흰색이 배에 드리운 그림자에 해당할 수도, 햇빛을 받은 등의 밝은 부분에 해당할 수도 있다. 이를 효과적으로 활용하려면 사전에 명암을 어떻게 쓸지 계획하는 것이 중요하다.

우선 대상의 윤곽을 가볍게 스케치한 뒤 종이의 색을 그대로 드러낼 부분을 미리 정한다. 종이 색을 남길 부분은 밝은 영역의 그림자가 될 수도 있고, 어두운 영역의 하이라이트가 될 수도 있다. 그런 다음 연필로 어두운 부분과 그림자를 칠한다. 이때 하이라이트를 형태로 인식하는 것이 핵심이다. 흰색을 단순히 문질러 칠하는 대신 빛이 닿는 부분의 모양을 세밀하게 관찰해 표현해야 한다. 이렇게 하면 대상의 표면을 따라 명암이 변하는 모습을 보다 효과적으로 나타낼 수 있다. 흰색 색연필 외에도 흰색 과슈를 사용할 수 있지만 물이 닿으면 종이가 울 수 있으므로 주의해야 한다.

그림을 완성했다고 느끼기 전에 멈추는 것이 중요하다. 언제 멈춰야 할지 판단하기란 쉽지 않지만, 더 이상 칠한 공간이 없을 때까지 계속 그리기보다 아쉽다 싶을 때 멈추는 것이 가장 좋다.

보이는 것만 그리자. 대상이 잘 보인다면 흥미로운 부분을 자세히 묘사하자. 하지만 멀리 있는 대상을 그릴 때나 쌍안경을 깜빡하고 가져오지 않았을 때는 세부 묘사에 집착하지 말고 기본적인 형태와 명암만 빠르게 스케치하자.

189 도구별 기법

색연필 활용법

색연필은 활용도가 높고 휴대하기 쉬우며 사용법이 직관적이다. 색칠이란 걸 처음 해볼 때 좋은 도구다.

겹쳐 칠해 혼합하기

색연필 하나로 원하는 색조를 정확히 표현하기는 어렵다. 그렇다고 색연필을 더 많이 사는 것만이 해결책은 아니다. 색이 많아질수록 휴대하기 불편할 뿐만 아니라 적절한 색을 고르기도 어렵다. 적당한 수의 색연필만 갖추고, 여러 색을 겹쳐 칠하며 원하는 색을 만들어보자.

색연필도 물감과 같은 원리로 색을 혼합할 수 있다. 색 이론 역시 동일하게 적용된다. 시안, 노랑, 마젠타가 기본 색이며, 이 세 가지 색을 조합하면 다양한 색을 만들 수 있다. 세 가지 색을 모두 섞으면 채도가 낮고 은은한 색상이 만들어진다.

치는 색들은 훨씬 더 부드럽고 채도가 낮다. 여러 색을 혼합하면 서로 다른 색이 은은하게 섞여 반짝이면서도 하나의 색으로 인식되기 때문에, 색연필 하나로 낼 수 있는 색보다 더 풍부하고 자연스러운 색이 만들어진다. 색연필 하나로 칠한 초록색과 두 개 혹은 네 개 색을 혼합해서 만든 초록색을 비교해보면 그 차이를 쉽게 알 수 있다.

초록색 색연필 하나로 칠하면 인조 잔디처럼 보인다.

초록색의 보색인 프로세스 레드를 약간 더하면 채도가 낮아져 더욱 자연스러운 색감이 된다.

여러 색연필을 겹쳐 만든 초록색은 훨씬 더 풍부한 생동감을 지닌다.

나는 아홉 가지 색연필을 사용해 이 색상환을 만들었다. 사용한 색상은 프로세스 레드, 브라이트 퍼플, 울트라마린, 트루 블루, 그래스 그린, 애플 그린, 레몬 옐로, 오렌지, 스칼렛 레이크다.

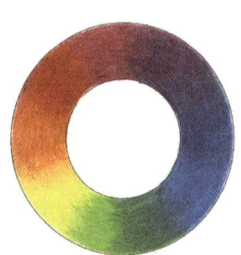
세 가지 색연필만으로도 색상환을 만들 수 있다. 프로세스 레드, 트루 블루, 레몬 옐로를 겹쳐 칠하면 다양한 색조를 얻을 수 있다.

색 혼합의 또 다른 장점, 색연필 본연의 선명한 색을 자연에서 실제로 보이는 색에 더 가깝게 누그러뜨릴 수 있다는 점이다. 색연필 자체의 색상은 대개 강하고, 깨끗하며, 채도가 높다. 하지만 자연에서 마주

색을 여러 겹 쌓아 올리는 방법

두 가지 핵심 원칙이 있다. 첫 번째는 종이의 질감을 유지하는 것이다. 색연필 드로잉에 적합한 약간 거친 질감의 종이를 선택해야 한다. 종이의 미세한 요철이 색연필의 색소를 잡아주기 때문에 이 질감이 유지되는 한 색을 여러 겹 덧칠할 수 있다. 색을 칠할 때는 가볍게 혹은 중간 정도의 힘으로 칠해야 한다. 너무 힘주어 칠하면 종이의 결이 눌리고 색연필의 왁스 층이 표면을 미끄럽게 만든다. 그 위에 색을 덧칠하면 색이 고르게 칠해지지 않거나 색연필 안료와 왁스가 뭉쳐 얼룩이 남을 수도 있다.

두 번째 원칙은 그림자를 표현할 때 검은색 대신 보색을 활용하는 것이다. 보색이란 색상환에서 서로 반대편에 위치하는 색으로, 마젠타와 초록, 시안과 주황빛 빨강, 노랑과 보랏빛 파랑이 대표적이다. 보색을 섞으면 채도가 낮은 갈색이나 회색 그림자를 만들 수 있다. 반면 검은색 색연필로 그림자를 표현하면 색이 지나치게 튀어 보이며 원래의 색과 자연스럽게 어우러지지 않는다.

1. 주황색 공을 그리는 과정에서 보색인 트루 블루 색연필을 사용해 그림자를 먼저 넣었다.

2. 그림자 위에 스칼렛 레드(진한 주황색 계열)를 여러 겹 쌓아 올렸다. 색을 칠할 때는 가볍게 혹은 중간 정도의 압력을 유지해 종이의 질감을 살렸다. 그림 곳곳에 보이는 작은 흰 점들은 종이의 요철이다. 이 흰 점들이 남아 있는 한 종이의 질감이 살아 있어 색을 계속 쌓을 수 있다. 반면 색이 얼룩지기 시작하면 너무 힘주어 칠하고 있다는 신호다.

3. 마지막으로 노랑, 빨강, 초록 등 다양한 색을 추가해 색감을 더욱 풍부하게 만들었다. 여러 색이 자연스럽게 어우러져 색연필 드로잉 특유의 생동감과 깊이감이 살아 있다.

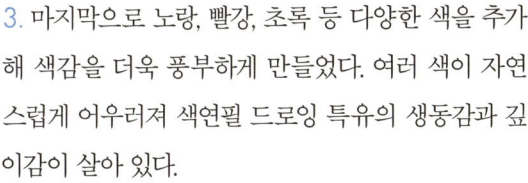

질감 쌓기

색연필을 종이에 어떻게 칠하느냐에 따라 그림의 완성도와 작업 속도가 크게 달라진다. 원하는 표현에 따라 색을 쌓는 방식을 조절해보자.

● **작고 부드러운 원을 그리며 색칠하기**

매끄럽게 색상을 표현하고 원하는 대로 제어하기에 가장 좋은 기법이다. 얼룩이나 왁스 뭉침 현상이 거의 없으며 색이 자연스럽게 혼합된다. 시간이 다소 걸리지만 마음이 차분할 때는 편안한 방법이다.

● **낙서하듯 색칠하기**

빠르고 재밌지만 다소 제어하기 어려운 기법이다. 조그맣게 낙서하듯이 칠하면 좀 더 쉽게 제어할 수 있다. 그러나 이 방식으로 색칠할 경우 그림에 특유의 질감이 그대로 남는다.

● **해칭**

같은 방향으로 선을 여러 개 반복해서 긋는 기법이다. 매우 빠른 색칠 기법으로, 손이 가장 편안한 각도로 선을 그리면 된다. 다만 선의 양 끝에 너무 강한 압력을 가하면 끝부분이 진해지므로 주의해야 한다.

● 크로스 해칭

서로 다른 방향으로 선을 교차시켜 색을 쌓아 올리는 기법이다. 겹겹이 선을 얹을수록 표현이 더욱 부드러워지며 이전 층의 불규칙한 부분이 자연스럽게 가려진다. 같은 색을 쌓아 밀도를 높이거나 서로 다른 색을 교차시켜 새로운 색을 만들어낼 수도 있다. 여러 방향에서 선을 긋다 보면 종이의 아직 쓰이지 않은 질감까지 활용해 단순한 해칭보다 더 깊이 있는 색감을 표현하게 된다.

운 그림자를 더해준다. 하지만 노란색은 그림자를 표현하기 어려운 색 중 하나다. 노란색에 조금이라도 시안을 섞으면 쉽게 초록색으로 변하고, 색 자체가 너무 밝아 블랙 그레이프로 표현한 그림자에 쉽게 묻혀버리기도 한다. 대신 그레이드 라벤더로 기본 그림자를 표현해보자. 은은한 보랏빛 회색 색연필은 노란색 아래에서도 자연스럽게 중성적인 갈색이나 회색을 띤다.

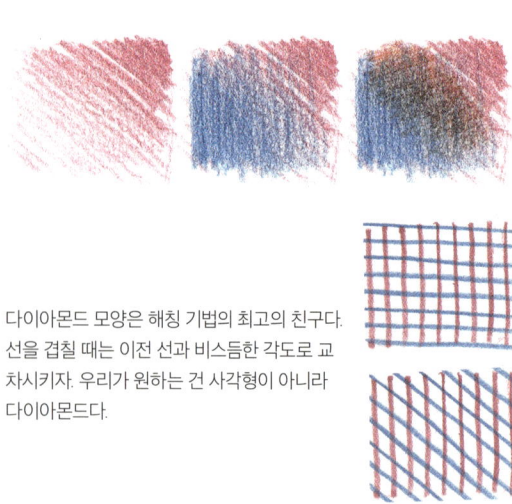

다이아몬드 모양은 해칭 기법의 최고의 친구다. 선을 겹칠 때는 이전 선과 비슷한 각도로 교차시키자. 우리가 원하는 건 사각형이 아니라 다이아몬드다.

쉽고 빠르게 그림자 표현하기

그림자는 대상에 입체감과 형태를 부여한다. 색을 조합하고 조절하는 데 집중하다 보면 그림자 넣는 일을 잊고 마지막 단계에서야 추가하게 될 때가 많다. 하지만 그림자를 나중에 넣으면 이미 섬세하게 조절한 색을 망칠 수 있으며, 종이의 결도 많이 닳은 상태라 색이 더는 올라가지 않는다. 이를 방지하려면 먼저 그림자부터 넣은 다음 고유색을 칠하는 것이 좋다.

나는 대부분의 그림자를 블랙 그레이프 색연필로 먼저 칠한다. 이 탁한 보라색은 다양한 색에 자연스러

고유색을 덧칠하기 전에 그림자 영역에 은은한 보색을 추가하면 보다 생동감 있고 흥미로운 그림자를 만들 수 있다.

블랙 그레이프   그레이드 라벤더

종이를 문질러 광택을 내면 색이 선명하게 표현된다.

종이의 질감을 살리면 하이라이트에서도 질감이 느껴진다.

그레이드 라벤더로 먼저 그린 그림자는 그 위에 노란색을 덧칠하면 따뜻한 갈색으로 변한다.

블랙 그레이프

그레이드 라벤더로 표현한 그림자

검은색 색연필로 그림자를 넣으면 너무 어둡고 초록색 기운이 돈다.

연한 회색 색연필로 표현한 그림자

자연스러운 검은색 만들기

검은색 색연필로 넣은 그림자는 생동감이 없으며 대상과 분리된 느낌을 줄 수 있다. 마찬가지로 검은색 색연필 하나만을 사용해 칠한 짙은 그림자나 배경은 자칫 평면적으로 보이기 쉽다. 이럴 때는 그림자에 보색을 섞으면 더욱 생동감 있는 표현이 가능하다. 또한 어두운 색을 여러 겹 덧칠하면 검은색 영역에도 깊이감을 줄 수 있다.

인디고 블루, 다크 그린, 투스칸 레드를 겹쳐 칠해 깊고 풍부한 검은색을 표현해보자. 빛의 방향에 따라 각 색상이 미묘하게 드러나며 그림자에 생동감을 더해준다. 검은색 색연필로 먼저 바탕을 칠한 뒤 이 색상들을 덧칠해도 좋다.

음각 기법

어두운 배경 위에 밝고 섬세한 선을 표현하려면 어떻게 해야 할까? 색연필이 종이 표면의 미세한 요철을 채우지 못하는 것처럼, 일부러 만든 홈에도 색이 채워지지 않는다. 끝이 무디고 단단한 도구로 종이에 음각해놓으면 색연필로 덧칠했을 때 그 부분이 밝게 남아 선이 만들어진다. 끝이 뭉툭한 색연필을 사용해야 음각 안으로 색이 들어가지 않는다. 만약 음각된 선에 색을 입히고 싶다면 먼저 해당 영역을 색칠한 뒤 음각하고, 그 위에 더 진한 색을 덧칠하면 된다.

추천하는 음각 도구는 켐퍼 더블 볼 스타일러스 스몰(DBBS)이지만 잉크가 마른 볼펜을 사용해도 좋다.

반사광은 반죽 지우개로 색을 걷어내 표현했다.

이 잎맥은 색을 칠하기 전에 음각한 뒤 뾰족한 색연필로 음각을 따라 채색한 것이다.

무취 미네랄 스피릿

색연필로 그림을 그리면 종이에 흰 점들이 군데군데 남는다. 이를 메우고 색연필 선을 부드럽게 블렌딩해 색상을 더 선명하게 만들고 싶을 때는 무취 미네랄 스피릿(OMS)을 사용하면 된다. 유해한 휘발성 화합

물을 제거한 석유계 희석제로, 색연필로 촘촘히 칠한 부분에 사용하면 특히 효과적이다. 그러나 색연필을 띄엄띄엄 칠한 부분은 잘 블렌딩하지 못하며, 과하게 사용하면 예상치 못한 얼룩이 생겨 수정하기 어렵다.

야외에서 편리하게 사용하려면 워터브러시에 무취 미네랄 스피릿을 채워두자. 면봉, 블렌딩 스텀프, 솜뭉치 등에 희석제를 묻혀 색을 더 고르게 펼 수 있다. 종이가 완전히 마른 후에는 다시 색연필로 덧칠할 수 있으며 종이의 질감도 유지된다. 무취 미네랄 스피릿은 무색 블렌더와 함께 사용하면 효과가 더 좋다.

현된다.

단, 무색 블렌더는 무취 미네랄 스피릿과 마찬가지로 이미 색연필로 촘촘하게 덮인 부분에 사용해야 효과적이며, 띄엄띄엄 칠한 부분에는 잘 적용되지 않는다. 또한 블렌더를 사용하면 종이의 질감이 사라져 더 이상 색을 덧칠하기 어려워진다는 점에 주의하자.

흰색 색연필로 블렌딩하면 색에 부드러운 파스텔 톤이 더해진다.

먼저 색연필로 촘촘하고 균일하게 칠하기

무취 미네랄 스피릿을 발랐는데 약간의 얼룩이 생김

마른 후에는 색연필을 덧칠할 수 있음

블렌딩 전: 선이 각각 뚜렷하게 보이고 색상이 탁하며, 종이의 흰 요철이 두드러짐

블렌딩 후: 선이 부드러워지고 색상이 더 선명해지며 흰 부분이 채워짐

흰색 색연필로 블렌딩했을 때

무색 블렌더로 블렌딩했을 때

무색 블렌더

색연필 선을 부드럽게 블렌딩하는 또 다른 도구로는 무색 블렌더가 있다. 왁스로만 만들어진 것으로, 색칠된 부분을 작은 원을 그리며 문지르면 색이 자연스럽게 섞이고 종이의 흰 점들이 메워진다. 그 결과 표면이 매끄러워지고 색이 더욱 단단하고 선명하게 표

색연필 사용 시 문제 해결 가이드

다음은 색연필을 사용할 때 흔히 발생하는 문제와 간단한 해결 방법이다.

종이가 매끈해졌을 때

가벼운 터치로 색을 올리면 종이의 질감을 유지하면서 색을 여러 겹 쌓을 수 있다. 하지만 일정 수준을 넘어서면 종이가 매끈해져 더 이상 색이 올라가지 않는다. 이후에는 색이 고르지 않게 발색되며 얼룩이나 줄무늬가 생긴다. 이 상태에서 왁스를 더 쌓을수록 상황은 악화한다. 이럴 경우 블루텍 퍼티를 사용해 일부 왁스를 걷어내보자.

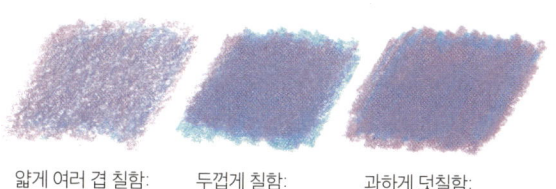

얇게 여러 겹 칠함: 종이의 질감이 그대로 유지됨

두껍게 칠함: 종이가 한계치에 도달함

과하게 덧칠함: 색이 고르지 않게 발색됨

과도한 블렌딩

무색 블렌더로 살짝 문질러주면 색이 자연스럽게 섞여 밝고 부드러운 표현이 가능하다. 하지만 계속 문지르면 구멍이 생기고 표면이 고르지 않게 된다. 블렌딩하기 전에 적당한 선에서 멈추는 것이 중요하다. 색이 얼룩지거나 밝은 반점이 생기기 시작하면 즉시 멈춰야 한다.

너무 과한 블렌딩은 얼룩을 만들고 색층에 구멍을 낸다.

고르지 않은 음영

손을 앞뒤로 움직여 빠르게 넓은 면적을 채우는 방법은 효과적이다. 하지만 손의 힘은 획의 시작과 끝에서 강해지는 경향이 있어 선의 양 끝이 너무 진해질 수 있다. 이러한 문제를 줄이려면 획의 끝부분에서 힘 조절에 신경 써야 한다. 또한 긴 선 대신 불규칙한 짧은 선을 그려 비교적 작은 면을 채우는 방식으로 음영을 표현할 수도 있다. 가장 확실한 해결책은 작고 부드러운 원을 반복해 그리는 방식으로 색을 쌓아나가는 것이다.

왁스 문제

왁스 성분이 포함된 색연필을 두껍게 칠하면 시간이 지나면서 왁스가 종이 표면으로 올라와 색을 흐릿하게 만드는 뿌연 막이 생길 수 있다. 이럴 때는 낡은 면 티셔츠 조각으로 부드럽게 문질러 표면의 왁스를 닦아내자. 그 위에 정착 스프레이를 몇 번 뿌려주면 다시 생기지 않는다. 이 현상을 완전히 피하고 싶다면 파버카스텔 폴리크로모스와 같은 오일 기반 색연필을 사용하면 된다.

색연필 심이 계속 부러질 때

색연필을 깎자마자 바로 심이 부러진 경험이 있는가? 그럴 때를 위한 간단한 해결책이 있다. 심이 부러지는 이유는 미세한 균열로 인해 압력을 견디지 못하기 때문이다. 그림을 그리기 전에 색연필 끝을 종이 위에서 부드럽게 굴려주면 끝이 매끄러워져서 부러질 확률이 줄어든다.

만약 색연필을 깎을 때마다 심이 계속 부러진다면 새 연필깎이가 필요할 수도 있다. 그러나 깎을 때 심이 조각조각 떨어진다면, 색연필이 땅에 떨어져 심 자체에 금이 갔을 가능성이 크다. 이 경우 색연필을 새로 교체하는 것이 가장 좋은 방법이지만, 임시방편으로 전자레인지에 몇 초간 돌린 뒤 바로 심을 붙여주면 부러진 심이 다시 붙기도 한다(이 방법은 위험할 수 있으니 주의하자!). 파버카스텔 폴리크로모스처럼 심이 튼튼한 색연필을 쓰면 이러한 문제를 방지할 수 있다.

의도치 않은 음각 효과

새를 그리다가 위치가 마음에 들지 않아 지우고 다시 그린다고 가정해보자. 처음에 너무 힘주어 선을 그렸다면 종이에 자국이 선명히 남았을 것이다. 그 위를 부드러운 색연필로 칠하면 눌린 자국이 흰 줄처럼 드러난다. 이럴 때는 뾰족한 색연필로 그 속을 채우거나 마커용 무색 블렌더로 문질러서 해결할 수 있다(블렌더의 용매가 안료를 녹여 팬 부분으로 스며들게 한다). 하지만 가장 좋은 방법은 애초에 선을 너무 세게 긋지 않는 것이다.

그렸다가 지운 선은 종이에 자국을 남겨 색칠할 때 그대로 드러난다.

색연필로 붓꽃 그리기

색연필로 여러 겹 칠해 블렌딩하면 깊이 있는 색과 명암을 만들 수 있다. 음각 기법을 함께 활용하고 단단한 베리신 색연필로 윤곽을 정리해 세밀하게 표현해보자.

1. 뾰족하게 깎은 베리신 색연필로 꽃잎과 꽃받침의 윤곽선을 그린다. 배경 요소를 그릴 때는 힘을 적게 주어 입체감을 드러낸다. 꽃 아래에 옅은 보라색으로 그림자를 살짝 더한다. 앞쪽에 있는 꽃받침 주변에 음각 도구를 사용해 가는 흰 선을 넣는다.

2. 부드러운 색연필로 꽃과 줄기의 고유색을 칠한다. 앞서 넣은 음각이 꽃잎의 윤곽을 더 선명하게 만들어 입체감이 살아나는 효과를 확인할 수 있다.

3. 프로세스 레드와 트루 블루를 여러 겹 덧칠하여 보라색을 더욱 깊이감 있게 만든다. 트루 블루를 줄기에 사용하면 어두운 초록색이 된다.

4. 워터브러시나 면봉에 무취 미네랄 스피릿을 발라 색연필 선을 블렌딩한다. 녹아든 색이 음각된 선을 은은하게 물들인다.

5. 무취 미네랄 스피릿이 완전히 마른 후 색연필을 덧칠해 색감을 더 풍부하게 만들어준다.

6. 마지막 단계에서 세밀히 묘사한다. 베리신 색연필로 맥을 선명하게 그리고 흰 젤 펜으로 꽃잎의 옅은 가장자리를 강조한다. 뒤쪽 요소보다 약간 도드라지게 한다.

처음부터 윤곽을 잡아두면 이후 색연필로 색을 쌓을 때 깔끔한 형태를 유지하기 쉽다. 세부 묘사는 마지막 단계에서 추가한다. 너무 일찍 세밀히 묘사하면 무취 미네랄 스피릿에 의해 번지거나 색을 덧입히는 과정에서 사라져버릴 수 있다.

수채 색연필

수채 색연필을 사용하면 부드럽게 색이 번지는 효과를 내고 선을 자연스럽게 블렌딩할 수 있다.
하지만 세부 묘사를 하기 전에 이 작업을 마쳐야 한다. 그렇지 않으면 정교한 표현들이 물에 의해 흐려질 수 있다.

기본 원리

색연필로 부드럽게 색칠한 뒤 워터브러시로 문질러주면 바인더(접착제)가 녹으면서 안료가 퍼진다. 이 번진 색상은 원래 색연필 색보다 더 선명하고 강렬하게 나타난다.

예상치 못한 변화

색연필이 수채 물감처럼 번지는 효과를 낼 수 있다니? 하지만 때때로 예상치 못한 결과가 나올 수 있다. 물을 묻히는 순간 색상과 명도가 변하는 색연필이 있다. 이러한 변화의 정도는 브랜드에 따라 다르다.

붓에 물이 너무 적으면 안료가 두꺼운 반죽처럼 뭉치고 앞쪽으로 밀려나면서 진한 경계를 만든다. 이렇게 안료가 붓 앞쪽에 고이면 물을 조금 더 사용해야 할 때다.

두꺼운 종이에 그릴 때는 물을 다시 가해 안료를 고르게 분산시킬 수 있지만, 가벼운 종이에 그릴 때는 이렇게 해결하기 어렵다.

색연필, 물, 다시 색연필

수채 색연필 드로잉은 이 세 단계로 진행하면 가장 효과적이다. 먼저 색연필로 그림자의 명암과 색을 깐다. 그다음에는 물을 사용해 색을 블렌딩한다. 종이가 마르면 세부를 묘사하고 색연필로 윤곽선을 덧그려 선명하게 다듬는다. 이렇게 마지막에 세부 묘사를 하면 물에 번져 디테일이 사라지는 걸 피할 수 있다.

1. 색연필을 겹겹이 칠해 색감을 풍부하게 만든다. 다양한 색이 섞이면 한 가지 색연필로 칠했을 때보다 더 생동감 있어 보인다. 이 그림의 배경을 칠할 때 검은색 색연필은 사용하지 않았다.

2. 워터브러시로 물을 더해 색을 블렌딩한다. 새로운 영역으로 이동할 때마다 붓을 깨끗이 헹군다. 자, 이제 무취 미네랄 스피릿 필요한 사람?

3. 종이가 마른 뒤 블렌딩된 색 위에 세밀한 묘사를 더한다.

수채 색연필로 붓꽃 그리기

색을 쌓아가면서 자연스럽게 블렌딩한 뒤 종이가 마르면 그리기를 이어간다.
가장 마지막에 세부를 묘사하는 것이 좋다.

1. 논포토 블루 연필로 기본 형태를 그린 뒤 대상의 색과 유사한 색의 색연필로 윤곽선을 그린다.

2. 그림 옆쪽에 색을 미리 칠해본다. 여러 겹 칠해가며 원하는 색조와 명암을 만든다. 만든 색을 워터브러시로 문질러 어떻게 번지고 섞이는지도 확인해본다.

3. 워터브러시로 한 번에 꽃잎 하나씩 블렌딩한다. 작은 꽃잎부터 시작해 중요한 부분으로 점차 옮겨가면 안료가 물에 어떻게 반응하는지 파악할 수 있어 주요 부분을 안정적으로 칠할 수 있다.

4. 종이가 마르면 질감, 명암, 그림자를 더해 그림에 깊이와 풍부함을 더한다.

5. 끝이 뾰족한 색연필로 세부를 묘사한다. 초점이 되는 부분과 가장 앞쪽 부분을 집중적으로 묘사해야 한다.

그림을 그리기 전에 색을 조합하고 워터브러시로 문질러보면 색연필이 어떻게 블렌딩되는지 미리 파악할 수 있어 불필요한 실수를 줄일 수 있다.

큰 꽃받침 윗부분의 보라색 선(꿀샘 유도선)이 휘어지는 모양을 주의 깊게 살펴보자.
이 미묘한 곡선은 꽃받침이 단순히 접힌 것이 아니라 곡면을 이루고 있음을 보여준다.

수채 물감 활용법

다섯 가지 기법을 익히면 수채 물감을 효과적으로 다룰 수 있다.
핵심은 붓과 종이가 머금는 물의 양을 조절하는 것이다.

균일칠 기법

단색을 균일하게 칠하는 기본적인 수채화 기법으로, 꽃에서 풍경까지 다양한 대상을 그릴 때 자주 사용된다. 먼저 물감들을 섞어 칠할 영역을 충분히 덮을 만큼의 양을 만든다. 중간에 색을 다시 만들면 처음 색과 완전히 똑같이 맞추기 어렵다. 두 물감의 색이 다르면 경계 부분에 선이 생길 수도 있다.

스케치북이나 도화지를 약간 기울여 칠할 영역의 아래쪽이 위쪽보다 낮아지도록 한다. 붓에 물감을 충분히 머금은 뒤 칠할 영역의 맨 위에 가로로 한 줄 칠한다. 중력에 의해 줄 아래에 물감이 맺히게 된다. 붓에 다시 물감을 묻혀 첫 번째 칠한 부분 아래쪽에 살짝 겹쳐 칠한다. 물감은 다시 줄 아래에 자연스럽게 맺힌다. 이렇게 계속 한 줄 한 줄 칠하며 물감을 아래에 맺히게 만든다. 마지막 부분에 다다르면 붓을 닦아 물기를 제거한 다음, 남아 있는 물감과 물을 조심스럽게 흡수한다. 물감이 마르기 전에 수정하려 하면 얼룩이 생길 수 있으므로 필요하다면 완전히 마른 뒤 다시 덧칠해 보완한다.

그러데이션 기법

그러데이션은 진한 색에서 연한 색으로 부드럽게 이어지는 전환을 만드는 기법이다. 일반 붓을 사용할 때는 균일칠 기법과 유사하게 진행하되, 한 획을 칠할 때마다 물을 약간씩 추가해 색을 점점 묽게 만든다. 워터브러시를 사용하면 약 13×10센티미터 크기의 그러데이션을 쉽게 만들 수 있다. 붓에 물감을 묻히고 종이를 기울인 상태에서 천천히 가로로 획을 그으며 아래로 내려간다. 붓에 묻어 있는 물감이 점차 희석되면서 자연스러운 그러데이션이 만들어진다. 이때 붓을 너무 세게 눌러 물을 짜내지 않도록 주의한다. 갑자기 많은 물이 나오면 색이 고르지 않게 퍼질 수 있으므로 연습용 종이에 미리 물과 물감의 양을 테스트해보면 좋다.

글레이징 기법

완전히 마른 색 위에는 다른 색을 덧칠해도 번지지 않는다. 마른 층의 윤곽 또한 계속 선명하게 살아 있다. 이 기법을 활용하면 색의 명도와 채도를 조절하면서도 세부 묘사를 살릴 수 있다. 얇게 색을 덧입혀 그림 전체의 색조를 조화롭게 만들 때도 유용하다.

웨트 인 웨트 기법

이 기법은 글레이징 기법과 반대로 젖은 종이 위나 아직 마르지 않은 물감 위에 색을 올린다. 물감이 젖은 종이를 따라 퍼지면서 붓질의 경계를 부드럽게 만든다. 종이가 많이 젖어 있을수록 색이 퍼지는 효과도 커진다.

드라이 브러시 기법

아주 약간 촉촉한 붓을 비스듬히 들어 거친 종이 위에 가볍게 그으면 종이의 돌출된 결에만 색이 묻는다. 이 기법은 질감을 표현할 때 효과적이다. 붓 끝을 손가락으로 펼쳐 머리카락처럼 가는 선을 표현할 수도 있다.

거친 종이 위에 붓을 가볍게 스쳐 만든 질감

붓 끝을 펼쳐서 만든 질감

손가락으로 펼친 붓 끝

수채화의 타이밍

수채화를 그릴 때는 물감을 칠하는 방식만이 아니라 언제 칠하는지도 중요하다. 수채화 작업에는 순서가 있다.
어떤 부분을 먼저 그리고 어떤 부분을 나중에 그려야 할지 배워보자.

그림자 먼저 칠하기

그림자를 마지막에 넣으면 색이 번지거나 세부 묘사가 가려져 부자연스러워 보일 수 있다. 대신 처음에 흐린 보라색-회색 혼합 물감으로 그림자부터 칠한 뒤 마른 상태에서 본래 색을 입히면 자연스럽다. 나는 거의 매번 이 방법을 사용한다.

밝은색에서 어두운 색으로

그림을 그릴 때 점점 어둡게 만드는 것은 쉽지만 밝게 만드는 것은 어렵다. 물론 물감을 걷어내는 방법이 있긴 하지만, 되도록 밝은색부터 칠해 점차 어두운 색을 쌓아가는 것이 좋다. 이 방법의 단점은 그림이 지나치게 연해질 수 있다는 것이다. 만약 그림에 전체적으로 생기가 부족해 보여 고민이라면 다음에는 초반에 일부 어두운 색을 미리 칠해 명암의 기준점을 잡아보자. 이렇게 하면 전체적인 명암 단계가 자연스럽게 정리된다.

마지막에 세부를 묘사하기

연필 드로잉과 마찬가지로 수채화에서도 세밀한 묘사는 그림의 마무리 단계에서 소량 더하는 '양념' 같은 역할을 한다. 너무 일찌감치 정교하게 묘사하면 이후 색을 조정하기 어려워지고 붓질도 자유롭게 할 수 없다. 또한 배경으로 갈수록 덜 자세히 그려야만 공간감이 살아난다. 보는 이의 시선이 집중되길 원하는 부분만 세밀히 묘사하자.

1. 흐린 회색 혼합 물감으로 그림자를 먼저 칠한다.

2. 가장 밝은색부터 시작해 점차 어두운 색을 입힌다. 각 층이 마를 때까지 기다렸다가 다음 색을 올린다.

3. 날개 끝과 하이라이트 부분의 세부를 색연필로 표현한다.

4. 뾰족한 붓이나 연필로 어두운 세부를 짙게 묘사한다.

어두운 배경 위에 밝게 세부를 묘사하기

수채화를 그릴 때 어두운 부분을 더 짙게 표현하거나 밝은 부분을 남겨두기란 쉽다.
그런데 어떤 영역을 더 환하게 표현하거나 살짝 어두운 배경 위에 밝게 세부를 묘사하려면 어떻게 해야 할까?

흰 부분을 남겨두기

밝은 부분을 최대한 살리고 싶다면 그 부분의 종이는 남겨두고 칠해야 한다. 색을 올린 뒤에는 다시 원래의 종이 밝기를 되찾기 어렵다.

물감 덜어내기

어떤 안료는 종이에 깊이 스며들어 한번 칠하면 지울 수 없는 반면, 어떤 안료는 종이 표면에 남아 있어서 다시 물을 묻혀 닦아낼 수 있다. 각 물감의 착색 특성을 알고 있으면 활용하기에 좋다. 이러한 정보는 보통 물감 튜브에 표시되어 있지만 직접 실험해보는 것이 가장 좋다.

망가니즈 블루 휴는 쉽게 지워진다.

프탈로 블루는 종이에 스며들어 지울 수 없다.

코발트와 망가니즈 블루 휴로 하늘을 칠한 뒤 종이 타월로 톡톡 두드려 구름 모양을 표현했다.

색을 덜어낼 때는 종이에 물을 묻힌 뒤 스며들도록 잠시 기다렸다가 깨끗한 종이 타월로 가볍게 두드려 닦아낸다. 붓으로 문질러서 색을 덜어낼 수도 있지만 종이 표면이 손상될 수 있다. 특히 품질이 낮은 65파운드 목재 섬유 스케치북 종이를 쓰면 물감 덜어내기가 더욱 어렵다. 스케치에 색을 입히기 전에 사용 중인 종이에 미리 실험해본 후 작업하는 것이 좋다.

표면 긁어내기

두꺼운 수채화 종이를 사용할 경우 칼이나 오래된 신용카드 조각을 이용해 물감을 긁어내면 흰 종이 색을 드러낼 수 있다. 이때 물감의 두께와 긁는 타이밍이 중요하다. 종이가 젖어 있는 상태에서 너무 일찍 긁으면 긁힌 부분에 물감이 다시 스며들면서 어두운 자국이 남을 수 있다.

저항 기법

수채 물감은 왁스가 발린 표면에는 잘 스며들지 않는다. 생일 케이크용 얇은 흰색 초, 흰색 크레용, 왁스 또는 오일 베이스의 흰색 색연필, 무색 블렌더 등을 이용하면 종이에 흰색 질감을 표현할 수 있다.

이 기법을 사용할 때 왁스를 바른 부분 위에도 물감이 일부 묻을 수 있지만 걱정할 필요는 없다. 젖은 붓으로 살짝 문질러주면 왁스 위의 물감이 쉽게 닦여나가면서 종이의 흰색이 드러난다. 하지만 한번 바른 왁스는 지울 수 없기 때문에 신중하게 사용해야 한다. 이 기법은 물보라, 포말, 풀더미, 수면 위에서 반짝이는 햇빛 등을 표현할 때 특히 유용하다. 반드시 물감보다 먼저 왁스를 발라야 효과를 볼 수 있다.

마스킹액은 나중에 제거할 수 있는 저항 기법 도구로, 종이에 발라 물감이 묻지 않도록 보호한 뒤 더 이상 필요하지 않을 때 떼어낼 수 있다. 실내에서 작업할 경우 유용하지만 야외에서는 다루기 까다롭다.

한 크림 상태로 만들면 수정액처럼 덧칠할 수 있다. 다만 마르면 약간 투명해지기 때문에, 진한 색이나 실수를 완전히 가리려면 두 세 번 덧칠해야 한다. 과슈가 마른 뒤에는 수채 물감을 얇게 덧칠해 색을 넣을 수 있다. 이때는 노랑, 초록 등 밝은 색조로 빠르게 한 번만 칠한다. 붓으로 여러 번 문지르면 과슈가 다시 녹아 지저분해질 수 있다.

흰 종이에 크레용 사용

구름 그림자 위쪽에 크레용 사용

왼쪽부터 크레용(흰색), 파버카스텔 폴리크로모스(흰색), 프리즈마컬러 프리미어(흰색), 프리즈마컬러 무색 블렌더

흰색 젤 펜

젤 펜은 얇고 불투명한 선을 그릴 수 있어 수채화가 마른 뒤 잎맥이나 다른 세부 요소들을 어두운 표면 위에서 표현하기에 좋다. 젤 펜 위에 색을 입히고 싶다면 선이 완전히 마른 뒤 물감을 가볍게 덧칠한다.

과슈

과슈는 불투명한 수성 물감으로, 수채 물감처럼 말린 고체 상태로 팔레트에 담아 휴대할 수 있다. 걸쭉

그러데이션

글레이징

웨트 인 웨트

긁어내기

균일칠

글레이징

크레용 저항 기법

크레용을 칠해놓고 위에서부터 차례로 파란색 그러데이션을 넣은 뒤 다 마르면 아래쪽에서부터 갈색 그러데이션을 넣는다.

물감 다루기

타이밍, 요령, 물감을 칠하는 다양한 방식이 어떻게 조화를 이루는지 알아보자.

그러데이션

안개 속으로 사라지는 골든 게이트 브리지, 물과 깨끗한 종이 타월로 색을 덜어냄

아나타 바위

드라이 브러시 · 그러데이션 · 글레이징

테스트하고 칠하기

붓을 물감에 찍어 바로 캔버스에 칠하는 것은 좋은 방법이 아니다. 물감이 고르게 섞이지 않고 물의 비율을 알 수 없어 결과를 예측하기 어렵다. 물감을 효과적으로 사용하려면 다음 네 단계를 따르자.

① 젖은 붓을 물감에 찍어 흡수한다.
② 팔레트의 혼합 구역에서 붓을 원을 그리듯 돌려 물감과 물을 고르게 섞는다.
③ 종이 한쪽에 칠해 색상과 농도를 확인한다. 원하는 색상이 아닐 경우 물감이나 물을 더해 조정한다.
④ 테스트를 통과한 물감을 그림에 칠한다.

이 과정을 습관화하면 예상치 못한 얼룩 또는 너무 짙거나 옅은 색 때문에 그림이 망가지는 일을 피할 수 있다.

이 장소만의 색상 팔레트

종이 구석에 무작위로 색을 시험해보는 대신 길게 띠 모양으로 정리해보자. 이 색상 팔레트도 페이지의 흥미로운 구성 요소가 될 수 있다. '이 장소만의 팔레트'라고 생각해보자.

시간이 부족하거나 전체 그림을 그리기 부담스러울 때는 이 색상 팔레트만 만들어도 좋다. 팔레트 속 색상들은 그날의 빛과 자연의 색조를 떠올리게 해줄 것이다.

과슈 사용하기

과슈는 수채 물감의 불투명한 사촌 같은 물감이다. 단독으로 사용하거나
어두운 배경 위에 밝은 요소를 덧칠하는 데 활용할 수 있다.

과슈 다루기

과슈는 불투명한 수용성 물감이다. 수채 물감처럼 물에 희석할 수 있고 쉽게 닦아낼 수 있지만 투명하고 묽게 바르기보다 두껍게 발라야 한다. 과슈를 다룰 때 가장 중요한 점은 물을 최소한으로 사용하는 것이다. 물감의 질감은 반죽과 진한 크림의 중간 정도가 적당하다.

과슈는 마르면 불투명한 층을 형성하며 다시 물을 묻혀 수정하거나 촉촉하게 만들 수 있다. 불투명한 특성 덕분에 실수한 부분을 덮거나, 오일 물감처럼 어두운 색 위에 밝은색을 덧칠할 때 사용 가능하다.

과슈를 사용할 때 어려운 점 중 하나는 색상의 명도 조절이다. 밝은색은 마르면 어두워지고 어두운 색은 마르면 밝아지는 '건조 변색' 현상이 나타난다. 물을 너무 많이 섞으면 변색이 더욱 심해진다. 처음에는 선명했던 하이라이트가 건조 후 희미해지기도 한다. 만약 한 번 칠한 색이 너무 옅다면 마른 후 다시 한번 덧칠하면 된다. 어두운 표면 위에 색을 올릴 때는 먼저 타이타늄 하이트를 한 겹 발라두면 이후 덧칠한 색상이 더 밝고 선명해 보인다.

과슈는 붓에 물을 묻혀 다시 촉촉하게 만들 수 있기에 색을 혼합하거나 덜어내기도 쉽다. 옆 페이지의 흰머리독수리 그림에서는 머리 아래쪽을 어둡게 표현하기 위해 과슈의 흰색을 걷어내 종이 색이 비치도록 했다. 과슈를 칠할 때 기존 색이 번지지 않게 하려면 완전히 건조된 뒤 빠르게 한 번만 덧칠해야 한다. 여러 번 붓질하면 기존 과슈가 다시 녹아 번질 수 있다.

나는 슈민케, 엠 그라함, 홀베인의 과슈를 주로 사용한다. 홀베인은 가격이 비교적 저렴하면서도 품질이 뛰어나다. 다른 브랜드의 과슈들도 사용해보았지만 몇몇 문제가 있어 피하게 되었다. 어떤 제품은 건조 후 지나치게 부서져 팔레트에서 떨어져 나오거나 분필처럼 너무 뻑뻑한 질감을 가져 다루기 어려웠다. 또 어떤 제품은 마른 후에도 스케치북의 맞은편 페이지에 묻어났다.

어두운 색은 투명하게, 밝은색은 불투명하게

나는 과슈만 넣은 팔레트를 가지고 다니지 않는다. 수채화의 맑고 투명한 색감과 여러 층을 쌓아가며 색을 조절하는 방식을 선호하기 때문이다. 하지만 과슈는 어두운 색 주변이 아닌 바로 그 위에 밝은색을 덧칠할 수 있다는 점에서 매우 유용하다. 내가 과슈를 활용해 작업하는 과정은 다음과 같다.

① 어두운 색상을 수채 물감으로 먼저 칠한다.
② 과슈를 사용해 밝은 부분을 그린다.
③ 과슈가 완전히 마른 뒤 그 위에 수채 물감으로 어두운 세부를 묘사한다.

과슈와 톤드 페이퍼

과슈를 톤드 페이퍼에도 사용할 수 있다. 톤드 페이퍼 대부분은 얇아서 젖으면 쉽게 울긴 한다. 그렇지

만 수채 물감으로 어두운 부분을 표현하고 과슈로 밝은 부분을 표현하기에 좋은 중간 톤을 지녔다.

만약 흰색 과슈만 가지고 있다면 특정 부분을 미리 과슈로 칠해 말린 뒤 그 위에 수채 물감을 덧칠해 원하는 색을 표현해보자. 이렇게 하면 회색 또는 갈색 종이의 바탕색 때문에 색이 탁해지는 일이 없다.

과슈를 여러 번 덧칠하면 하이라이트를 더욱 강조할 수 있다.

노란색 부리를 더욱 선명하게 표현하려면 먼저 흰색 과슈를 칠하고 완전히 마른 뒤 노란색을 덧칠하면 된다.

클라마스 하부
2008년 2월 18일

과슈를 활용한 왜가리 채색

자연 그리기 장에서 그린 왜가리 그림을 과슈로 채색해보자. 먼저 어두운 부분은
투명한 수채 물감으로 표현하고 밝은 부분은 불투명한 과슈로 표현한다.

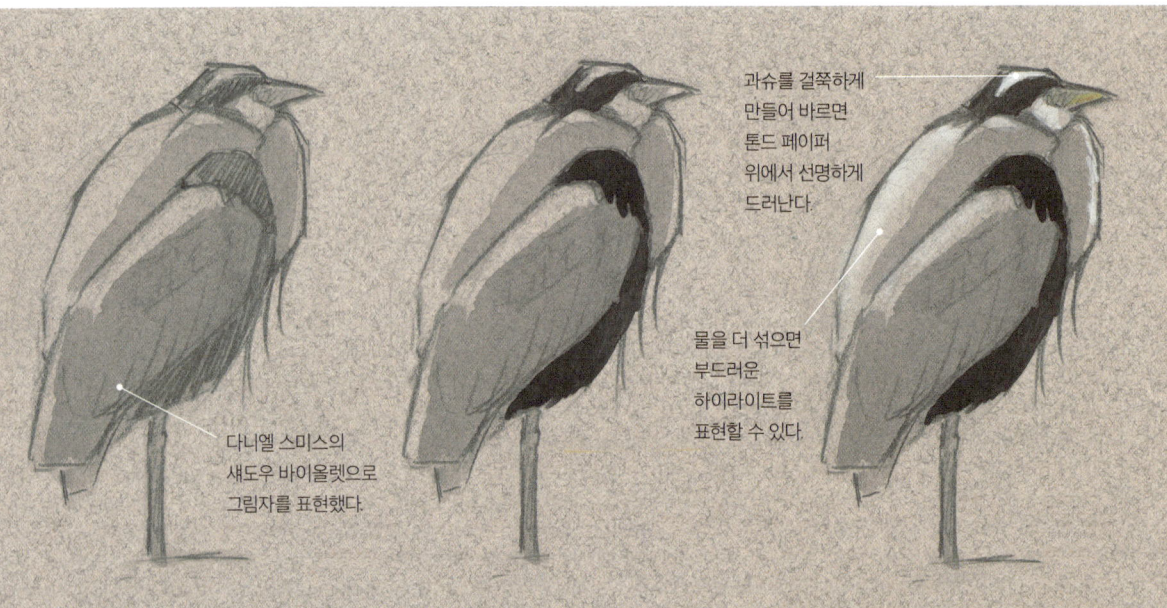

1. 투명 수채 물감으로 중간 명암을 깔아준다. 하이라이트 자리는 남겨둔다.

2. 투명 수채 물감으로 어두운 명암을 표현한다.

3. 불투명한 과슈로 밝은 부분을 강조한다. 햇빛이 닿는 부위와 연한 색 깃털을 표현한다.

4. 불투명한 과슈로 배경을 채색한다. 아래쪽으로 갈수록 흰색을 더 섞어 밝게 칠한다. 실제 배경을 참고하거나 대비를 살릴 수 있는 배경을 상상해 그려 넣어도 된다. 대상이 밝다면 어두운 배경을, 대상이 어둡다면 밝은 배경을 추가하면 효과적이다.

흰 종이 위에 과슈를 사용하기

흰 종이 위에 투명 수채 물감과 과슈를 함께 써보자.
수채 물감으로 어두운 부분을 확실히 표현해놓아야 과슈의 밝은색이 흰 종이 위에서 효과적으로 드러난다.

1. 명암을 넣고 색을 칠할 부분을 알아볼 수 있도록 명확히 드로잉하자.

2. 투명한 수채 물감을 사용해 중간 명암을 단색 블록 형태로 칠한다. 일반적인 수채화처럼 밝은 부분을 미리 남겨둘 필요는 없다.

3. 어두운 명암을 추가한다. 이 단계에서는 정밀하게 그릴 필요 없이, 일부 어두운 부분을 검은색에 가깝게 칠하며 전체적인 명암 범위를 설정한다.

4. 노란색, 흰색, 황갈색 과슈를 걸쭉하게 섞어 뾰족한 붓으로 바른다. 흰색 과슈를 가슴 부위에 살짝씩 바르면 부드러운 깃털 느낌을 낼 수 있다. 가는 과슈 선은 이전에 칠한 어두운 부분을 정리하는 역할도 한다.

5. 필요에 따라 과슈를 덧칠한다. 이 그림에서는 가슴 부위에 덧칠했다. 각 층이 완전히 마른 후 다음 층을 올려야 한다. 마지막으로 갈색 베리신 색연필로 가장자리를 깔끔하게 다듬었다.

가슴 윗부분에는 흰색 과슈를 한 번 더 덧칠했다.

옆구리 부분의 과슈를 물기 있는 붓으로 들어내 밝기를 조절했다.

수채 물감과 과슈를 혼합할 수도 있다. 흰색 과슈와 크로뮴 옥사이드 수채 물감을 섞어서 배경에 칠했다.

암석 물감

현장에서 직접 물감을 만들어보자. 퇴적암에 물을 약간 묻혀 문지르면 천연 물감이 된다.

암석으로 그림 그리기

많은 물감이 곱게 간 암석으로 만들어진다. 이 원리를 활용해 직접 자연에서 물감을 만들어보자. 부드럽고 색이 선명한 암석을 물에 적신 후 돌끼리 문지른다. 가루와 물의 혼합물을 붓에 묻혀 일반 물감처럼 사용한다. 종이에 얇게 바르면 색이 스며들지만, 너무 두껍게 칠하면 바짝 마른 뒤 벗겨지거나 먼지처럼 떨어질 수 있다. 이는 바인더가 없기 때문이다. 암석 물감을 사용하면 붓 끝에서 모래알처럼 까끌까끌한 감촉이 느껴질 수 있지만, 직접 탐험한 장소에서 얻은 색으로 페이지를 물들이는 것은 아주 특별한 경험이다. 집에 돌아와 정착액을 뿌리면 색이 쉽게 지워지지 않는다.

어떤 암석이 좋은 물감을 만들까?

사암, 실트암, 이암 같은 부드러운 퇴적암은 물을 묻혀 문지르면 색이 있는 가루와 물의 혼합물이 생긴다. 반면 규소 함량이 높은 변성암인 각암이나 석영 기반의 화성암인 화강암은 침식에 강해 물감으로 쓰기 어렵다. 지질학자가 아니라면 어떤 암석이 물감이 될지 알 수 없다. 가장 좋은 방법은 색이 있는 암석 두 개를 물에 적셔 서로 문질러 보는 것이다. 암석 물감이 생긴다면 성공이다. 다양한 색의 작은 조약돌을 주머니에 넣어 두었다가 필요할 때 사용해도 좋다. 다만, 국립공원이나 일부 보호 구역에서는 암석 채집이 금지일 수 있으므로 주의해야 한다.

1. 명확한 밑그림을 그린다. 색을 입히려면 색연필로 스케치하는 게 좋다. 여기에서는 프리즈마컬러 블랙 그레이프 색연필을 사용했다.

2. 암석을 갈아 물감을 만든 뒤 붓이나 워터브러시로 스케치에 색을 입힌다. 농도를 조절해 명암을 다양하게 표현할 수 있다.

3. 그림에 칠하기 전에 물감의 색조를 확인해보자. 이 스케치는 두 가지 암석에서 얻은 색으로 채색되었다. 전경은 따뜻한 색으로, 배경과 하늘은 차가운 색으로 칠했다. 그림자나 앞쪽 암석 아치의 세부는 어둡고 차가운 색의 암석 물감을 사용했다. 일부는 색을 칠하지 않고 남겨 명암 대비를 살렸다.

8. 동물 그리는 법 How to Draw Animals

동물은 크든 작든 관찰하고 스케치하기에 매력적인 대상이다.
운 좋게 동물을 발견했다면 곧바로 관찰 일지를 꺼내 직접 관찰하며
새로운 무언가를 배울 수 있는지 살펴보자. 여기 나오는 기법과 요령을
연습하면 눈앞에서 본 것을 보다 정확하게 그릴 수 있는 능력이 길러진다.
현장에서는 관찰과 데이터 수집에 집중하는 것이 중요하다.

곤충 그리기: 곤충 해부학

곤충을 그릴 때 어려운 점 중 하나는 다리를 정확히 표현하는 것이다. 미리 구조를 익혀두면 큰 도움이 된다. 하지만 얕은 지식이 오히려 더 큰 혼란을 불러올 때도 있다.

곤충을 관찰하고 그릴 때는 해부학적 구조를 정확히 이해하는 것이 중요하다. 특히 다리의 위치와 관절의 움직임을 잘 파악하면 더욱 자연스럽고 생동감 있게 스케치할 수 있다.

곤충의 다리를 그릴 때 가장 중요한 부분은 대퇴, 경절, 부절이다. 쉽게 기억하려면 각각 허벅지, 정강이, 발이라고 생각하면 된다. 이 부위들은 곤충을 위에서 볼 때도 뚜렷하게 드러난다. 부절은 여러 작은 마디로 이루어져 있으며 끝에는 작은 발톱이 있다.

몸통과 가까운 부위인 기절과 전절은 보통 잘 보이지 않아서 일반적인 곤충을 그릴 때는 생략해도 무방하다. 그러나 말벌과 같은 곤충은 예외로, 이 부위가 길쭉하게 발달해 있어 다리 마디 하나가 더 있는 것처럼 보인다.

곤충의 다리와 날개는 모두 몸통 가운데에 해당하는 가슴에서 나온다. 곤충을 정확하게 그리려면 꼭 알아야 하는 점이지만 동시에 가장 흔히 발생하는 실수의 원인이기도 하다. 아래 그림에 딱정벌레 두 마리가 있다. 다리가 올바르게 배치된 딱정벌레는 어느 쪽일까?

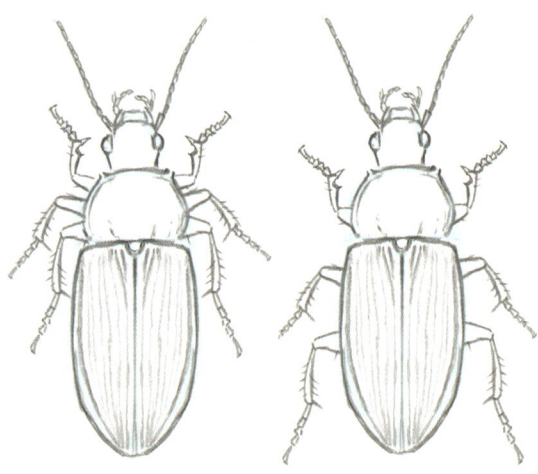

바로 이 지점에서 조금 아는 것이 오히려 문제가 된다. 곤충의 다리는 가슴에 붙어 있다는 사실을 알고 있으므로 왼쪽 그림처럼 보여야 한다고 생각하기 쉽다. 하지만 실제 딱정벌레의 모습은 오른쪽 그림과 같다.

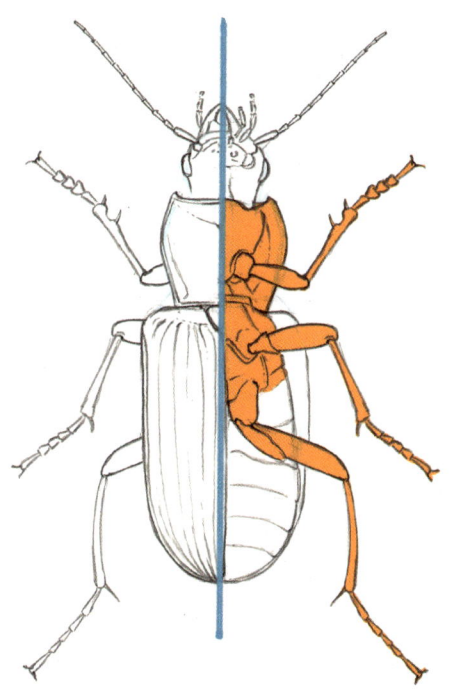

모습을 관찰해보면 세 다리가 항상 동시에 앞으로 또는 뒤로 움직인다는 사실을 알 수 있다.

다리가 가슴에서 나온다더니 왜 실제로는 그렇게 보이지 않는 걸까? 위 다이어그램은 딱정벌레를 등(위)쪽과 배(아래)쪽에서 본 모습이다. 주황색으로 표시된 부분이 가운데 마디인 가슴이다. 곤충의 가슴은 위에서 보면 실제보다 훨씬 짧아 보인다는 점에 주목하자(정확히는 날개 덮개, 즉 앞날개도 가슴에 붙어 있으므로 주황색으로 표시해야 하지만, 앞날개가 배를 덮고 있기 때문에 이 그림에서는 흰색으로 남겨두었다). 다리가 실제로 몸의 어디에서 나오는지 면밀히 관찰해야 한다. 다리가 나올 법한 위치를 단순히 짐작하지 말고 실물을 정확히 관찰하며 판단해서 그리자.

곤충의 이동 방식

곤충의 다리는 삼각대 형태를 띠며 번갈아 움직인다. 오른쪽의 바깥쪽 두 다리는 왼쪽의 안쪽 다리와 함께 움직이고, 왼쪽의 바깥쪽 두 다리는 오른쪽의 안쪽 다리와 함께 움직인다. 따라서 곤충이 움직이는

곤충의 주요 목目

자연에서 발견한 곤충을 분류하는 연습을 해보자. 우선 곤충을 큰 분류인 목 단위로 나누어 알아보자.
각 목의 해부학적 특징을 조금만 알아도 놓치기 쉬운 미묘한 차이까지 더 잘 관찰할 수 있다.

딱정벌레목 Coleoptera ('덮개 날개')

딱정벌레류. 두 쌍의 날개가 있으며 덮개 형태의 단단한 앞날개가 뒷날개를 보호한다. 앞날개의 이음선이 몸의 정중앙을 따라 나 있다. 일부 딱정벌레는 앞날개가 서로 붙어 있어 날지 못하는 경우도 있다.

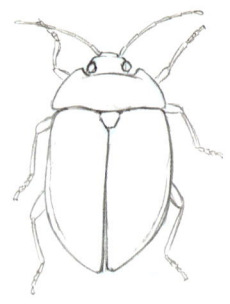

노린재목 Hemiptera ('반쪽 날개')

노린재류. 두 쌍의 날개가 있으며 앞날개의 앞쪽 절반이 단단하다. 날개가 X자 모양을 이루는 것이 특징이다. 더듬이가 길고 마디가 뚜렷하게 구분된다.

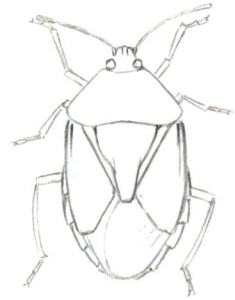

매미목 Homoptera ('같은 날개')

진딧물, 매미충, 매미, 깍지벌레류. 두 쌍의 막질 날개가 있으며 등 위로 텐트처럼 접힌다. 입이 빨대처럼 액체를 빨아들이는 형태다. 이 목에는 농업 해충이 많다.

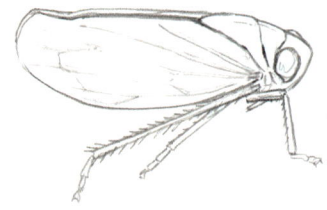

벌목 Hymenoptera ('막질 날개')

개미, 벌, 말벌류. 두 쌍의 막질 날개가 있으며 암컷은 독침이 있는 경우가 많고 수컷은 없다. 사회적 집단을 이루어 생활하는 종이 많다. 많은 종의 배와 가슴이 가느다란 자루 모양의 연결부(경절)로 이어진다.

파리목 Diptera ('두 개의 날개')

파리, 모기, 깔따구류. 한 쌍의 막질 날개가 있으며, 더듬이는 짧다.

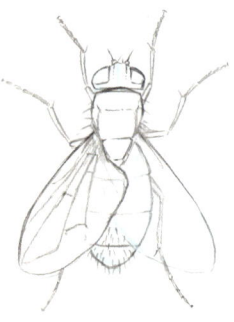

나비목Lepidoptera('비늘 날개')

나비, 나방류. 두 쌍의 날개가 미세한 비늘로 덮여 있다. 나비는 주로 낮에 활동한다. 곤봉 모양의 더듬이가 있으며 날개를 등 뒤로 접어 세운 자세로 쉰다. 색이 화려한 경우가 많다. 반면 나방은 주로 야행성이며 날개를 펼친 상태로 쉰다. 색은 어둡고 칙칙한 경우가 많다. 더듬이는 암컷은 가는 실 모양, 수컷은 큰 깃털 모양이다.

다. 앞날개의 중간에는 강화된 마디(결절)가 있고, 끝 부분에는 어두운 반점이 있다. 잠자리는 몸이 굵으며 날개를 펼친 상태로 쉰다. 실잠자리는 몸이 가늘고, 날개를 등 뒤로 접어 쉰다. 다리는 앞쪽을 향해 L자 형태로 굽어 있다.

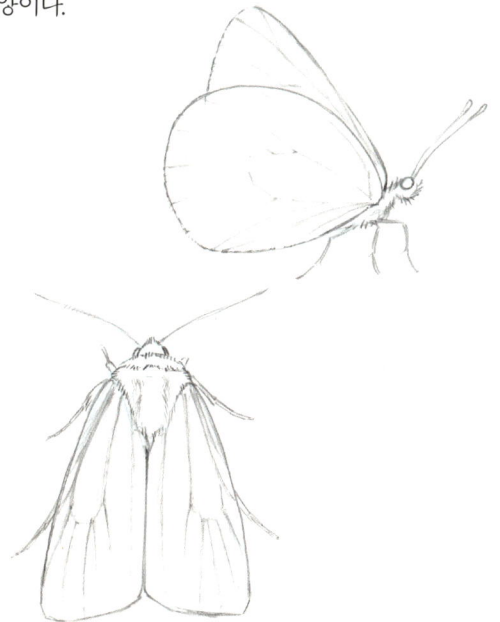

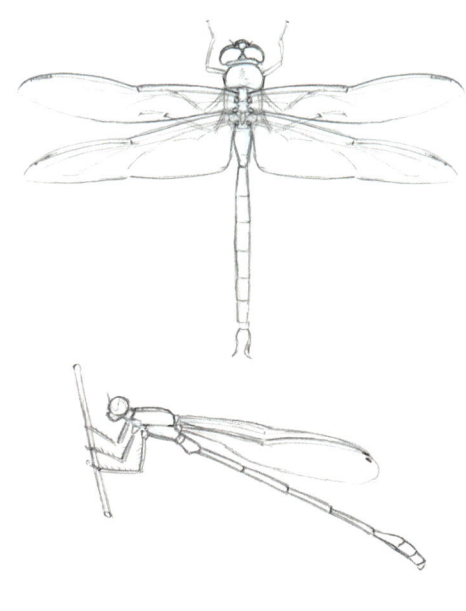

메뚜기목Orthoptera('곧은 날개')

귀뚜라미, 메뚜기, 여치류. 두 쌍의 날개가 있으며 뒷다리가 커서 점프에 유리하다. 귀뚜라미는 긴 더듬이가, 메뚜기는 짧은 더듬이가 있다.

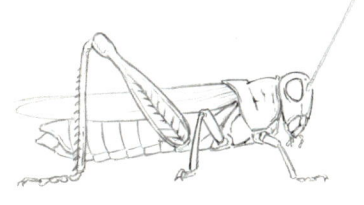

그 밖의 흔한 곤충 목

- 바퀴목Blattodea
- 흰개미목Isoptera
- 사마귀목Mantodea
- 대벌레목Phasmatodea
- 집게벌레목Dermaptera
- 강도래목Plecoptera
- 하루살이목Ephemeroptera
- 날도래목Trichoptera

잠자리목Odonata('이빨 보유')

잠자리, 실잠자리류. 두 쌍의 날개와 큰 겹눈을 가졌

무당벌레 그리기

위에서 내려다본 모습은 식별에 유용하지만, 약간 비스듬한 측면 모습을 그리면 더 생동감 있는 그림이 된다. 비율, 각도, 대칭을 점검하면서 그리면 더욱 정밀한 묘사가 가능하다.

1. 예전에 나는 머리, 가슴, 배를 따로 그리곤 했지만, 이렇게 하면 몸이 지나치게 길어지는 문제가 있었다. 따라서 먼저 몸 전체를 둘러싸는 윤곽선을 하나 그린다. 세 부분을 합친 길이와 폭을 먼저 살펴보자. (이 그림 속 파란색 선은 설명을 위해 강조된 것이며, 실제로 가이드라인을 그릴 때는 아주 연하게 그려야 한다.)

2. 위에서 똑바로 내려다보는 시점에서는 중심선이 정확히 가운데에 위치한다. 하지만 약간 비스듬한 측면 모습에서는 중심선이 한쪽으로 조금 치우친 곡선을 그린다.

3. 몸통을 세 부분으로 나눈다. 먼저 중심선을 가로지르는 두 개의 평행선을 그린 뒤 이 선들을 몸의 윤곽선까지 연결한다. 중심선을 기준으로 먼 쪽의 선은 가까운 쪽의 선보다 짧게 보인다.

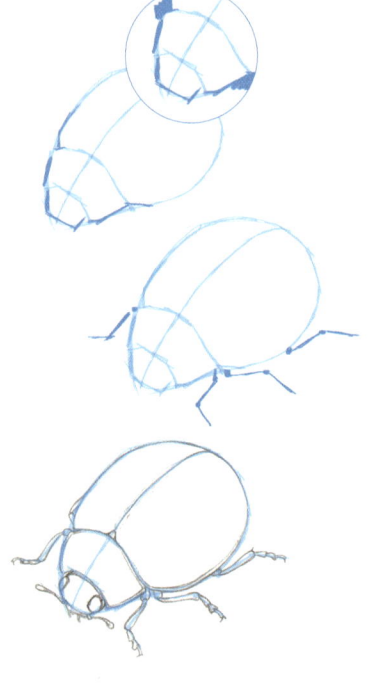

4. 머리와 몸이 가슴과 연결되는 각도를 확인하고, 이 각도 변화에 따라 몸 윤곽선을 다듬는다. 이때 몸 자체의 형태만 보지 말고 몸 바깥의 음의 형태를 생각하면서 형태를 잡아보자. 음의 형태를 실제로 종이에 그리지는 않지만, 의식하면서 그리면 형태를 정확히 파악하는 데 도움이 된다.

5. 다리가 몸의 옆면 어디쯤에서 나오는지 확인한 뒤 앞쪽으로 뻗는지, 뒤쪽으로 뻗는지 살펴본다.

6. 논포토 블루 연필로 그린 가이드라인을 따라 자세히 묘사한다. 전체적인 형태를 잘 잡아놓았으니 이제 세부에 집중할 수 있다.

7. 등딱지의 반점을 대칭적으로 배치하기 위해 중심선을 따라 평행한 선을 몇 개 그린다.

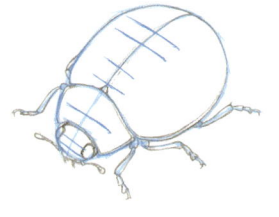
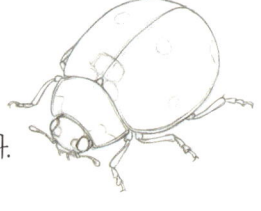

8. 이 가이드라인을 참고하여 반점을 배치한다.

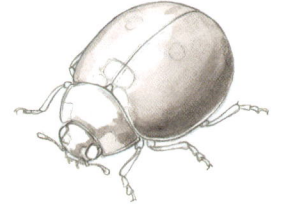

9. 그림자는 보랏빛 회색 계열의 물감(주로 다니엘 스미스 섀도우 바이올렛)으로 칠한다. 이 그림에서는 빛이 왼쪽 위에서 비치고 있다.

10. 그림자가 마르면 고유색인 빨간색과 검은색을 칠한다. 투명한 수채화의 특성 덕분에 그림자가 그대로 비쳐 보인다.

11. 마른 빨간색 위에 검은 반점을 그려 넣는다. 정면을 향한 반점은 둥글게, 몸의 곡선을 따라 뒤로 감기는 반점은 원근을 적용해 타원형으로 그린다.

12. 흰색 과슈로 밝은 하이라이트와 반사광을 넣는다. 반사광은 몸의 둥근 형태를, 선명한 하이라이트는 표면의 매끄럽고 반짝이는 질감을 보여준다.

13. 흰색 색연필을 사용해 능선과 점처럼 팬 부분을 표현한다. 이 과정은 재미있지만 너무 과하게 묘사하지 않도록 주의해야 한다.

14. 점처럼 팬 부분에 어두운 그림자를 추가하고, 뾰족한 색연필을 사용해 일부 윤곽선을 또렷하게 정리한다.

곤충을 위에서 똑바로 내려다본 시점에서 그린 그림은 종 식별에 유용하지만 다소 단조롭게 보일 수 있다. 약간 비스듬한 측면 그림은 곤충의 키와 형태를 더 입체적으로 보여준다. 곡면을 따라 감기는 직선의 각도를 시각화해보면 크게 도움된다

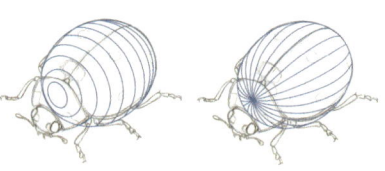

질감 표현 1: 탁하고 울퉁불퉁한 표면

곤충의 둥근 형태와 광택 표현은 사실적인 묘사를 위해 매우 중요하다.
표면의 광택은 명암 대비와 하이라이트에서 그림자로 넘어가는 경계를 활용해 표현할 수 있다.

1. 그림자의 형태를 잡기 위해 보라색과 회색이 섞인 물감(섀도우 바이올렛)을 얇게 깔아준다. 그림자를 먼저 칠한 후 색을 덧입히는 방식이 더 쉽다.

2. 그림자가 완전히 마르면 그 위에 갈색 물감을 균일하게 덧칠한다. 그림자 색이 몸의 고유색 아래로 비쳐 보인다.

3. 두꺼운 수채화 종이에 그릴 때는 일부 영역에 다시 물을 묻혀 물감을 덜어내면 하이라이트를 만들 수 있다. 이때 "빛이 딱정벌레의 어느 부분을 비출까?"라고 계속 자문하며 작업한다.

4. 종이가 완전히 마르면 검은 펜으로 점처럼 팬 부분 및 세부를 묘사한다.

점처럼 팬 부분의 광원에서 가장 먼 가장자리에 흰색 색연필로 초승달 모양 하이라이트를 작게 그려 넣어보자.

미묘한 반사광은 내가 가장 좋아하는 논포토 블루 연필을 사용하여 추가했다.

5. 흰색 색연필로 하이라이트를 더욱 강조한다. 그림자와 하이라이트의 경계를 부드럽고 자연스럽게 표현하면 표면이 둥글면서 광택은 없어 보인다.

질감 표현 2: 매끄럽고 반짝이는 표면

일부 곤충은 광택 있는 외골격을 가졌다.
이를 표현하려면 강한 명암 대비와 선명한 하이라이트가 필요하다.

1. 이번에는 같은 딱정벌레를 광택이 나게 표현해보자. 우선, 하이라이트 영역으로 급격하게 이어지는 강하고 짙은 그림자를 칠한다. 아직 표면이 빛나 보이지는 않는다는 사실에 유의하자. 사실 이 그림은 '질감 표현 1'에서 흰색 색연필을 최대한 지운 뒤 뉴트럴 틴트를 덧칠한 것이다.

2. 표면이 마르면 퍼머넌트 화이트 과슈로 하이라이트를 강하게 넣는다. 명암 전환이 뚜렷하고 흑백 대비가 강할수록 딱정벌레가 더 광택 있어 보인다. 따라서 가슴이 앞날개보다 더 빛나 보인다.

3. 하이라이트를 더 강하고 선명하게 추가해 앞날개도 더 빛나게 표현한다. 하이라이트를 점선 형태로 넣으면 표면의 질감까지 보여줄 수 있다.

흰색 색연필로 더한 반사광은 앞날개의 구조를 더욱 분명하게 드러내고 입체감을 강화한다.

연한 파란색 색연필을 사용해 미묘한 반사광을 더하면 보다 자연스러운 광택 효과를 낼 수 있다.

4. 마지막으로 흰색과 연한 파란색 색연필을 사용해 그림자 쪽에 반사광을 부드럽게 표현한다. 종이가 완전히 마르면 색연필을 덧칠할 수 있다. 물감으로 어두운 부분을 충분히 어둡게 칠해두어야 밝은색 색연필이 뚜렷하게 보인다.

질감 표현 3: 무지갯빛 효과

나란히 칠한 선명한 색들의 영역에서 급격하게 검은색 영역이 이어지도록 칠하면 무지갯빛 효과를 재현할 수 있다.

1. 세심하게 형태를 그린다. 중심의 밝은 부분을 선명한 시안 색상(프탈로 블루)으로 칠한다.

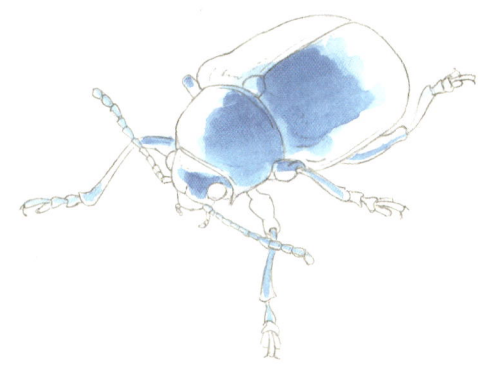

2. 시안이 아직 마르지 않은 상태에서 보라색(프탈로 블루와 퀴나크리돈 핑크)을 혼합해 만들어 덧칠한다.

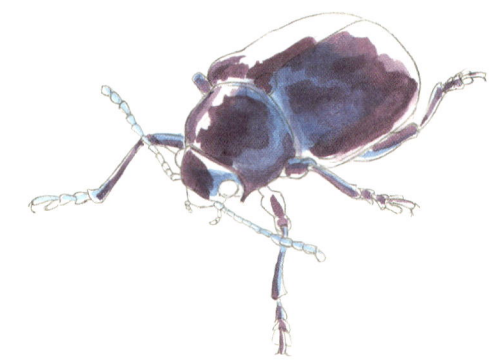

3. 밝은 영역이 마르면 그림자 부분을 짙은 파랑-검정(페인스 그레이)으로 두껍게 덧칠한다. 이때 보라색과 시안이 보이도록 일부 영역을 남긴다.

4. 두꺼운 수채화 용지를 사용할 경우, 일부분에 다시 물을 묻힌 뒤 붓이나 휴지로 살짝 닦아내면 어두운 부분의 경계를 부드럽게 풀어줄 수 있다. 이 방법은 얇은 스케치북 종이에서는 잘 적용되지 않는다.

많은 곤충의 날개와 몸에는 나노 단위의 얇은 층이 있어 빛을 굴절시키고 반사하며 무지갯빛을 띤다. 관찰 각도나 빛의 방향에 따라 선명한 색상이 달라지며, 빛이 반사되지 않는 영역은 부드러운 경계 없이 갑자기 검게 변한다.

5. 어두운 색상을 닦아내는 과정에서 다른 색상도 함께 흐려졌다면, 보라색을 더해 색이 빠진 부분을 보완한다. 각 층이 마를 때까지 기다린 뒤 덧칠하면 아래층의 색이 번지지 않는다.

6. 검은색 색연필로 하이라이트 영역에 점처럼 팬 부분들을 묘사해 질감을 추가한다. 이 자국들은 하이라이트 영역에서는 더 뚜렷하게, 그림자 영역으로 갈수록 흐릿하게 그려져야 한다.

7. 마지막으로 밝은 파란색 색연필을 사용해 하이라이트를 강조한다. 너무 과하게 덧칠하지 않도록 주의해야 한다. 이 과정은 매우 재미있어서 멈출 타이밍을 놓치기 쉽다. 점처럼 팬 부분의 광원에서 가장 먼 가장자리에 살짝 다른 색을 덧칠하면 팬 흔적이 더욱 강조된다.

나비의 해부 구조

나비는 날개 달린 기쁨 그 자체다. 나비들은 근접 초점 망원경으로
관찰할 수 있을 만큼 충분히 오래 한자리에 머물러준다.

날개의 맥

나비는 번데기에서 나오면 등에 있는 네 개의 패드로 이어지는 날개맥에 체액을 펌프질하여 날개를 펼친다. 날개를 완전히 펼치고 액이 건조되면 하늘로 날아오른다. 이 날개맥은 날개의 구조를 지탱하는 역할도 한다. 앞날개와 뒷날개 모두 중심에 큰 삼각형 모양의 중실을 가지고 있으며, 여기에서 작은 날개맥들이 방사형으로 퍼져 날개 끝까지 이어진다. 이러한 기본적인 날개맥 구조는 약간씩 변형이 있을 뿐 대부분의 나비와 나방에게서 공통적으로 나타난다.

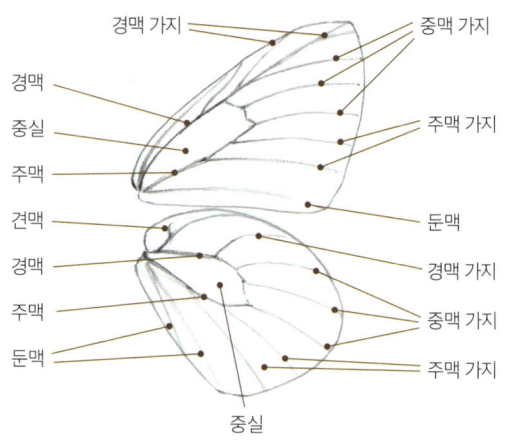

애벌레

성충 곤충과 마찬가지로 애벌레도 몸이 세 부분으로 구성된다. 단단한 머리와 세 개의 가슴마디(각각 두 개의 다리가 있음) 그리고 열 개의 배마디로 이루어져 있다. 일부 배마디에는 짧고 뭉툭한 '가짜 다리proleg'가 한 쌍씩 나 있으며, 일반적으로는 배마디 3번부터 6번까지 네 쌍, 10번에 한 쌍 위치한다.

흔히 자벌레라고 많이 불리는 자나방과 나방 애벌레는 6번과 10번 마디에만 가짜 다리가 있으며 뒤쪽 마디들 중 일부는 융합돼 있다.

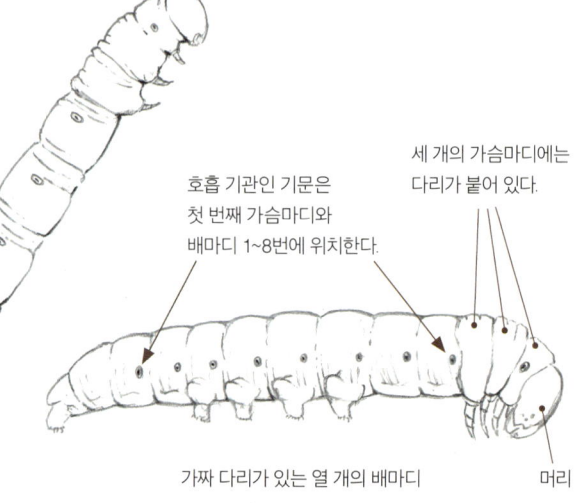

날개 위치

나비는 종종 착지한 뒤에도 날개를 펼친 채 있다. 이때 자세히 살펴보면 앞날개의 앞쪽 가장자리가 머리를 많이 넘어서지 않는다는 점을 알 수 있다. 위에서 보면 앞날개 전체가 완전히 드러나며 앞날개가 뒷날개 일부를 덮는다.

나비는 자리를 잡고 가만히 앉아 있는 동안 점차 날개를 등 위로 접어 수직으로 세운다. 이렇게 날개를 접은 자세에서는 뒷날개의 아랫면이 완전히 드러나고 앞날개는 상당 부분이 가려진다. 일부 열대 지방에는 날개를 닫지 않는 나비들도 있으며, 팔랑나비는 앞날개를 세운 채 뒷날개를 평평하게 펼쳐놓는다.

곤충학자들은 과학적 표본을 만들 때 나비의 날개 표면 전체를 관찰할 수 있도록 날개를 비정상적으로 펼쳐 고정한다. 이는 연구 목적으로는 유용하지만, 많은 화가들이 핀으로 고정된 나비를 그대로 따라 그리는 게 습관이 되어 실제로 날아다니거나 꽃에 앉아 있는 나비를 부자연스럽게 그리곤 한다.

휴식 중인 나비는 날개를 수직으로 접어 뒷날개가 모두 드러난다.

일부 나비는 앞다리가 퇴화하여 두 쌍의 다리로만 서 있는다.

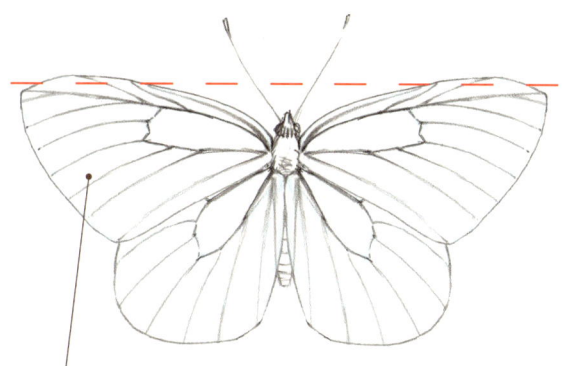

날개를 펼친 상태의 살아 있는 나비는 앞날개가 모두 드러난다.

살아 있는 나비는 날개를 완전히 펼친 상태로는 볼 수 없다.

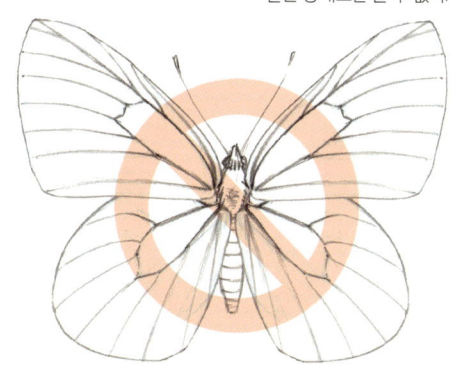

나비 그리기

야외에서 나비를 스케치할 때는 나비를 보며 한쪽 날개만 집중해서 그려보자.
나비가 날아가고 난 뒤 반대쪽은 대칭으로 베껴 그려 완성하면 된다.

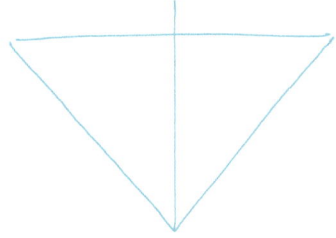 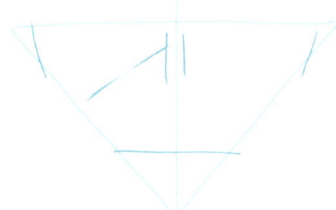 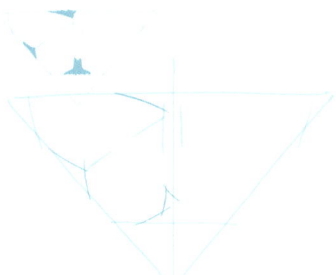

1. 전체적인 날개 모양을 잡기 위해 삼각형을 그린다. 호랑나비과 나비처럼 날개가 긴 종도 있고, 이 남방공작나비처럼 더 짧고 단단한 날개를 가진 종도 있다.

2. 삼각형의 모서리를 잘라내어 나비의 정확한 비율을 맞춘다. 몸통의 너비와 앞날개의 뒤쪽 가장자리 위치를 표시한다.

3. 음의 형태를 파악해 머리와 날개 주변의 각도를 조정한다.

4. 날개의 주요 특징들을 묘사한다. 날개 내부의 음의 형태를 파악해 날개에 무늬를 그려 넣자.

5. 연필로 질감과 명암을 표현한다. 이 선들은 수채화 위에 은은하게 남아 있게 된다.

6. 가장 밝고 선명한 무늬를 먼저 채색한다.

7. 몸통과 날개를 채우기 위해 어두운 색을 여러 겹 덧칠한다.

8. 수채화가 완전히 마르면 검은색과 짙은 갈색 베리신 색연필로 질감과 세부를 묘사하며 마무리한다.

나비 날개의 단축법

나비의 각 날개를 삼각형으로 바라보자. 날개가 관찰자 쪽으로 기울어질수록 삼각형이 납작하게 눌린 형태로 보인다. 양쪽 날개의 특징을 대칭시키려면 평행한 기준선을 활용한다.

날개의 각도

나비의 앞날개와 뒷날개는 몸통을 중심으로 각각 삼각형을 이루며 이 삼각형의 형태는 보는 각도에 따라 달라진다. 날개를 V자로 세우고 있을 때는 단축되어 가까운 쪽 날개가 더 짧아 보인다. 삼각형이 회전할 때 변의 길이와 각도가 어떻게 변하는지 알아놓으면 현장에서도 나비를 정확하게 그릴 수 있다.

평행 기준선

한쪽 날개의 제일 높은 지점에서 반대쪽 날개의 제일 높은 지점까지 선을 긋는다. 그런 다음 두 날개의 경사를 고스란히 따라 아래로 평행선을 그어나간다. 양쪽 더듬이를 잇는 평행한 선도 그린다. 이렇게 하면 날개의 각도가 변하는 지점들이나 앞날개와 뒷날개의 경계가 어딘지 파악하는 데 도움이 된다. 단축된 날개의 각도와 경계는 파악하기 힘들기에 선을 그려 이해하면 나비를 정확히 그릴 수 있다.

옆에서 본 나비

측면에서 보면 나와 가까운 쪽에 있는 날개는 아랫면이 보이고, 먼 쪽에 있는 날개는 윗면이 보인다.

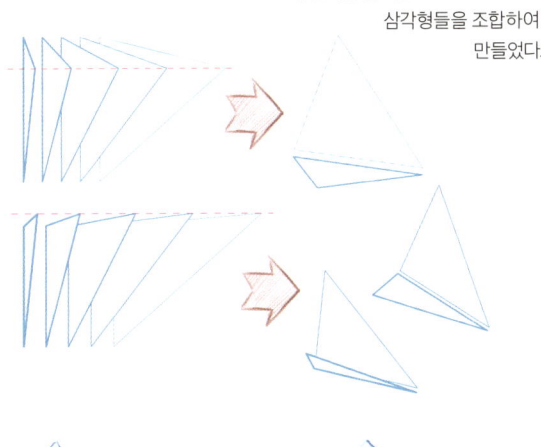

이 단축된 날개들은 왼쪽에 나열된 삼각형들을 조합하여 만들었다.

1. 크기가 다른 삼각형 두 개를 겹치도록 배치해 기본 형태를 잡는다.

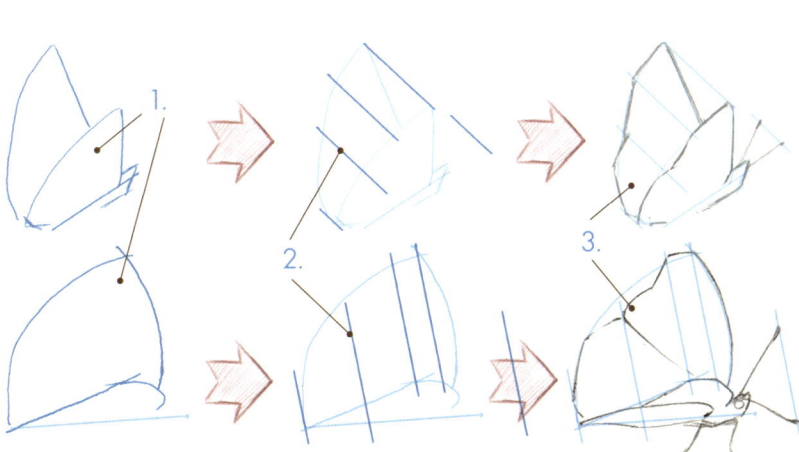

2. 두 날개의 제일 높은 지점을 서로 잇는 선을 그린 뒤 두 날개 사이에 평행선을 그어 내려간다.

3. 평행선을 바탕으로 각도를 조정해 날개를 그린다.

위에서 본 나비

위에서 본 나비는 앞날개의 윗면이 완전히 보이고, 뒷날개는 부분적으로 가려진다. 양쪽 날개는 각각 단축법이 다르게 적용된다. 아래 방법을 활용하면 어떤 각도에서든 나비를 정확하게 스케치할 수 있다.

1. T자 틀을 만든다. 몸의 중심축을 나타내는 선을 하나 긋고, 날개 끝에서 날개 끝까지 선을 하나 더 긋는다.

2. 날개의 삼각형을 대략적으로 배치한다.

3. 앞날개와 뒷날개가 끝나는 지점, 꼬리와 더듬이가 위치할 지점에 날개 끝과 평행한 선들을 추가한다.

4. 평행선을 활용해 날개의 주요 요소들이 정확히 정렬되도록 조정하면서 스케치를 완성한다.

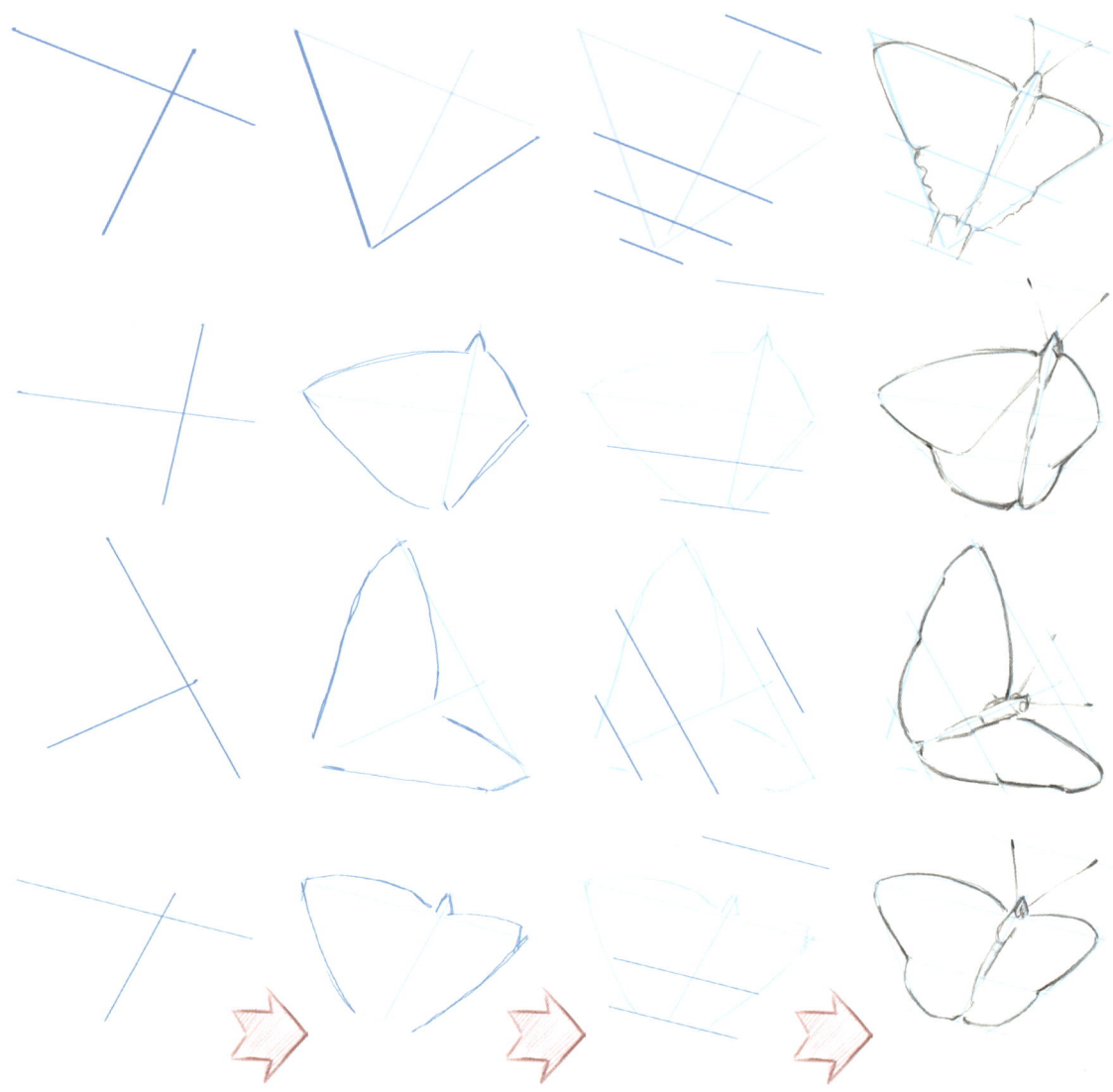

잠자리 빠르게 스케치하기

잠자리는 나뭇가지나 갈대 위에 눈에 잘 띄게 앉아 있기 때문에 스케치하기 좋은 대상이다. 구조적 드로잉으로 몸의 형태를 빠르게 잡고, 날개가 단축법에 따라 얼마나 짧아 보이는지 관찰하며 그려야 한다. 대상이 시야에 있을 동안 빠르게 형태를 잡는 연습을 해보자.

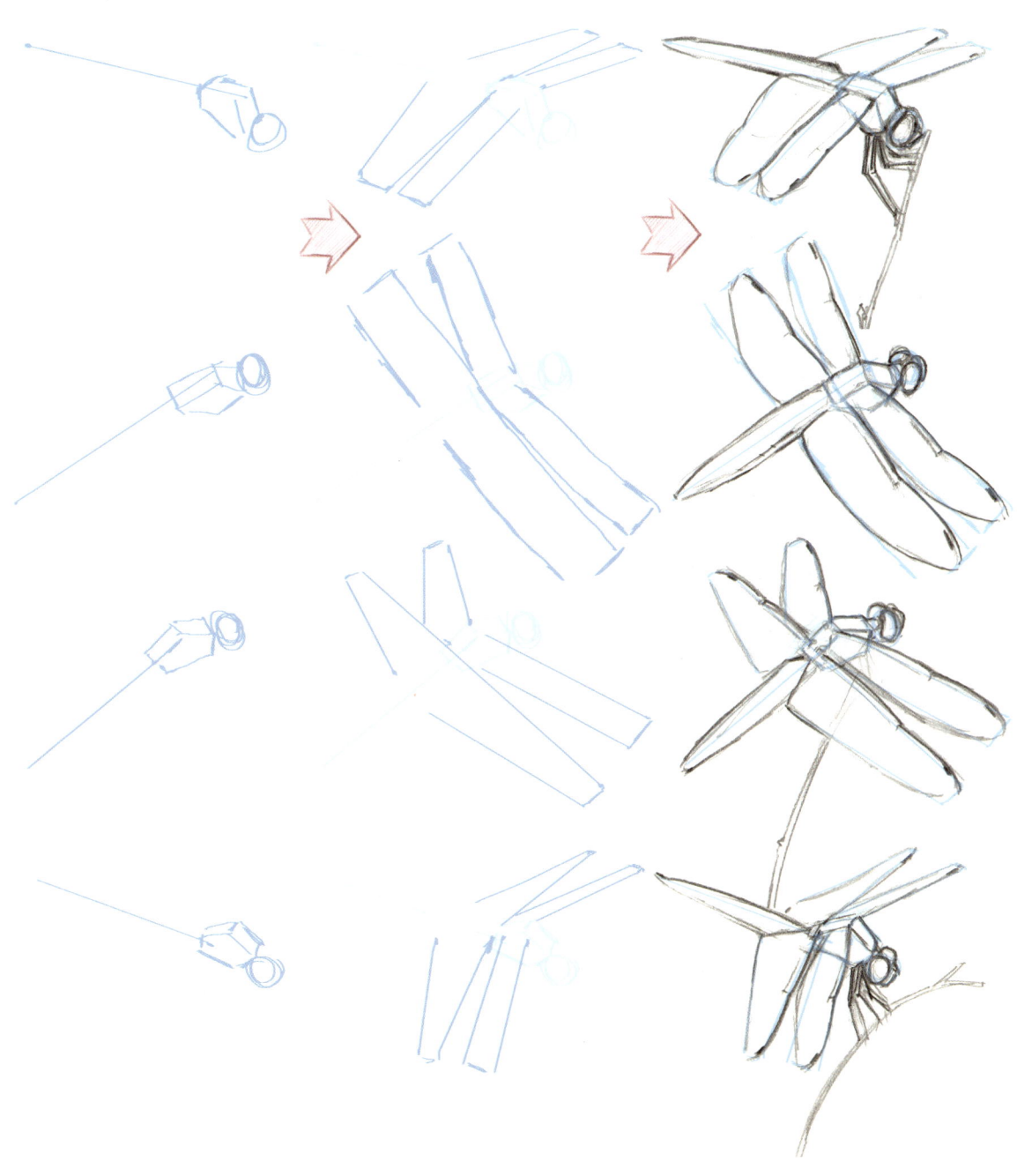

1. 몸통의 틀부터 잡는다. 날개와 머리 사이의 경사가 드러나도록 가슴 부분을 3D 상자로 표현한다.

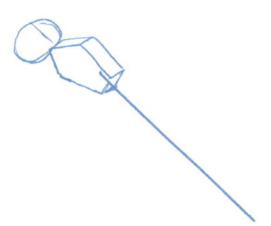

2. 단축법에 따른 날개의 크기와 비율을 빠르게 잡는다. 잠자리는 곧 움직일 가능성이 높으므로 재빨리 형태를 포착해야 한다.

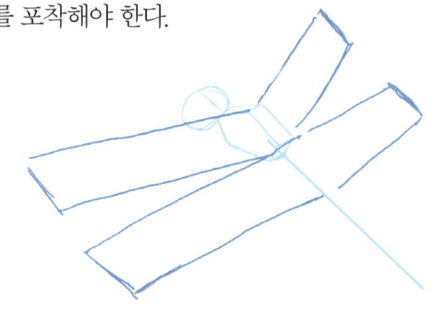

3. 음의 형태를 바탕으로 날개의 각도를 조절해 그린다. 단축법 때문에 짧아 보이는 날개는 관찰자에게 수직으로 보이는 날개보다 각도가 급격하게 꺾여 있는 것처럼 보인다.

4. 대략적인 형태를 완성한 뒤 더 관찰하면서 세부를 묘사한다. 모든 날개맥을 다 그릴 필요는 없다.

음의 형태를 활용함

이걸 그리기 위해…

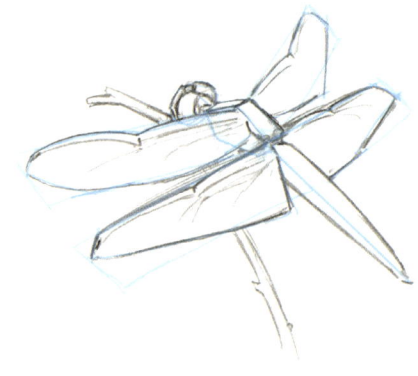

투명한 날개 표현하기

광택 있는 투명한 날개를 그리는 일은 쉽지 않다. 하지만 몇 가지 기법을 활용하면 투명함을 효과적으로 표현할 수 있다. 오른쪽 두 개의 그림 중 어떤 것이 투명함을 더 잘 나타내는지 비교해보자.

- 투명한 막을 통해 보이는 선은 더 옅게 표현해야 한다.
- 막을 통해 보이는 물체의 세부 묘사는 줄인다.
- 막 뒤에 있는 색은 덜 선명하게, 명암도 더 밝게 표현해야 한다.
- 날개 표면의 반사광은 날개 아래에 있는 요소들을 가로질러야 한다. 그래야 반사광이 날개 위에 있음을 명확하게 보여줄 수 있다.
- 막의 가장자리에 약간의 하이라이트를 추가하면 투명한 느낌이 강조된다.
- 막이 아래쪽 표면의 반사를 완전히 혹은 부분적으로 차단할 수 있음을 고려한다.

투명한 날개 그리기

날개 너머로 보이는 대상을 흐릿하게 묘사하고 약간의 색과 하이라이트를 더하면
투명한 날개처럼 보이는 착시 효과를 줄 수 있다.

1. 잠자리의 가슴을 다각형으로 그린다. 다리는 머리 아래쪽 경사진 면에 달릴 예정이다.

2. 날개의 위치와 크기를 설정한다. 앞날개는 좁고 위쪽으로 기울어져 있으며, 뒷날개는 더 넓고 등 위에 가로로 놓인다.

3. 각도를 조절하고 형태를 다듬는다. 먼 쪽 날개는 단축에 의해 각도가 더 급격하게 꺾여 보일 수 있음을 고려해야 한다.

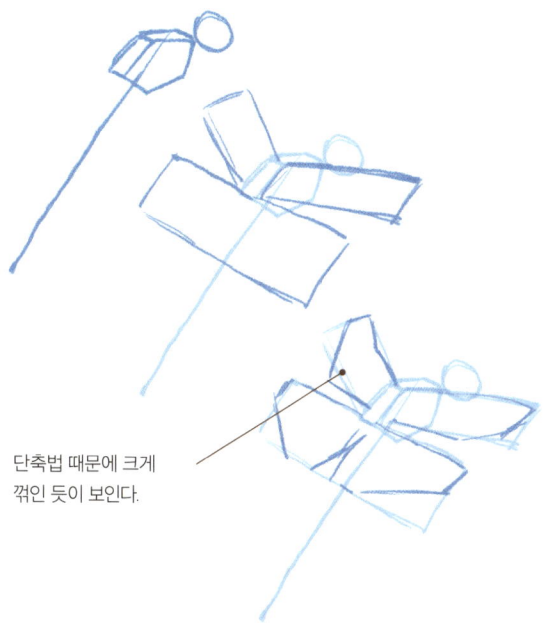

단축법 때문에 크게 꺾인 듯이 보인다.

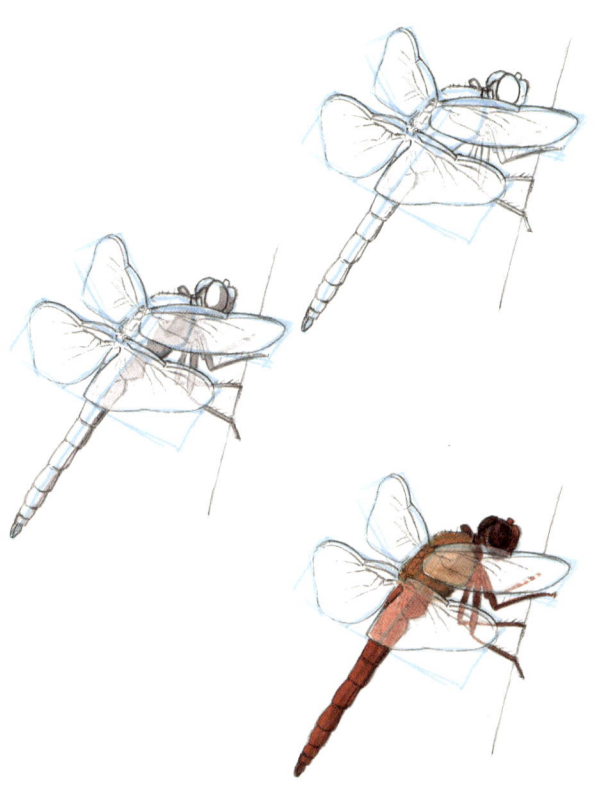

4. 논포토 블루 연필로 그린 가이드라인 위에 연필로 세부 묘사를 더한다. 전체적인 형태를 먼저 잡은 뒤 세부 요소를 그리는 편이 수월하다. 날개 아래에 있는 신체 부위는 더 연하게, 덜 자세히 표현한다. 이 그림은 사진을 참고해 그린 것이다. 현장에서 스케치할 때는 이렇게 자세히 표현하기 어렵다.

5. 보랏빛 회색(주로 다니엘 스미스 섀도우 바이올렛)으로 그림자를 칠한다. 날개 아래쪽에 위치한 몸통 부분은 물을 많이 묻힌 연한 물감으로 칠한다.

6. 그림자가 마르면 몸통을 평평하게 채색한다. 날개 아래의 몸통 부분은 연한 물감으로 칠한다.

7. 날개의 중앙부는 붉은 호박색을 띤다. 날개의 색을 칠하고, 바깥쪽 가장자리는 물을 사용해 부드럽게 번지도록 표현한다.

8. 빨간색 색연필로 날개의 주요 맥을 그리고 작은 맥은 암시하듯 연하게 그린다. 모든 맥을 다 그리려 하면 힘들어질 수 있으니 적당히 생략한다.

9. 투스칸 레드 베리신 색연필로 윤곽을 정리한다. 흰색 색연필과 흰색 젤 펜(날개)을 사용해 하이라이트를 넣는다. 이 과정은 재미있겠지만 과하게 넣지 않도록 주의한다.

10. 배경색을 넣고 싶다면 잠자리 윤곽을 따라 색칠하되, 날개 부분은 건드리지 않는다.

11. 배경이 마르면 같은 색에 물을 많이 섞어 날개 끝부분에 옅게 칠한다. 경계선을 물로 블렌딩해 부드러운 그러데이션을 만든다.

12. 흰색 젤 펜이나 퍼머넌트 화이트 과슈를 사용해 날개의 일부 면에 광택을 넣는다.

왜 다리가 네 개뿐일까?

일부 잠자리는 앞다리를 접어 머리 뒤로 감추고 나머지 네 다리로만 앉는다. 마찬가지로 네발나비과 나비들도 앞다리가 퇴화해 네 다리로만 선다.

거미의 해부학

가을은 거미를 그리기에 더없이 좋은 계절이다. 이때가 되면 암컷 거미는 성체가 되어 짝짓기를 준비하고, 아침 이슬이 맺힌 거미줄도 쉽게 눈에 띈다. 거미의 해부학적 구조를 이해하면 현장에서 빠르게 스케치할 수 있다. 거미뿐만 아니라 거미줄도 함께 묘사해보자.

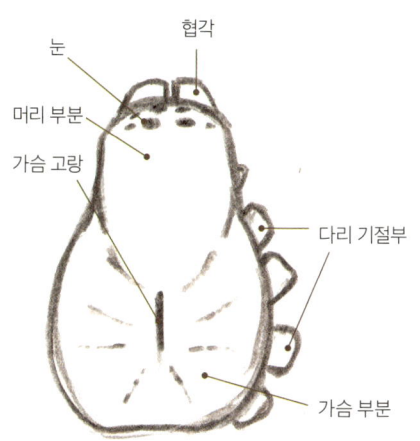
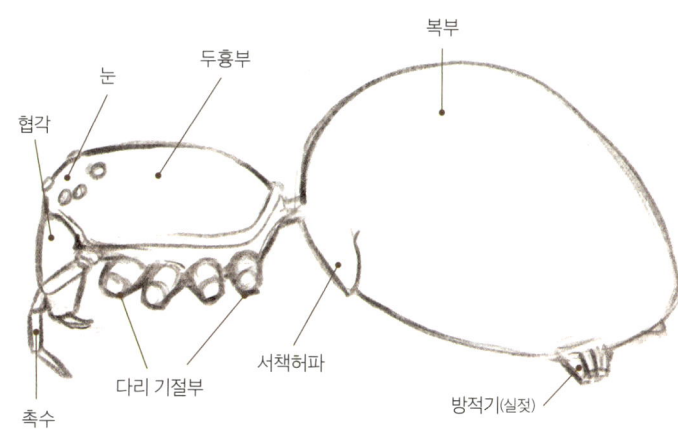

몸 구조

거미도 다른 곤충과 마찬가지로 몸 부위가 나뉘어 있지만, 거미는 머리와 가슴(다리가 붙어 있는 부분)이 합쳐진 두흉부와 복부로만 이루어져 있다. 두흉부 앞쪽에는 눈이 있으며 종마다 독특한 배열을 이룬다. 눈 아래에는 짧고 튼튼한 협각(턱)이 있는데 이곳에 독니가 달려 있다. 복부는 가장 큰 부분으로, 거미줄을 만드는 실젖과 여러 내장이 들어 있다.

거미의 다리

거미의 다리는 크게 세 부분으로 나눌 수 있다. 대퇴는 첫 번째 주

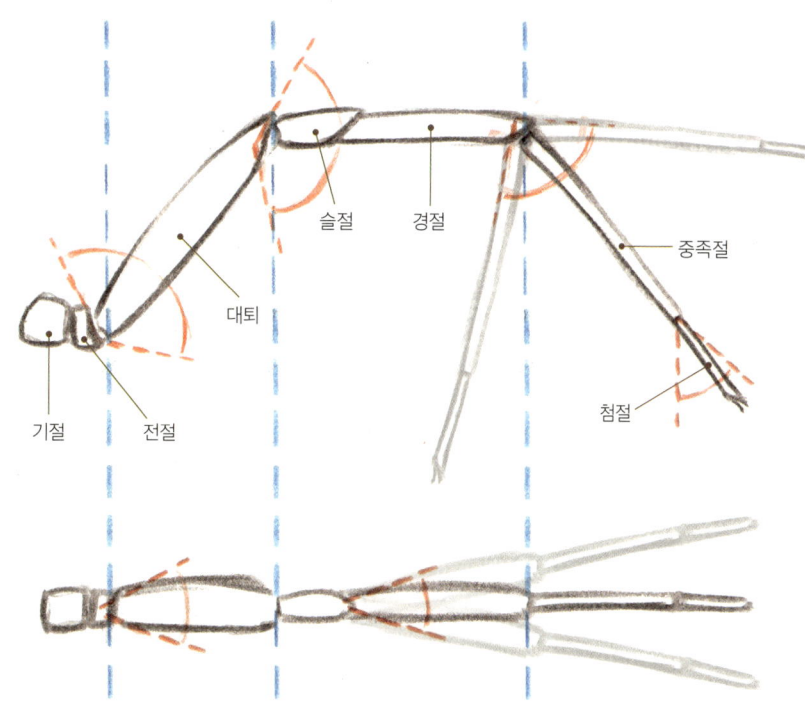

요 관절로, 두껍고 강한 근육이 있다. 다음으로 슬절과 경절은 일반적으로 하나의 단위처럼 정렬되어 있으며 관절은 좌우로 약간만 움직인다. 마지막 중족절과 첨절 역시 거의 일직선으로 배열되어 있다. 슬절-경절과 중족절-첨절의 연결부는 확대경이 없으면 구분하기 어렵다.

기절과 전절은 두흉부 가까이에 있는 작고 짧은 마디다. 다리의 각도에 큰 영향을 주지 않기 때문에 신경 쓰지 않아도 무방하다.

거미줄

많은 거미 종은 저마다 독특한 형태의 거미줄을 친다. 거미 자체는 눈에 띄지 않을 때가 많지만 거미줄을 관찰하는 것만으로도 다양한 정보를 얻을 수 있다. 거미줄이 수직인가, 수평인가? 이는 거미가 어떤 종류의 먹이를 사냥할 수 있는지에 영향을 미칠까? 몇몇 거미는 거미줄 한쪽에 숨은 채 거미줄 중심에서 은신처로 이어지는 가느다란 실을 통해 잡힌 곤충의 진동을 감지한다. 이 실만 찾으면 거미가 있는 위치도 알 수 있다.

거미줄의 형태는 어떠한가? 어떤 방향으로 배치되어 있는가? 측정하고, 추정하고, 줄 수를 세어 거미줄을 설명할 수 있는가? 거미는 어디에 위치하는가? 거미줄 중앙에 노출되어 있는가, 아니면 숨어 있는가? 거미줄 안에 무엇이 있는가? 거미의 행동을 관찰할 수 있는가?

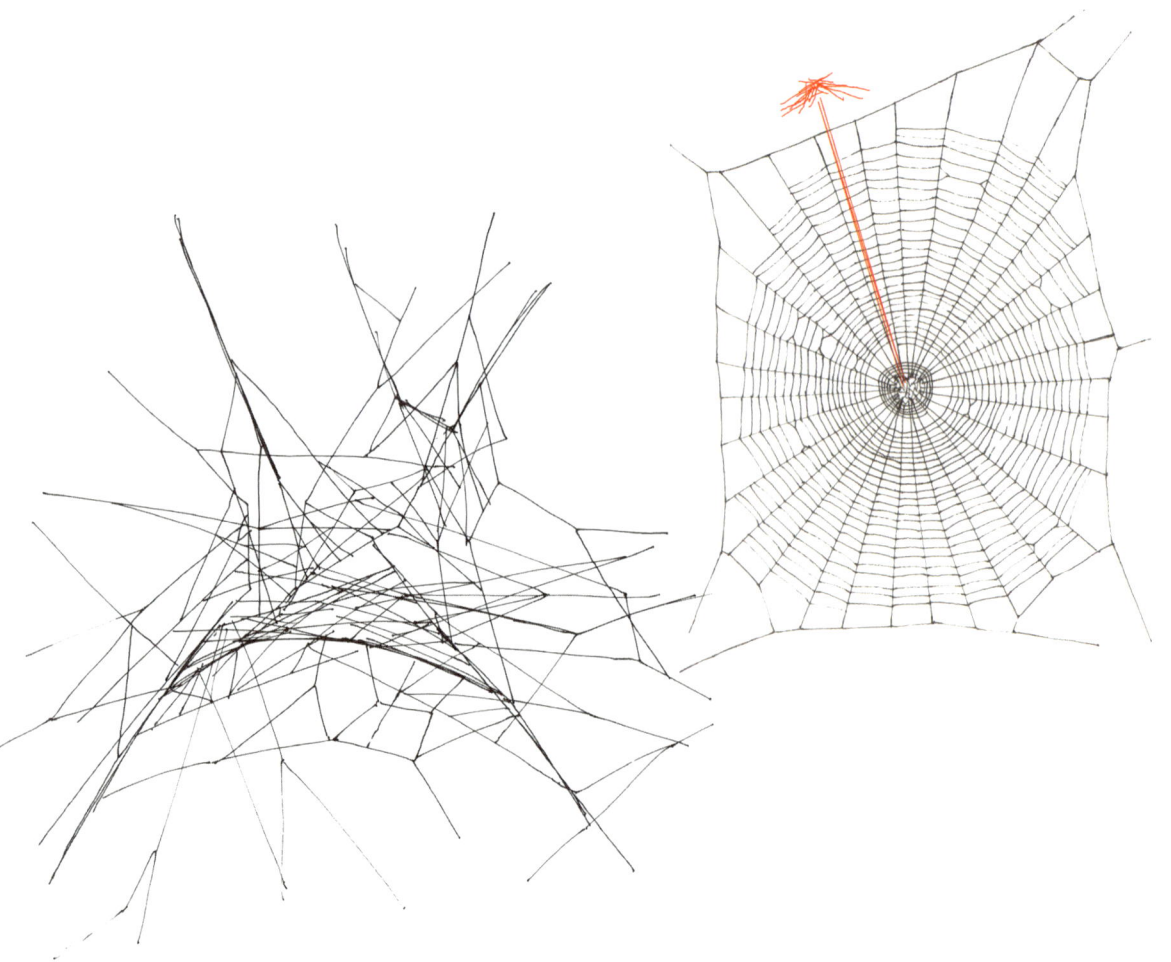

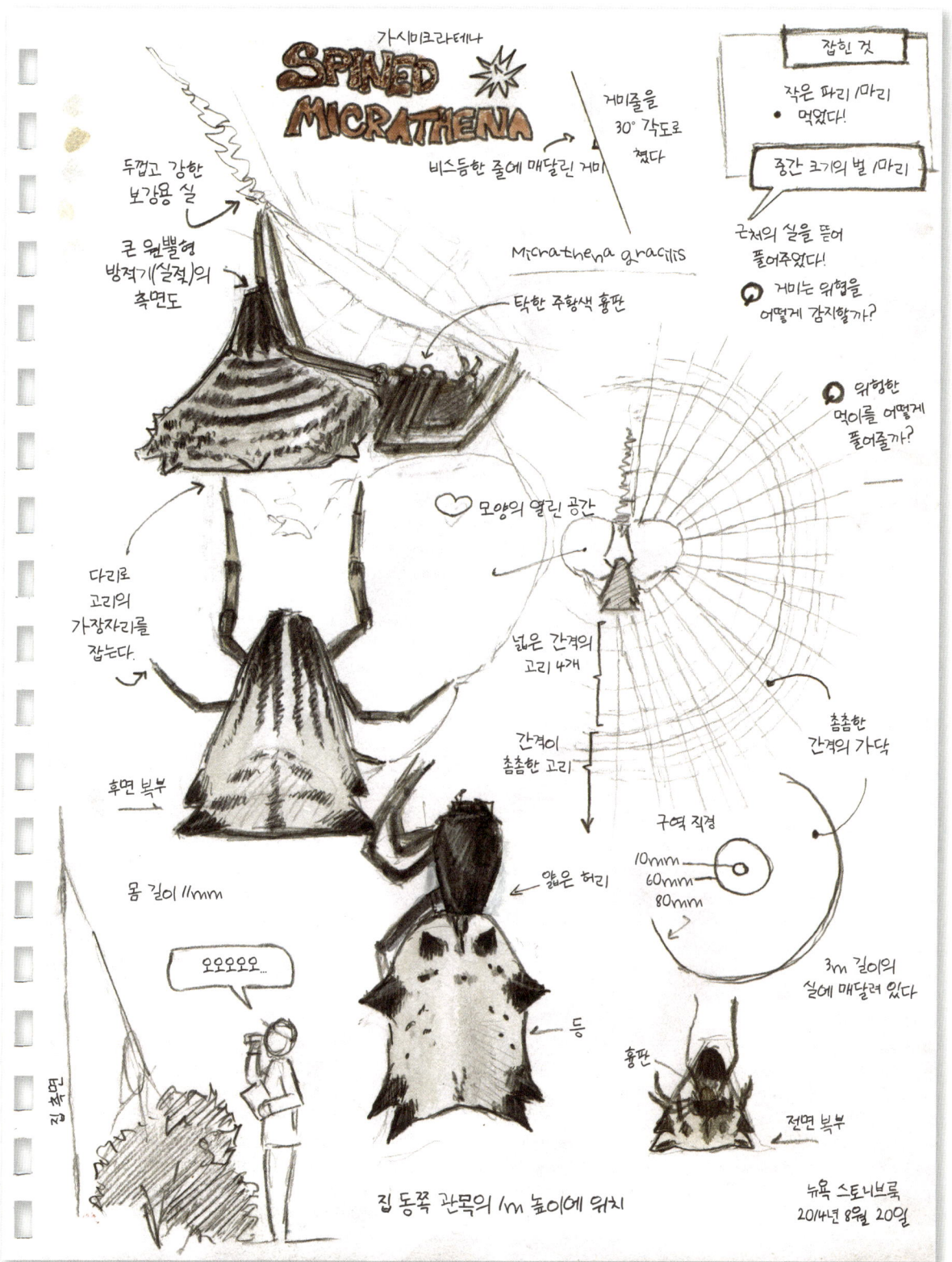

도롱뇽 그리기

양서류는 촉촉하고 분비샘이 있는 피부를 가졌다. 피부의 주름, 혹, 접힌 부분들은
단순한 지방층이 아니라 각 종을 구별하는 중요한 구조적 특징이다.
따라서 스케치를 할 때 이러한 피부 질감을 세심하게 관찰하고 기록하는 것이 중요하다.

양서류의 눈

양서류는 종마다 독특한 무늬, 색상, 동공의 형태를 가지고 있다. 아래 그림 속 영원, 서부두꺼비, 스페이드풋두꺼비의 눈을 비교해보자.

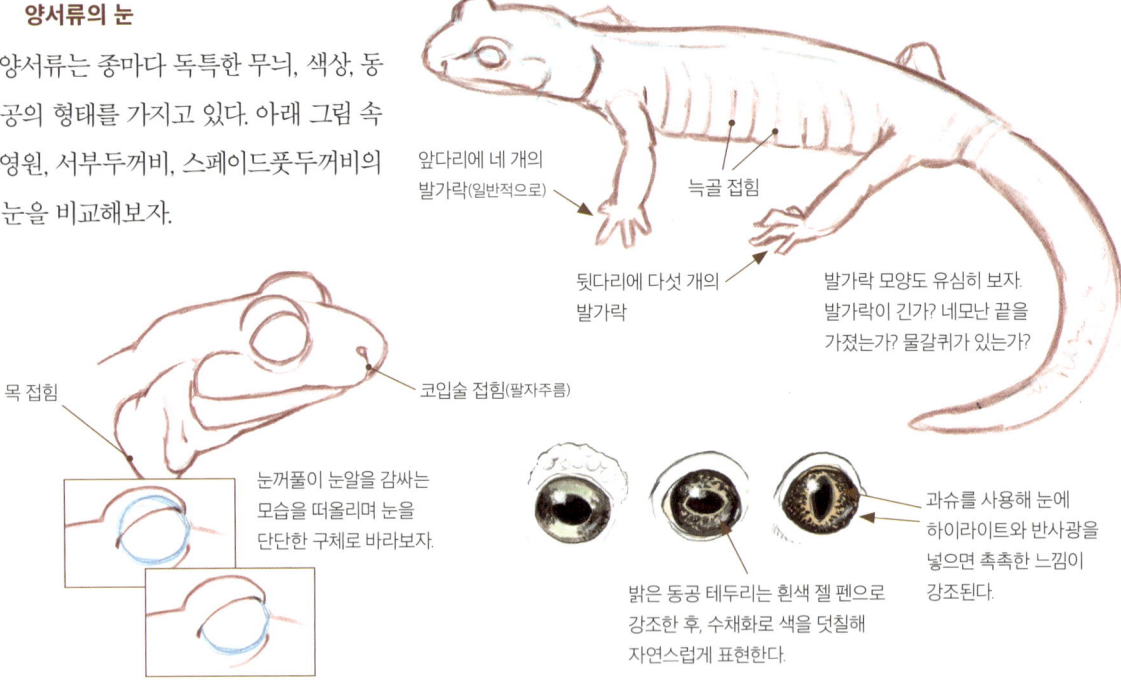

앞다리에 네 개의 발가락(일반적으로)

늑골 접힘

뒷다리에 다섯 개의 발가락

발가락 모양도 유심히 보자. 발가락이 긴가? 네모난 끝을 가졌는가? 물갈퀴가 있는가?

목 접힘

코입술 접힘(팔자주름)

눈꺼풀이 눈알을 감싸는 모습을 떠올리며 눈을 단단한 구체로 바라보자.

밝은 동공 테두리는 흰색 젤 펜으로 강조한 후, 수채화로 색을 덧칠해 자연스럽게 표현한다.

과슈를 사용해 눈에 하이라이트와 반사광을 넣으면 촉촉한 느낌이 강조된다.

엔사티나 그리기

불투명한 과슈를 사용하면 어두운 배경 위에서도 밝은 무늬를 표현할 수 있다.

1. 등과 꼬리의 흐름을 부드럽게 그린 뒤 머리, 몸통, 꼬리의 비율을 대략적으로 잡는다.

2. 코를 지나는 평행선을 그린다. 마찬가지로 눈, 어깨, 골반대의 기준선도 그려준다.

3. 다리의 각도와 비율을 표시한다. 먼 쪽의 상완골(위팔뼈)과 대퇴골(허벅지뼈)은 단축법에 의해 짧아진다는 점을 유의한다.

4. 다리, 꼬리, 몸통 사이의 음의 형태를 생각하며 각도를 다듬고 비율을 점검한다.

5. 몸통은 앞에서 설명한 해부학적 특징을 참고해 그린다. 실제 대상을 계속 보면서 참고한다.

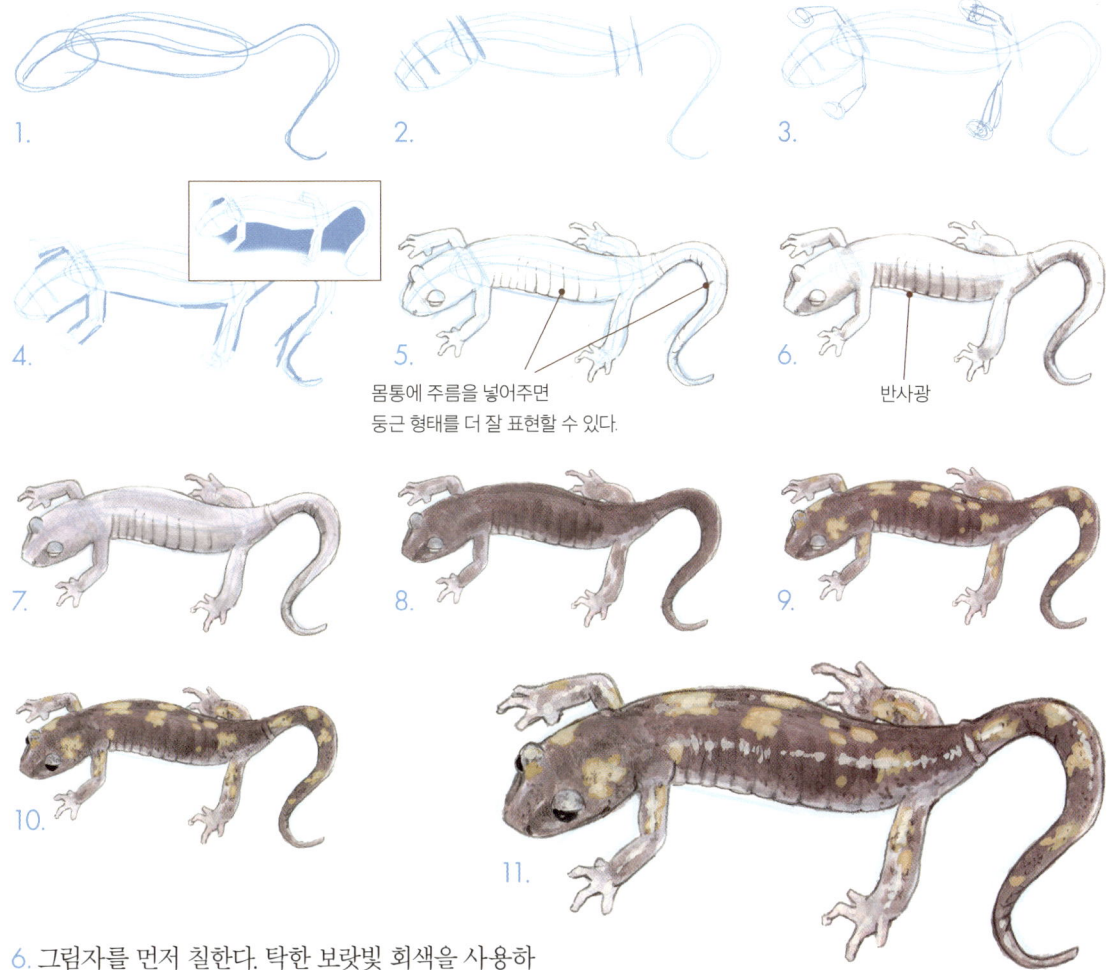

몸통에 주름을 넣어주면 둥근 형태를 더 잘 표현할 수 있다.

반사광

6. 그림자를 먼저 칠한다. 탁한 보랏빛 회색을 사용하면 좋다. 그림자를 먼저 칠하면 다른 요소를 추가하기 전에 명암을 시각화하기 쉽다.

7. 가장 밝은색부터 몸통에 칠한다. 이 도롱뇽은 연한 라일락 빛을 띠고 있다.

8. 처음 칠한 층이 마르면 더 어두운 색을 덧칠해 몸의 등 쪽 색과 그림자를 강조한다.

9. 불투명한 과슈를 여러 겹 덧칠하여 밝은 반점을 만든다. 첫 번째 붓질에서 충분히 덮이지 않으면 점이 돋보일 때까지 여러 번 덧칠한다.

10. 눈을 검은 펜이나 진한 수채 물감으로 어둡게 칠한다. 이 부분에서 실수하면 눈에 띄기 쉬우므로 주의한다. 갈색 색연필로 점을 추가하여 피부의 질감을 표현한다.

11. 이제 재미있는 작업을 할 때다. 불투명한 퍼머넌트 화이트 과슈로 하이라이트를 넣는다. 반사면을 따라 가늘고 불규칙한 선을 그린다. 실제 대상의 어디에 빛이 떨어지는지 (실물이나 사진을 보고) 관찰한다. 상상해서 넣는다면 직사광과 핵심 그림자 사이에 넣되 직사광에 조금 더 가까운 곳이 좋다. 하이라이트는 자칫 과하게 그려 넣기 쉬우니 살짝만 칠하고 멈추자.

개구리와 두꺼비의 해부학

해부학적 구조를 이해하면 개구리를 보다 정확하게 관찰하고 그릴 수 있다.

개구리 골격 이해하기

개구리 골격의 네 가지 특징은 그림을 그리는 데 도움이 된다.

① 넓은 머리는 움직임이 제한적이며 목이 거의 없다.
② 앞다리는 안쪽으로 휘어져 있어 발가락이 서로를 향한다.
③ 골반이 길쭉하고 척추와 연결되어 있다. 이로 인해 천골 융기가 형성된다.
④ 뒷다리의 발목은 관절이 잘 발달되어 있으며 물갈퀴가 달린 발가락과 이어지는 곳에서 급격하게 꺾인 형태를 띤다.

개구리 해부학

이러한 해부학적 특징들을 실제 개구리나 사진을 통해 관찰하고 익혀보자. 점프에 특화된 개구리들은 등쪽에 도드라진 천골 융기를 가지고 있다.

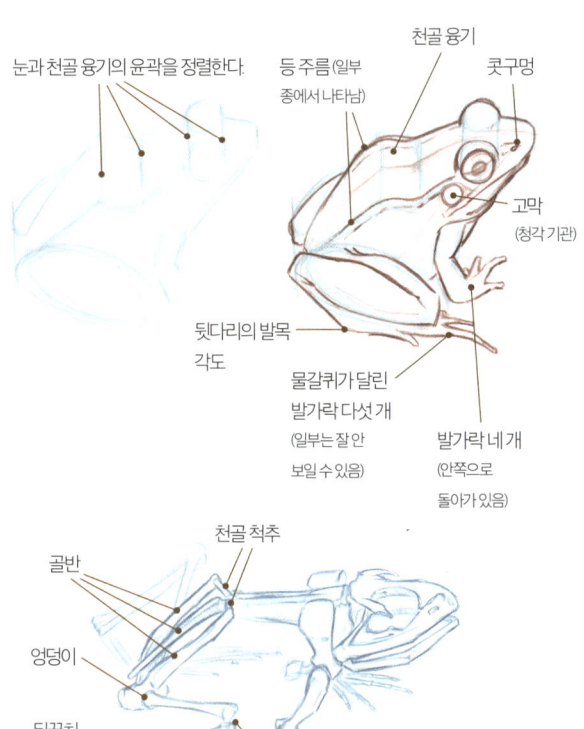

두꺼비

두꺼비의 피부에는 크고 울퉁불퉁한 돌기가 있다(이것은 피부선이며 바이러스에 의한 것이 아니므로 전염되지 않는다.) 눈 뒤쪽과 고막 위에는 독을 분비하는 커다란 귀밑샘이 있다. 두꺼비는 개구리보다 점프에 덜 특화되어 있어서 뒷다리가 짧다.

피부의 질감은 각 돌기의 윗부분에 하이라이트를 넣어 표현한다. 돌기 주변이 어두운 두꺼비라면 보는 사람과 가까운 쪽에 있는 돌기의 주변을 더 넓게 어둡게 칠해야 입체감이 산다.

표범개구리 그리기

무늬와 점을 이용해 팔다리의 윤곽과 몸의 방향을 나타낸다. 개구리의 촉촉하고 윤기 있는 피부는 선명한 흰색 하이라이트로 표현할 수 있다.

1. 머리와 몸통을 하나의 단위로 보고 자세와 비율부터 잡는다. 눈, 어깨대, 천골 융기가 나란히 정렬되도록 평행선을 추가한다.

2. 뒷다리의 두께와 길이를 고려해 다리를 배치한다.

3. 다리와 몸통 사이의 음의 형태를 파악해 각도를 조정하고 비율을 확인한다.

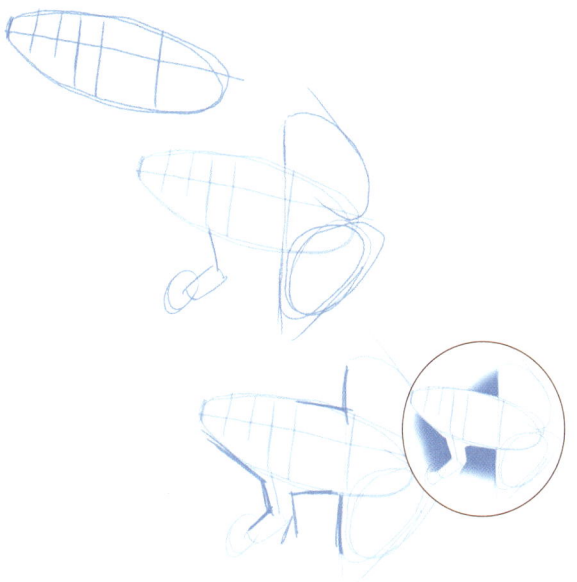

4. 대상을 주의 깊게 관찰하며 몸의 윤곽을 그린다. 중요한 해부학적 특징도 놓치지 않도록 한다.

5. 점 무늬를 몸 전체를 감싸듯 배치한다. 점의 형태가 몸의 입체감을 나타낼 수 있도록 한다.

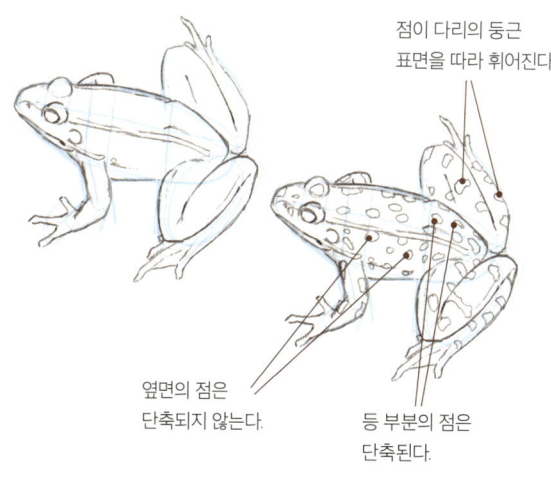

점이 다리의 둥근 표면을 따라 휘어진다.

옆면의 점은 단축되지 않는다.

등 부분의 점은 단축된다.

6. 그림자는 탁한 보랏빛 회색 물감으로 칠한다.

7. 몸통의 색을 여러 겹 덧칠한다. 밝은색에서 어두운 색 순으로 칠해간다.

8. 갈색 물감을 칠한 아래층이 초록색과 섞이지 않도록 각 층을 칠한 후 충분히 말린다.

9. 붓 끝으로 종이를 가볍게 두드리듯이 칠해 연한 갈색 반점 무늬를 만든다.

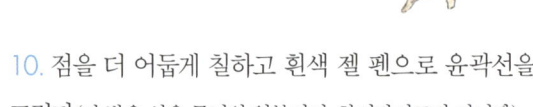

10. 점을 더 어둡게 칠하고 흰색 젤 펜으로 윤곽선을 그린다(이 밝은 선은 무늬의 일부이지, 하이라이트가 아니다).

11. 뾰족한 색연필로 질감을 약간 더 묘사하고 일부 색을 강조한다.

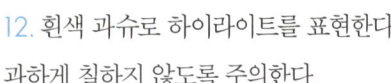

12. 흰색 과슈로 하이라이트를 표현한다. 과하게 칠하지 않도록 주의한다.

진짜처럼 보이는 비늘 그리기

뱀의 몸을 감싸듯이 격자를 배치해 비늘을 빠르고 자연스럽게 표현할 수 있다.

현장 스케치 vs. 과학적 삽화

현장에서 얻을 수 있는 결과에 대해 현실적인 기대를 가지면 더 효율적으로 작업할 수 있고, 결과에도 만족할 수 있다. 이 뱀 머리 그림들은 과학적으로 그려진 그림들로, 편안한 환경에서 여러 자료를 참고하며 며칠에 걸쳐 완성했다. 반면 아래의 스케치는 몇 분 만에 완성했지만 무늬에 대한 많은 정보를 담고 있다.

X기법

뱀의 등 부분에 X모양의 선을 겹쳐 그린다. 각 비늘은 이 선들 사이의 공간에 들어가게 된다. 목고리뱀의 몸통 비늘은 단순한 X해칭 위에 수채화를 덧칠한 후 흰색 색연필로 비늘마다 하이라이트를 추가해 표현했다. 이 기법은 빠르면서도 설득력 있는 결과물을 만든다.

 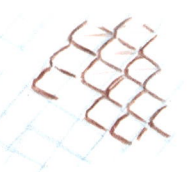

X해칭 선들은 종종 비스듬한 각도로 교차하면서 정사각형보다는 작은 마름모꼴을 형성한다. 이러한 X해칭 비늘이 원근감을 띠며 둥근 몸통을 감쌀 경우 서로 맞물린 S자 곡선이 생긴다. 그런데 많은 뱀의 단면은 둥글기보다는 삼각형에 좀 더 가깝고, 겨우 몸 밑면에서 복부 비늘이 S자

무늬를 형성한다. 그럼에도 해칭 선 자체는 등 쪽에서 살짝 휘어진다. 단축법 때문에 배 쪽 비늘은 뚜렷하게 보이지 않으므로 X해칭으로 묘사하지 않아도 된다(뒤의 도마뱀 그리기 부분도 참고).

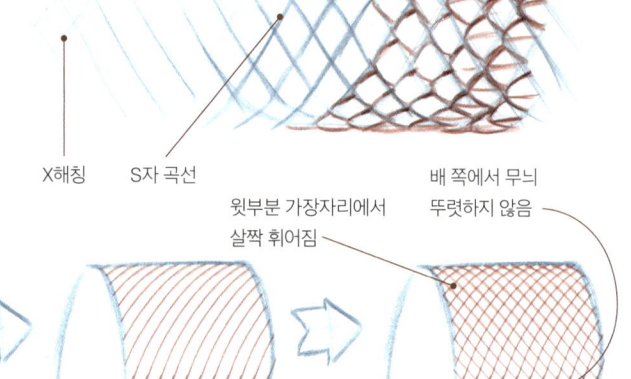

X해칭 S자 곡선 윗부분 가장자리에서 살짝 휘어짐 배 쪽에서 무늬 뚜렷하지 않음

정수리비늘
눈 뒤쪽에 위치한 두 개의 큰 방패 모양 비늘.

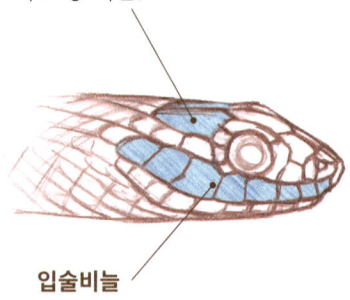

입술비늘
입술 위와 아래를 덮는 큰 비늘(상순비늘과 하순비늘). 이 비늘의 개수는 종마다 다르며, 종 식별에 활용된다.

눈비늘
눈을 둘러싼 비늘. 눈 바로 위에 있는 비늘(상안비늘)은 크기가 특히 크다.

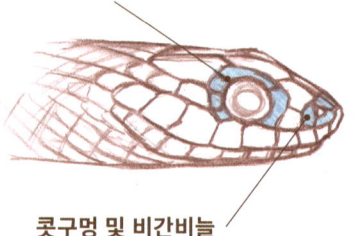

콧구멍 및 비간비늘
콧구멍 주변과 콧구멍 사이에 위치한 작은 비늘.

전두비늘
양쪽 상안비늘 사이에 위치한 하나 또는 여러 개의 큰 비늘.

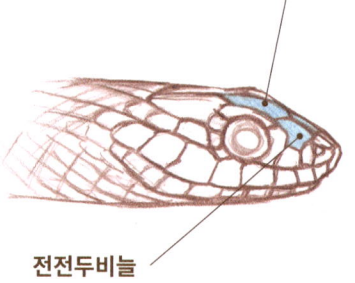

전전두비늘
눈 앞쪽에 위치한 일렬로 배열된 비늘.

얼굴 비늘 차트
뱀 얼굴의 비늘 패턴을 기록해두면 종을 식별하는 데 도움이 된다. 현재 관찰하고 있는 종이 무엇인지 모르겠다면 비늘의 형태를 그려두고 나중에 확인해보자. 단, 당신이 사는 지역의 독사들을 확실히 알아볼 수 있는 경우에만 시도할 것.

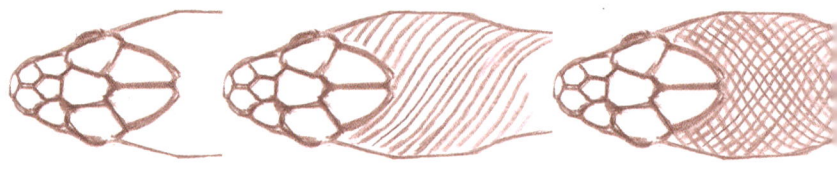

chapter 8

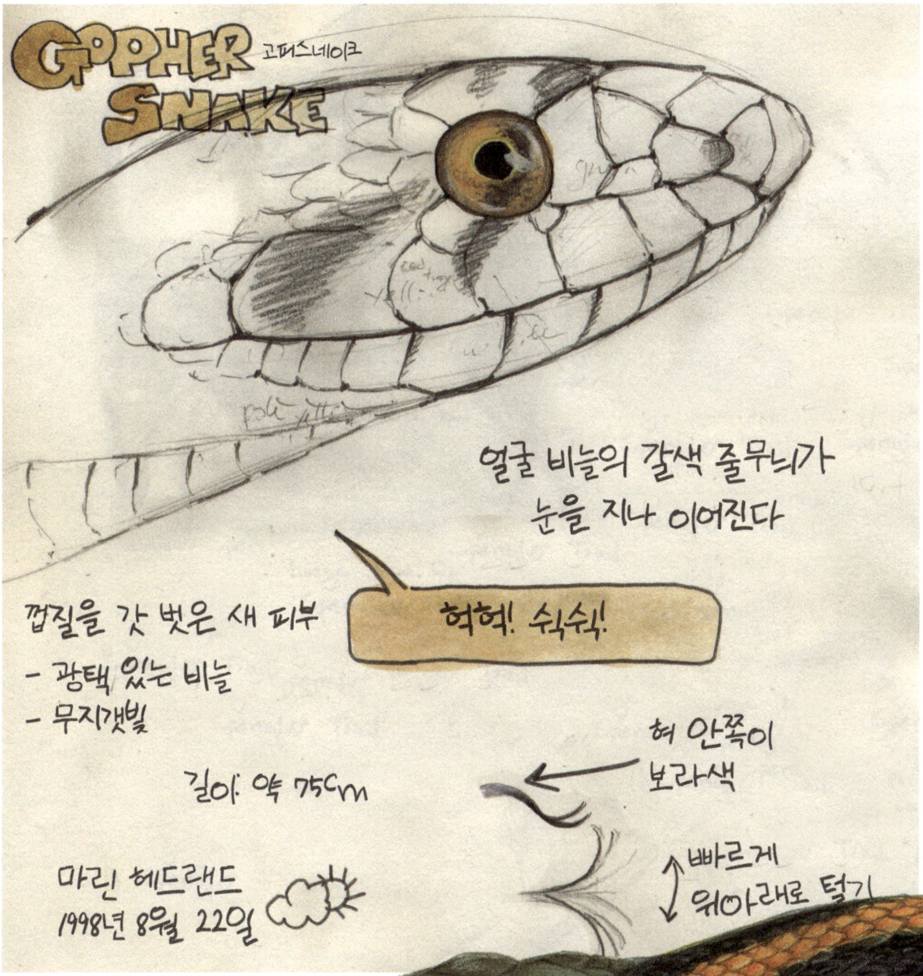

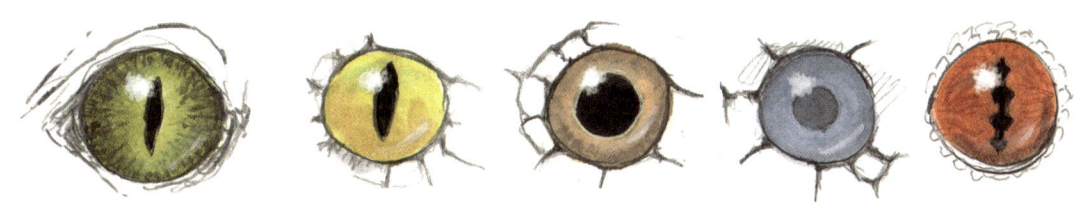

파충류의 눈

양서류와 마찬가지로 홍채의 색과 동공의 형태를 잘 관찰해야 한다. 뱀과 일부 도마뱀은 눈꺼풀이 없어서 눈을 깜빡이거나 가늘게 뜨지 못한다. 왼쪽부터 악어, 독사, 가터뱀, 탈피 중인 뱀, 도마뱀붙이의 눈.

도마뱀 그리기

뱀을 그릴 때 사용한 여러 기법을 도마뱀을 그릴 때도 쓸 수 있다.
눈의 형태와 발 구조를 유심히 살펴보는 것이 중요하다.

대다수 도마뱀은 눈꺼풀이 있으며(도마뱀붙이와 나이트 리자드에 속하는 여러 도마뱀 제외), 두개골 뒤쪽 부근, 입과 같은 선상에 외이 개구부가 있다.

뒷발의 발가락은 독특한 형태를 가지고 있다. 발 안쪽에서 바깥쪽으로 갈수록 점점 길어지며, 다섯 번째 발가락은 다시 짧아진다. 이 발가락은 뒤꿈치 가까이에서 나오며 다른 발가락들보다 발가락 사이의 공간이 더 넓다.

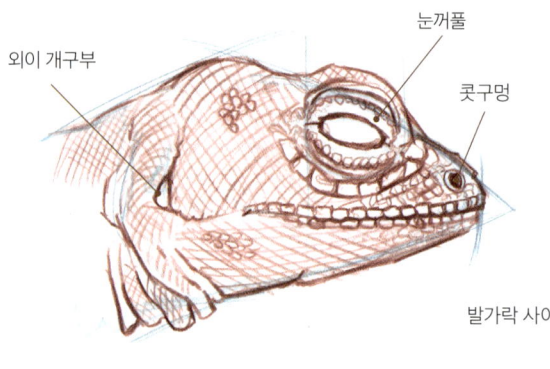

1. 머리, 몸통, 꼬리를 덩어리로 가볍게 스케치한다.

2. 눈, 어깨, 골반의 위치와 각도를 설정한다.

3. 다리 위치와 각도를 표시한다.

4. 음의 형태를 관찰해 꼬리, 다리, 머리 주변의 각도를 세밀하게 조절한다.

5. 몸의 윤곽선을 그린다. 발가락의 위치를 신중하게 관찰하는 것이 중요하다. 도마뱀의 특징이 발가락의 배치에서 많이 드러나기 때문이다.

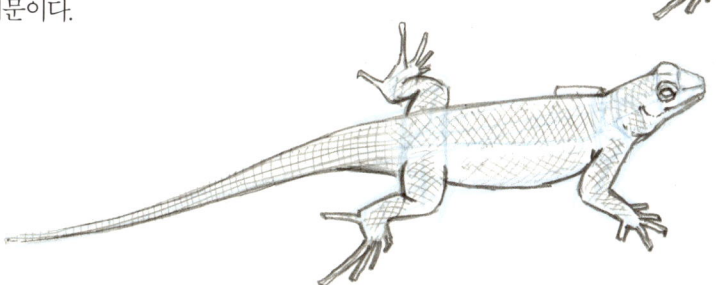

6. 비늘과 눈꺼풀을 표현한다. 몸통의 비늘 줄무늬는 몸의 중심축과 대각선을 이루고, 꼬리의 비늘 줄무늬는 몸의 중심축과 직각을 이루도록 한다.

7. 등에 있는 짙은 반점들을 그린다. 가능하다면 반점의 개수를 세어본다. 다리의 줄무늬는 다리 형태를 따라 감싸도록 그려 둥근 입체감을 살린다.

8. 등에 연한 황토색 물감을 칠해준다.

9. 필요한 경우 색을 더한다. 여기서는 등에 추가로 황토색을 입히고, 뒷다리 주변에 노란색, 배 부분에 푸른색을 칠했다.

10. 흰색 과슈, 색연필 또는 젤 펜을 사용해 하이라이트를 넣는다.

새 그리기: 푸른멧새 그리기

새를 그릴 때 나는 연한 틀 먼저 그린다. 지우개로 지울 수 있는 논포토 블루 연필로 기본 형태를 잡고 그 위에 바로 세부 묘사와 색을 덧입힌다. 다음 단계로 넘어가기 전에 기본 형태를 반드시 다시 점검하자.

1. 몸의 자세나 각도를 나타내는 선을 하나 그린다.

2. 이 선을 따라 타원을 배치해 몸통의 전체적인 덩어리를 잡는다.

3. 머리를 그리며 크기와 위치를 조정한다. 머리가 몸통에 어떻게 맞물리는지 관찰한 뒤 첫 번째 위치보다 아래에 그렸다.

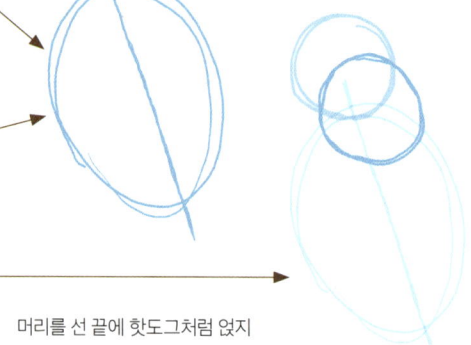

머리를 선 끝에 핫도그처럼 얹지 않도록 주의한다. 보통 머리는 더 아래인 몸통 쪽으로 들어가 있다.

4. 눈-부리 선을 추가한다. 부리는 이 선의 중앙에, 눈은 선 끝에 정면을 향하도록 배치한다. 부리와 가슴 사이의 거리를 관찰한다. 거리가 멀면 새가 경계하는 느낌이 들고, 가까우면 몸을 웅크리고 쉬는 듯한 느낌이 난다. 꼬리가 몸통에 붙는 위치와 각도를 확인한다.

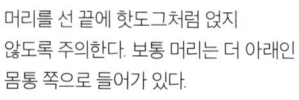

5. 새 주변의 음의 형태를 생각하며 몸의 각도를 더 세밀하게 파악한다.

6. 곡선이 꺾이는 지점을 찾아 새의 윤곽선을 조각하듯 다듬는다. 이 단계에서는 단순히 밑그림의 타원을 따라 그리는 실수를 피하기 위해 각진 형태를 과장해서 그린다.

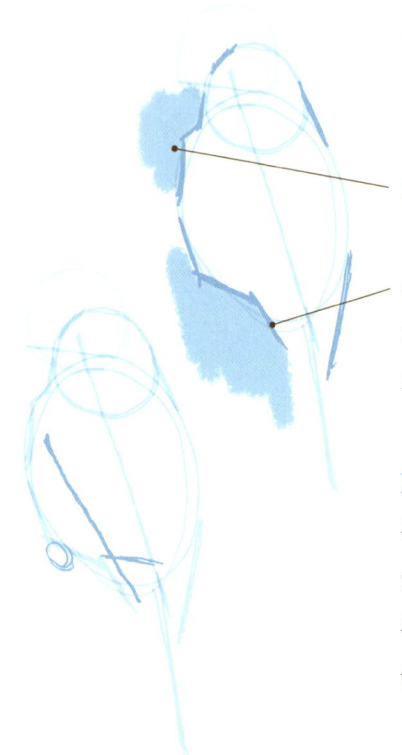

7. 발의 위치와 날개 앞쪽 가장자리의 위치를 관찰하고, 날개가 시작되는 손목의 위치를 잘 표시한다. 그 지점이 새의 몸통에서 얼마나 높으며 앞부분과 가까운 데 위치해 있어 보이는가? 날개 끝은 어디까지 이어지는지 확인한 뒤 이 두 지점을 선으로 연결한다. 날개를 가로지르는 선도 하나 덧그려 둘째날개깃의 위치를 표시한다.

8. 논포토 블루 연필 선 위에 곧바로 디테일을 그린다. 깃털 하나하나를 그리기보다는 주요 깃털을 덩어리로 단순화하여 표현한다. 머리 부분에는 귀깃, 눈테, 턱깃 그룹을 나타낸다.

9. 다니엘 스미스 섀도우 바이올렛과 로우 엄버를 섞은 색으로 그림자를 칠한다. 그림자를 먼저 칠하면 형태를 입체적으로 인식하는 데 도움이 된다.

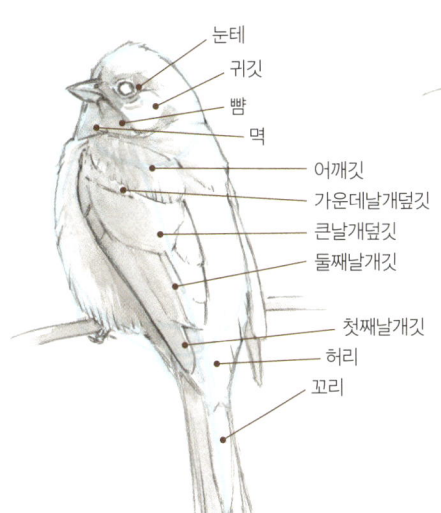

10. 프탈로 블루로 몸통을 칠해 밝은 시안 깃털을 표현한다.

11. 밝은색에서 점차 어두운 색 순으로 칠한다.

12. 물감이 완전히 마르면 흰색 색연필로 질감을 더한다. 이러면 매우 빠르게 다채로운 세부를 표현할 수 있다.

복잡한 무늬와 45도 측면 시점

노래참새는 머리와 가슴에 가는 줄무늬가 있다.
3/4이 드러나는 측면을 그리는 경우 가슴 무늬와 중앙의 짙은 반점이 더 눈에 잘 들어온다.

1. 새의 중심축을 나타내는 선을 그린다.

2. 이 자세 선 위에 타원을 그려 몸통을 배치한다. 선은 타원의 한가운데를 지나간다.

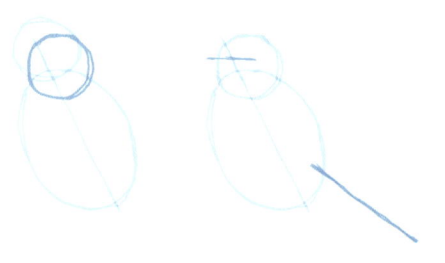

3. 머리를 신중하게 배치한다. 머리 위치가 마음에 들지 않으면 바로 다시 그린다. 머리를 너무 높이, 혹은 너무 앞쪽에 두지 않도록 한다.

4. 눈과 부리를 연결하는 선을 그리고 꼬리를 표시한다. 꼬리 선은 자세 선과 다른 각도를 이루며, 몸통 타원의 맨 아래가 아니라 더 위쪽인 등에서 시작된다.

5. 각을 살려 형태를 다듬는다. 새를 너무 둥글게 그리는 경향이 있는데, 큰 타원 때문에 이런 실수를 하기 쉽다.

6. 다리가 나오는 위치와 각도를 확인하고, 날개의 앞쪽 가장자리를 나타내는 선을 추가한다. 이때 날개가 꼬리 아래로 처지도록 한다.

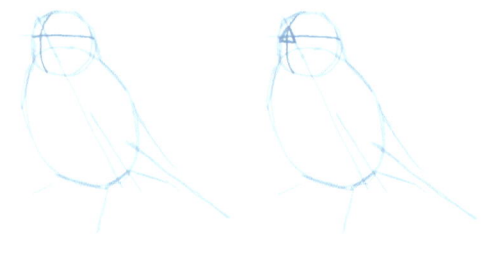

7. 머리에 십자선을 그린다. 눈은 십자선 위쪽, 머리 측면에 놓인다. 십자선은 얼굴의 무늬를 좌우 대칭으로 넣는 데 도움이 된다.

8. 부리는 십자선이 교차하는 지점에 붙인다.

9. 가슴 중앙에 아래로 굽은 선을 그린다. 이 선은 가슴에 무늬를 그려 넣을 때 기준선 역할을 한다.

10. 가슴 중앙의 어두운 반점에서 퍼져나가는 무늬의 흐름을 나타내기 위해 두 개의 곡선을 그린다. 먼 쪽 곡선과 가까운 쪽 곡선이 서로 다른 각도로 휘어진다는 점에 유의한다.

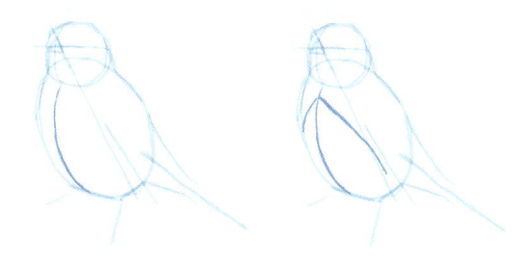

11. 가장 눈에 띄는 깃털들을 덩어리로 묶어 그린다. 이 주요 깃털 덩어리들로 날개를 나타낸다.

12. 경도선이 타원형 몸통을 따라 어떻게 감길지 상상해보자. 가슴의 무늬는 이 곡선을 따라 배치한다. 먼 쪽의 선은 아래로 급격하게 휘어져 사라지는 반면, 가까운 쪽의 선은 더 직선에 가깝다는 점에 주의한다.

13. 경도선을 떠올리면서 가슴의 줄무늬도 몸을 감싸듯 곡선으로 그린다.

14. 이제 새의 몸을 여러 개의 평면으로 나누어 생각한다. 머릿속으로 이 평면을 조각하듯이 떠올린다. 이 평면들은 그림자의 위치를 정할 때 기준이 되어준다.

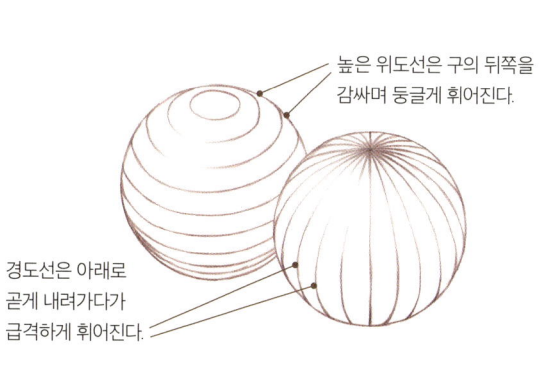

높은 위도선은 구의 뒤쪽을 감싸며 둥글게 휘어진다.

경도선은 아래로 곧게 내려가다가 급격하게 휘어진다.

위도와 경도

두 개의 구에 있는 곡선을 따라 그려보자. 그리고 잘 기억해두자. 그림을 그릴 때 이 곡선들을 계속 마주치게 될 것이다.

15. 몸의 평면들을 떠올리면서, 다니엘 스미스의 섀도우 바이올렛과 로우 엄버를 섞어 그림자를 칠한다.

16. 밝은색부터 그림자 위에 덧칠한다.

17. 점점 더 어두운 색으로 여러 겹 덧칠해 명암을 쌓아간다.

배경을 음의 형태로 채움

색연필 질감

18. 그림의 전체적인 색이 너무 옅어 보이기 쉬우므로 주의하자. 필요하다면 어두운 영역을 더 강조해 명암의 범위를 넓힌다.

19. 흰색 색연필로 질감을 추가 묘사한다.

깊이감 있는 배경 만들기

어두운 배경은 음의 형태를 이용해 표현하자. 새 뒤쪽에 초록색을 옅게 칠한 다음 뾰족한 연필로 잎사귀의 형태를 그린다. 잎 자체를 칠하는 대신 잎 사이의 공간(음의 형태)을 칠해준다. 어두운 배경 위로 밝은 잎사귀가 자연스럽게 드러나 깊이감을 훨씬 효과적으로 표현할 수 있다.

새의 비행

날개의 해부학적 구조를 이해하면 눈에 보이는 모습을 빠르고 정확하게 스케치할 수 있다.
날개를 주요 부분 몇 개로 나눠보고 단축법이 어떻게 적용되는지 관찰하자.

날개 해부학

날개는 두 부분으로 단순화할 수 있다. 첫째날개깃은 새의 날개목에서 부채꼴로 펼쳐진 깃털들이며, 앞쪽 깃털 몇 개는 손가락처럼 갈라져 있을 수도 있다. 둘째날개깃은 첫째날개깃과 몸을 연결하는 사각형 형태의 깃털들이다. 둘째날개깃의 앞쪽 가장자리는 종종 V자 모양으로 꺾여 있다.

의 추가적인 꺾임을 만든다. 바닷새를 그릴 때는 상완깃의 역할을 이해하는 것이 중요하다. 케이프가넷의 그림을 참고하면 상완깃과 둘째날개깃의 차이를 명확히 이해할 수 있다. 케이프가넷의 경우 상완깃이 흰색이고, 첫째날개깃과 둘째날개깃은 검은색이다.

제비갈매기 날개

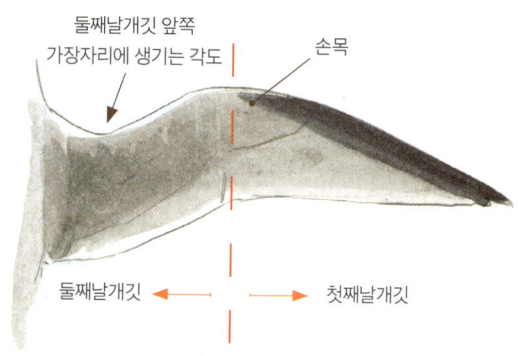

케이프가넷 날개

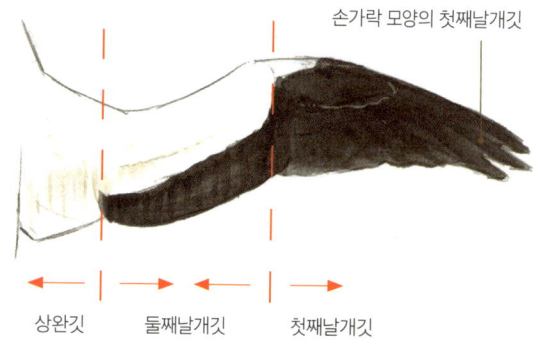

상완깃

대부분의 바닷새는 긴 날개를 가지고 있어 날갯짓 없이 오랫동안 날 수 있다. 어떤 종은 첫째날개깃('손'에 난 깃털)과 둘째날개깃('팔뚝'에 난 깃털)이 단순히 길게 뻗어 있는 형태다. 위에 보이는 제비갈매기의 날개가 그 예다. 그러나 알바트로스, 펠리컨, 얼가니새, 가넷 같은 일부 바닷새들은 유난히 긴 날개를 가지며, 상완깃이라는 추가적인 깃털들을 갖고 있다. 상완깃은 상완골(위팔)에 붙어 있으며 날개가 접힐 때 Z자 형태

작은 새

작은 새들은 너무 빨라서 비행할 때 날개가 흐릿하게 보인다. 아무리 뛰어난 기억력을 가지고 있어도 고속 촬영 사진처럼 모든 부분을 자세히 기억하는 것은 불가능하다. 날개가 보이지 않는다면 단순히 흐릿한 형태로 그려도 좋다. 날아가는 작은 새들을 정확하게 묘사한 그림은 대부분 사진을 보고 그린 것이다.

단축된 날개

날개가 관찰자 쪽을 향하거나 멀어질수록 단축법에 의해 짧아 보인다. 날개와 관찰자가 평행하면 날개는 짧아 보이고 날개 끝부분의 각도는 넓다. 날개 자체의 각도는 더 각져 있다. 반면 날개가 관찰자와 수직을 이루고 있다면 날개는 본래 길이로 보이지만 끝부분의 각도는 더 좁다. 날개 자체의 각도는 더 원만하다.

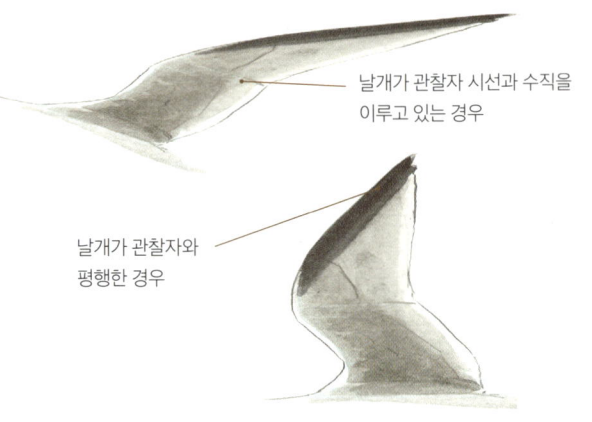

날개가 관찰자 시선과 수직을 이루고 있는 경우

날개가 관찰자와 평행한 경우

상완깃으로 인해 어깨에 추가적인 각도가 만들어진 아메리카군함조의 모습

비행하는 새의 형태 단순화하기

맹금류는 날개를 활짝 펴고 활공하는 시간이 길어 형체가 흐려지기 전에 스케치할 기회가 많다.
뼈대를 먼저 확실하게 잡아두면 비율과 단축 문제를 해결하는 데 도움이 된다.
잿빛개구리매는 활공할 때 날개를 가파른 V자 형태로 펼치며 활공한다.

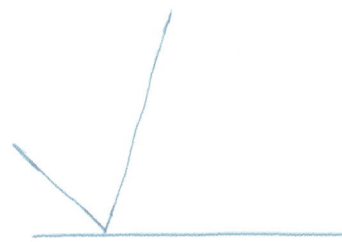

1. 이 새는 눈높이에서 날고 있다. 먼저 몸통의 중심축을 따라 선을 긋고, 날개의 길이와 각도를 나타내는 선을 추가한다. 시선에서 더 먼 쪽의 날개는 단축법에 의해 짧아진다.

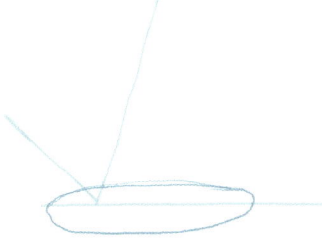

2. 몸통의 대략적인 형태를 긴 타원으로 잡는다. 몸통 크기를 날개와의 비율을 생각해서 정한다.

3. 네모를 그려 날개의 대략적인 너비를 표시한다. 날개 전체를 하나의 넓은 판으로 생각하면 도움이 된다. 그런 다음 둘째날개깃과 첫째날개깃을 구분한다.

4. 손목 부분에서부터 시작하는 선을 그어, 첫째날개깃의 앞쪽 가장자리가 만들어내는 각도를 드러낸다.

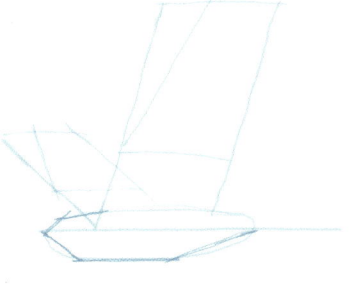

5. 몸통의 각을 깎아나가면서 형태를 조정한다. 많은 맹금류는 가슴이 두드러진다.

6. 이제까지 그린 틀 위에 새를 묘사한다. 만약 세부적인 특징이 보이지 않는다면 실루엣만 그려도 충분하다.

다양한 각도에서 본 맹금류

다른 각도에서 스케치하더라도 같은 방식으로 형태를 구축할 수 있다.

① 몸과 날개 사이의 각도를 설정한다.
② 날개와 꼬리의 비율을 잡아 덩어리를 그린다.
③ 음의 형태를 이용해 머리와 꼬리 주변의 각을 다듬는다.
④ 기본 틀 위에 자세하게 덧그린다.

비행 중인 매 45도 측면 그리기

앞과 비슷한 방식으로 스케치하지만 각도가 역동적이어서 그림이 더욱 흥미로워 보인다. 이 매는 관찰자 쪽으로 날아오면서 왼쪽으로 선회하려 하기에 가까운 쪽 날개가 단축법 때문에 아주 짧아 보인다.

1. 몸통의 중심축을 따라 자세 선을 그린다.

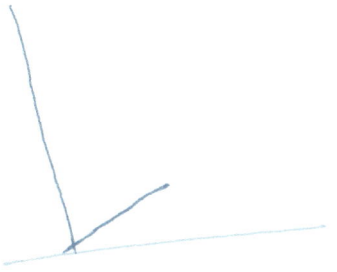

2. 관찰자 쪽을 향한 날개는 더 짧아 보인다. 이 새는 관찰자 쪽으로 약간 비스듬히 날아오고 있어, 가까운 날개는 오른쪽 뒤로, 먼 날개는 왼쪽 앞으로 뻗어 있다.

3. 중심축을 따라 타원형으로 몸통의 대략적인 형태를 그린다.

4. 날개 사이를 가로지르는 선을 그려서 등의 넓이를 표시한다. 날개는 등에서 뾰족한 V자 모양으로 만나지 않고, 사이에 평평한 등이 있다.

5. 날개의 너비를 판자처럼 단순한 형태로 그린다. 이처럼 각도가 복잡할 때는 단순한 형태를 그린 뒤 점차 구체화하는 게 좋다.

6. 날개를 두 개의 기능 영역, 즉 첫째날개깃과 둘째날개깃으로 나눈다. 새의 손목은 이 두 영역 사이, 날개의 앞쪽 가장자리에 위치한다.

7. 손목에서부터 첫째날개깃 직사각형 안으로 파고들어가 날개 앞쪽 가장자리가 이루는 각도를 나타낸다.

8. 꼬리의 끝부분은 사각형 양 날개의 뒤쪽 모서리들이 가운데에 형성하는 공간과 대략적으로 평행한다. 또한 날개가 달린 양 어깨를 잇는 선과도 대략적으로 평행한다.

9. 부리를 너무 크게 그리지 않기 위해 먼저 부리의 크기의 나타내는 원을 그린다. 그리고 부리에서 뒤로 이어지는 선을 그려 눈의 위치를 잡는다. 눈은 이 선보다 아래쪽에 위치한다.

10. 몸통의 각도를 잡아가며 윤곽을 조정한다. 가슴에 무게감을 주고, 머리 뒤쪽과 부리에서 가슴으로 이어지는 각도를 주의 깊게 살펴본다.

11. 지금까지 만든 틀에 맞춰 새를 자세히 그린다. 새의 형태를 명확하게 볼 수 없다면 실루엣을 간단히 그리고 날개와 몸에 드리운 빛의 방향만 표시해도 충분하다.

앉아 있는 새를 그릴 때와 마찬가지로, 자세, 비율, 각도가 비행 중인 새의 형태를 만든다. 단순한 형태부터 그린 뒤 점차 세부를 더해보자. 매가 하늘을 선회할 때 여러 각도에서 본 모습을 조합하여 하나의 그림으로 만들 수도 있다. 만약 잠깐밖에 보지 못했다면 생각나는 대로 최선을 다해 그리면 된다. 나도 새를 다시 보지 않고서는 그 모습을 몇 초밖에 기억하지 못한다. 당신은 날개 각도, 꼬리 비율, 혹은 어떤 요소 하나만 기억할지도 모른다. 본 것을 전부 기억하지 못한다면 새 전체를 그릴 필요는 없다.

오리 머리 그리기

부리의 형태와 부리가 머리에 연결되는 방식은 오리처럼 보이게 만드는 핵심 요소다.
오리의 부리는 머리 아래쪽에 위치하며, 눈은 상대적으로 위쪽에 자리한다.

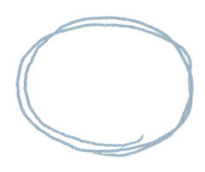

1. 논포토 블루 연필로 머리에 해당하는 타원을 대략적으로 스케치한다. 몸통까지 함께 그릴 경우 머리와 몸통의 비율을 주의 깊게 살펴본다.

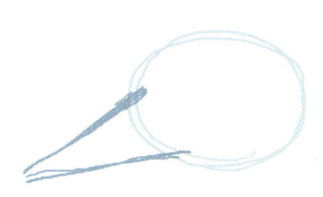

2. 부리는 머리 아래쪽에서 납작하게 시작하는 쐐기 형태를 띤다. 부리를 너무 높게 배치하면 갈매기처럼 보일 수 있다. 종에 따라 윗부리의 형태와 경사가 달라진다.

3. 이제 머리의 윤곽선을 따라 각도를 조절하며 형태를 다듬는다. 이 단계에서는 모서리를 찾아야 하며, 둥글게 다듬을 필요가 없다. 부리와 목 사이의 공간을 알아채야 한다. 목을 부리의 바로 뒤에서 시작하면 형태가 어색해질 수 있다.

각도를 볼 때 음의 형태(오리 뒤의 공기나 물)를 활용하면 도움이 된다.

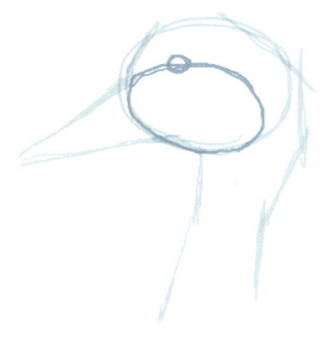

4. 부리 밑부분에서 머리 뒤쪽으로 퍼지는 커다란 볼살을 배치한다. 눈은 이 볼 위에 놓인다. 눈에서 부리 위쪽까지의 거리와 머리 꼭대기까지의 거리를 잘 확인한다.

5. 이제 본격적으로 드로잉한다. 논포토 블루 연필로 만든 기본 구조 덕분에 비율과 각도를 올바르게 유지하면서 신중하게 작업할 수 있다. 오리의 은근한 미소를 관찰해보자. 아랫부리가 얼굴과 연결되는 부분은 작은 쐐기 모양으로 살짝만 보인다. 윗부리에는 길쭉한 콧구멍이 있고, 끝부분에는 검은 갈고리 모양의 '부리손톱'이 있다. 오리가 움직이거나 자세를 바꾸기 전에 색상 메모도 추가해둔다. 나는 색상을 표시할 때 두

세 글자의 약어를 사용한다. 오렌지(O)나 바이올렛(V)처럼 명확한 색상은 한 글자로 표시하고, 블루(BE)나 블랙(BK)처럼 비슷한 알파벳이 많은 경우에는 첫 글자와 마지막 글자를 표시한다.

부리의 비율과 머리의 각도는 종마다 크게 다르다. 또한 각 개체도 정수리 깃털을 올리거나 내리면서 머리 형태를 바꿀 수 있다. 따라서 자신이 보고 있는 오리를 주의 깊게 관찰하며 정확한 형태를 그려야 한다. 이 단계별 가이드는 오리를 그리는 데 도움을 줄 것이다. 그러나 단순히 예시를 그대로 따라 그리는 것이 아니라, 자신이 관찰한 오리의 특징을 포착하는 것이 중요하다.

6. 은은한 그림자부터 채색한다. 섀도우 바이올렛과 팔레트에 남아 있는 어두운 색을 섞어 보랏빛 회색을 만든다. 워터브러시를 사용할 경우, 처음에는 붓 끝에 색소가 농축되어 있다가 그릴수록 점점 옅어지므로 어두운 부분이나 그림자 영역부터 칠한다. 그런 다음 볼의 밝은 부분으로 옮겨가면 색이 자연스럽게 연해진다.

7. 수채화의 기본 원칙은 밝은색부터 칠하는 것이다. 이 스케치에서는 볼 부분에 초승달 모양의 밝은 영역을 남겨 살짝 돌출된 느낌을 표현했다.

8. 마지막 단계에서 어두운 세부 요소를 그려 넣는다. 그래야 덧칠할 때 번지지 않는다. 나는 머리 뒤쪽에 어두운 부분이 있다는 흥미로운 사실을 깨닫게 되었다. 이 현장 스케치를 하기 전에는 몰랐던 점이다. 옛날 그림들을 찾아 이 조그만 부위가 그려져 있지 않은 걸 확인하니 재밌었다.

9. 수채 물감이 완전히 마른 뒤 흰색 색연필로 질감과 하이라이트를 더한다. 얼핏 보면 빠르게 그려진 듯한 색연필 선들은 사실 세심하게 그은 것이다. 색연필을 앞뒤로 작게 왔다 갔다 움직여 하이라이트의 가장자리를 더 밝게 만드는 선들을 넣었다. 마지막에는 색연필을 가볍게 획획 그어 그림을 다듬었다.

오리 옆모습 그리기

오리의 옆모습은 깃털 무늬와 형태를 자세히 기록하기에 아주 좋다. 여러 종을 나란히 그리면 나만의 작은 도감이 만들어지며, 종을 더 빠르게 식별할 수 있게 된다. 하나의 종만 그리는 것보다 두 종을 비교하여 그리는 것이 훨씬 유익하다. 두 종을 나란히 놓고 보면 '이 종은 머리가 더 크다'거나 '이 종은 이마 선이 더 가파르다'는 식으로 상대적인 관찰을 하게 되기 때문이다.

1. 물 위에 떠 있는 오리는 수평 자세를 유지한다. 빠르게 헤엄치는 오리는 앞쪽이 물에 더 깊이 잠기고, 뒷부분은 들려 보인다. 몸통을 자세 선에 따라 타원형으로 배치하되, 선 위에만 올려두지 않도록 주의한다. 몸의 절반은 물속에 잠겨야 한다.

머리 크기와 위치를 신중하게 관찰하여 적절히 배치한다. 오리의 가슴에서 수직으로 선을 그려보면 도움이 된다. 머리가 이 선보다 앞쪽으로 나오는 경우는 거의 없다. 오리가 머리를 깃털 속으로 파묻을수록 가슴이 앞으로 튀어나와 보인다.

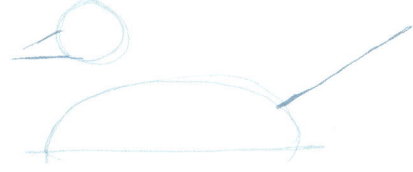

2. 부리와 꼬리를 간단한 선으로 표시한다. 잠수성 오리는 활발하게 먹이를 찾을 때 꼬리를 수면에 붙인 채 낮게 유지하는 경우가 많지만, 북방고방오리 같은 수면성 오리는 그렇지 않다.

3. 이제 타원을 직선으로 깎듯이 다듬어 오리의 윤곽을 만드는 각도와 모서리를 찾아낸다. 이 단계에서는 각진 형태를 과장해서 표현해도 좋다. 각도를 조정할 때 음의 형태를 보는 것이 큰 도움이 된다. 머리 아래쪽, 목 뒤쪽, 꼬리 아래쪽의 공간 형태를 특히 신경 써서 살펴보자. 또한, 이마에서 부리로 이어지는 각도도 중요한 포인트다.

4. 이제 기본 틀 위에 확신을 가지고 세부 선을 덧그린다. 이미 윤곽이 잡혀 있기 때문에 여러 형태를 채워 넣기가 훨씬 수월하다. 야외에서 스케치할 경우, 그림 위에 직접 색상 메모를 적거나 작은 화살표를 이용해 중요한 부분을 표시해두면 유용하다.

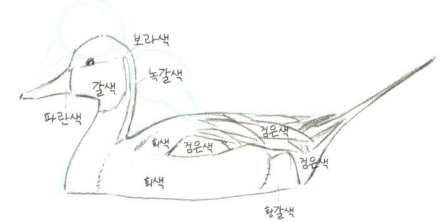

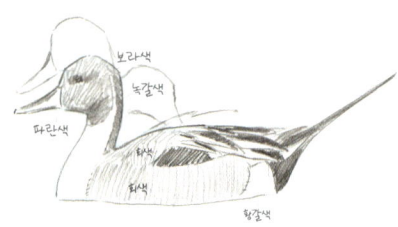

5. 부드러운 연필로 명암을 덩어리처럼 그려 넣는다. 어두운 부분은 과감하게 힘을 주어 그리자. HB 연필보다는 2B처럼 부드러운 연필을 사용하면 더 효과적이다. 명암의 선을 그릴 때 각도를 조절하면 새의 입체적인 몸통을 강조하거나 깃털에 있는 세밀한 무늬를 표현할 수도 있다.

새가 머리를 움직인다면, 머리 하나를 더 그려서 형태와 자세가 어떻게 달라지는지 함께 기록해보자. 이렇게 하면 이 '히드라' 새 하나에 많은 정보를 담을 수 있다.

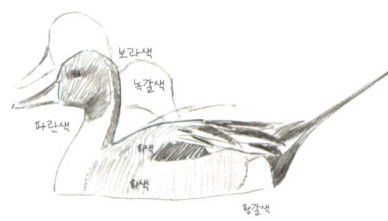

6. 그림자를 먼저 칠한다. 그림자를 마지막에 남겨두면 나중에 생각나서 덧그린 것처럼 느껴질 수 있고(실제로도 그럴 가능성이 높다) 다른 요소들을 번지게 만들 위험도 있다.

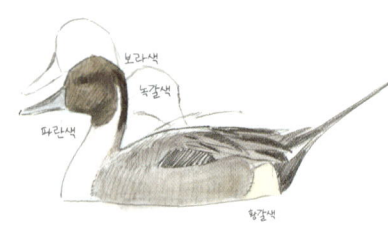

7. 밝은색을 먼저 옅게 깔아준다. 나는 펜텔 워터브러시로 칠했는데 그렇다보니 색이 점차 자연스럽게 옅어졌다. 좀 더 짙게 표현하고 싶은 부분부터 붓질해 점점 바깥쪽으로 칠해나갔다.

8. 이제 어두운 색을 추가한다. 일부 수채화 작가는 검은색 물감을 사용하는 것을 꺼리지만, 나는 빠른 야외 작업 때는 매우 유용하다고 생각한다. 여기서 사용한 검은색은 뉴트럴 틴트다. 어두운 부분을 강조하면 그림이 훨씬 강한 대비를 가지며 생생하게 살아난다. 만약 당신이 그려온 그림들이 너무 옅게 느껴진다면, 처음부터 검은색을 조금 사용하여 어두워진 명암에 익숙해진 채 그림을 그려나가는 것도 좋다.

chapter 8

청둥오리 형태 조립하기

보이는 구조를 이해하기 어렵다면 서로 맞물린 형태들의 조합으로 시각화해보자.

이 잠자는 오리를 스케치하기 시작했을 때는 머리가 깃털 속에 파묻힌 형태라 혼란스러웠다. 내가 보고 있는 것이 정확히 어떤 부분이며, 왜 이런 각도가 만들어지는지 알기 어려웠다. 결국 구조적으로 이해하려는 것을 포기하고 보이는 형태 자체와 그 형태들이 맞물리는 방식에 집중했다. 머리를 그릴 때도 '여기가 목이고, 이 선이 가슴으로 내려오겠지'라고 생각하지 않고 '여기는 쉼표 모양의 덩어리고, 이 부분과 저 부분에 각이 있네'와 같이 접근했다. 그런 다음 그 형태를 다른 형태들과 연결했다. 한쪽에는 돌기 한 개, 반대쪽에는 돌기 두 개, 이런 식으로 계속 추가했다. 논포토 블루 연필로 밑그림을 그려둔 덕분에 전체적인 비율이 정확하게 맞았다. 다리가 접혀 있거나 몸을 웅크린 채 잠자는 포유류를 그릴 때도 이 방법을 적용해볼 수 있다.

1. 자세의 중심축을 수직으로 그은 뒤 타원형 몸통 덩어리를 그린다. 여기서는 수평 타원을 사용한다.

2. 머리의 덩어리를 스케치한 뒤 크기가 너무 크지 않은지 세 번쯤 확인한다. 이 단계에서는 수정이 쉽다.

3. 한쪽 눈을 감고 오리의 머리를 추상적인 각진 형태로 바라보자. 윤곽선 드로잉 기법을 활용하면 실제로 보이는 것에 집중하는 데 도움이 된다. 각의 바깥쪽에 있는 음의 형태도 관찰한다.

4. 같은 방식으로 가슴 중앙의 형태와 연결한다. 미리 잡아놓은 몸 바깥쪽 윤곽과 가슴 형태 사이의 음의 형태를 관찰하면 비율을 맞추는 데 도움이 된다.

5. 어깨깃은 등에서 튀어나온 돌기처럼 보인다. 한쪽에는 하나의 돌기가 있고, 반대쪽에는 두 개가 있다. 단축법을 이해하려 애쓰기보다는 보이는 형태를 그대로 따라 그리는 것이 더 효과적이다.

6. 가슴 바깥쪽 윤곽은 각진 타원 형태다. 실제 오리를 계속 관찰하면서 이러한 각도의 굴절점을 찾아야

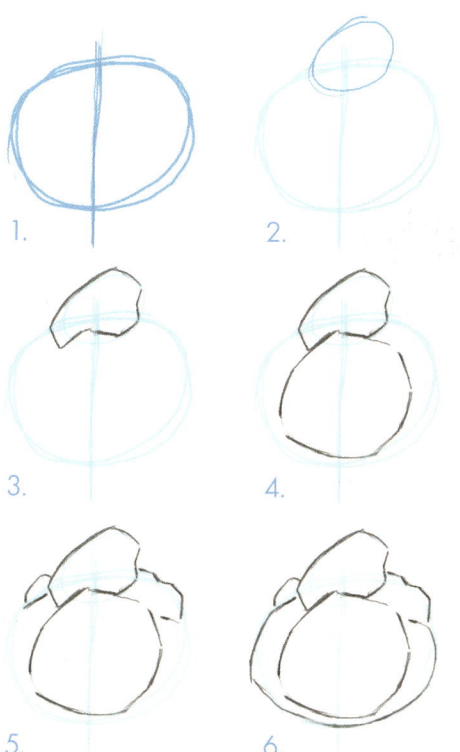

한다. 앞에서 소개했던 응용 윤곽선 드로잉 기법을 활용하면 이러한 형태를 따라가는 데 도움이 된다.

7. 가슴 형태의 아랫부분에는 삼각형 모양의 날개 두 개가 있다. 몸통 주요 부위의 형태를 먼저 잡은 뒤 이러한 세부 요소를 그린다.

8. 다리 그리기는 까다롭다. 두 다리를 각각 그리기보다는 양발 사이의 음의 형태를 먼저 그린다. 이렇게 하면 비율과 각도를 더 정확하게 맞출 수 있다.

9. 음의 형태 주위에 나머지 다리 구조를 추가한다.

10. 연필로 빠르게 음영을 넣고 수채 물감을 살짝 칠했다. 음영을 넣고 색을 칠하기 전에 미리 가슴 부위에 강한 하이라이트가 들어갈 영역을 확보해놓았다. 대체로 그림자가 드리워진 초록빛 머리의 옆면에만 색이 살짝 드러나 있어 이를 표현했다.

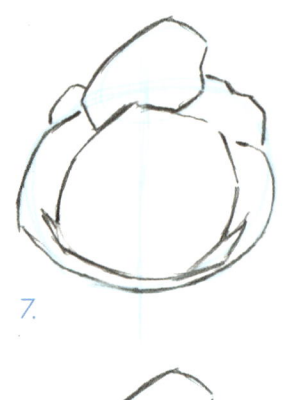

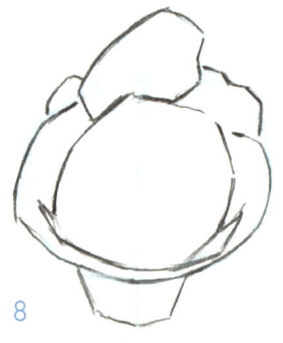

도요새 그리기

도요새 같은 물새는 지속적으로 관찰하며 새를 그리는 연습을 하기에 아주 좋은 대상이다. 탁 트인 장소에 머물며 천천히 움직이는 데다 먹이 먹기, 쉬기, 잠자기 등의 몇몇 자세를 반복적으로 취하기 때문이다.

1. 자세: 몸통의 각도를 나타내는 선을 먼저 그린다. 몸통의 긴 축을 따라 가상의 선을 하나 상상한다. 초기 스케치 선은 보일 정도로만 최대한 연하게 그린다.

2. 선 위에 몸통 타원을 배치한다. 마치 막대 위의 핫도그처럼 올려놓는다.

3. 몸통에서 머리까지의 거리, 크기, 위치를 신중하게 조절한다. 머리를 너무 크게 그리거나 너무 앞으로 배치하는 실수를 하기 쉬우니 비율을 계속 점검하면서 '머리를 너무 크게 그렸나?' 하고 스스로 질문해보자. 나 역시도 종종 이런 실수를 한다(앗!). 이 단계에서는 연하게 스케치하면 쉽게 수정할 수 있지만, 조금 더 자세히 그린 후에는 고치기 어렵다.

4. 부리의 굴곡을 과장해서 그리기 쉽다. 먼저 직선을 그은 뒤 부리가 아래로 꺾이기 시작하는 지점을 표시해두자. 지점은 생각보다 더 멀리 있으며 꺾이는 각도도 크지 않다.

5. 음의 형태를 활용해보자. 새 너머 공기나 물의 형태를 관찰한다. 이렇게 덜 복잡한 형태에 집중하면 새의 전체적인 각도를 더 정확하게 파악할 수 있다.

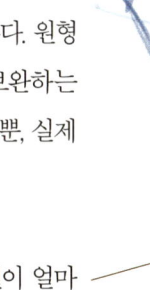

6. 각도: 몸통의 모서리와 각진 부분을 찾아 과장되게 표현해본다. 원형으로 시작하면 지나치게 둥글게 표현되는 경향이 있기에 이를 보완하는 과정이다. 원은 단지 머리와 몸통의 비율을 맞추기 위한 기준일 뿐, 실제 윤곽은 아니라는 점을 기억하자.

7. 새의 다리가 몸 아래 어디에서 나오는지 확인하고, 발목 관절이 얼마나 아래까지 보이는지도 표시한다.

8. 선 정리: 가이드라인 위에 확신을 가지고 선을 덧그린다. 이제 대부분의 문제를 해결한 상태다. 곡선을 그릴 때 일부 각도를 약간 부드럽게 조정할 수도 있다. 먼 쪽 다리는 더 연하게 표현해 깊이감을 표현한다.

9. 이제 새가 부리를 깃털 속에 파묻고 잠에 빠졌다. 머리가 다시 올라올 때까지 기다리지 말자. 올라오지 않을 수도 있다. 그냥 새의 등에 머리를 하나 더 그리고 계속 스케치하면 된다.

10. 나는 수채화를 그릴 때 그림자부터 칠하는 쪽을 선호한다. 여기에서는 팔레트에 남아 있는 진흙색 물감과 다니엘 스미스의 섀도우 바이올렛을 섞어 사용했다. 그런 다음 그림자 위에 깃털의 고유색을 덧칠했다. 등 부분은 탁한 갈색으로, 가슴 쪽으로 갈수록 주황색으로 표현했다.

11. 글 덧붙이기: 당신의 그림이 귀한 예술 프로젝트처럼 느껴진다면 주석을 달아 필드 노트의 영역으로 돌려보내자. 페이지에 글자가 적히면 뇌는 이를 관찰 기록으로 인식한다.

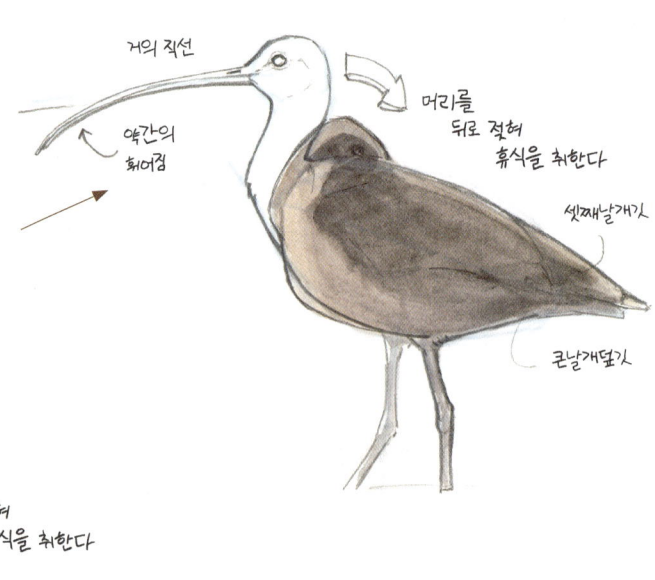

12. 밑색이 완전히 마르면 붓 끝으로 좀 더 세밀히 묘사한다. 머리, 가슴, 등에 선을 그린다. 그리고 그 선을 가로지르는 가는 선을 그려 넣는다. 옆구리에도 그린다. 깃털 하나하나를 묘사하지 않고 그저 질감만 느껴지도록 표현했다.

13. 물은 꼭 파란색일 필요가 없다! 보이는 색을 자유롭게 표현하자. 물은 하늘이나 주변 환경의 색을 반사하기 때문에 어떤 색으로든 표현할 수 있다.

14. 메모 추가하기: 새가 점점 편안해지면서 한쪽 다리를 깃털 속에 숨겼다. 어떤 것은 글로 기록하는 것이 더 쉽고, 어떤 것은 스케치로 표현하는 것이 더 적절하다.

15. 메타데이터 기록하기: 날짜, 위치, 날씨, 시간 등을 기록하면 그림이 과학적인 기록으로 탈바꿈한다.

16. 진하고 어두운 갯벌은 견고한 느낌을 주며, 밝은 물과 대비되어 더욱 뚜렷해 보인다. 갯벌을 너무 밝게 그리면 종이에 묻은 얼룩처럼 보일 수 있다. 여기서는 다니엘 스미스 블러드스톤 제뉴인을 사용했다. 개인적으로 특히 좋아하는 색 중 하나다.

붉은꼬리말똥가리 그리기

이번에는 알맞은 색을 조합하느라 헤매지 말고 딱 두 자루의 색연필만 사용해보자. 이렇게 제약을 두면 자연스럽게 명도에 집중할 수 있다. 명암을 정확히 관찰하고 표현하는 것이 색상보다 훨씬 더 중요하다.

1. 여기에서는 중간 명도 갈색 종이에 베리신 다크 브라운 색연필을 사용했다. 베리신 색연필은 일반 색연필처럼 짙은 어두움을 표현하기는 어렵지만, 뾰족한 심이 오래 유지되기에 정밀한 드로잉에 적합하다. 가볍게 스케치하면서 앉아 있는 붉은꼬리말똥가리의 자세, 비율, 각도를 정한다. 새의 머리가 오른쪽을 향하고 있기에 눈과 머리의 중심선을 기준으로 십자선을 그려 주요 특징이 잘 배치되도록 한다. 다음 단계로 넘어가기 전에 반드시 비율을 점검한다.

2. 주요 깃털과 무늬의 위치를 가볍게 스케치한다. 날개 끝, 가슴 양옆의 얼룩덜룩한 깃털, 배를 가로지르는 어두운 띠의 윤곽을 표시한다. 이 어두운 띠는 붉은꼬리말똥가리를 식별하는 데 중요한 특징이다.

3. 가이드라인을 따라 명암을 넣고 세부를 묘사한다. 그림자나 깃털의 색 등 가장 어두운 부분이 어디인지 관찰하고 과감하게 명암을 강조한다. 몸과 머리의 입체감을 표현하기 위해 윤곽에 명암을 넣는다.

4. 가장 밝은 부분을 표현하기 위해 흰색 색연필을 사용한다. 하지만 종이의 색을 남겨두어 하나의 명도로 사용하는 것도 중요하다. 실제로는 아랫배와 꼬리 깃털 일부가 흰색이지만, 여기서는 종이 색을 그대로 살려 그림자를 표현하도록 했다.

날개에는 가는 선처럼 보이는 뚜렷하고 밝은 무늬가 있다. 흰 종이에 그릴 경우 이를 남겨둬야 하지만, 갈색 종이에서는 흰색 색연필로 쉽게 추가할 수 있다. 때로는 새의 가장 밝아 보이는 부분이 실제로는 강한 햇빛을 받아 빛나는 어두운 깃털일 수 있다. 이럴 때는 흰색 색연필로 반사되는 햇빛을 표현한다고 생각해보자.

5. 다시 베리신 다크 브라운 색연필을 사용해 어두운 부분을 한층 더 강조한다. 특히 날개의 가는 흰 선 주변을 강조하면 대비가 강해져 흰 선이 더 도드라져 보인다. 배 아래쪽의 작은 어두운 반점들도 흰 바탕 위에 묘사하면 또렷해 보인다. 반면 어두운 선 위에 흰색을 덧칠하는 경우에는 아래 선이 번질 수 있다.

6. 이제 배경을 재미있게 활용하여 대비를 극대화해보자. 중요한 원칙은 어두운 배경 옆에는 밝은 부분을, 밝은 배경 옆에는 어두운 부분을 배치하는 것이다. 가슴의 흰색 부분 옆 배경을 어둡게 칠해보자. 종이 색과 같은 명도의 꼬리 깃털도 어두운 배경과 대비되면 밝은 깃털처럼 보인다. 배경을 숲처럼 보이게 하려면 어두운 배경을 얇은 지우개로 지워 나뭇가지를 표현해보자. 이렇게 하면 시각적으로 나뭇가지가 배경으로 인식되면서 붉은꼬리말똥가리는 전경으로 부각된다. 등 색은 중간 명도라서 명도가 같거나 어두운 배경 옆에 두면 묻혀버릴 수 있다. 이럴 때는 새의 오른쪽에는 배경을 넣지 않는 것이 해결책이다.

새가 앉아 있는 나뭇가지에도 같은 원칙을 적용할 수 있다. 어두운 배경과 맞닿은 부분은 밝게 표현하고, 배경이 밝아지는 오른쪽 부분으로 갈수록 나뭇가지도 더 어둡게 표현해야 자연스럽다. 이처럼 명암의 대비를 활용해 그림에 깊이감을 더하는 과정을 마음껏 즐겨보자.

색연필 두 자루

색연필로 표현할 수 있는 색은 정말 많아서 색을 고르고 맞추는 데 신경을 쓰다 보면 명암에 집중하기 어려워진다. 색상 선택에 빠져 헤매는 대신 두 가지 색만 사용해 스케치하는 것도 좋은 연습법이다. 갈색 종이에는 세피아 또는 다크 엄버와 흰색을, 회색 종이에는 흑연 또는 웜 그레이와 흰색을, 흰색 종이에는 다크 엄버와 크림색을 사용하면 된다. 이렇게 색을 제한하면 명암 표현에 집중할 수 있다.

포유류 그리기: 보이는 것보다 더 깊이 이해하기

포유류를 그럴듯하게 그리려면 피부 아래에 있는 구조를 이해해야 한다. 근육과 뼈의 연결 방식을 시각화한 뒤 이를 단순한 선으로 표현해 비율을 잡고 구도를 확인한 다음 세부 묘사를 추가해야 한다.

처음에는 포유류의 다리가 매우 복잡해 보이고 관절이 엉뚱한 방향으로 꺾여 있어 도무지 이해하기 어렵다. 하지만 생각보다 간단하다. 다리 구조는 동물이 발을 딛는 방식에 따라 달라진다. 세 가지 기본적인 자세를 익히면 포유류의 다리를 이해하고 그리는 일이 훨씬 쉬워진다.

가장 익숙한 자세는 발바닥 전체를 땅에 붙이며 걷는 것이다. 사람이 걷는 방식과 같다. 곰이나 너구리도 이 방식으로 걷는다.

어떤 동물들은 걸을 때 발가락과 발바닥 앞부분만 땅에 닿고 발뒤꿈치는 공중에 떠 있다. 개와 고양이가 대표적인 예다. 많은 사람이 개의 뒤로 꺾인 무릎을 보고 혼란스러워하지만 사실 땅에 닿지 않는 뒤꿈치일 뿐이다.

세 번째 자세는 발톱이나 발굽 끝부분으로 몸을 지탱하며 걷는 것이다. 말과 얼룩말처럼 발굽이 하나로 된 동물이 있는 반면, 사슴, 소, 돼지, 염소, 양처럼 발굽이 둘로 갈라진 동물도 있다.

이것을 그리려면…

이것을 시각화할 수 있어야 하고…

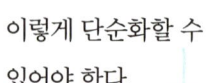

이렇게 단순화할 수 있어야 한다.

당신도 할 수 있다!

발의 위치와 다리 형태 변화

네 발 달린 동물들은 유사한 골격 구조를 가졌지만, 발이 지면에 닿는 방식에 따라 다리의 형태는 다르다.

발바닥으로 걷기

곰의 골격을 보면 발바닥 전체를 땅에 붙이며 걷는다는 것을 알 수 있다. 발바닥 패드가 지면에 먼저 닿긴 하지만 체중이 완전히 실릴 때는 발바닥 전체가 닿는다. 팔꿈치와 무릎은 몸통 아래쪽, 즉 배의 높이와 나란히 위치한다.

발가락으로 걷기

퓨마는 발가락과 발바닥 앞부분을 이용해 걷고, 발뒤꿈치는 공중에 떠 있다. 팔꿈치와 무릎은 배 높이에 있으며 손목은 지면 가까이 위치한다.

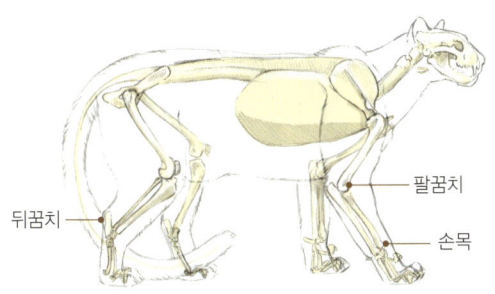

발굽으로 걷기

사슴은 발굽 끝부분으로 몸을 지탱하며 걷는다. 손목과 발뒤꿈치는 몸 아래로 노출된 다리의 절반 정도 높이에 위치한다.

앞다리 비교

(왼쪽부터) 사슴, 사자, 곰의 앞다리 뼈를 비교해보면 발의 위치에 따라 다리 형태가 어떻게 달라지는지 알 수 있다. 사슴의 경우 손목이 지면에서 상당히 떨어져 있다. '손'에 해당하는 부위는 주황색으로 표시되어 있다.

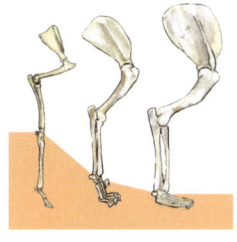

뒷다리 비교

(왼쪽부터) 사슴, 사자, 곰의 뒷다리 뼈를 비교해보면 발의 위치가 다리 전체의 구조에 어떻게 영향을 미치는지 확인할 수 있다. 사슴은 발뒤꿈치가 지면에서 상당히 떨어져 있다. '발'에 해당하는 부위는 주황색으로 표시되어 있다.

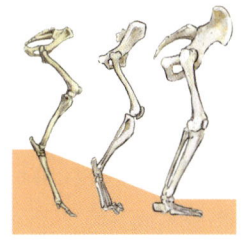

퓨마의 해부 구조

모든 근육 부위를 외울 필요는 없다. 중요한 몇 가지 근육이 어디에서 시작해 어느 뼈에 붙는지만 이해하면 된다.

고양잇과와 개과 동물은 발가락 끝으로 걷는다. 사슴처럼 발굽 끝으로 걷지도 않고, 곰처럼 발바닥 전체를 붙여 걷지도 않는다. 그래서 사슴과 곰의 뒤꿈치는 항상 공중에 떠 있다. 흔히 뒤꿈치를 뒤로 꺾인 무릎으로 착각하곤 하지만 실제 무릎은 사람과 같은 방향인 앞을 향하고 있다. 단지 무릎이 배와 같은 높이에 있어 눈에 잘 띄지 않을 뿐이다. 퓨마처럼 걷는 동물 중에서도 개나 치타와 같이 무릎이 배보다 아래에 있는 경우에는 더 쉽게 확인할 수 있다. 앞다리의 손목은 다리 아래쪽에 위치하며 약간 앞으로 기울어져 있다. 배 아래로 보이는 앞다리의 상당 부분은 사실 전완부(요골과 척골)가 길게 드러난 것이다.

하퇴삼두근은 일반적인 근육처럼 몸에서 멀어질수록 가늘어지지 않고, 골반 끝에서 시작해 무릎 아래쪽까지 장딴지 전체를 가로지르며 커다란 삼각형 모양으로 퍼진다. 단모종 동물에서는 이 근육의 뒤쪽 경계가 뒷다리에 뚜렷한 능선을 만든다.

장딴지근(비복근)은 대퇴골 뒤쪽에서 시작해 발꿈치뼈 끝에 붙는다. 많은 포유류에서 이 근육의 힘줄과 다리뼈 사이에 생기는 움푹 들어간 공간을 쉽게 관찰할 수 있다.

대퇴이두근은 골반과 대퇴골에서 시작해 슬개골 윗부분에 연결된다. 사람의 대퇴사두근과 비슷하며, 허벅지 앞쪽에 돌출된 근육을 형성한다.

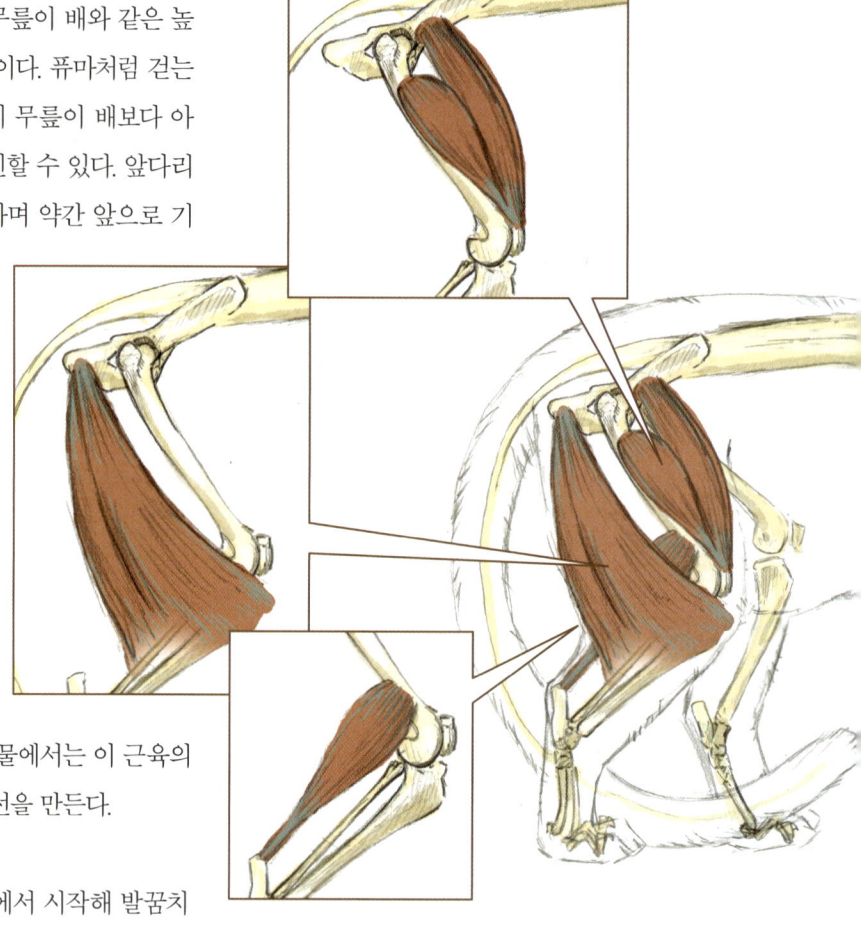

근육은 일반적으로 크고 안정적인 뼈에서 시작해 최소한 하나의 관절을 지나 더 작고 더 먼 쪽의 뼈에 부착된다. 또한 대부분의 근육은 몸통 가까이에 집중되

어 있으며, 다리 끝으로 갈수록 점점 가늘어진다.

퓨마는 발가락 패드와 앞발바닥을 이용해 걷는다. 발뒤꿈치와 손목은 땅에 닿지 않지만, 다리 아래쪽에 위치하며 걸음걸이에 중요한 역할을 한다.

광배근은 척추와 갈비뼈에서 시작해 상완골에 붙는 넓은 근육이다. 이 근육은 사자의 몸통 옆면에 뚜렷한 능선을 만든다.

상완두근은 목 양쪽에 위치한 두꺼운 근육으로, 머리를 좌우로 돌리는 역할을 한다. 이 근육의 아래쪽 경계는 경정맥 고랑으로 불리는 뚜렷한 홈을 만든다. 머리뼈 뒤쪽에서 시작해 상완골 윗부분에 붙는다.

삼각근(어깨 근육)은 고양잇과 동물의 어깨에서 두껍고 강하게 발달해 있다. 어깨뼈 능선을 따라 시작되며, 상완골 윗부분에 연결된다.

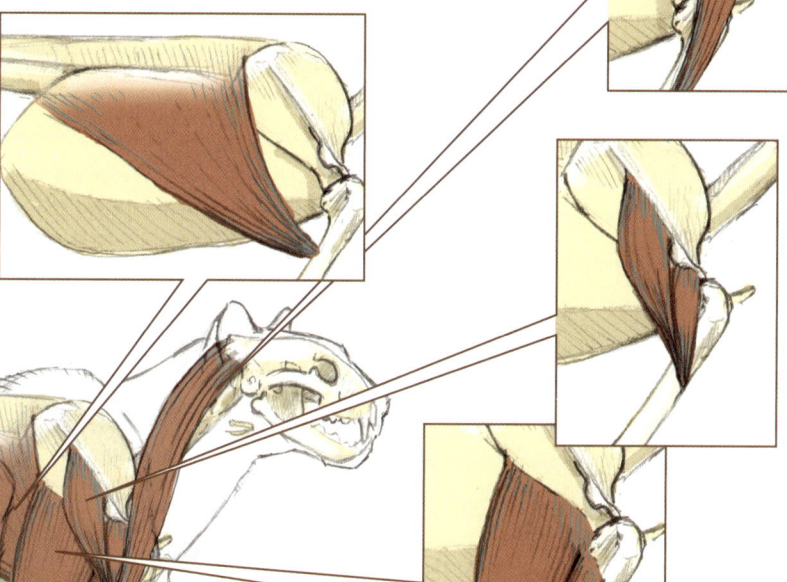

상완삼두근은 위팔 뒤쪽에 있는 큰 근육이다. 어깨뼈 아래쪽과 상완골에서 시작해 팔꿈치 척골 끝에 붙는다.

요측수근신근은 아래팔 앞쪽에 위치한 긴 끈 모양의 근육이다. 상완골 아래쪽에서 시작해 손목에 연결되며, 전완에 어느 정도 두께를 더하지만 상완만큼 두드러지지는 않는다.

고양잇과 동물은 앞다리를 역동적으로 사용하며 다른 네 발 달린 동물보다 등과 어깨 근육(광배근과 삼각근)이 더욱 발달해 있다.

곰의 해부 구조

곰은 털이 복슬복슬해서 근육의 윤곽이 잘 보이지 않지만 큰 근육들은 털 아래에서 도드라진 부피감을 드러낸다.

포유류의 해부학을 이해하는 것은 빠르고 정확한 현장 스케치를 위해 필수적이다. 포유류를 그리는 사람이라면 꼭 익혀야 할 여섯 가지 주요 근육이 있다. 이 근육들은 몸의 돌출부와 윤곽을 형성하며 형태를 결정짓는 데 중요한 역할을 한다. 곰처럼 털이 긴 동물은 세부 근육 구조가 털에 가려 잘 보이지 않기 때문에 정확히 묘사할 필요는 없다. 하지만 이 여섯 가지 근육들은 다양한 포유류를 그릴 때 반복적으로 등장하므로 익혀두면 앞으로의 작업에 큰 도움이 될 것이다.

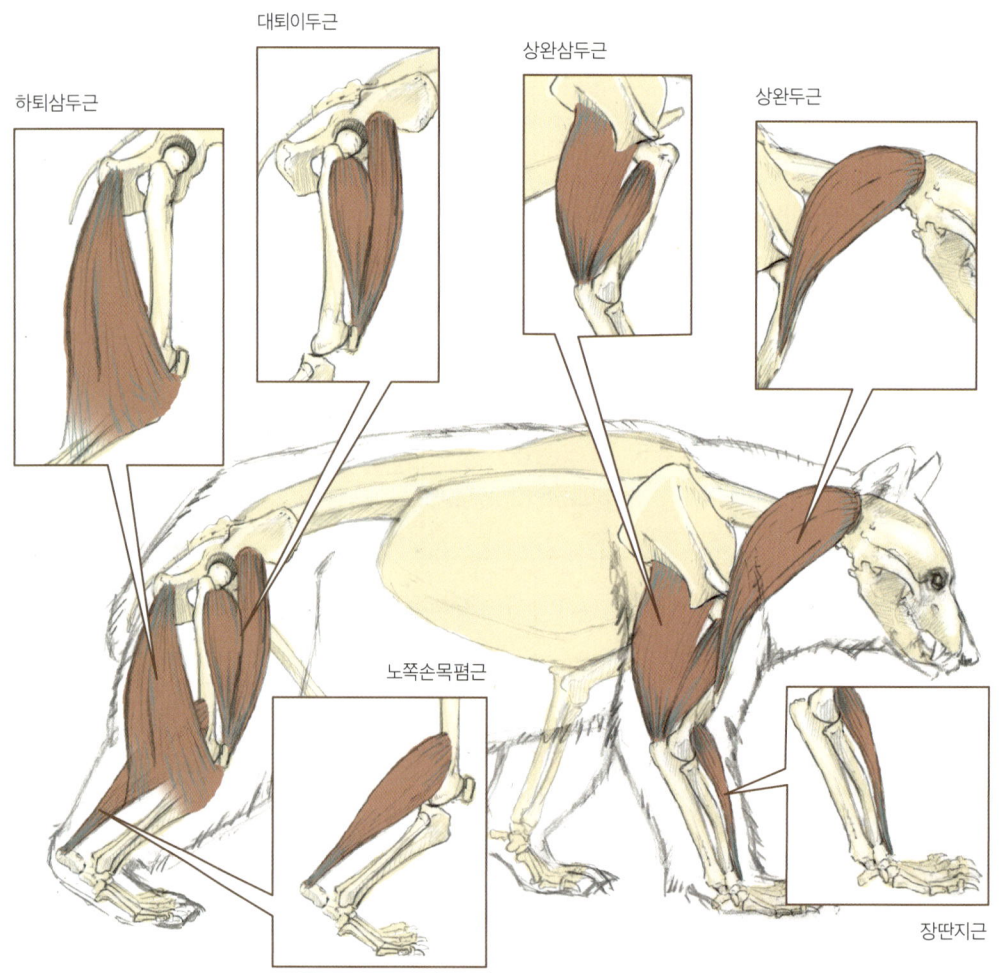

사슴의 해부 구조

사슴은 퓨마처럼 어깨를 역동적으로 움직이지 않기에 삼각근과 광배근이 퓨마만큼 두드러지지 않으며 그릴 때 무시해도 괜찮다.

사슴은 발굽으로 서서 걷는다. 발등뼈와 손바닥뼈는 융합되어 하나의 강한 뼈를 형성하며, 이로 인해 발꿈치와 손목 관절이 지면에서 높이 떨어져 있다. 개, 고양이, 곰과 달리 사슴의 손바닥뼈는 아래팔뼈와 거의 같은 길이를 가진다. 대부분의 근육은 몸통 가까이에 집중되어 있으며 관절이 하나씩 이어질 때마다 다리가 점점 가늘어진다. 뒷다리의 근육이 앞다리보다 더 발달해 있다는 점도 특징이다.

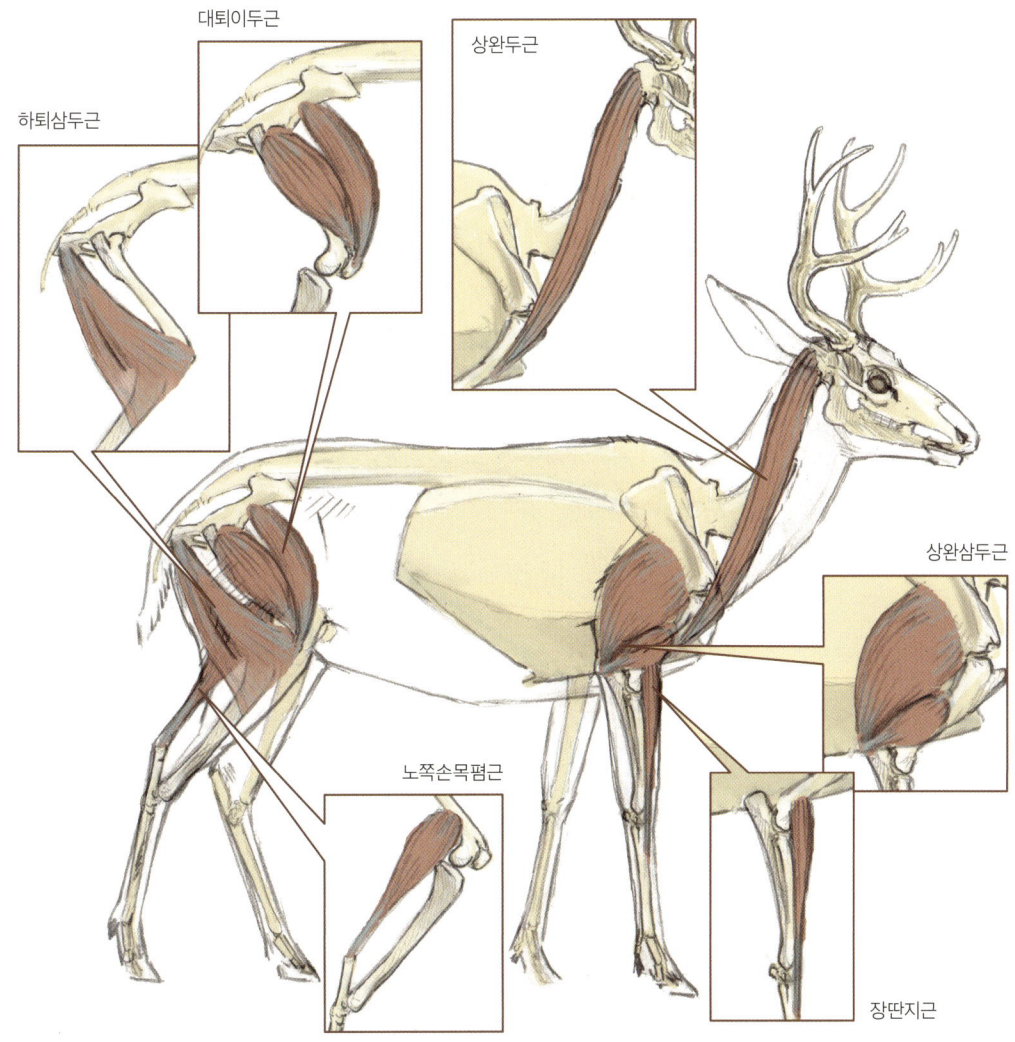

동물 그리는 법

주요 근육군 단순화하기

앞다리와 뒷다리의 근육 덩어리를 간단하게 표현하는 방법을 알아보자.

기본 구조를 단단히 잡아두면 그 위에 자세히 그리기 쉽다. 사용된 파란색 가이드라인은 설명을 위해 강조한 것이며 실제 종이에 그릴 때는 훨씬 연하게 그리자.

다리 근육을 단순한 형태로 표현해보자. 뒷다리 근육은 앞다리보다 크고 몸통 근육은 꺾인 괄호나 각진 강낭콩 모양으로 몸을 감싼다.

근육은 몸통과 가까운 부분이 가장 크고, 중간 크기를 거쳐 몸의 끝부분으로 갈수록 점점 작아진다.

사슴의 뿔은 크기에 비해 시각적으로 매우 흥미로운 구조여서 너무 크게 그리는 실수를 하기 쉽다. 원을 이용해 뿔의 전체적인 비율을 잡으면 몸 크기와의 균형을 맞추는 데 도움이 된다.

단순화한 근육 형태가 피부 아래의 실제 근육과 뼈 구조를 어떻게 반영하는지 주의 깊게 살펴보자.

사슴은 발굽으로 서서 걷기에 발꿈치와 손목 관절이 배 아래로 보이는 다리의 중간 높이에 위치한다. 먼저 가볍고 빠르게 선을 그어 자세, 비율, 각도를 표시한다. 비율을 재점검하고 나서야 사슴을 더 자세하게 그린다. 너무 서둘러 사슴을 자세히 그리려고 하면 안 된다. 정확히 그리기 위해서는 탄탄한 구조가 뒷받침되어야 한다.

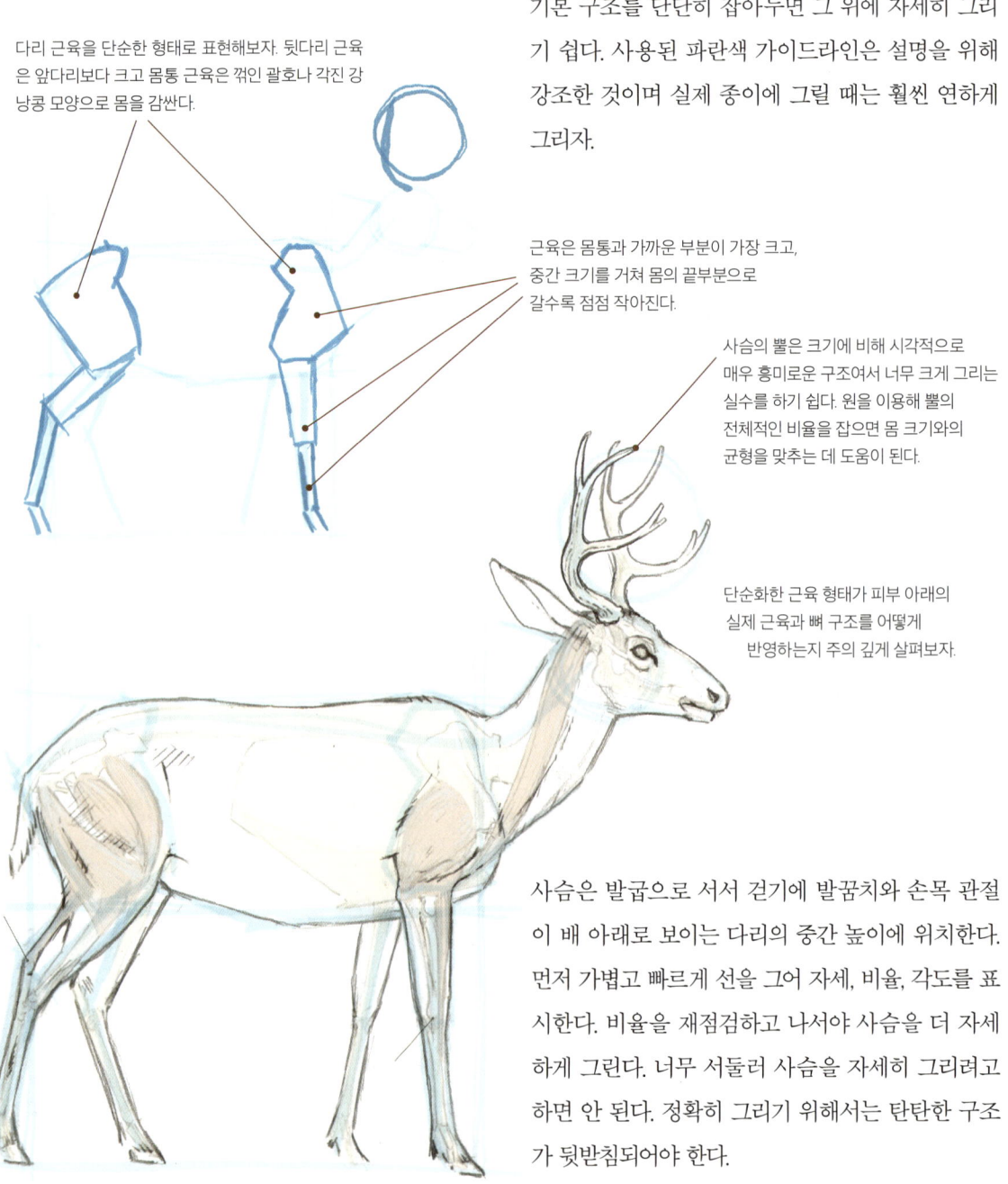

털 그리기와 채색하기

털을 하나하나 그리지 말고, 큰 털 뭉치 사이의 틈을 그려서 털가죽 느낌을 표현해보자.

자세, 비율, 각도, 주요 근육군이 반영된 단단한 기본 구조를 만들었다면 이제 좀 더 자세하게 그리고 털의 질감을 묘사할 차례다. 털을 그릴 때 핵심은 털을 하나하나 그리지 않는 것이다. 털을 작은 선들로 가득 채우면 부드러운 실제 털가죽의 느낌은 사라지고 자칫 먼지 뭉치처럼 보이기 쉽다. 실제 크기의 머리카락을 연필로 그린다고 상상해보자. 연필선은 실제 머리카락보다 굵게 표현될 것이다. 이제 멀리 떨어진 거리에서 포유류를 그린다고 가정해보자. 그 정도 거리에서 털 한 올 한 올이 과연 얼마나 잘 보일까?

그렇다면 털가죽은 어떻게 그릴까? 털을 한 올 한 올 그리는 대신 털이 덩어리지면서 갈라진 모습을 그려보자. 털이 굵고 풍성할수록 덩어리진 털 사이의 틈은 더 뚜렷하다. 많은 포유류가 특히 허벅지 뒤쪽, 배, 가슴에 풍성한 털을 가졌다. 이 부위들의 털이 갈라진 모습을 관찰해보자.

털가죽을 표현하는 또 다른 방법은, 동물의 윤곽선에 털이 갈라진 모습을 전략적으로 묘사해 넣는 것이다. 특히 몸의 윤곽이 급격하게 꺾이는 지점에서 이 방법이 효과적이다. 연필로 바깥쪽에서 안쪽으로 가볍게 튕기듯 선을 그어보자. 이 선들은 털 한 올 한 올이 아니라, 몸의 윤곽이 급격하게 꺾이거나 돌출된 근육에서 털이 뻣뻣하게 솟아 있을 때의 털의 갈라진 모습을 나타낸다. 그런데 이 선들을 몸 전체 윤곽선에 고르게 그려 넣으면 안 된다. 크기나 간격도 대칭적이면 안 된다. '일관되게 불규칙하게' 그려 넣는 것이 중요하다. 이 기법은 포유류 스케치의 대가인 윌리엄 D. 베리의 작품을 연구하면서 배웠다. 그의 작품을 참고하면 더 큰 영감을 얻을 수 있을 것이다.

갈라진 털의 틈은 윤곽선 바깥쪽에서는 넓었다가 윤곽선 안쪽으로 들어갈 때는 좁아지는 식으로 나타낸다.
털 한 올 한 올이 퍼지는 모습과는 다르다.

들쥐의 털이 갈라진 느낌을 표현하기 위해 바깥에서 안쪽으로 튕기듯 선을 그려 털 사이 틈을 암시했다. 이런 선은 외곽뿐 아니라 머리 주변이나 접힌 앞다리 등 몸 안쪽의 윤곽을 표현할 때도 유용하게 쓰인다.

다람쥐 그리기

1. 몸의 각도에 맞춰 털 질감을 표현한다. 윤곽에 명암을 넣고 갈라진 털을 묘사해 털의 방향과 깊이를 암시한다.

2. 팔레트에 남은 회색이나 갈색에 섀도우 바이올렛을 섞어 그림자를 채색한다. 털 사이 그림자는 더 깊게 표현한다.

3. 그림자가 마르면 털의 고유색을 덧칠한다.

1.　　　　　　2.　　　　　　3.

4.

5.

4. 스프레드 브러시를 이용해 어두운 부분을 강조한다. 수채 물감으로 채색할 때는 그림자를 먼저 넣고 밝은색에서 어두운 색 순으로 채색하는 습관을 들이는 것이 좋다.

5. 부채꼴 브러시를 써서 드라이 브러시 기법으로 털에 질감을 살짝 추가한다. 과하지 않게 하는 것이 중요하다.

드라이 브러시 기법은 중독성이 있다. 나도 처음에는 너무 재미있어서 그림을 그릴 때 마구 썼다. 그래서 아래의 주머니쥐 그림을 비롯한 많은 그림이 '헤어드라이기로 말린 털'처럼 부자연스러워 보이는 결말을 맞게 되었다. 적당히 사용하면 효과적이지만, 동물 전체를 드라이 브러시 기법으로 덮어버리는 것은 완전히 다른 이야기다.

노새사슴 그리기

노새사슴은 털이 짧아 피부 아래의 근육 윤곽이 잘 드러난다. 목표는 털을 한 올 한 올이 아니라 털가죽의 형태를 그리고 그 아래 숨겨진 구조를 묘사하는 것이다.

1. 동물의 자세를 먼저 설정한다. 등줄기의 흐름이나 척추의 움직임을 선으로 그려보자.

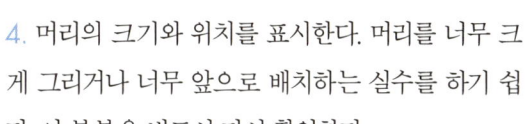

2. 비율을 잡기 위한 상자를 그린다. 몸통의 높이가 너비에 비해 어느 정도인지 파악한다. 이 상자의 형태는 동물마다 다르게 설정해야 한다.

4. 머리의 크기와 위치를 표시한다. 머리를 너무 크게 그리거나 너무 앞으로 배치하는 실수를 하기 쉽다. 이 부분을 반드시 다시 확인한다.

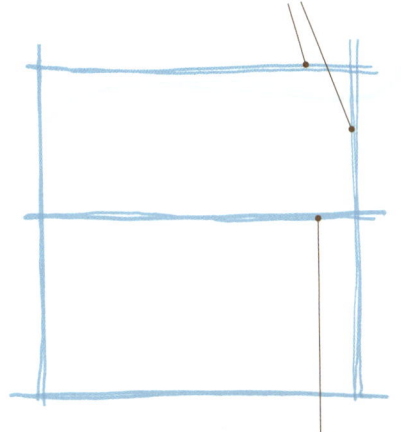

3. 비율 상자에서 배가 어디에 위치하는지 확인한다. 소는 사슴보다 배가 훨씬 아래로 내려온다.

5. 다리의 위치를 간략한 선으로 표시한다. 뒷다리는 구부러져 있고 앞다리는 곧게 뻗어 있다. 또한 다리는 상자의 모서리에 붙어 있지 않고 안쪽으로 약간 들어와 있다.

6. 음의 형태를 파악해 몸과 다리의 각도를 잡는다. 음의 형태가 제대로 맞지 않으면 더 자세히 묘사하기 전에 전체적인 형태를 수정한다.

음의 형태를 시각화한다.

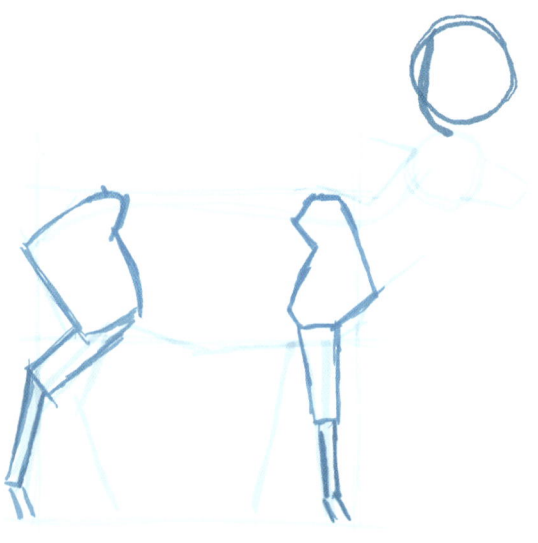

7. 근육을 배치하고, 뿔 끝부분에 원을 그려 뿔이 너무 커지지 않도록 조절한다.

8. 어깨와 허벅지 부근에 약간의 털 질감을 묘사하며 윤곽선을 그린다. 전체적으로 매끄러운 곡선으로 표현한다.

9. 연필로 해칭을 해서 주요 근육군에 그림자와 입체감을 더한다. 털을 한 올씩 잔뜩 그린 듯한 느낌이 들지 않도록 주의하며 몸의 윤곽과 면을 표현하는 데 집중한다. 이 단계에서 마무리해도 좋고, 색을 더하고 싶다면 계속 진행한다.

10. 다니엘 스미스의 섀도우 바이올렛으로 하체를 옅게 칠한다. 빛이 등 뒤에서 비칠 경우 몸이 어떻게 보일지 상상하면서 색을 얹는다.

12. 더 따뜻한 갈색을 원한다면 몸 위에 황토색을 한 겹 덧칠한다. 물감이 마르면 흰색 프리즈마컬러 색연필로 몇 군데 하이라이트를 넣어 털가죽의 윤기를 표현한다. 털을 한 올 한 올 표현하기보다는 빛의 반사로 생기는 광택을 강조하는 것이 중요하다.

여름철 사슴의 털은 매끄럽고 윤이 나며 따뜻한 갈색을 띤다. 겨울이 다가올수록 털이 두꺼워지고 칙칙한 회색으로 변한다. 털이 짧은 동물은 털이 한 올씩 보이지 않으며, 털이 긴 동물을 묘사할 때 유용한 '갈라진 털 사이'도 덜 두드러진다.

11. 그림자가 마르면 회갈색을 위에 덧칠한다. 수채 물감은 완전히 마르면 고정되어 새로운 층과 섞이지 않는다.

곰의 형태 잡기

곰은 발바닥 전체를 지면에 붙이고 걷는 동물로, 다리가 굵고 배가 지면과 가깝다는 특징이 있다.

1. 동물의 움직임과 에너지를 담은 자세선을 먼저 그린다. 이 선은 척추의 흐름을 나타낸다.

2. 몸통의 비율을 잡기 위한 비율 상자를 그린다. 상자의 모양은 동물마다 달라지지만 곰의 경우 가로로 긴 직사각형이 적절하다.

3. 배 위치를 설정해 비율 상자를 몸통과 다리 부분으로 나눈다.

4. 머리는 두개골 부분을 나타내는 원과 주둥이를 나타내는 직사각형으로 그린다. 머리가 너무 크거나 몸에서 멀어지지 않도록 비율을 확인한다.

5. 다리 위치를 표시한다. 다리는 몸통 상자의 모서리에서 바로 나오지 않고 앞다리와 뒷다리 모두 안쪽으로 약간 들어간 위치에서 시작된다.

몸의 각도는 음의 형태를 통해 확인할 수 있다.
음의 형태를 직접 색칠할 필요는 없지만 이를 시각적으로
인식하면 정확한 각도를 잡는 데 도움이 된다.

6. 음의 형태를 활용해 다리 비율을 점검한다. 특히 몸 아래쪽의 빈 공간이 유용하다. 음의 형태가 정확하지 않다면 다음 단계로 넘어가지 말고 수정해야 한다. 또한, 몸 앞쪽과 뒤쪽의 각도를 잡는 데도 음의 형태를 활용하면 좋다.

7. 진한 연필선으로 덧그리면 뇌가 논포토 블루 연필로 그은 가이드라인을 자동으로 무시하게 된다. 따라서 지우개로 지울 필요가 없어서 작업 시간을 절약하며 효율적으로 작업할 수 있다.

긴 털의 질감 표현

긴 털은 덩어리지며 크게 갈라진다. 그 방향과 모습을 관찰하고 털 자체의 방향과 굵기, 몸의 윤곽을 표현해보자.

1. 털을 한 올 한 올 그리지 말고, 덩어리진 털이 갈라지는 모습을 그린다. 어깨처럼 돌출된 부분을 지날 때 털이 갈라지는 틈을 나타내는 짧은 선을 넣는다. 바깥쪽은 진하고 안쪽은 연하게 표현해 털이 나뉘는 느낌을 살린다.

2. 어두운 색을 덧칠하면 털 틈이 묻혀버리기 쉽다. 몸 전체를 어둡게 칠하기 전에 짙은 검은색으로 강조해두면 이후에도 명확하게 남는다. 이 선이 마르고 위에 색을 덧칠하면 그림자처럼 자연스럽게 표현된다.

3. 그 위에 어두운 색(뉴트럴 틴트)으로 옅게 채색한다. 그림자가 약간 부드러워지지만 여전히 선명하게 남아, 전체적으로 자연스럽고 풍부한 질감을 연출할 수 있다.

4. 몸통 아랫부분에 그림자를 더 진하게 넣어 몸통의 둥근 느낌을 강조하고 무게감과 입체감을 더한다. 브러시 끝을 부채꼴 모양으로 펼쳐서(여기에서는 펜텔 워터브러시 사용) 사용하면 좋다. 검은색을 더 섞어 작고 세밀한 털 틈을 표현해보자.

5. 코 부분에 갈색을 살짝 칠해 얼굴에 색감을 더한다. 흑곰은 때때로 푸른빛 광택이 보이기도 하므로, 등의 윗부분에 시안을 살짝 덧칠해 색감을 조정할 수 있다.

6. 가슴과 뒷다리 사이의 경계선처럼 일부 윤곽선이 흐려졌다면, 밝은 파란색 색연필을 사용해 다시 그려 넣는다. 이때 털을 한 올 한 올 그리는 것이 아니라 털이 덩어리진 느낌을 유지하는 것이 중요하다.

털 아래의 근육 표현

퓨마의 몸 대부분은 짧은 털로 덮여 있으며 피부 아래의 근육 윤곽이 도드라진다.
배, 가슴, 다리 뒤쪽에 난 조금 더 긴 털은 덩어리져 갈라져 있다.

1. 우선 주요 근육의 윤곽을 명확히 그려본다. 윤곽선을 따라 바깥쪽에서 안쪽으로 튕기듯 선을 넣어주고, 털이 깊이 갈라지는 부분의 틈을 표현해 털가죽의 질감을 나타낸다.

2. 다니엘 스미스의 섀도우 바이올렛을 사용해 그림자를 채색하고 몸의 윤곽을 강조한다. 삼두근 뒤쪽에는 얇은 빛 테두리를 남긴다. 이 반사광이 들어가면 아래팔 뒤쪽의 형태가 더욱 입체적으로 표현된다.

3. 그림자가 마르면 내추럴 시에나를 덧칠해 색감을 조정한다. 이 과정을 거치면 몸의 입체감이 확연히 살아난다.

4. 그림자 색을 더 진하게 칠한 뒤 덜어내기 기법을 활용해 하이라이트 부분의 물감을 걷어낸다. 특정 부분을 적신 후 축축한 붓으로 물감을 흡수하면 하이라이트를 강조할 수 있다. 단, 이 기법은 물감 종류에 따라 효과가 다를 수 있다.

5. 뉴트럴 틴트와 블러드스톤 제뉴인을 조합해 털가죽의 어두운 부분을 강조한다.

6. 물기가 없어 갈라진 붓 끝으로 선을 그려 넣어 털의 질감을 강조한다. 갈라진 붓으로 한 번 붓질하면 평행한 선 여러 개가 동시에 생긴다. 일부 윤곽선과 세부 묘사를 보강할 때는 뾰족한 갈색 색연필을 사용한다. 수채 물감이 완전히 마르면 색연필을 쉽게 덧칠할 수 있다.

7. 마지막으로 흰색 색연필을 사용해 털의 질감을 더 생생하게 묘사한다. 하지만 털을 일일이 그리려는 유혹은 피해야 한다.

동물이 움직이면 어떻게 해야 할까?

움직이는 동물을 그리다가 답답하고 막막했던 적이 있는가? 나도 있다. 하지만 이럴 때 훨씬 수월하게 그리는 법이 있다. 사진으로 찍어 담아내듯이 모든 것을 기억할 필요도 없다.

조각조각 관찰하기

빠르게 움직이는 동물을 포착하는 좋은 방법은, 동물 전체를 그리는 대신 눈에 들어오는 작은 단편들, 즉 개별적인 관찰 내용을 필드 노트 형식으로 기록하는 것이다. 어떤 특징에 집중해 여러 각도에서 반복적으로 관찰하고 기록한다. 예를 들어 사슴의 얼굴 무늬나 뒷다리 구조만을 집중적으로 연구해 페이지를 채울 수도 있다. 종이를 바라보는 시간보다 동물을 바라보는 시간을 더 많이 가져야 한다. 답은 종이가 아니라 동물에게 있다.

카메라 눈

끊임없이 움직이는 동물을 그리고 있는가? 한순간을 포착하는 방법 중 하나는 눈을 카메라 렌즈처럼 사용하는 것이다. 눈을 감고 머릿속을 정리한 뒤에 아주 잠시 눈을 떠서 스냅샷을 찍듯 관찰한다. 다시 눈을 감으면 방금 본 자세가 잠깐 동안 기억 속에 남아 있을 것이다. 이 기억이 희미해지기 전에 빠르게 기록한다.

말로 표현하기

크게 소리 내거나 생각을 말로 내뱉으면 집중력이 오래 유지된다. 관찰한 점을 소리 내어 말하거나 스스로에게 질문하는 순간, 그 생각이 기억 속에 단단히 자리 잡는다. 나 역시 그림을 그릴 때 자주 혼잣말로 관찰 내용을 중얼거리곤 한다. 부끄러워하지 말자. 이상한 짓이 아니라, 자연 관찰자다운 행동이다.

등선 따기

목과 등의 윤곽선을 따라 생기는 음의 형태를 관찰한다. 한쪽 눈을 감고 허공에서 이 선을 손으로 따라 그린다. 몇 번 반복한 뒤 그 선을 종이에 옮긴다. 이 선을 스케치의 기초로 삼아 나머지를 구성한다.

다리 아래에 존재하는 음의 형태

네 발 달린 동물을 그릴 때는 배와 지면 사이의 음의 형태를 먼저 그리는 방법도 좋다. 다리를 그리려고 하

지 말고 배 아래 빈 공간의 형태를 포착하는 데 집중한다. 이 형태의 비율이 정확하다면 그 주위를 따라 몸과 다리를 추가하는 과정이 훨씬 쉬워진다. 특히 다리가 긴 동물을 그릴 때 효과적인 접근법이다.

형태 연결하기

해부학적 지식을 잠시 잊고, 몸의 주요 덩어리를 추상적인 형태로 바라본다. 근육과 뼈가 어떻게 배치되어야 하는지 고민하지 말고 단순한 기하학적 형태 조각을 이어붙이는 방식으로 그려보자. 이 방법은 비율이 흐트러지기 쉽지만, 음의 형태를 활용하면 보완할 수 있다. 특히 다리를 몸 아래로 요상하게 접은 채 쉬거나 자는 동물을 그릴 때 유용한 기법이다.

흔적 추적하기

포유류는 몸을 숨기고 다닌다. 동물을 직접 볼 수 없다면 그들이 남긴 흔적을 찾아 기록해보자.
발자국을 정확하게 묘사하고 싶을 때 측정은 필수 요소다.

발자국, 흔적, 이야기

발자국만으로도 많은 정보를 알 수 있다. 발자국을 자세히 묘사하려면 크기를 측정한 뒤 스케치해야 한다. 발가락 개수를 정확히 세고, 발바닥 패드의 형태를 관찰한다. 발자국에서 발톱 모양도 보이는가? 발자국이 얼마나 깊게 찍혀 있는가? 어떤 표면 위에 남겨졌는가? 동물의 체중과 어떤 관계가 있을까? 발자국이 얼마나 선명한가? 동물이 얼마 전에 다녀갔는지에 대한 설명이 될까?

발자국을 그릴 때 음의 형태와 투영선을 활용하면 정확한 형태를 포착할 수 있다. 발바닥 패드 자체의 모양뿐만 아니라 패드 사이의 음의 형태를 살펴보자. 큰 그림 속 발자국 두 개를 비교해보자. 하나는 패드 사이의 공간이 좁은 초승달 모양이지만, 다른 하나는 큰 직사각형이다. 아래에 실린 코요테 발자국에서도 음의 형태의 크기와 모습을 잘 살펴보자. 약간 다르게 보면 X자 형태의 공간이 보인다.

관찰 범위를 연속된 발자국의 패턴으로 확장해보자. 각 발자국 사이에 차이가 있는가? 많은 동물의 앞발과 뒷발의 발자국은 조금씩 다르다. 그 차이를 구분할 수 있는가? 발자국이 서로 겹쳐 있는가, 약간씩 어긋나 있는가? 발자국의 간격은 일정한가, 점점 멀어지거나 가까워지는가? 동물이 이동하는 속도와 어떤 관련이 있는가? 여러 발자국이 그룹을 이루는가? 그렇다면 그룹 사이의 거리는 일정한가?

발자국이 놓인 풍경도 함께 살펴보자. 그 안에 하나의 이야기가 펼쳐져 있다. 단순히 발자국을 관찰하는 데 그치지 말고 그 흔적이 담고 있는 이야기를 읽어보자. 흔적을 따라가며 동물의 움직임을 추적하고, 그곳에서 무슨 일이 벌어졌을지 상상해보자.

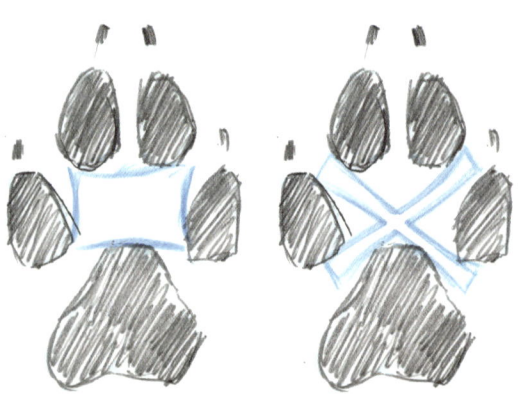

289 동물 그리는 법

9. 야생화 그리는 법 How to Draw Wildflowers

야생화는 봄과 여름에 누릴 수 있는 가장 큰 즐거움 중 하나다.
조용히 앉아 관찰하는 동안 꽃가루받이를 하거나
모습을 드러내는 동물들을 유심히 살펴보는 재미도 있다.
꽃의 기하학적 구조를 이해하면 꽃을
좀 더 쉽고 정확하게 그릴 수 있다.

꽃의 대칭 구조 이해하기

꽃은 아름다운 기하학적 형태로 피어난다. 몇 개의 점과 원을 이용해 꽃의 대칭 구조를 잡은 뒤
그 틀 위에 세부 요소를 더해보자. 원을 3, 4, 5, 6등분하는 연습을 반복하면 대칭 구조를 잘 잡을 수 있다.

꽃잎을 알맞은 자리에 배치하는 것이 어렵다면 원을 이용해보자. 먼저 꽃잎의 가장자리가 이루는 원을 눈으로 포착하는 연습을 해야 한다(원은 꽃의 중심부에서 보일 때도 있다). 원을 그린 뒤, 각 꽃잎의 끝이 원에 닿는 지점마다 작은 눈금을 그린다. 눈금의 간격이 균등하지 않다면 고르게 놓일 때까지 조금씩 옮겨 조정한다. 눈금의 위치가 정해지면 이를 기준점 삼아 꽃잎을 배치하면 된다.

이 방법은 방사형 대칭이 아닌 꽃에도 똑같이 적용할 수 있다. 복잡한 형태를 단순하게 바라보며 머릿속에서 구조를 정리하는 습관을 들여보자. 처음에는 꽃의 세부적인 요소에 시선이 가겠지만 잠시 무시하자. 먼저 대칭 구조를 간단한 도형으로 나타낸 뒤 꽃잎 하나하나를 세밀하게 그려나가면 된다. 가이드라인은 최대한 연하게 그리거나 논포토 블루 연필로 그리면 좋다.

대부분의 꽃은 세 장, 네 장, 다섯 장, 여섯 장 또는 그보다 더 많은 꽃잎을 가지고 있다. 각각의 대칭 구조를 익히고, 원의 둘레에 점을 쉽게 찍는 방법을 알아보자.

넓은 꽃잎, 좁은 꽃잎

원의 둘레에 점을 찍어 꽃잎을 넓게 또는 좁게 그릴 수 있다. 좁은 꽃잎을 그릴 때는 점을 꽃잎 끝으로 삼고, 넓은 꽃잎을 그릴 때는 점을 꽃잎의 양쪽 가장자리로 삼는다. 중간 너비의 꽃잎을 그릴 경우 점을 꽃잎의 끝으로 삼되, 점과 점 사이에 짧은 선을 덧그려 꽃잎이 겹치는 경계와 꽃잎의 방향을 정확하게 잡는다.

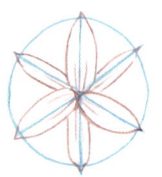 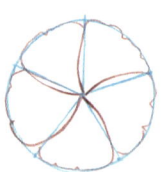 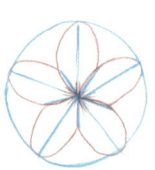

꽃잎이 좁다면, 원 둘레에 찍은 점들을 꽃잎 끝의 위치로 삼는다.

꽃잎이 넓다면, 점들을 꽃잎이 겹치는 경계 지점으로 삼고 꽃의 중심에서 원 둘레의 점까지 선을 그어보자. 이렇게 하면 각 꽃잎의 윤곽을 잡는 데 도움이 된다.

꽃잎의 너비가 중간 정도라면, 꽃잎의 끝과 꽃잎이 겹치는 경계를 모두 잡아놓고 형태를 그리면 된다.

원 분할하기

원의 둘레에 점을 균등하게 배치하는 몇 가지 요령이 있다.
꽃잎이 세 장, 네 장, 여섯 장인 경우에는 기하학적 방법으로 원리에 기반해 배치할 수 있다.
꽃잎이 다섯 장인 경우에는 약간의 눈대중이 필요하지만 연습하면 충분히 할 수 있다.

세 장의 꽃잎

정삼각형이 원과 교차하는 지점은 꼭대기와 원 높이의 1/4 지점이다. 1/4 지점을 찾으려면 먼저 원의 중심을 가로지르는 수평선을 하나 그린 다음, 그 선과 원의 밑변 사이에 또 하나의 수평선을 그린다. 이 선이 원과 만나는 지점을 표시하고 꼭대기에 점을 하나 더 찍으면, 원의 둘레를 세 개의 호로 균등하게 나눌 수 있다.

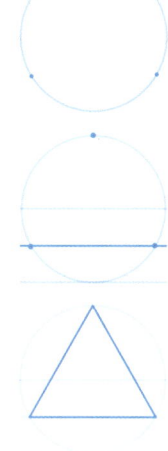

네 장의 꽃잎

네 장의 꽃잎을 가진 꽃의 기하학적 구조는 가장 그리기 쉽다. 원의 중심을 가로지르는 십자선을 그리면 네 개의 동일한 구간으로 나뉜다. 또한 이 선들의 교차점이 꽃의 중심이 되므로, 꽃을 위에서 내려다보며 그릴 때 이 선을 떠올리면 큰 도움이 된다.

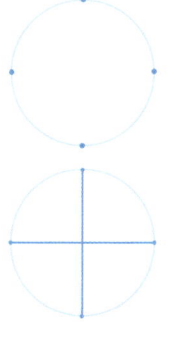

다섯 장의 꽃잎

다섯 장의 꽃잎을 가진 꽃은 기하학적으로 그리기 가장 어려운 구조이다. 다섯 개의 점으로 이루어진 별 모양을 사람의 몸이라고 생각해보자. '팔'과 '다리'는 원과 정확한 비율로 교차하지 않는다(무리수인 이 비율은 고대 피타고라스 학파를 괴롭혔던 문제이기도 하다). '다리'는 원의 밑변보다 약간 위에서 원과 교차하고, '팔'은 중심선보다 약간 위에서 원과 교차한다. 또한 팔의 간격이 다리의 간격보다 더 넓다는 점도 유념해야 한다. 두 다리 사이의 대략적인 거리감을 기억해두면 편하다.

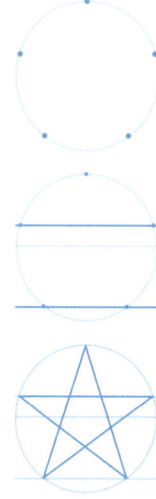

여섯 장의 꽃잎

원을 3등분할 수 있다면 6등분도 쉽게 할 수 있다. 먼저 앞서 배운 방법으로 세 개의 점을 배치한 뒤 각 점의 중간 지점에 점을 하나씩 추가한다. 이때 추가한 점들이 반대편 점과 정확히 마주 보고 있어야 한다. 이렇게 하면 여섯 개의 점들이 균등하게 배치된다.

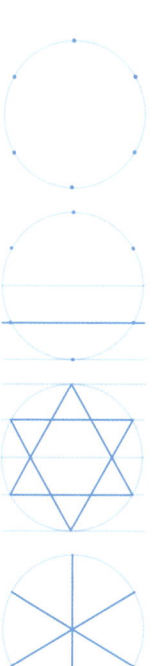

단축과 꽃의 형태

단축은 특정 각도에서 사물을 바라볼 때 길이가 실제보다 짧아 보이는 시각적 왜곡 현상이다. 꽃 전체와 각각의 꽃잎은 일정한 패턴에 따라 단축되어 보인다. 이론을 익혀두면 자연 속에서 이러한 변화를 쉽게 알아볼 수 있다.

높이 왜곡

원은 기울어지면 타원으로 보인다. 기울기가 클수록 타원은 더욱 납작해진다. 이때 변하는 것은 세로 길이뿐이다. 아무리 많이 기울여도 가로 길이는 변하지 않는다.

마찬가지로 꽃이 수직 방향으로 기울어지면 꽃잎의 형태가 달라진다. 다만 꽃잎이 달린 방향에 따라 길이가 변할 수도, 너비가 변할 수도 있다. 꽃의 위아래(수직선상)에 달려 있는 꽃잎들은 길이가 짧아진다. 처음에는 폭이 넓어진 것처럼 보일 수도 있지만, 이는 주변이 좁아져서 상대적으로 넓어 보이는 것일 뿐이다. 반면 꽃의 좌우(수평선상)에 달려 있는 꽃잎들은 폭은 좁아지지만 길이는 그대로 유지된다. 그 사이에 달린 꽃잎들은 두 가지 변화를 모두 겪어 약간 짧아지고 약간 좁아진다. 꽃의 중심부는 타원형으로 변하지만 여전히 중심에 위치한다.

모서리를 주의하라

타원을 그릴 때는 끝을 부드럽게 둥글린다. 크게 단축된다고 해서 끝을 뾰족하게 그리지 않도록 주의해야 한다. 마찬가지로 양 끝이 갑자기 좁아지는 네모난 느낌의 타원도 피해야 한다. 단축된 타원의 여러 형태를 눈에 익히고 꾸준히 그리는 연습을 하 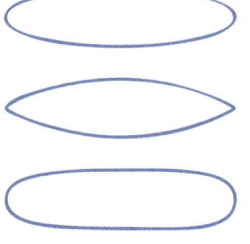 다 보면 금세 감을 잡을 수 있다.

그렇다면 선 원근법은 어떻게 적용할까?

물체는 멀리 있을수록 작게 보인다. 그렇다면 원이나 꽃을 기울였을 때 뒷부분이 더 멀어지니까 더 작아 보일까? 얼마나 작게 보일까? 또 이를 그림에 반드시 반영해야 할까?

선 원근법(소실점과 지평선을 사용해 원근감을 표현하는 기법)은 대상이 시야에서 큰 비중을 차지할 때 유용하다. 예를 들어 건물처럼 크기가 큰 물체나 바로 눈앞에 있는 작은 물체가 그렇다. 그러나 물체가 시야를 차지하는 비중이 작거나 관찰자로부터 멀리 떨어져 있을수록 원근에 따른 크기 왜곡은 눈에 덜 띈다.

간단한 실험을 통해 이를 확인할 수 있다. 한쪽 눈을 감은 채 명함을 몇 센티미터 앞에서 기울여보면 가까운 쪽과 먼 쪽의 크기 차이가 눈에 띌 것이다. 그러나 명함을 약 1미터 거리에 있는 테이블 위에 두고 보면, 가까운 쪽과 먼 쪽의 크기 차이를 거의 알아볼 수 없다. 이처럼 왜곡은 가까이에서 볼 때만 두드러지므로, 일반적인 거리에서 꽃을 그릴 때는 크기 왜곡(선 원근 왜곡)을 신경 쓰지 않아도 된다.

시선의 각도가 작아질수록, 즉 꽃을 옆에서 비스듬히 볼수록 360도(위쪽)와 180도(아래쪽) 방향의 꽃잎은 길이가 짧아지고, 90도(오른쪽)와 270도(왼쪽) 방향의 꽃잎은 폭이 좁아진다. 대각선 방향의 꽃잎들은 약간 짧아지고 약간 좁아진다.

이 그림의 문제점은 무엇일까?

그림의 문제점을 스스로 찾아본 뒤 아래 설명을 읽어 보자.

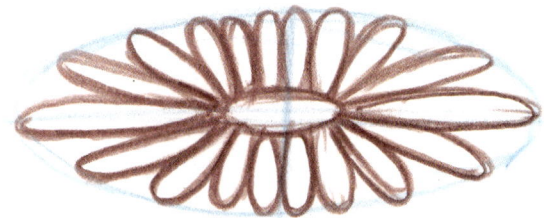

이 스케치에는 흔히 하는 두 가지 실수가 있다. 첫 번째는 꽃잎들이 중심점에 맞춰 정렬되어 있지 않다는 점이다. 중심부 꽃잎들은 마치 이빨처럼 위아래로 곧게 서 있고, 대각선 방향의 꽃잎들은 중심이 아닌 타원의 둘레를 따라 회전하듯 배치되어 있다.

두 번째는 양옆의 꽃잎들이 단축에 의해 좁아지지 않았다는 점이다. 실제로는 옆쪽 꽃잎이 시각적 왜곡으로 인해 더 좁아져야 하지만, 이 그림에서는 공간에 억지로 끼워 맞추느라 빗방울 모양으로 그려졌다.

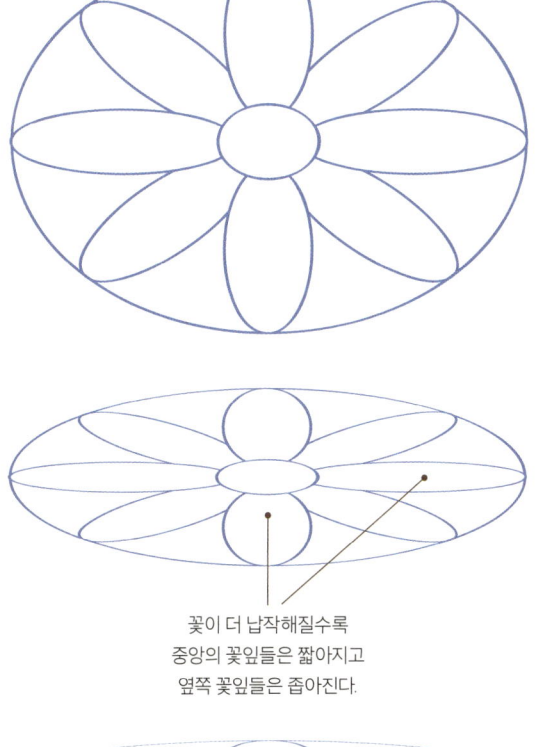

모든 꽃잎이 동일한 길이와 너비를 가지며 중심을 향해 정렬되어 있다.

꽃이 더 납작해질수록 중앙의 꽃잎들은 짧아지고 옆쪽 꽃잎들은 좁아진다.

야생화 그리는 법

단축된 꽃의 회전

꽃의 형태와 비율이 단축에 의해 어떻게 변화하는지 연구해보자. 이러한 변화의 원리를 이해하고 예측할 수 있게 되면, 실제 꽃을 관찰할 때도 비율과 각도를 쉽게 파악할 수 있다.

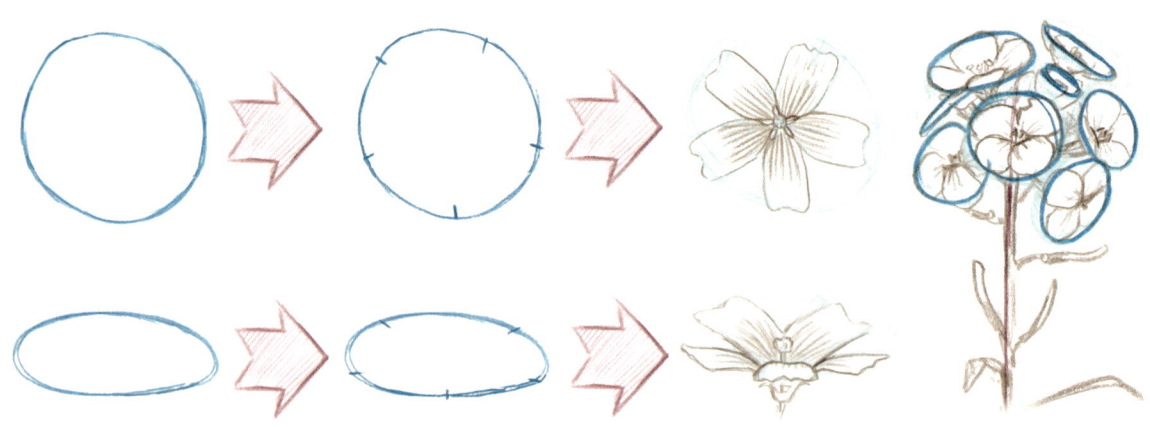

꽃의 대칭 구조를 잡을 때 원을 이용하면 단축에 의한 왜곡도 쉽게 적용할 수 있다. 원이 기울어지면 타원이 되듯 원형 구조를 가진 꽃 역시 기울어지면 타원 형태로 보인다. 하지만 단축된 타원에서도 꽃잎 끝의 위치는 동일하다.

꽃이 무리 지어 피어 있을 때는 각 꽃이 서로 다른 각도에서 보인다. 따라서 꽃마다 단축에 의한 왜곡의 정도가 다르고, 저마다 다른 방향을 향해 있다. 이럴 때는 각 꽃의 방향에 맞게 여러 개의 타원을 그려보면 각 꽃의 위치와 기울기를 더 쉽게 파악할 수 있다. 중앙에 있는 꽃은 정면에서 보이기 때문에 형태가 원형에 가깝다. 반면 가장자리에 있는 꽃들은 기울어진 각도에서 보이므로 납작한 타원형에 가깝다.

단축된 꽃의 각도와 비율이 어떻게 변화하는지 주의 깊게 살펴보아야 한다. 이제 주요 변화를 강조해 보여주는 옆 페이지의 다이어그램을 살펴보자.

첫 번째 줄은 동일한 꽃이 세 가지 다른 각도로 회전하는 모습을 보여준다. 이 회전 각도는 아래 줄에서도 계속 유지된다.

꽃이 왜곡될수록 꽃잎의 너비와 길이에 변화가 생긴다. 위아래에 달린 꽃잎들은 길이는 짧아지지만 너비는 유지된다. 반면 양옆에 달린 꽃잎들은 너비는 좁아지지만 길이는 그대로 유지된다.

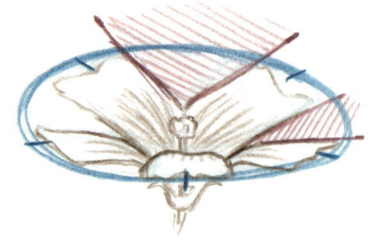

이제 꽃잎 사이의 음의 형태와 호의 길이를 관찰해보자. 타원의 위쪽과 아래쪽의 호는 길이가 길고, 꽃잎 사이의 각도도 넓다. 반면 양옆의 호는 더 짧고, 꽃잎

사이의 각도도 더 좁다.

　꽃은 세 개의 축을 기준으로 회전할 수 있다. 첫 번째 줄은 꽃 자체가 원 안에서 회전하는 모습이다. 다음 세 줄은 꽃이 앞이나 뒤로 기울어진 모습을 보여준다. 마지막 줄은 단축된 타원의 축 자체가 기울어진 모습을 보여준다.

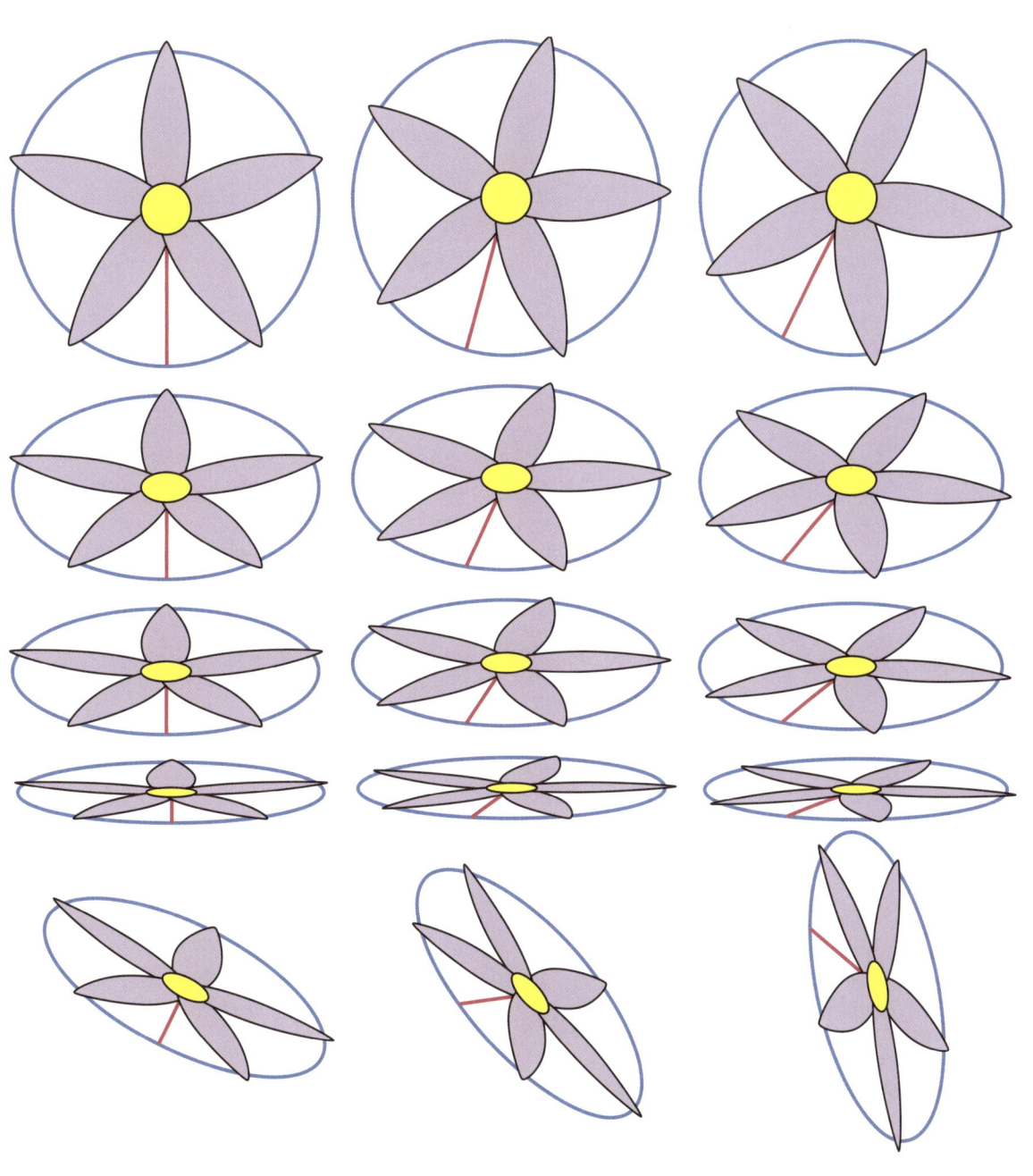

야생화 그리는 법

단축된 원뿔형 꽃의 왜곡

많은 꽃은 원뿔 형태를 띠고 있다. 원뿔형 꽃은 왜곡되는 방식이 평면형 꽃과 다르다.
평면형 꽃과 원뿔형 꽃이 회전할 때 중심이 어떻게 달라지는지 비교해보자.

평면형 꽃

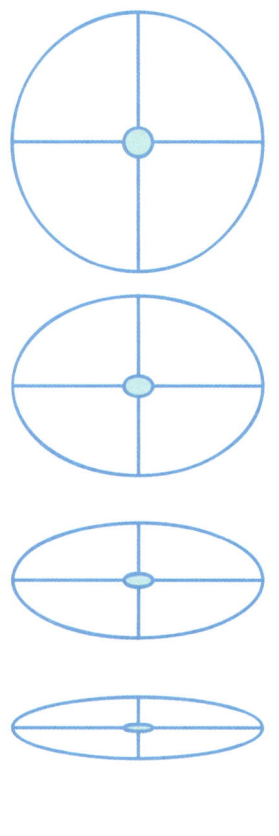

완만한 원뿔형 꽃

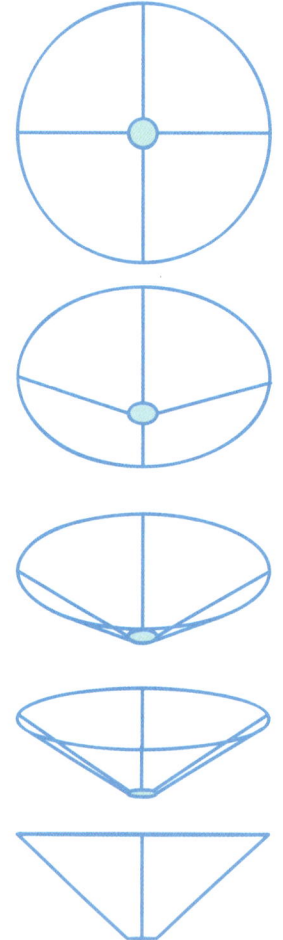

가파른 원뿔형 꽃

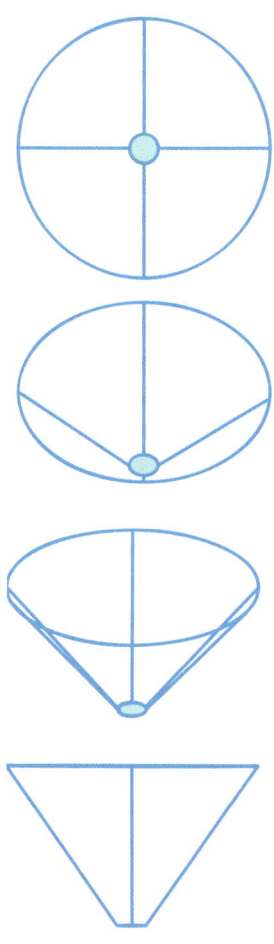

모든 꽃잎이 하나의 평면에 달린 평면형 꽃을 기울이면, 꽃잎 끝을 따라 그린 원이 타원으로 변한다. 그러나 꽃의 중심은 여전히 중앙에 위치한다. 위쪽과 아래쪽에 달린 꽃잎은 길이가 짧아지지만 너비는 그대로 유지된다. 반면 양옆에 달린 꽃잎들은 길이는 변하지 않지만 너비가 좁아진다.

원뿔형 꽃은 회전할 때 중심이 아래로 내려간다. 꽃이 기울어져 시선과 수직이 될수록 위쪽 꽃잎은 길어지고 아래쪽 꽃잎은 짧아진다. 꽃의 중심이 타원의 둘레 아래로 내려가면 꽃의 밑면, 즉 원뿔의 아랫면이 보이기 시작한다.

원뿔의 경사가 가파를수록 꽃의 중심은 더욱 빠르게 아래로 내려간다.

원뿔형 꽃은 꽃잎이 매우 좁거나 꽃잎끼리 부분적으로 또는 완전히 붙어 있을 수도 있다. 어떤 꽃은 원뿔이 점점 좁아지면서 관 형태로 이어지기도 한다. 이러한 복합적인 형태를 표현할 때는 원뿔과 관을 서로 연결해 입체적으로 그리면 된다.

야생화 그리는 법

원뿔형 꽃 그리기

세밀한 꽃 그림의 기초는 정확한 도형화다. 각 꽃잎은 원뿔의 모서리에서 꼭짓점까지 이어진다는 점을 기억하자. 이 기본 구조를 먼저 잡아둔 뒤 말려 있는 꽃잎이나 단축된 꽃잎, 다양한 세부를 덧그리면 된다.

1. 관찰 중인 꽃과 동일한 각도와 비율을 가진 원뿔을 그린다. 원뿔 모서리에 점을 찍어 꽃잎의 간격을 표시한다.

2. 점들에서 꽃의 중심(원뿔의 꼭짓점)까지 선을 긋는다. 이 선들은 각 꽃잎의 각도와 방향을 잡는 데 도움이 된다.

3. 꽃받침은 꽃잎의 바깥쪽을 감싸기 때문에 먼저 그린다. 꽃받침은 일부 꽃잎의 아랫부분을 가릴 수 있다.

4. 점과 선을 참고해 앞쪽 꽃잎을 그린다. 양옆 꽃잎의 끝은 비대칭으로, 한쪽은 길고 한쪽은 짧다. 꽃잎 끝은 원뿔 모서리에 가까워질수록 좁아진다.

5. 뒤쪽 꽃잎을 그린다. 가려서 보이지 않는 부분도 각 꽃잎이 원뿔 아래쪽에 연결된다고 생각하고 그려야 한다.

6. 수술은 꽃잎 안쪽에 더 작은 원뿔 모양을 이룬다.

흔한 실수 1: 두 개의 바닥면

꽃의 원뿔 안쪽을 들여다볼 때는 꽃의 안쪽 바닥면과 바깥쪽 바닥면이 동시에 보일 수 없다. 바깥쪽 바닥면이 보일 때는 원뿔 안쪽에서 보이던 바닥면이 원뿔의 아래로 내려간다.

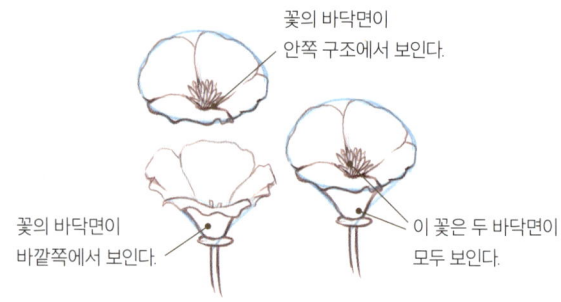

꽃의 바닥면이 안쪽 구조에서 보인다.

꽃의 바닥면이 바깥쪽에서 보인다.

이 꽃은 두 바닥면이 모두 보인다.

흔한 실수 2: 뒤쪽 꽃잎이 꽃받침에 연결되지 않음

뒤쪽 꽃잎을 원뿔의 꼭짓점까지 길게 이어서 그리는 것이 어색하게 느껴질 수 있다. 많은 이들이 뒤쪽 꽃잎이 앞쪽 꽃잎보다 너무 길어 보여서 꽃잎이 시작되는 중심점을 위로 올려 그리곤 한다. 그러나 실제로 뒤쪽 꽃잎은 더 길어 보이는 게 맞다. 앞쪽 꽃잎은 관찰자를 향해 기울어져 있어 단축되고, 뒤쪽 꽃잎은 시선과 수직에 가까워 더 길어 보이기 때문이다.

흔한 실수 3: 뒤쪽 꽃잎들이 서로 다른 지점에서 나옴

이 그림에서는 뒤쪽 꽃잎들이 울타리처럼 곧게 서 있다. 양옆의 꽃잎들은 서로 다른 지점에서 나온 것처럼 보인다. 얼핏 보면 자연스러워서 이런 실수를 종종 하게 된다.

앞쪽에서 뒤쪽으로 꽃 그리기

기초 스케치를 마쳤다면, 먼저 가장 앞쪽 부분부터 그려야 한다.
그런 뒤 나머지 요소들을 자연스럽게 배치하면 된다.

1. 먼저 단축에 의한 왜곡과 비율을 반영해 기본 구조를 스케치한다. 이 스케치는 최종 그림에는 보이지 않겠지만, 처음부터 시간을 들여 정확하게 잡아두면 이후 과정이 훨씬 쉬워진다. 두 그림은 같은 꽃을 서로 다른 각도에서 그린 것이다. 꽃 안쪽이 더 많이 보이는 각도일수록 꽃의 바깥면은 덜 보인다는 점에 주목하자.

2. 원뿔 형태의 외곽선을 그리고, 각 꽃잎의 경계선을 표시한다. 앞쪽 꽃잎은 뒤쪽 꽃잎의 아랫부분을 가리게 된다. 고개를 기울여 꽃의 안쪽을 들여다보면, 모든 꽃잎이 꽃받침에서 방사형으로 뻗어나온다는 것을 알 수 있다. 꽃잎들의 경계선은 원뿔의 꼭짓점까지 정확히 연결해 그린다.

3. 가장 앞쪽 꽃잎의 윤곽선을 신중하게 그린다. 정확한 형태와 각도를 파악하려면 한쪽 눈을 감고 연필 끝으로 공중에서 꽃잎의 모양을 따라 그려봐도 좋다. 이때 각도 변화를 소리 내어 설명하면 형태를 더 정확하게 인식할 수 있다. 예를 들어 "아래로 내려가다가 45도로 짧게 꺾이고, 평평해지다가 살짝 웃는 곡선으로 올라간 다음, 끝에서 뾰족해지고 다시 45도 각도로 급격히 내려간다"라고 말해보는 것이다.

4. 앞쪽 꽃잎들의 형태를 완성해보자. 한쪽 눈을 감고 꽃잎의 앞면과 뒷면이 만들어내는 형태를 관찰한다. 서로 맞닿은 면들을 최대한 정확하게 따라 그리면 꽃잎 전체가 자연스럽게 완성된다. 각 형태를 따로 보면 전혀 맞지 않아 보이지만 서로 연결하면 하나의 온전한 꽃잎처럼 보인다. 이 점은 늘 놀랍고 흥미롭다.

각 꽃잎의 앞면과 뒷면을
서로 연결된 형태들로 보자.

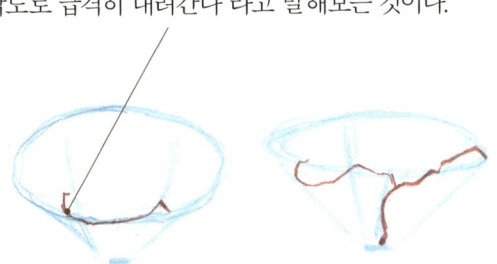
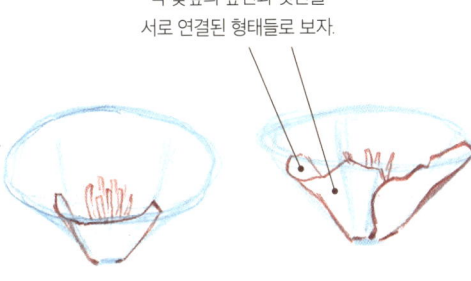

5. 이제 뒤쪽 꽃잎들을 추가한다. 앞쪽 요소를 먼저 그려두면 뒤쪽 꽃잎을 어디에서 멈춰야 할지 명확히 알 수 있다. 이때 꽃잎 사이의 음의 형태에도 신경을 써야 한다. 꽃잎 자체의 형태만큼이나 중요한 요소다.

 앞쪽에서 뒤쪽으로 그려가는 방식의 또 다른 장점은 입체감을 표현하기 쉽다는 것이다. 뒤로 갈수록 선을 더 가볍고 얇게 그리면 자연스럽게 거리감이 생긴다. 각 형태가 겹치는 방식을 조절하고 선들이 나란히 붙어 있지 않도록 주의하면 더 깊이감 있는 그림을 완성할 수 있다.

6. 마지막으로 세부 묘사를 더한다. 여기에서는 꽃잎 표면의 질감을 표현하기 위해 꽃잎 면을 따라 몇 개의 선을 그려 넣었다. 그러나 세부적인 묘사는 양념처럼 조금만 더해야 한다. 앞쪽을 더 풍부하게 묘사하고, 뒤쪽으로 갈수록 묘사를 줄이자. 과하게 그리기보다 최소한의 선으로 꽃의 특징을 암시하는 것이 훨씬 효과적이다.

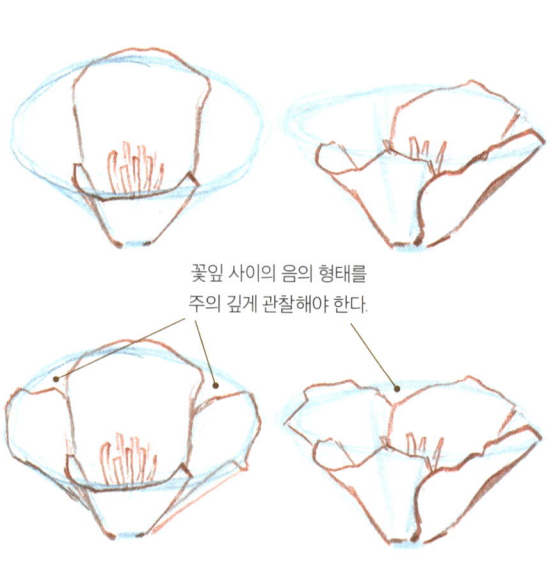

꽃잎 사이의 음의 형태를 주의 깊게 관찰해야 한다.

아래에서 위로, 앞에서 뒤로

루피너스를 어떻게 그려야 할까? 작은 요소들이 너무 많다. 복잡한 대상을 그릴 때는 전략이 필요하다.
큰 작업을 작은 단계로 나누어 진행하면 훨씬 효과적이다. 아래쪽의 중심부부터 시작해 위로 차근차근 올라간다.
체계적으로 접근하면 집중력을 유지하고 방향을 잃지 않을 수 있다.

루피너스 꽃차례를 그리는 일은 쉽지 않다. 같은 꽃을 다양한 각도에서 여러 번 반복해 그려야 하기 때문이다. 하지만 전략을 잘 세우면 시간을 절약할 수 있고, 그림도 훨씬 보기 좋아진다.

우선 꽃의 구조를 이해하는 데서 시작해보자. 꽃 한 송이를 정면, 45도 시점(약간 비스듬히), 측면에서 본 모습을 각각 그려본다. 줄기를 따라 올라갈수록(아래쪽이 가장 일찍 핀 꽃이고, 위로 갈수록 늦게 핀 꽃이다) 꽃의 모양이 어떻게 달라지는지 주의 깊게 살펴보자.

그런 다음 논포토 블루 연필로 꽃차례의 전체 윤곽을 잡는다. 가장 아래 줄의 중앙에 있는 꽃부터 그린다. 그 옆의 두 송이는 약간 간단하게, 배경에 있는 꽃들은 더 간단하게 형태만 암시하듯 그린다. 이제 한 층씩 위로 올라가며 같은 방식으로 맨 위까지 그려나간다.

1. 앞쪽부터 시작한다. 가장 가까이 보이는 중앙의 꽃을 진하게 그린다.
2. 양옆의 꽃들을 추가한다.
3. 뒤쪽에 있는 꽃들은 가볍게 암시하듯 그리고, 세부 묘사는 생략한다.
4. 이제 한 층 위로 올라가 같은 방식으로 그려나간다.

아래에서부터 점점 위로 올라간다. 각 층에서는 중앙부터 시작해 바깥쪽으로 그려나간다.

여기서 시작

가장 가까운 중앙의 꽃을 먼저 그린다.

뒤쪽에 있는 꽃들은 가볍게 그린다.

루피너스 채색하기

그림 전체에 같은 색을 반복적으로 사용하면 통일감을 줄 수 있다.

그림을 그릴 때 팔레트의 모든 색을 다 쓰면 마치 얼룩덜룩한 천처럼 어수선해 보인다. 반면 한정된 색만을 사용하고 같은 색을 그림 곳곳에 반복해서 쓰면 전체적으로 색의 조화를 이룰 수 있다. 색이 한정된 팔레트를 써보며 그 효과를 직접 실험해보자.

그림을 시작하기 전에 꽃의 형태를 연구해보자.

1. 워터브러시에 보라색 물감을 묻힌다. 처음 붓질할 때 색이 가장 진하기 때문에 앞쪽 그림부터 칠하는 것이 좋다.

2. 계속 칠해나가며 물감이 점점 옅어지게 한다. 색이 옅어질수록 뒤쪽으로 이동하며 칠한다.

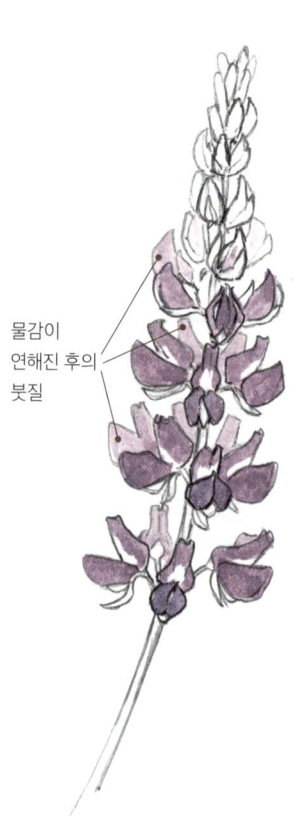

물감이 연해진 후의 붓질

첫 붓질

여기 내가 사용하는 색상의 팔레트가 있다. 나는 작업할 때 종이 한쪽에 작은 색상 견본을 만들어둔다. 이렇게 하면 색이 실제로 어떻게 보이는지, 물감의 농도는 어떤지 미리 확인할 수 있다. 물이 너무 많으면 예상치 못한 번짐이 생길 수 있다. 또한 이렇게 색상 팔레트를 만드는 과정 자체가 흥미로운 연구거리가 된다.

3. 초록색을 만들어 그림의 다양한 부분에 사용해보자. 초록색이 너무 선명하다면 마젠타를 살짝 섞어 색감을 눌러주면 된다.

4. 줄기와 아직 피지 않은 꽃에는 탁한 마젠타를 칠한다. 실제 대상의 어느 부분에 얼룩덜룩한 색감이 보이는지 관찰해보자.

5. 세부적인 묘사와 어두운 명암을 더한다. 앞쪽은 강하게, 중간은 적당히, 뒤쪽은 거의 보이지 않도록 조절해 넣는다.

뒤쪽에 너무 많은 세부 묘사를 넣지 않도록 조심하자.

잎과 꽃잎의 단축 표현

잎과 꽃잎은 앞이나 뒤로 기울어지면 길이가 짧아지고, 옆으로 회전하면 폭이 좁아진다.
이처럼 뚜렷한 왜곡 외에도 놓치기 쉬운 미묘한 변화들이 있다.

앞이나 뒤로 기울어진 경우

잎이 앞이나 뒤로 기울어지면 단축에 의해 길이가 짧아지지만, 폭은 거의 변하지 않는다. 잎 끝은 처음에는 뾰족하다가 기울어질수록 넓어진다. 잎맥은 간격이 점점 촘촘해지고 각도가 점점 더 작아진다.

잎이 축(주맥)을 따라 회전할 때

잎이 축(주맥)을 따라 회전하면 폭은 좁아지지만 길이는 변하지 않는다. 잎 끝은 더 뾰족해지고, 잎맥은 더 촘촘해지며, 각도는 더 가팔라진다. 하지만 앞뒤로 기울어질 때만큼 뚜렷한 변화는 아니다.

- 단축이 잎맥의 각도와 간격에 미치는 영향
- 잎 끝의 각도가 넓어진다.
- 잎맥의 각도가 넓어진다.
- 길이가 짧아지고, 타원형의 밑부분은 원형에 더 가까워진다.
- 잎맥 사이의 간격이 좁아진다.

선 원근법은 어떻게 적용할까?

꽃을 그릴 때와 마찬가지로 대상이 크거나 대상을 아주 가까이에서 그릴 경우 선 원근법을 적용한다. 예를 들어 곤충의 시점에서 본 잎처럼 극도로 확대된 장면을 그릴 때는 선 원근에 따른 왜곡을 고려해야 한다. 그러나 대부분의 식물 세밀화에서 소실점이나 멀어지는 철길 같은 원근 표현을 생각할 필요는 없다. 잎이 아주 크거나 그 잎을 몇 센티미터 거리에서 들여다보는 경우가 아니라면 선 원근은 무시해도 된다.

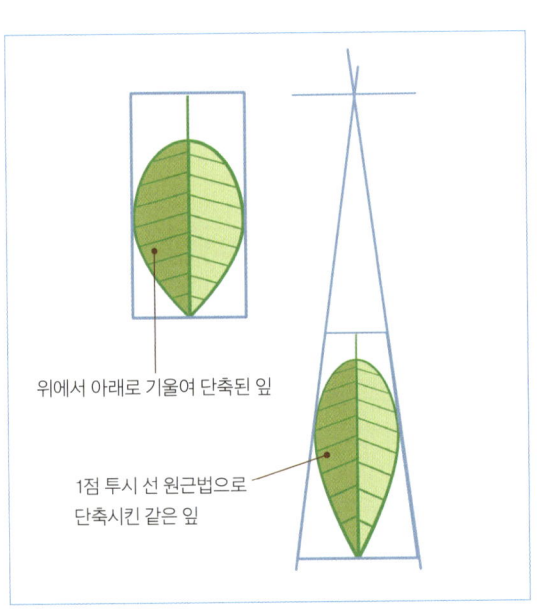

- 위에서 아래로 기울여 단축된 잎
- 1점 투시 선 원근법으로 단축시킨 같은 잎

톱니 모양 잎

먼저 잎의 비율에 맞게 형태를 스케치한다.

가이드라인을 따라 잎 가장자리에 톱니 모양을 그린다. 잎맥은 보통 톱니 끝에서 끝난다.

회전으로 단축된 잎과 꽃잎

잎이나 꽃잎이 시선과 비스듬한 각도로 놓이면 회전할 때 예상치 못한 모습으로 왜곡된다. 잎 끝의 각도와 잎 양쪽 절반의 너비가 비대칭이 되기 때문이다.

위에서 본 모습

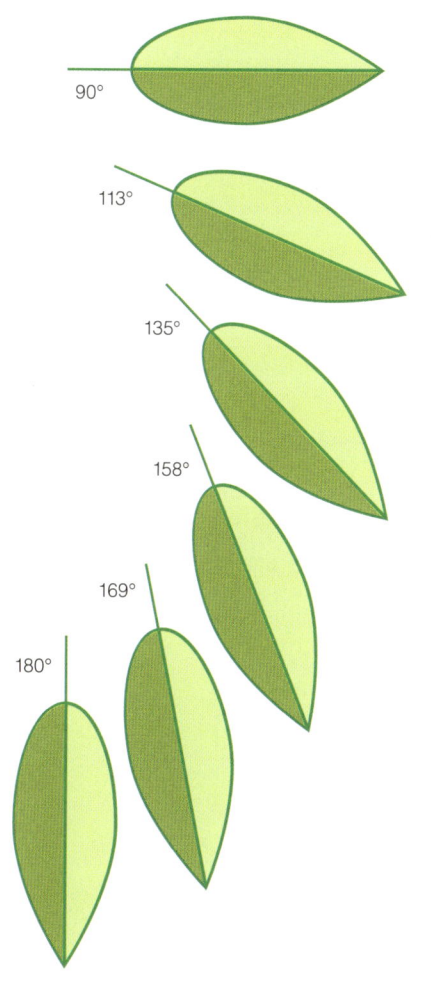

45도 시점

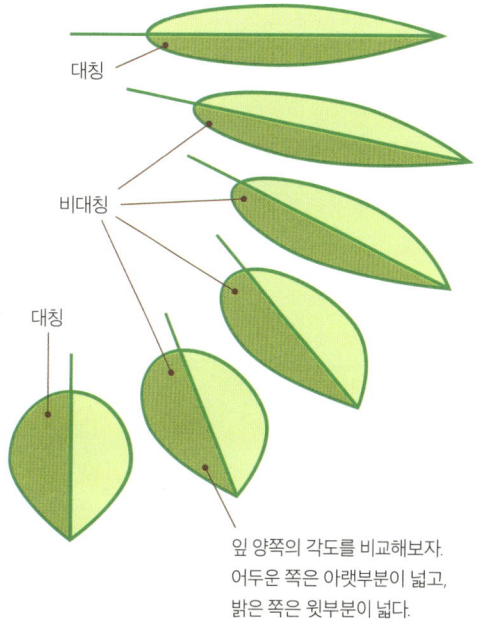

잎 양쪽의 각도를 비교해보자. 어두운 쪽은 아랫부분이 넓고, 밝은 쪽은 윗부분이 넓다.

68도 시점

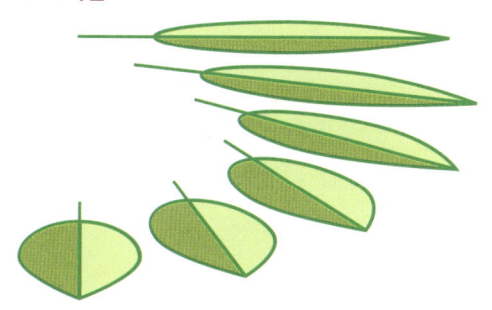

비대칭적인 왜곡

대칭인 잎을 기울여서 회전시키면 잎의 형태가 어떻게 왜곡되는지 관찰해보자. 가까운 쪽은 잎 끝이 더 뾰족해지고 아래쪽에서부터 서서히 가늘어진다. 반면 먼 쪽은 잎 끝의 각도가 넓고 끝부분에서 급격히 가늘어진다. 이러한 왜곡은 특히 잎이 135도와 169도 사이에 위치할 때 가장 뚜렷하게 나타난다.

겹잎과 꽃잎

이러한 왜곡은 한 번 인식하기 시작하면 어디에서든 쉽게 발견할 수 있다. 단축된 꽃이나 겹잎(*하나의 잎자루에 여러 개의 작은잎이 달린 잎)을 그릴 때마다 주의 깊게 관찰해야 한다. 특히 꽃 구조의 대칭성 때문에 꽃잎을 모두 같은 너비와 형태로 그리게 되기 쉽다. 하지만 실제로는 그렇지 않으니 조심해야 한다.

잎맥에는 어떤 영향을 미칠까?

정면에서 내려다봤을 때 양쪽 잎맥이 V자 형태로 대칭을 이루는 잎이 있다고 가정해보자. 이 잎이 기울어지면 한 쪽 잎맥은 내 시선 쪽으로 더 기울어지고, 반대쪽 잎맥은 옆으로 더 퍼진다. 이를 정확히 계산할 필요는 없다. 이러한 왜곡이 생긴다는 걸 염두에 두고 주의 깊게 관찰해, 보이는 그대로 그리면 된다.

위나 아래로 뻗은 잎은 대칭이다.

비대칭

비대칭

비대칭

90° 또는 그에 가까운 각도로 놓인 잎은 대칭이다.

비대칭

말려 있는 잎 그리기

말려 있거나 단축된 잎을 그리는 것을 두려워하지 말자. 약간의 연습만 하면 금세 익힐 수 있으며, 과정 자체도 매우 흥미롭다. 핵심은 서로 맞물리는 형태를 머릿속에 그려본 뒤 이를 조합하여 잎을 완성하는 것이다.

말려 있는 잎은 넓어졌다가 가늘어지고, 단축되기도 하며, 비틀리거나 말리면서 앞면과 뒷면이 동시에 드러나기도 한다. 하지만 걱정할 필요는 없다. 심호흡을 한 번 하고, 이런 잎을 쉽게 그릴 수 있는 간단한 요령을 익혀보자.

잎의 각 표면을 오려낸 종이처럼 평평한 면이라고 생각해보자. 먼저 한쪽 눈을 감고 잎의 앞면을 하나의 납작한 형태로 바라본다. 비틀리거나 말려 있다는 점은 잠시 잊고 오직 그 형태만을 관찰한다. 앞서 배운 윤곽선 드로잉 기법이 이러한 형태를 포착하는 데 유용하다. 그런 다음 뒷면도 같은 방식으로 그려 첫 번째 형태와 연결한다. 어떤 잎은 세 개 이상의 면이 맞물려 구성되기도 한다.

말려 있는 리본은 이러한 표면 형태를 이해하기 위한 좋은 예시다. 리본의 초록색 면과 파란색 면이 만들어내는 형태를 포착할 수 있도록 눈을 훈련하자. 각 구간이 저마다 다른 각도와 곡선을 가지고 있어 전체 형태에서 분리해서 보면 더 쉽게 따라 그릴 수 있다.

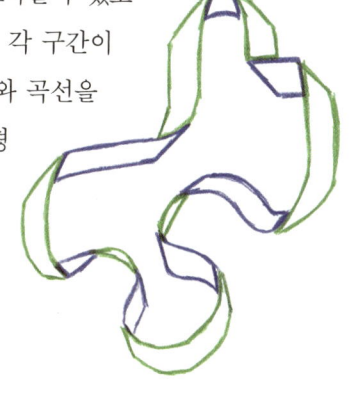

윗면과 아랫면을 각각 독립적인 형태로 보자.

이들을 연결하여 하나의 잎을 만든다.

가까운 쪽은 더 굵은 선으로 그린다.

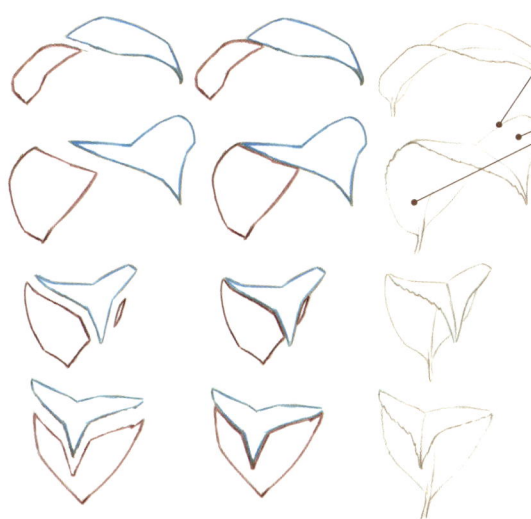

V자 단면

잎의 단면이 V자 형태라면, 앞면이 V모양이고 V의 꼭짓점은 주맥에 해당한다.

주맥을 기준으로 보면 잎의 양쪽 너비는 대칭이 아니다. 앞면은 넓은 쪽이 멀리 있고, 뒷은 넓은 쪽이 가까이 있다.

이 잎의 문제는 무엇일까?

설명을 읽기 전에 질문에 대한 답을 스스로 생각해보자. 다음 그림은 두 개의 면을 결합해 하나의 잎을 그릴 때 흔히 하는 실수를 보여준다. 각 면은 따로 보면 그럴듯하지만 비율이 맞지 않아 주맥과 잎의 가장자리가 앞면과 뒷면에서 서로 어긋나게 이어진다.

말려 있는 꽃잎을 그릴 때도 같은 방식으로 접근해보자.

잎의 앞면과 뒷면을 각각 독립적인 형태로 바라보자.

아래쪽에 있는 거꾸로 된 잎 그림은 가려서 보이지 않던 부분을 보여준다. 자세히 보면 주맥과 잎의 가장자리가 자연스럽게 연결되지 않고 불가능한 형태로 꼬여 있다.

잎을 투시해 보기

잎의 형태를 잡았다면 한 걸음 물러나 전체 구조를 살펴보자. 앞쪽 윤곽선과 뒤쪽 윤곽선은 서로 이어지는 하나의 선이다. 말려 있는 리본을 다시 한번 떠올려보자. 리본의 보라색 선과 파란색 선이 반드시 같은 모양일 필요는 없다. 리본이 휘는 구간마다 보라색 선과 파란색 선 사이에 표면(초록색 선)이 보인다. 주맥과 잎의 가장자리가 올바르게 이어지도록, 잎이 투명하다고 상상하며 가려진 선을 따라가보자. 이 선들은 매끄러운 곡선을 이루어야 하며, 어떨 때는 고리처럼 보이기도 한다.

'윤곽선'은 리본의 옆 선(파란색과 보라색)으로 이루어진다.

혹은 표면(초록색)으로.

꽃잎과 잎을 각각 평면 형태로 인식하고, 면들이 서로 어떻게 연결되는지 살펴보자. 그림을 그리면서 보이는 것을 소리 내어 말하면 큰 도움이 된다. 이렇게 하면 윤곽선 드로잉을 할 때처럼 눈에 보이는 것에 잘 반응하게 된다.

이 잎은 가려지는 부분이 아주 작다. 주맥은 앞면과 뒷면을 지나는 하나의 연속된 선이다.

잎의 앞면에 보이는 V자 형태는 주맥이나 잎의 가장자리가 아니라 잎 표면의 윤곽이다.

잎이 '이래 보여야 한다'는 고정된 이미지에서 벗어나면 놀랍고 즐거운 경험을 하게 된다. 눈에 보이는 것을 믿고, 지금까지 익힌 기법들도 활용해 노트에 담아내보자.

어떤 각도에서는 잎의 가려진 부분과 보이는 부분이 하나의 고리 모양을 이룬다.

잎의 앞면이 앞쪽으로 드리워지면서 생긴 작은 고리를 주목해보자. 주맥은 관찰자를 향해 뻗으면서 조밀한 U자 형태를 이룬다.

이런 건 마음대로 그려지지 않는다…

복잡한 형태 구성하기

붓꽃은 형태가 복잡하고 꽃잎이 곡선으로 휘어 있어 어디서부터 그려야 할지 막막할 수 있다.
단순한 형태에서부터 점차 세부적으로 그려가야 한다.

같은 단순한 형태로 대략적인 전체 윤곽을 잡는다. 이 단계에서 너무 복잡하게 그릴 필요는 없다.

비율 확인하기

이 기본 형태를 기준으로 꽃의 주요 요소를 배치하고 비율을 확인한다. 계속 진행하기 전에 비율을 점검해야 한다. 지금은 수정이 쉽지만 나중에는 어려워질 수 있다.

가상의 원 활용하기

꽃을 유심히 살펴보고 구조 안에 숨어 있는 원을 찾는다. 여기에서는 세 개의 원을 사용했다. 아래쪽에 있는 큰 꽃받침(꽃잎처럼 생겼다)의 끝, 가운데에 있는 암술(꽃잎처럼 생겼다)의 끝, 그리고 위로 뻗은 꽃잎의 끝이다. 이 시점에서는 첫 번째 원과 두 번째 원은 위에서 내려다보이고, 마지막 원은 아래에서 올려다보인다. 원은 눈높이에 가까워질수록 더 타원형으로 보인다.

중심선으로 시작하기

꽃을 관통하는 중심선을 상상해보자. 이 선은 대칭 구조를 파악하고 기울어진 꽃의 형태를 잡는 데 유용하다.

기본 형태 구성하기

기본 형태를 그리는 방법에는 여러 가지가 있다. 원

꽃의 구조 구성하기

1. 가장 앞쪽에 있는 꽃받침의 형태를 그린다. 아직 모든 각도를 정확히 잡을 필요는 없으며, 지금은 위치, 길이, 너비만 고려한다.

2. 이제 나머지 두 개의 꽃받침을 배치한다. 정확한 간격을 잡기 위해 꽃받침 사이의 음의 형태를 먼저 살펴본다. 단순히 꽃받침만 그리는 것이 아니라, 그 사이의 공간도 함께 그려야 한다.

3. 윗부분에 암술과 꽃잎을 쌓아 올리듯 추가한다. 먼저 왼쪽 꽃잎을 그린 뒤 왼쪽의 음의 형태를 잡고, 그 옆에 가운데 꽃잎을 그린다. 이어서 오른쪽 음의 형태를 그리고 그 옆에 가장 오른쪽 꽃잎을 추가한다. 음의 형태는 꽃잎 자체만큼이나 중요하다.

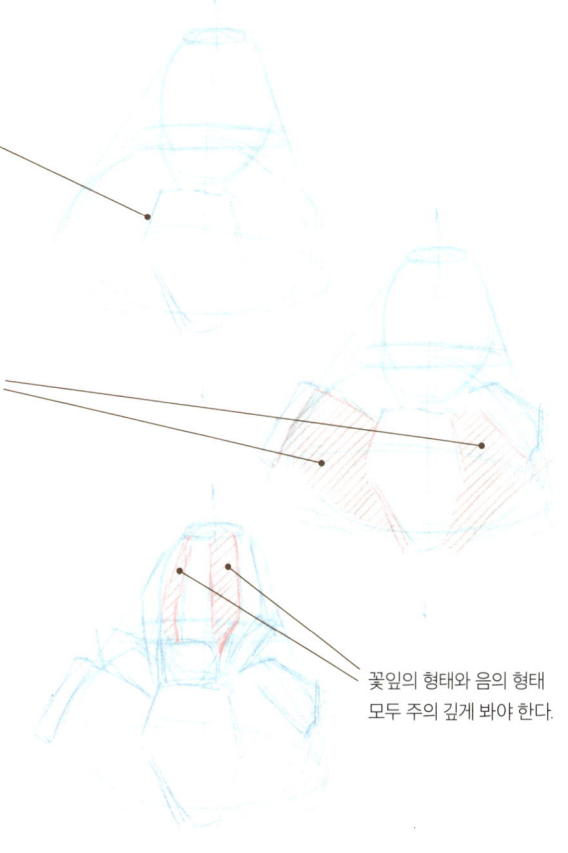

꽃잎의 형태와 음의 형태 모두 주의 깊게 봐야 한다.

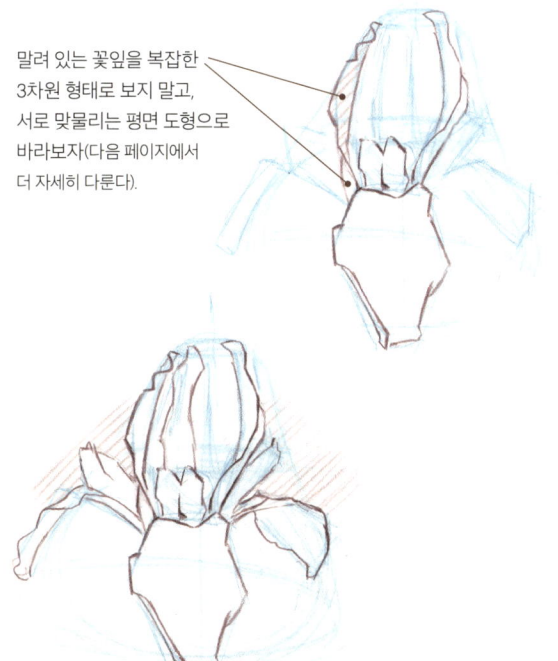

말려 있는 꽃잎을 복잡한 3차원 형태로 보지 말고, 서로 맞물리는 평면 도형으로 바라보자(다음 페이지에서 더 자세히 다룬다).

4. 앞쪽에 있는 요소부터 그리기 시작한다. 형태의 각진 부분을 유심히 살펴보자. 꽃잎을 지나치게 둥글게 그리는 실수를 하기 쉽기 때문에, 처음에는 약간 각지게 그리는 것이 균형을 잡는 데 도움이 된다.

5. 꽃잎 사이 음의 형태의 각도를 확인하고 윤곽을 정확하게 다듬는다. 각 꽃잎의 크기뿐만 아니라 꽃잎 사이 빈 공간의 크기도 고려한다. 앞쪽에서 뒤쪽으로 차근차근 진행하면 복잡한 꽃을 그릴 때도 자신이 어느 부분을 그리고 있는지 쉽게 파악할 수 있다.

명암과 세부는 마지막에 더하기

마지막에 명암과 세부 묘사를 더한다. 이렇게 하면 어디에 얼마나 명암을 넣고 어떤 부분에 세부를 집중적으로 넣을지 전략적으로 조정할 수 있다.

색연필로 맥 그리기

붓꽃 꽃잎의 가느다란 맥은 표면의 곡률을 드러낸다. 선을 그을 때, 연필 끝으로 표면의 굴곡이 느껴보자. 이 부드러운 곡선의 맥들은 각진 꽃잎의 형태와 흥미로운 대비를 이룬다.

명암 넣기

꽃의 구조를 강조하고 깊이감을 더하기 위해 명암을 활용해보자. 뒤쪽에 있는 꽃잎을 더 연하게 표현해 앞쪽 꽃잎보다 좀 더 멀리 있는 듯한 느낌을 준다.

수채 물감으로 칠하기

색을 층층이 쌓아가되, 각 층이 마를 때까지 기다린 뒤 다음 층을 칠한다(집에서 작업할 경우 헤어드라이어를 사용하면 건조 시간을 단축할 수 있다). 밝은색부터 점차 가장 어두운 색을 더해간다. 흰색으로 남겨둘 부분은 깨끗하게 유지되도록 주의한다. 꽃잎의 굴곡을 나타내는 섬세한 선들을 더해 마무리한다.

말려 있는 꽃잎 그리기

말려 있는 꽃잎을 앞면과 뒷면이 번갈아 나타나는 구조로 바라보자. 각각을 하나의 독립된 형태로 보고, 이들을 이어 붙이듯 연결하여 하나의 온전한 꽃잎을 만든다.

형태를 관찰하고

그것들을 조합하여

꽃을 완성한다.

말린 종이 낙서

각각 하나의 독립된 형태이다.

이 꽃잎은 몇 개의 조각으로 이루어져 있을까?

스테인드글라스 창 만들기

심하게 말려 있는 붓꽃 꽃잎은 그리기 막막할 수 있다. 하지만 나는 이런 두려움을 없애줄 체계적인 접근법을 익혔다. 한쪽 눈을 감고 꽃잎의 앞면과 뒷면을 각각 평평하고 각진 형태로 바라본다. 각 면을 서로 다른 모양의 유리 조각이라고 상상해보자. 윤곽선을 여러 번 그려보며 연습하는 게 좋다. 처음에는 이 조각들이 꽃잎처럼 보이지 않을 수도 있지만, 조각들을 이어 붙이면 스테인드글라스 창처럼 생긴 전체 구조가 드러난다.

연습을 거듭하다 보면 자연이 만들어내는 비틀린 형태를 찾아내고 표현하는 과정이 더욱 즐거워질 것이다. 여기서 핵심은 '꽃잎은 이래야 한다'는 고정 관념을 내려놓고 눈앞에 있는 실제 모습을 있는 그대로 받아들이는 데 있다.

시들어가는 꽃이나 뒤틀린 풀 줄기를 그려보자. 각 형태의 모서리의 각도와 변의 길이에 주의를 기울이자. 어디가 뾰족한가? 또 어디에서 둥글게 말리는가?

붓꽃 앞에서 뒤로 그리기

앞에서 뒤로 그리는 방식은 복잡하게 겹쳐진 구조를 가진 대상을 그릴 때 특히 유용하다.
복잡한 꽃을 그리다 보면 길을 잃기 쉽다. 체계적인 전략을 세우면 차근차근 끝까지 그려나갈 수 있다.

앞에서 뒤로 그리는 방식은 반드시 따라야 할 규칙은 아니다. 하지만 이 방식은 그림을 그릴 때 발생하는 여러 문제를 해결하는 데 유용하다. 풍경에서 거리감을 표현할 때 쓰는 원리가 한 송이 꽃의 전경, 중경, 배경을 묘사하는 데도 똑같이 적용된다.

어디서부터 시작해야 할지 모르겠다면 먼저 연한 연필이나 논포토 블루 연필로 기본 형태를 잡아보자. 비율과 음의 형태를 확인한 후 가까운 부분부터 그리면 된다. 복잡한 형태에 겁먹지 말자. 단지 여러 작은 요소로 이루어져 있을 뿐이다.

1. 먼저 가장 가까운(전경) 꽃받침의 가장 앞쪽 윤곽선을 굵은 선으로 그린다.

2. 뒤쪽은 좀 더 가는 선으로 그린다.

3. 음의 형태를 확인하며 꽃받침 아랫부분의 각도를 정확하게 잡는다.

4. 꽃받침 아랫부분에서 아치형으로 뻗어 나오는 암술을 추가한다. 복잡한 형태는 여러 개의 작은 형태들로 이루어져 있다. 이를 분해해 각각 단순한 형태로 보며 그려나간다.

5. 중경에 있는 왼쪽 꽃받침과 중앙의 꽃잎을 그린다.

6. 앞에서 뒤로 그리기의 장점이 드러나는 순간이다. 왼쪽 암술과 뒤쪽 꽃잎이 이미 그려놓은 꽃잎들 뒤로 자연스럽게 배치된다.

7. 가장 뒤(배경)에 있는 꽃받침과 암술은 전경과 중경의 요소들에 의해 대부분 가려진다. 연한 선으로 표현하며 너무 자세히 묘사하지 않도록 주의한다.

문제 해결책 및 빠르게 그리는 요령

식물을 그릴 때 자주 겪게 되는 문제를 해결하는 몇 가지 요령을 소개한다.

앞쪽 윤곽선 강조하기

잎과 꽃잎에는 두께가 있다. 앞쪽에 있는 잎과 꽃잎의 윤곽선에 흰색 젤펜이나 색연필로 얇은 선을 살짝 더하면 빛을 받는 표면을 효과적으로 표현할 수 있다.

흰색 꽃을 그릴 때

음영을 너무 많이 넣으면 회색 꽃으로 보일 수 있다. 대신 주변 물체에 반사된 색을 은은하게 표현해보자. 그러나 이 표현도 과하면 얼룩덜룩한 꽃이 되어버릴 수 있다.

핀쿠션 기법

한 점에서 사방으로 퍼지는 선을 그리고 싶다면 먼저 중심에 몇 개의 점을 찍는다. 이 점들은 정면으로 뻗어 있는 선들의 시작점이다. 그런 다음 이 선들을 중심으로 동심원 형태로 여러 겹의 선들을 그리되, 바깥쪽으로 갈수록 점점 더 길게 그린다. 선들은 불규칙한 간격으로 배치한다. 마지막으로 바깥쪽 가장자리에 짧고 연한 선을 몇 개 덧그려 전경에 가려진 먼 선들을 암시한다.

젤 펜으로 잎맥 표현하기

어두운 배경 위에 수채 물감으로 얇고 밝은 선을 표현하기는 쉽지 않다. 이럴 때는 흰색 젤 펜을 사용해 해결할 수 있다. 마른 수채화 위에 젤 펜으로 잎맥을 그려보자. 선이 마른 뒤 원하는 색을 덧입힐 수도 있다. 젤 펜으로 그린 선이 마음에 들지 않을 때는 물을 약간 묻혀 문지르면 쉽게 지워진다.

1. 어두운 배경을 칠하고 완전히 말린다.

2. 흰색 젤 펜으로 잎맥을 그린다. 일부 선은 한 번 더 덧칠해 굵기를 다르게 표현한다.

3. 잎맥은 원하는 색으로 옅게 덧칠하고, 주요 잎맥 옆에는 은은한 그림자를 추가한다.

1. 솔방울의 길이, 너비, 중심축을 설정한다. 중심축이 휘어 있는 경우도 있다.

2. 연필이나 다른 일자 도구를 솔방울에 대보며 비늘이 배열된 대각선 줄의 각도를 확인한다. 비늘 크기와 비늘이 벌어진 정도에 따라 줄 간격이 고르지 않을 수 있다.

솔방울 쉽게그리는 요령

솔방울처럼 비늘이나 꽃이 나선형으로 서로 맞물려 배열된 식물을 자주 볼 수 있다. 복잡한 패턴을 잘 표현하려면 세부적으로 묘사하기 전에 전체적인 흐름을 잡는 것이 좋다.

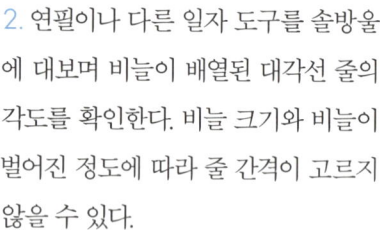

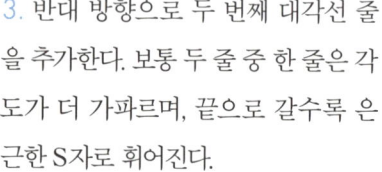

3. 반대 방향으로 두 번째 대각선 줄을 추가한다. 보통 두 줄 중 한 줄은 각도가 더 가파르며, 끝으로 갈수록 은근한 S자로 휘어진다.

4. 먼저 비늘의 끝부분을 그린다. 자리를 옮기며 그려갈수록 비늘 중심의 방향이 어떻게 달라지는지 살펴보자. 끝부분을 중심축과 연결해 비늘을 완성한다.

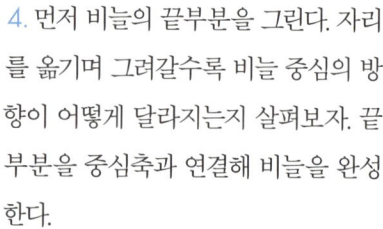

솔방울의 배열 패턴은 자연 곳곳에서 발견된다. 꽃의 중심는 꽃잎 패턴을 뚜렷하게 그리고, 가장자리로 갈수록 점점 더 은은하게 표현해보자.

촘촘한 꽃 무리 그리기

어떤 식물은 아주 작은 꽃들이 밀집되어 피어나서 꽃 하나하나를 구분하기 어렵다.
이럴 땐 모든 꽃을 하나하나 그리기보다 꽃송이의 전체 형태를 먼저 잡은 뒤, 그 안에
몇 송이만 적절히 그려 넣어 구조를 암시하는 것이 요령이다.

빽빽이 무리 지어 핀 흰 꽃은 어떻게 그려야 할까? 모든 꽃을 다 그리면 연필로 꽃송이 전체를 칠하게 되어 그림에서 가장 밝아야 할 부분이 오히려 어두워진다. 대신 꽃송이 가장자리 윤곽을 먼저 잡은 뒤 앞쪽에 있는 꽃 한두 송이만 자세히 묘사해보자. 그림자가 드리운 쪽에는 몇 송이의 꽃만 암시하듯 그려 넣는다.

우산모양꽃차례는
미색 음영을
약간 넣어 표현한다.

앞쪽의 꽃 한 송이만으로도
꽃 무리를 이루는 꽃들이 어떤
구조인지 충분히 나타낼 수 있다.

세부 묘사는 공간감을 주는 역할을 한다.
가까이 있는 물체일수록 세부적인 요소가 더
뚜렷하게 보이기 때문이다. 데이지 가운데
볼록한 부분을 보면, 가까운 쪽은 자세하게,
먼 쪽은 단순한 윤곽선으로 표현되어 있다.
설상화(큰 꽃잎)에는 세부가 어떻게
표현되어 있는지 살펴보자.

야생화 그리는 법

좌우 대칭 꽃 그리기

물꽈리아재비나 펜스테몬 같은 많은 꽃들은 좌우 대칭이며, 종종 뒷면에 관 모양의 구조가 있다.
이런 꽃을 그릴 때는 중심선을 유지하는 것이 중요하다.

많은 식물들은 방사 대칭이 아닌 좌우 대칭 구조의 꽃을 가지고 있다. 이러한 꽃들은 오직 하나의 축을 기준으로 양쪽이 대칭을 이루며, 단독으로 피기도 하고 루피너스처럼 복잡한 꽃차례를 이루기도 한다. 좌우 대칭 꽃을 그릴 때는 대칭축인 중심선을 기준으로 양쪽을 균형 있게 그리는 것이 중요하다.

꽃을 약간 비스듬한 45도 측면에서 그리면 꽃의 정면과 측면을 함께 보여줄 수 있다. 또는 한 송이는 측면에서, 다른 한 송이는 정면에서 보이는 모습을 그리는 것도 좋은 방법이다.

관 모양의 꽃 그리기

관 모양의 꽃은 원뿔 또는 원반 모양의 꽃잎이 긴 관에 끼워진 구조라고 생각하면 이해하기 쉽다. 벌어진 꽃잎들은 앞에서 설명했듯 단축되어 짧아 보인다.

1. 꽃의 중심축을 따라 선 하나를 그린다. 벌어진 꽃잎의 형태를 잡기 위해 원뿔 또는 타원을 그린다. 여기에 길쭉한 관 또는 원뿔을 추가해 전체적인 형태를 만든다. 이때 관의 양쪽 선이 타원의 중심 구멍과 잘 맞아떨어지도록 조절해야 한다.

2. 관이 없는 일반적인 꽃을 그릴 때처럼 벌어진 꽃잎을 그린다. 관의 입구가 보일 경우, 가까운 쪽만 선을 그리고 보이지 않는 먼 쪽은 선을 그리지 않는다.

3. 꽃잎에 꿀샘 유도선이 있는 경우, 이 선들이 관 안으로 이어질 때 각도가 어떻게 달라지는지 잘 관찰한다. 이 선들은 꽃잎이 관 속으로 휘어지는 변곡점이다.

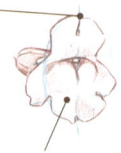

꽃의 정면은 원형이 아닌 타원형으로 단축해 그려야 한다.

꽃의 중심선을 그린다.
꽃의 각 부분은 이 선을 중심으로 양쪽에서 대칭을 이루어야 한다.

꽃의 정면을 가로지르는 평행선을 여러 개 추가해 꽃의 윗부분과 아랫부분, 그리고 다른 요소들을 정확히 배치할 수 있도록 방향을 잡는다.

측면도   정면도   45도 측면도

chapter 9

식물의 질감

잎은 왁스처럼 번들거리기도 하고, 털이 나 있거나, 매끈하거나, 벨벳처럼 부드럽기도 하며,
이 모든 질감 사이 어디쯤에 해당될 수도 있다. 잎과 꽃잎의 다양한 질감을 표현하는 몇 가지 방법을 배워보자.

윤이 나는 잎

햇빛과 하늘이 잎의 표면에 반사되는 느낌을 표현하려면 흰색이나 파란색으로 하이라이트를 넣는다. 하이라이트를 더 또렷하고 명암 대비가 강하게 넣을수록 잎이 더욱 반짝이는 느낌을 줄 수 있다.

울퉁불퉁한 잎

울퉁불퉁한 표면 틈에 그림자를 넣되 윗부분은 밝게 남겨둔다. 또는 흰색 색연필을 사용해 튀어나온 부분을 강조할 수도 있다. 빛이 어디에 떨어지는지 관찰하는 것이 중요하며, 모든 돌기를 똑같이 강조하지 않도록 주의해야 한다. 모든 곳을 강조하면 결국 어디도 강조하지 않은 것과 같다.

왁스 질감 잎

연한 색을 사용하고, 그 위에 과슈나 흰색 색연필을 덧칠해 표면의 왁스 질감을 살린다.

다육 식물

그림자와 하이라이트를 활용해 잎의 둥근 형태를 강조한다. 잎을 여러 각도에서 그리면 입체적인 형태를 더 효과적으로 보여줄 수 있다.

벨벳 질감 꽃잎

깊고 짙은 명도를 과감히 사용한다. 종이의 질감을 활용하면 부드러운 표면의 느낌을 살릴 수 있다. 종이가 마른 상태에서 흰색 색연필로 하이라이트를 더하면 질감이 더욱 돋보인다.

손상된 잎

우리의 얼굴에 남은 주름이 삶의 흔적을 보여주듯, 잎에도 곤충, 곰팡이, 바이러스, 물리적인 손상이 다양한 시간의 흔적을 남긴다. 이러한 흔적들이 각 식물에서 어떻게 나타나는지 주의 깊게 살펴보자. 가장 어두운 부분이 가장자리에 있는가, 아니면 중앙에 있는가? 어떤 색이 보이는가? 실제 잎의 얼룩을 잘 관찰하면 그림을 더 사실적으로 그릴 수 있으며, 종종 식별에 도움이 되는 특징이나 독특한 패턴을 발견할 때도 있다.

솜털이 있는 잎

마른 수채화 위에 선명한 하이라이트를 넣는 대신 흰색 색연필로 가볍게 덧칠하면 잎에 난 미세한 털을 표현할 수 있다.

뻣뻣한 털

뻣뻣하고 억센 털이 나 있는 줄기를 표현하려면 젤 펜으로 줄기의 가장자리에 불규칙하게 털을 그려 넣고, 줄기 안쪽에는 점을 찍듯이 털을 추가해보자.

역광을 받은 잎

빛을 뒤에서 받는 잎은 빛을 정면에서 받는 잎보다 더 밝고 따뜻한(더 노란색을 띠는) 느낌이 든다. 역광에서는 하이라이트가 생기지 않으며, 빛과 잎 사이에 다른 물체가 있을 경우에는 그림자가 선명하고 어두운 무늬를 만든다.

버섯 그리기

버섯은 식물이 아니라 균류이며, 포자를 퍼뜨려 번식한다. 형태가 아름답고 신비로우며, 대부분 만져도 안전하다.

버섯의 기본 구조

나는 대부분의 버섯을 그릴 때 단순한 다이어그램으로 기본 형태를 잡는다. 그런 다음 각 버섯의 고유한 비율에 맞게 기본 구조를 조정하면 된다.

1. 버섯을 비스듬히 보면 둥근 아랫면이 타원 형태로 보인다. 양 끝이 뾰족한 모양이 되지 않도록 모서리를 부드럽게 둥글려야 한다.

2. 갓의 곡선을 추가한다. 종마다 갓의 형태가 다르고 성장하면서 모양이 변하기도 하므로 주의 깊게 관찰한다.

3. 타원 안에 십자선을 그려 주름살(*포자를 생성하는 갓 아랫면의 주름) 표면의 중심을 찾는다.

4. 십자선이 교차하는 지점 위에 두 번째 타원을 추가한다. 이 타원은 버섯 대(*줄기)의 시작점이다. 타원 양쪽에서 아래로 선을 내려 대의 옆면을 그려준다.

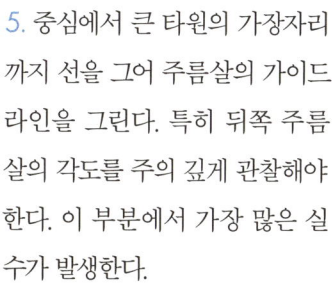

5. 중심에서 큰 타원의 가장자리까지 선을 그어 주름살의 가이드 라인을 그린다. 특히 뒤쪽 주름살의 각도를 주의 깊게 관찰해야 한다. 이 부분에서 가장 많은 실수가 발생한다.

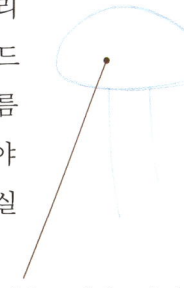

이 기본 구조에서 어떤 선을 지우고 더하느냐에 따라 버섯의 윗면 또는 아랫면을 표현할 수 있다.

버섯을 그릴 때 가장 흔히 하는 실수

아래 두 개의 버섯 그림 중 하나는 갓 아래 주름살을 잘못 표현했다. 어떤 것인지 알아볼 수 있는가?

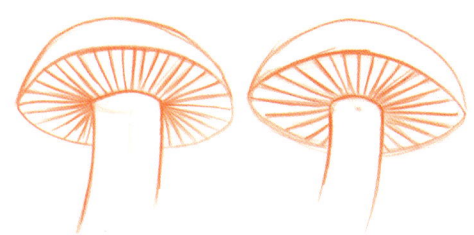

오른쪽 버섯이 올바른 그림이다. 주름살의 모든 선은 갓의 중심을 향해야 한다. 왼쪽 버섯처럼 대의 양쪽 모서리를 중심으로 햇살 모양으로 퍼지게 그리는 실수를 하기 쉽기 때문에 주의해야 한다.

버섯 그리기 요령

앞쪽 주름살은 틈이 잘 보이기 때문에 그림자를 짙게 칠해야 한다. 반면 옆쪽 주름살은 틈이 잘 보이지 않아 밝고 흐릿하게 표현해야 한다. 대 앞쪽과 뒤쪽 주름살에는 어두운 그림자를 넣어 입체감을 살린다.

옆쪽 주름살은 밝고 덜 선명하게 표현한다.

여기에는 어두운 그림자를 추가한다.

여기도.

축축하고 끈적이는 표면 그리기

축축한 점액질이 보이는 버섯을 그리려면 표면에 밝고 불투명한 흰색으로 점이나 줄무늬를 더하면 된다. 나는 타이타늄 화이트 과슈를 사용하는데, 이 물감은 팔레트의 전용 칸에 보관해 사용한다.

하이라이트가 없는 표면은 무광으로 보이며 건조한 느낌을 준다.

가장 앞쪽 주름살의 가장자리를 흰색 젤 펜으로 강조해보자.

젖은 표면에 생기는 하이라이트의 형태를 잘 관찰한 뒤 이를 불투명한 과슈로 표현해보자.

불규칙한 갓

버섯의 갓은 모양이 매우 다양하다. 각 형태가 기본 구조에서 어떻게 벗어나는지 관찰해보자. 세부 묘사를 넣기 전에 먼저 갓의 윤곽과 주름살의 방향을 설정하면 깔끔하고 정확한 스케치를 할 수 있다.

버섯을 그리는 단계별 과정

주름살의 각도는 버섯의 구조를 표현하는 데 있어 중요한 요소이다.
갓의 아래쪽이 보이는 시점에서 그리면 효과적으로 나타낼 수 있다.

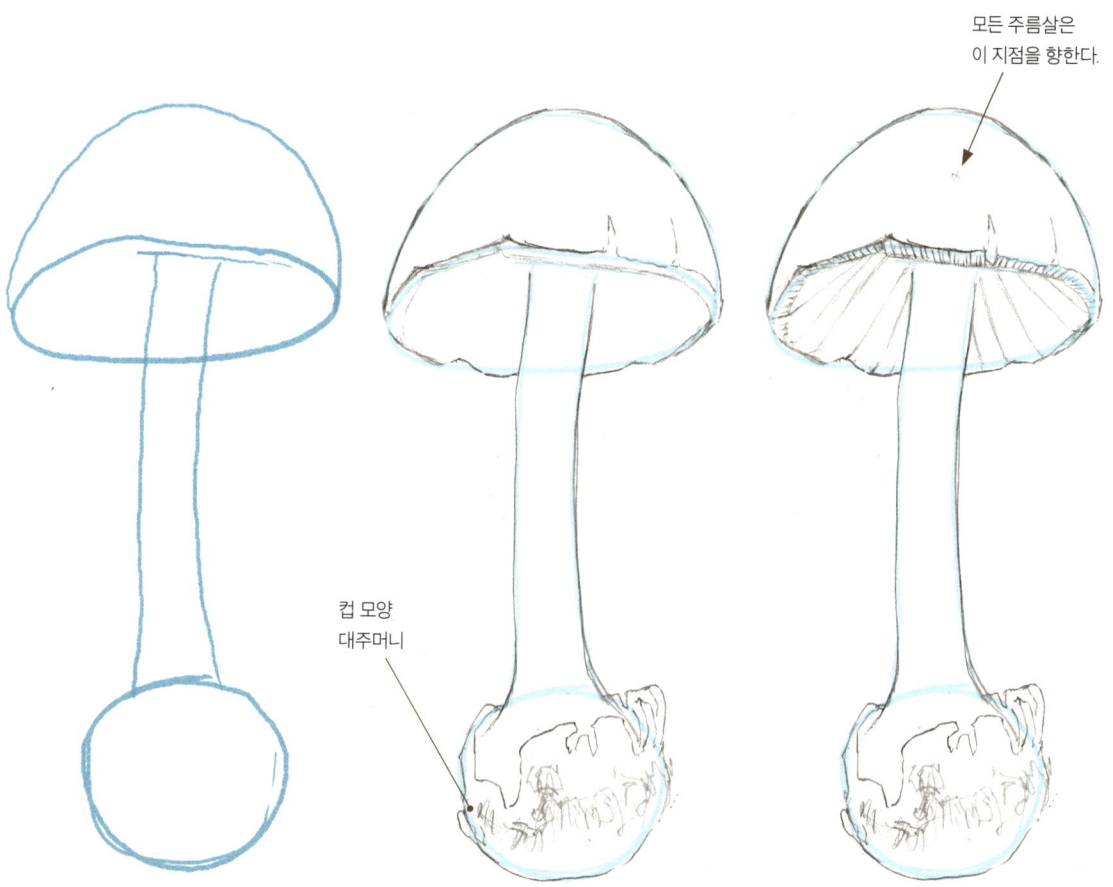

모든 주름살은 이 지점을 향한다.

컵 모양 대주머니

1. 갓, 대, 밑동을 간단한 형태로 그려 전체적인 비율을 설정한다.

2. 갓과 대를 그린다. 밑동을 주의 깊게 살펴보아야 한다. 컵 모양 구조(대주머니)의 유무는 버섯을 식별하는 중요한 특징이다.

3. 주름살의 각도를 정확히 표현하기 위해 가이드라인을 신중하게 그린다. 선들이 모여드는 작은 X 지점을 주목한다.

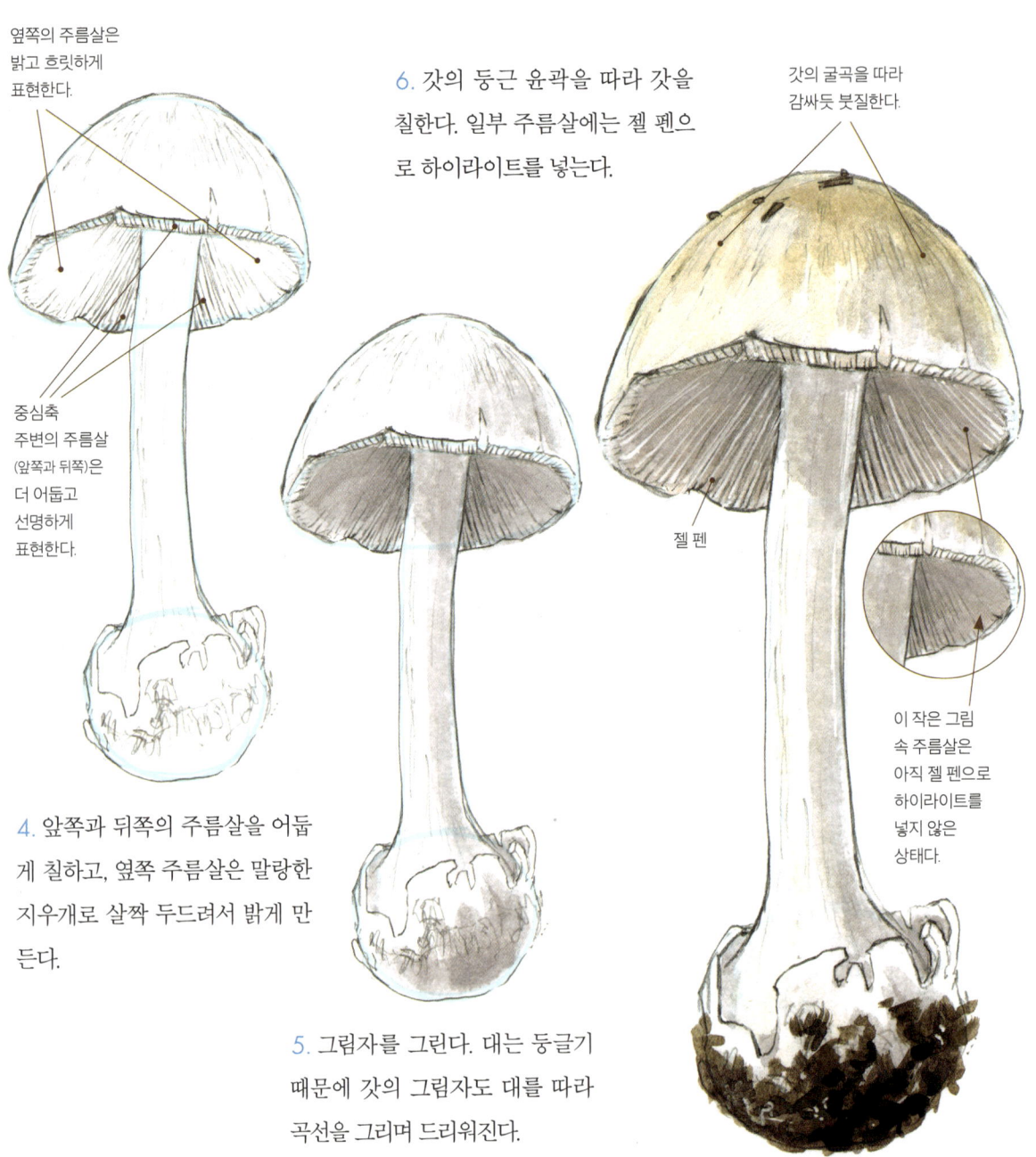

옆쪽의 주름살은 밝고 흐릿하게 표현한다.

6. 갓의 둥근 윤곽을 따라 갓을 칠한다. 일부 주름살에는 젤 펜으로 하이라이트를 넣는다.

갓의 굴곡을 따라 감싸듯 붓질한다.

중심축 주변의 주름살 (앞쪽과 뒤쪽)은 더 어둡고 선명하게 표현한다.

젤 펜

이 작은 그림 속 주름살은 아직 젤 펜으로 하이라이트를 넣지 않은 상태다.

4. 앞쪽과 뒤쪽의 주름살을 어둡게 칠하고, 옆쪽 주름살은 말랑한 지우개로 살짝 두드려서 밝게 만든다.

5. 그림자를 그린다. 대는 둥글기 때문에 갓의 그림자도 대를 따라 곡선을 그리며 드리워진다.

다른 버섯들도 같은 과정으로 그릴 수 있다. 갓의 형태가 보는 각도에 따라 어떻게 달라지는지 주목하자. 버섯은 나이가 들면 주름살과 갓의 색이 변할 수 있으며, 갓이 점점 벌어지고 평평해지기도 한다. 같은 버섯을 다양한 각도와 성장 단계에서 관찰하고 그려보면 그 종을 식별하고 생장 과정을 이해하는 데 도움이 된다.

버섯 바로 아래 떨어진 낙엽을 주의 깊게 살펴보면 주름살에서 떨어진 포자를 발견할 수도 있다. 이 포자의 색 또한 중요한 종 식별 단서가 된다.

모든 버섯이 대에 고리(*턱받이)를 가지고 있는 것은 아니다. 특히 나이가 든 버섯에서는 고리가 잘 보이지 않는다.

10. 나무 그리는 법 How to Draw Trees, Near and Far

나무는 풍경에서 가장 두드러지는 요소다. 멀리서 보면 다양한 형태로 장관을 이루며, 울창한 나무 아래로는 줄기와 가지의 독특한 개성이 드러난다. 또한 나무는 많은 동물들의 은신처가 되어주기도 한다. 다양한 거리에 있는 나무들을 그리는 법을 익히고, 식물 구조의 경이로움을 느껴보길 바란다.

원통과 윤곽선 그리기

나무줄기를 두 개의 평행선이 아니라 입체적인 원통으로 인식해보자.
윤곽선으로 가지의 미세한 각도 변화를 더 정확히 표현할 수 있다.

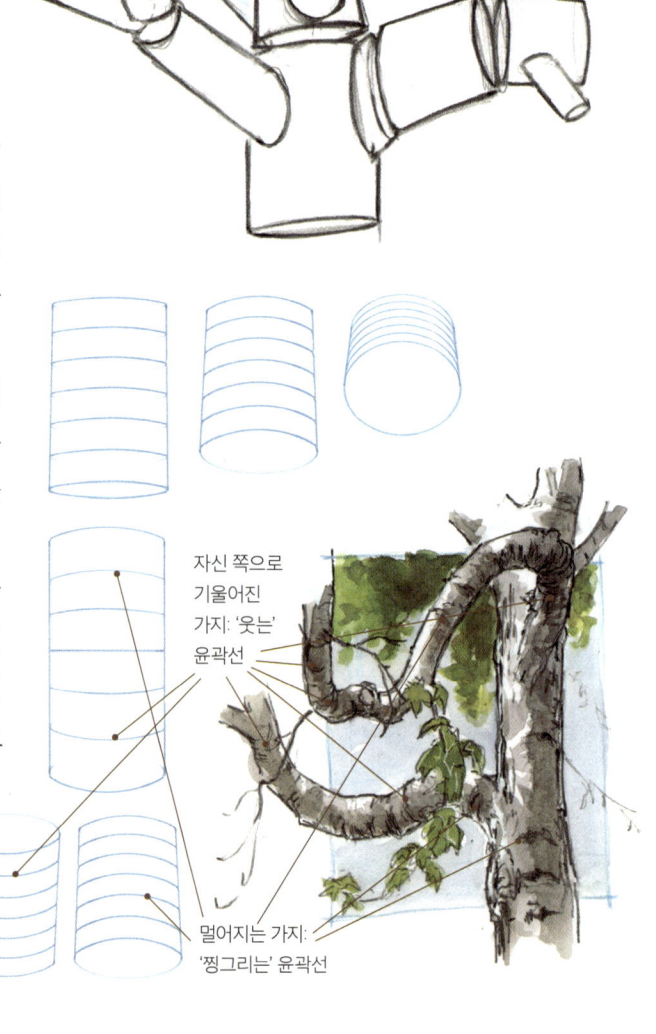

나무줄기는 원통으로

나무줄기와 가지는 점점 가늘어지는 원통 또는 원뿔들로 이루어져 있다. 가지를 원통 형태로 스케치하면 가지의 둥근 형태와 기울기에 주의를 기울일 수 있다. 나무를 3차원 물체로 느끼기 시작하면 윤곽선, 세로로 난 갈라짐, 그림자를 활용해 그 입체감을 더 잘 표현할 수 있을 것이다.

윤곽선

원통이 기울어져 있을수록 그 둘레를 감싸는 선(윤곽선)은 휘어져 보인다. 쉽게 말해 원통의 중심축과 시선이 수직이 아닐 때 윤곽선은 곡선을 이룬다. 시선과 원통 축 사이의 각도가 클수록, 즉 더 비스듬히 바라볼수록 윤곽선이 더 크게 굴곡된다.

기둥을 위나 아래에서 바라볼 때도 같은 원리가 적용된다. 눈높이에서 보는 윤곽선은 거의 직선이다. 하지만 기둥을 올려다보면 선이 아래로 휘어 보이고, 반대로 내려다보면 선이 위로 휘어 보인다.

가지가 자신 쪽으로 기울어지면 '웃는' 곡선을 만들고, 멀어지면 '찡그리는' 곡선을 만든다. 가지가 어느 쪽을 향하는지 헷갈린다면 가지 축에 수직이 되게 잘라낸다고 가정해보자. 잘린 단면에서 나무 속이 보인다면 그 가지는 자신 쪽을 향해 있는 것이다.

자신 쪽으로 기울어진 가지: '웃는' 윤곽선

멀어지는 가지: '찡그리는' 윤곽선

도넛 윤곽선

가지가 휘어질 때 윤곽선의 방향이 어떻게 변하는지 주의 깊게 살펴보아야 한다. 가지가 자신 쪽으로 휘면 윤곽선이 괄호 모양 ( )을 이루고, 반대로 멀어지면 뒤집힌 괄호)(모양이 된다.

도넛의 구멍을 통과해 둘레를 감싸는 선들을 그린다고 생각해보자. 위에서 보면 이 선들은 중심에서 방사형으로 퍼져나간다. 따라서 도넛의 안쪽에서는 선 간격이 촘촘하고, 바깥쪽으로 갈수록 간격이 넓어진다. 도넛의 측면을 볼 때, 즉 곡면이 나를 향해 휘어질 때는 선들이 점점 벌어지는 괄호 ( )처럼 보인다. 반면 멀어지며 휘어지는 곡면의 단면을 보면, 선들이 점점 모여드는 거꾸로 된 괄호)(처럼 보인다.

가지가 앞뒤로 굽이치면 윤곽선도 한쪽 방향으로 휘었다가 다시 반대 방향으로 휜다. 앞쪽을 향해 굽은 곡선과 멀어지는 곡선이 연결되며 ( )(모양을 만든다.

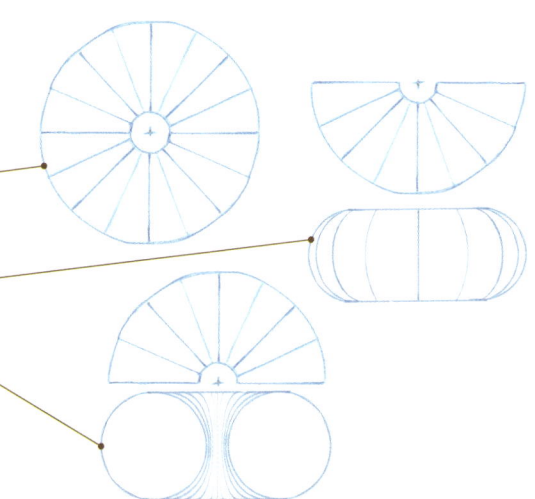

도넛의 윤곽선이 중심을 향해 모여드는 모습을 살펴보자. 이때 선들은 역방향 괄호)(모양이 된다. 반대로 바깥쪽으로 퍼지는 윤곽선은 정방향 괄호 ( )모양이 된다.

윤곽선이 도넛의 바깥 면 중간 지점에 이를 때까지는 바깥쪽으로 휘어지다가 그 지점을 지나면서 다시 안쪽으로 휜다는 점에 주목하자. 도넛을 비스듬히 바라본 이 시점에서는 중심선(파란 선)과 곡선의 전환점들이 측면에서 본 것보다 더 아래쪽에 위치한다.

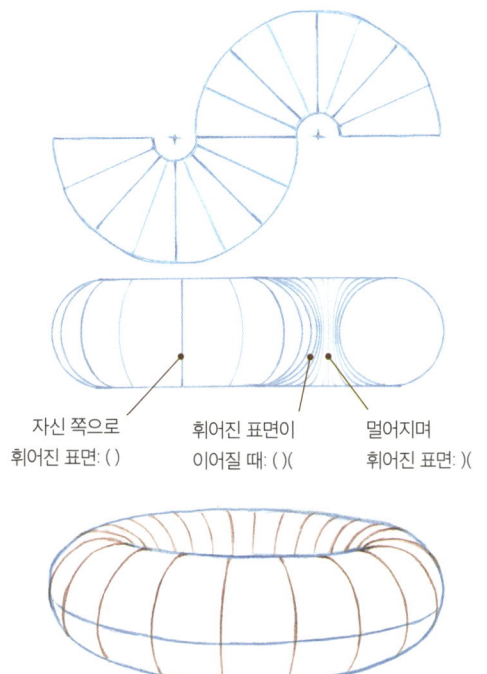

자신 쪽으로 휘어진 표면: ( )   휘어진 표면이 이어질 때: ( )(멀어지며 휘어진 표면:)(

스프링 장난감이 있다면 비틀어서 고리나 곡선을 만들어 보자. 철사가 여기서 설명한 선의 패턴을 만드는 것을 관찰할 수 있다.

굽이치는 가지

도넛 윤곽선(괄호 모양)을 이용해 가지의 형태와 각도를 표현한다.
곡선의 중심을 찾고 그 양쪽에 적절하게 선을 배치하면 보다 입체적인 가지를 그릴 수 있다.

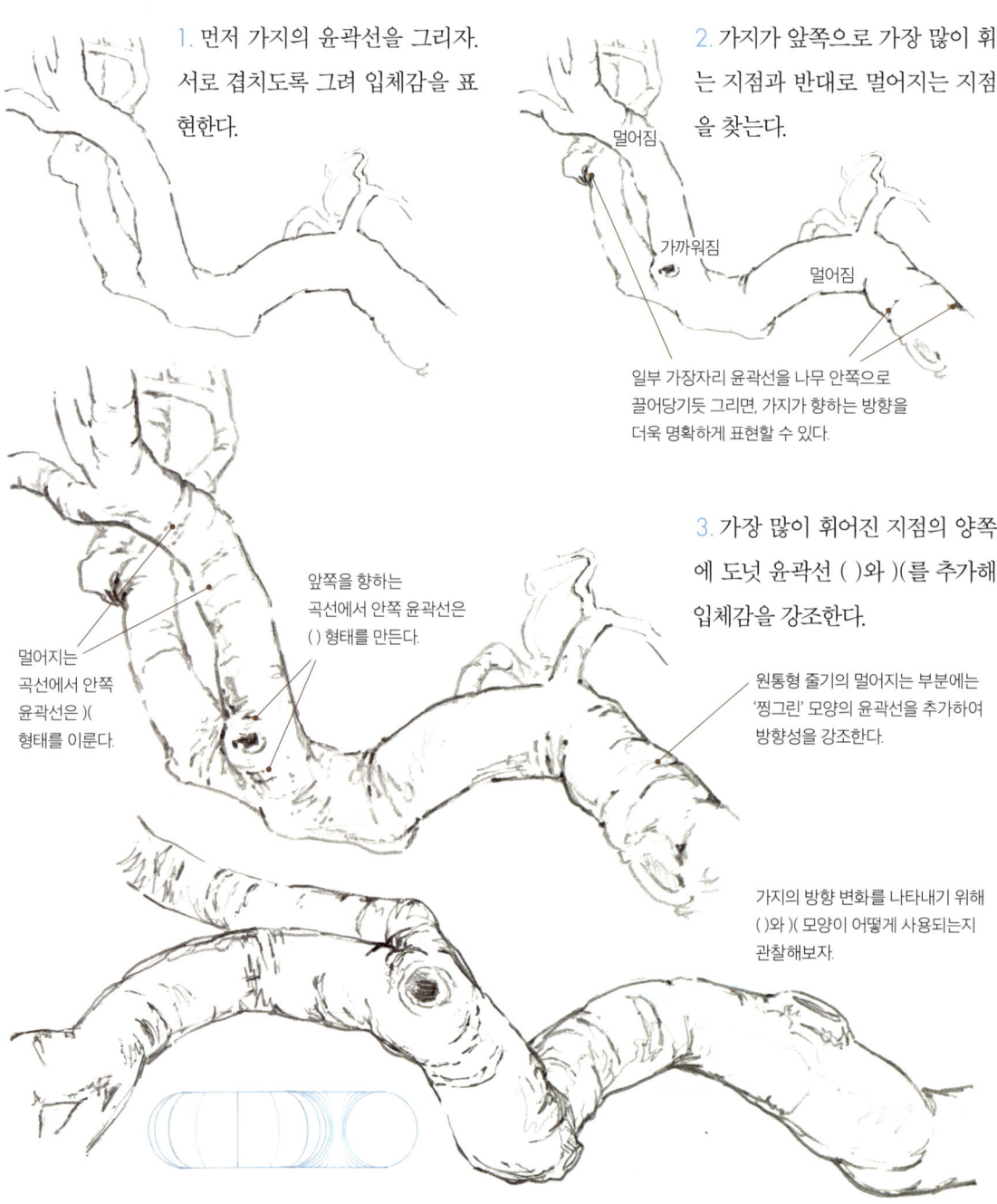

1. 먼저 가지의 윤곽선을 그리자. 서로 겹치도록 그려 입체감을 표현한다.

2. 가지가 앞쪽으로 가장 많이 휘는 지점과 반대로 멀어지는 지점을 찾는다.

멀어짐
가까워짐
멀어짐

일부 가장자리 윤곽선을 나무 안쪽으로 끌어당기듯 그리면, 가지가 향하는 방향을 더욱 명확하게 표현할 수 있다.

앞쪽을 향하는 곡선에서 안쪽 윤곽선은 ( ) 형태를 만든다.

멀어지는 곡선에서 안쪽 윤곽선은)(형태를 이룬다.

3. 가장 많이 휘어진 지점의 양쪽에 도넛 윤곽선 ( )와)(를 추가해 입체감을 강조한다.

원통형 줄기의 멀어지는 부분에는 '찡그린' 모양의 윤곽선을 추가하여 방향성을 강조한다.

가지의 방향 변화를 나타내기 위해 ( )와)(모양이 어떻게 사용되는지 관찰해보자.

가지의 그림자

원통형 구조에서 그림자는 예상치 못한 방식으로 변화한다.
그림자를 주의 깊게 관찰하면 가지의 입체감을 더욱 효과적으로 표현할 수 있다.

 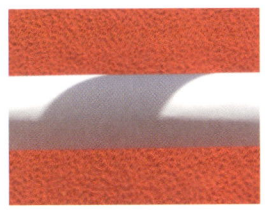

원통 위의 그림자는 곡면을 따라 방향이 변한다. 특히 가지의 윗면과 옆면이 모두 보이는 각도에서 이러한 변화가 가장 뚜렷하게 나타난다. 가지의 윗면에서는 곧게 뻗은 그림자가 생기다가, 곡면이 급격히 휘어지는 부분에서 그림자도 갑자기 아래로 꺾여 내려가는 모습을 볼 수 있다.

그림자를 어떻게 표현해야 할지 계산하려고 수학 공식을 외울 필요는 없다. 대신 실제 그림자를 관찰하면서 변화의 패턴을 이해하는 것이 중요하다. 바로 이 점이 현장에서 직접 관찰하며 그리는 방식의 큰 장점이다.

도넛 윤곽선과 곡선 형태의 그림자를 함께 사용하면 가지의 평면과 기울기를 더욱 효과적으로 표현할 수 있다.

줄기의 갈라짐

일부 나무는 줄기 축을 따라 세로로 깊은 갈라짐이 있다. 이러한 균열은 줄기의 가장자리로 갈수록 간격이 더 좁아 보인다. 이 특징을 활용하면 나무줄기의 둥근 형태를 더욱 효과적으로 표현할 수 있다.

원통형 표면에 일정한 간격으로 세로선을 그리면 양옆으로 갈수록 선 간격이 더 좁아 보인다. 나무의 중심에서는 갈라짐이 깊고 넓게 들여다보이고, 가장자리로 갈수록 점점 더 가늘어 보인다.

1. 윤곽선을 먼저 그린다. 왼쪽 뿌리처럼 겹쳐지는 주요 요소를 파악한다. 가장 앞쪽 요소가 화면에서 더 아래쪽에 위치한다는 점을 기억하자.

2. 양옆 가장자리에 얇고 서로 맞물리는 형태의 세로 균열을 그린다. 각 균열의 길이와 형태에 변화를 주어 자연스럽게 표현한다.

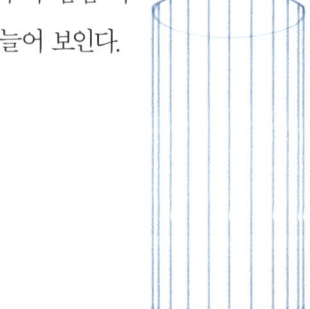

겹침과 화면 내 높이 차이를 활용해 입체감을 표현한다.

가늘고 간격이 불규칙한 세로 균열을 가장자리에 촘촘하게 배치해 입체감을 강조한다.

3. 나무의 중심부, 즉 시선에 가까운 표면에는 굵고 간격이 넓은 큰 갈라짐 몇 개만 배치한다. 작은 균열로 이어지는 모습을 일일이 묘사할 필요는 없다.

4. 나무 뒤편의 숲을 그려 깊이를 암시한다. 선은 점점 연하게, 명암과 세부 표현은 점점 약하게, 나무 크기는 점점 작게 변화를 주면 깊이감을 강조할 수 있다. 프레임 안에서 큰 나무가 중심을 차지하기 때문에 배경은 빠르게 그릴 수 있다.

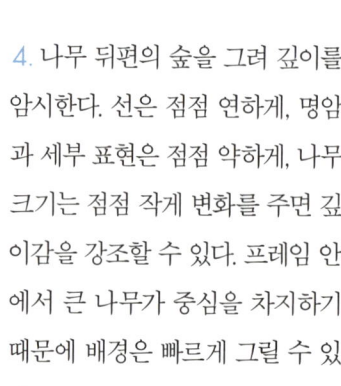

연필선의 방향을 조절하면 언덕의 경사를 효과적으로 암시할 수 있다.

나무껍질과 가지의 형태

나무껍질의 질감은 무척 다양하며, 가지의 각도와 굽은 형태 역시 나무 종마다 다르다.
기억에 의존해 똑같은 가지를 그리지 말고, 실제 나무를 관찰하며 그리자.

나무껍질

나무 종마다 나무껍질의 질감도 다르다. 작은 스케치를 여러 개 해보며 다양한 껍질 질감을 표현해보자. 무늬가 너무 대칭적이고 균일하면 물고기 비늘처럼 보일 수 있으니 주의하자. 그림자에 의해 강조되는 부분을 잘 관찰하고, 가지 전체를 질감으로 덮지 말고 눈이 쉴 수 있는 여백도 남겨두자. 윤곽선과 평행한 선으로 균열을 그리면 좋다.

지그재그 형태

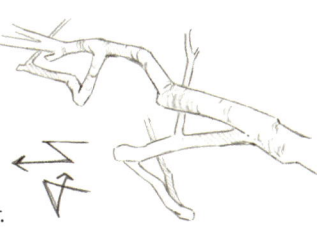

잘려나갔거나 자연적으로 부러진 가지는 날카롭게 지그재그로 꺾인 형태를 띤다.

가지

나무의 가지는 단순히 갈라지는 것 이상의 일을 한다. 누구나 '가지는 이렇게 갈라져야 한다'는 고정된 이미지를 갖고 있다. 당신이 지금까지 상상만으로 그린 가지들이 그 이미지를 더욱 굳혀왔다. 하지만 실제 가지의 형태는 훨씬 다양하고 흥미롭다. 무의식적으로 가지를 익숙하고 단순한 형태로 그리는 습관을 버리고, 눈에 띄는 가지의 패턴을 찾아 작고 간단한 스케치로 기록하는 연습을 해보자. 시간이 지나면 단순한 갈라짐이 아니라 더 세밀하고 다양한 형태를 인식하게 될 것이다. 이런 연습을 거듭하다 보면 뇌가 점점 고정된 이미지가 아닌 실제 가지 구조를 인식하게 된다. 언젠가 상상으로 가지를 그려야 할 때도 생동감 있는 표현이 가능해질 것이다.

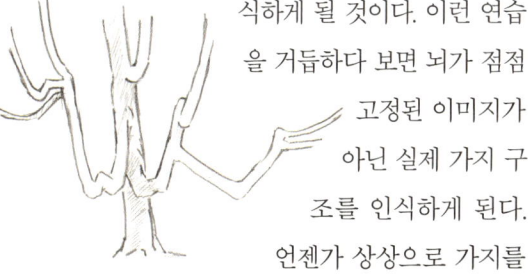

가지의 각도가 바뀌는 지점에서는 가지 일부가 그림자 속으로 들어갈 수 있다. 빛의 방향에 따라 가지의 굴곡이 드러나는 모습을 관찰해보자.

J형 갈고리

가지 끝이 위를 향해 있을 경우, 정면에서 볼 때 J자 형태의 갈고리 또는 고리 모양을 띤다.

물결 모양의 흔적

가지가 손상되어 갈라진 윗부분이 떨어져 나간 경우, 물결 모양의 흔적이 남아 있기도 하다.

앞뒤로 겹쳐진 가지

나무는 복잡하게 겹친 형태들의 모임이다. 여러 겹의 가지를 포개어 그리면 그림에 깊이감을 더할 수 있다. 가장 가까운 부분에서부터 점차 뒤쪽으로 이동해 그려보자. 뒤로 갈수록 선을 더 가볍게 그리고 세부 표현을 줄이면 원근감이 한층 뚜렷해진다.

1. 가장 앞쪽 줄기부터 시작한다. 가지가 어떻게 생겼을 것이라는 생각에 의존하지 말고 실제 가지의 형태와 가늘어지는 정도를 잘 관찰하자. 연필을 좀 더 세게 눌러 가지가 앞쪽에 있다는 느낌을 강조하자.

가지 사이의 음의 형태를 활용하자.
먼저 음의 형태를 그린 다음
가지의 반대쪽을 그린다.

2. 첫 번째 가지 뒤에 두 번째 층의 가지를 그려 넣는다. 이때 연필에 힘을 덜 주어 뒤쪽에 있는 가지를 표현한다.

3. 이전 층보다 더 뒤에 있는 마지막 층의 가지를 추가한다. 배경에 있는 가지들이 전경보다 훨씬 연하게 보인다는 점에 유의하자.

4. 마지막으로 프레임을 그려 그림을 정리한다. 프레임을 줄기의 윤곽선에서 멈추면 가지 사이의 음의 형태가 더욱 돋보여 그림에 흥미를 더한다.

다양한 나무 종의 가지 갈라짐과 각도를 연구해보자.
넓게 뻗은 참나무 아래에서 가지의 각도와 음의 형태에 집중해
관찰한 뒤, 다른 참나무도 살펴보자. 그다음에는 미루나무
같은 또 다른 나무와 비교해보자.

침엽수 스케치하기

네 가지 핵심 요소를 익히면 침엽수 그리기가 훨씬 쉬워진다. 단축이 가지 각도에 어떤 영향을 주는지 이해하기, 가지를 빠르고 단순하게 표현하는 스케치 기법을 연습하기, 중심 가지에서 보이는 '갈고리' 형태를 관찰하기, 나무 꼭대기의 윤곽을 신중하게 표현하기, 이 네 가지를 익히는 것이 중요하다.

가지의 각도

단축된 가지는 길이가 짧아지고 줄기와 가지 사이의 각도가 작아진다. 단순히 가지를 옆으로 쭉 뻗어나가게 그리지 말고, 줄기 가까이에서 가파른 각도로 짧게 뻗은 가지들을 관찰해 그려야 한다.

갈고리 모양

앞쪽을 향해 위로 뻗은 가지들은 손가락 같은 갈퀴 모양의 '갈고리'를 만든다. 이런 모양을 줄기 근처 가지들에서 찾아보자.

침엽수 스케치 기법

가지에 달린 바늘잎을 일일이 그리지는 않는다. 다 그리면 시간이 오래 걸릴 뿐 아니라 멀리서 보이는 실제 모습과도 다르다. 가지와 바늘잎 덩어리를 표현하려면 위나 아래로 굽은 짧고 불규칙한 선을 빠르게 그리는 연습이 필요하다. 전체는 빠르게 스케치하되, 가지 끝부분은 조금 더 신경 써서 형태를 다듬는 것이 중요하다.

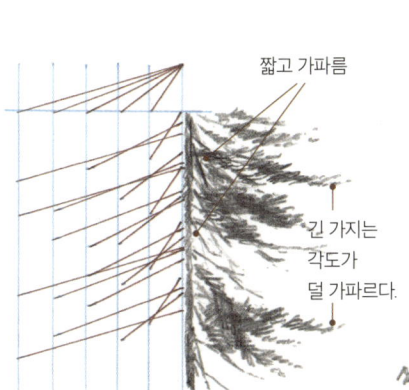

짧고 가파름

긴 가지는 각도가 덜 가파르다.

나무 꼭대기는 세밀하게

우리의 눈은 나무 윗부분 윤곽선을 보고 가지의 질감을 인식한다. 나무 전체는 느슨하고 가볍게 그려도 되지만 윗부분, 특히 꼭대기 끝을 표현할 때는 속도를 늦추고 세밀하게 묘사하는 것이 중요하다.

더글라스전나무 그리기

침엽수 그리기의 핵심은 정면을 향해 뻗은 가지를 어떻게 표현하느냐다.
가지 끝의 '갈고리' 형태를 알아보는 연습을 하면 자연스럽고 입체감 있게 그릴 수 있다.

1. 먼저 나무 덩어리의 기본 형태를 잡는다. 전체적으로 얼마나 높고 넓은지, 어디서 가늘어지는지를 살핀다. 이렇게 하면 세부를 덧그린 후에도 나무의 윤곽이 명확하게 유지된다.

2. 앞쪽을 향해 뻗은 가지 덩어리들의 형태를 그린다. 이 가지들은 종종 위쪽으로 말려 올라가 있으며 손가락처럼 갈라진 '갈고리' 모양을 띤다.

3. 앞쪽 가지 덩어리 뒤에 줄기와 주요 가지들을 그려 넣는다.

4. 부드럽고 뭉툭한 연필로 옆쪽 잎 덩어리들의 형태를 그린다. 앞쪽의 가지 덩어리는 그대로 남겨둔다. 바늘잎의 밀도를 표현하려면 가지를 짧고 빠르게 휘갈겨 그리는 연습이 필요하다. 전체는 빠르게 그려도 좋지만, 각 가지 끝에서는 속도를 늦추어 형태를 세밀하게 정리한다. 거친 낙서같이 보여도 끝이 잘 정돈되면 자연스러운 가지처럼 보인다.

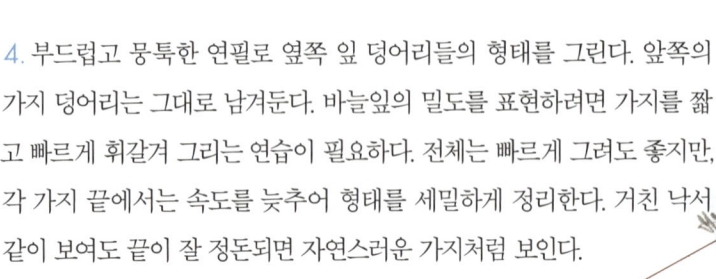

5. 앞쪽의 가지 덩어리 안에 손가락 모양 그림자를 추가한다. 윗부분 가장자리에는 핵심 그림자와 윤곽선 사이에 흰 여백을 조금 남긴다. 이 여백은 바늘잎 가장자리가 햇빛을 받아 빛나는 듯한 효과를 낼 수 있다.

6. 명암을 조절해 몇몇 그림자를 더 짙고 균일하게 표현한다. 줄기의 일부는 더 어둡게 표현하고, 햇빛을 받는 부분은 밝게 남겨둔다.

7. 스케치에 수채 물감을 더하고 싶다면, 먼저 그림 전체에 회색을 옅게 입혀 기본 명암을 정돈한다.

8. 앞쪽 가지는 따뜻한 느낌의 초록색으로 칠해 깊이를 더한다.

9. 나머지 부분은 푸른빛이 도는 검정색으로 어둡게 채색한다. 나무 전체를 초록색으로 칠하지 않아도 충분히 초록색 나무처럼 보이게 할 수 있다.

이 그림은 앞에서 뒤로 그려나가며 깊이를 표현하는 또 하나의 예시다. 먼저 가장 앞에 있는 바늘잎 덩어리를 그린 뒤, 그 위에 줄기와 주요 가지를 그리고, 마지막으로 배경에 있는 가지 덩어리와 바늘잎을 추가한다. 이렇게 하면 자연스럽게 그림에 원근감이 생긴다.

특히 앞쪽으로 튀어나온 가지들에 주목해야 한다. 가지 끝이 살짝 위로 올라가면서 갈고리 형태를 이루는데, 갈고리의 '손가락'은 각각 가지 덩어리다. 이 가지 덩어리들의 바깥쪽 가장자리는 빛을 받아 빛나고, 안쪽으로 갈수록 짙은 그림자가 드리워진다. 이러한 모습을 관찰하고 표현하는 연습을 하면 침엽수를 훨씬 더 자연스럽게 그릴 수 있다.

연습을 마쳤다면 밖으로 나가 주변의 다른 침엽수들을 그려보자. 열 그루의 서로 다른 나무들을 그리며 이 기법들이 다양한 나무에서 어떻게 적용되는지 확인해보자. 나무를 잘 그리는 가장 좋은 방법은 가능한 한 많은 나무를 직접 그려보는 것이다.

10. 앞쪽에 따뜻한 갈색을 약간 추가하면 깊이감이 더해진다. 따뜻하고 채도가 높은 색은 가까이 있는 듯한 느낌을 주고, 차갑고 채도가 낮은 색은 멀리 있는 듯한 느낌을 준다.

참나무 그리기

앞에서 뒤로 그리는 기법을 활용하면 깊이감 있는 나무를 그릴 수 있다. 먼저 가장 가까운
잎 덩어리를 그린 뒤 줄기와 가지를 그리고, 마지막으로 나무의 뒤쪽에 있는 잎 덩어리를 그려 넣는다.

나무는 어디에나 흔히 있으므로, 가까운 거리에 있는 나무부터 중간 거리, 먼 거리에 있는 나무까지 다양하게 그리는 데 익숙해져야 한다. 이번 단계별 과정은 중간 거리에서 보이는 나무를 그리는 데 도움을 줄 것이다.

이 정도 거리에서는 잎 하나하나가 뚜렷하게 보이지 않고 대신 커다란 잎 덩어리의 형태가 더욱 두드러진다. 이 잎 덩어리의 느낌을 잘 표현하는 것이 나무 그리기의 핵심이다. 먼저 가장 가까운 잎 덩어리를 그리고, 가지와 줄기를 추가한 뒤, 마지막으로 나무 뒤쪽의 잎 덩어리를 그린다.

이 과정을 따르면 여러 요소가 겹쳐져 깊이감이 살아난다. 이번 연습에서 자신의 그림에 적용할 수 있는 기법과 요령을 발견해보자. 먼저 예시를 따라 그려보고, 마음에 드는 기법을 활용해 주변의 나무를 직접 스케치해보자. 여러 실제 나무를 관찰하며 연습하다 보면, 다양한 기법들을 나무의 형태에 맞게 유연하게 적용할 수 있을 것이다.

불규칙하고 구불거리는 선으로 잎의 질감을 암시하되, 개별 잎을 하나하나 그리지는 않는다. 연습을 거듭하면 이 선이 자연스럽게 연필 끝에서 흘러나오게 된다.

1. 논포토 블루 연필로 나무의 기본 형태를 잡는다. 이 단계에서는 전체적인 비율, 줄기가 시작되는 높이, 수관의 너비와 높이 등을 확인한다. 그런 다음 가장 가까운 잎 덩어리들을 배치한다. 덩어리 크기를 다양하게 조절하고, 너무 일정한 간격으로 배치하지 않도록 한다. 간격이 너무 균일하면 나무가 부자연스럽고 인공적으로 보일 수 있다.

2. 줄기를 위에서 아래로 그리며 가지들을 자연스럽게 연결하고, 아래로 갈수록 점점 넓혀나간다. 머릿속에 있는 이미지에 의존하지 말고 실제 나무를 계속 관찰하며 그린다. 우리가 떠올리는 나뭇가지의 전형적인 모습은 실제보다 지나치게 단순하기 때문이다.

3. 줄기와 가지 뒤쪽에 있는 잎 덩어리를 추가한다. 잎 덩어리를 가지와 겹쳐 그리면 자연스럽게 깊이감이 생긴다. 큰 잎 덩어리들 사이에 '잎 사이로 보이는 창'을 찾아 그려 넣되, 이 틈의 크기와 형태가 일정하지 않도록 주의한다.

4. 잎 덩어리의 아래쪽에 그림자를 추가한다. 특히 위쪽에 있는 잎 덩어리의 가장자리에는 햇빛이 닿는 밝은 테두리를 남긴다. 잎 사이의 틈은 보통 위쪽이 그늘져 어둡고 아래쪽은 빛이 들어와 밝다. 그림자의 형태는 태양의 각도에 따라 달라지므로, 머릿속에 있는 이미지가 아니라 실제 관찰한 그림자를 그려야 한다. 줄기와 가지에도 그림자를 넣는다. 어떤 부분에서는 밝은 줄기가 어두운 잎과 대비되고, 어떤 부분에서는 어두운 줄기가 밝은 배경과 대비된다.

5. 그림자의 명암은 필요에 따라 조절한다. 여기에서는 가지가 잎 덩어리보다 지나치게 어두워 보였기 때문에 잎 덩어리에 더 짙은 그림자를 넣어 전체적인 톤의 균형을 맞추었다.

6. 그림을 연필 스케치로 마무리할 수도 있고, 채색으로 완성도를 높일 수도 있다. 이미 연필로 그림자를 넣었으므로, 잎 덩어리에 연한 초록색 수채 물감을 가볍게 칠하는 것만으로 충분하다. 배경 요소를 추가할 경우에는 나무보다 더 차갑고 채도가 낮은 색을 사용하고, 대비와 세부 표현을 줄인다. 배경에 어두운 숲을 그려 넣었을 때 나무줄기가 상대적으로 더 밝아 보이는 효과에 주목해보자.

겨울의 나무들
낙엽수가 잎을 모두 떨어뜨리면 각 나무 고유의 구조

가 드러난다. 나뭇가지를 그릴 때는 위에서 아래로 내려가며 작은 가지들을 더 큰 가지에 연결한다. 작은 가지들이 서로 또는 줄기에 어떤 각도로 연결되는지 주의 깊게 관찰해야 한다. 줄기는 아래로 갈수록 점점 굵어진다는 점도 잊지 말자.

　나무에서 주요한 가지 묶음을 찾아보고, 각 묶음 위에 가볍게 아치 모양 선을 그려 구조를 잡는다. 그 아래로 가지를 연결해나가면 수관의 형태가 자연스럽게 드러난다. 수관의 형태는 나무의 종을 구별하는 중요한 요소이다.

　수많은 가느다란 가지들을 어떻게 다 그리지? 안 그리면 된다! 대신 가장 작은 가지들이 밀집한 부분을 연한 색으로 살짝 덮듯이 칠해보자. 연한 수채 물감으로 가볍게 칠하거나, 색연필로 칠한 부분을 블렌딩 도구로 부드럽게 문질러 표현할 수 있다.

1. 가장 큰 가지 덩어리의 가장자리를 나타내는 아치형 선을 여러 개 그린다. 각 아치의 가장자리에서부터 아래로, 마치 하천의 물줄기처럼 선을 연결한다. 여러 개의 가지가 한 지점에서 만나지 않도록 주의한다.

2. 각 아치마다 위 방법을 반복해 가지를 더해나간다. 가지가 갈라지는 패턴이 너무 일정하게 반복되지 않도록 '일관되게 불규칙한' 느낌을 유지해야 한다. 대칭적인 선들은 부자연스러운 느낌을 줄 수 있다.

3. 가지들을 중앙 줄기에 연결하고, 아래로 내려갈수록 줄기가 점점 굵어지도록 한다. 부러진 가지나 삐져나온 가지를 몇 개 추가하면 더 자연스럽다.

4. 멀리 있는 나무들은 수직선을 몇 개 그려 표현한다. 이 방법은 펜화에도 잘 어울린다. 가지 끝의 가장

가는 가지들은 블렌딩 도구로 문질러 표현한다. 문지른 부분이 더 어둡게 보인다는 점에 유의한다.

'나무를 그린다는 것'을 다시 생각하기

단순히 나무의 겉모습만 그리려 하지 말고 나무를 탐구해보자. 다양한 거리와 크기로 관찰하며 나무를 알아가야 한다.
도토리나 잎사귀의 생김새뿐 아니라 그 나무 위에, 안에, 아래에 살아가는 생물들까지 함께 들여다보자.

나무 주변에서 어떤 동물이나 그 흔적을 발견할 수 있는가? 특정 나무에 나타나는 새나 곤충은 무엇이 있는가? 죽은 나무의 껍질 아래를 살펴보면 딱정벌레가 만든 구멍과 굴을 찾을 수 있다. 얇은 종이를 대고 부드러운 연필이나 크레용(번지지 않기 때문에 추천)으로 문질러 탁본을 뜬 뒤, 관찰 일지에 붙여 기록해보자.

구과, 꽃, 열매, 씨앗을 그리며 형태를 기록하고, 특징을 자세히 설명해보자.

떨어진 잎 하나를 실제 크기로 그려보자. 나는 종종 바닥에 떨어진 잎을 스케치북에 눌러놓고 그 윤곽선을 따라 그린 뒤, 그 위에 색을 입히는 방식으로 작업한다. 부드러운 잎이나 바늘이 많은 잎을 그릴 때는 전체 선을 한 번에 그리지 않고 가장자리를 따라 작은 점들을 찍어가며 형태를 잡아도 좋다. 점들을 잇거나 외곽선을 따라서 그리면 정확한 비율을 유지할 수 있다. 채색을 할 때는 먼저 종이 한쪽에 실제 색과 최대한 비슷하게 색을 만들어본 뒤 잎에 색을 칠하는 것이 좋다.

많은 나무의 가지는 고유한 휘어짐과 각도를 가지고 있다. 다양한 형태의 가지들을 스케치하고 비교해보자. 구과 식물 중에서는 큰 씨방 솔방울 뿐만 아니라 작은 꽃가루 솔방울도 함께 찾아 관찰해보자.

나무껍질의 질감을 탐구해보자. 나무 종에 따라 질감이 어떻게 달라지는가? 나무가 나이가 들면서 가지 껍질의 질감은 어떻게 변하는가?

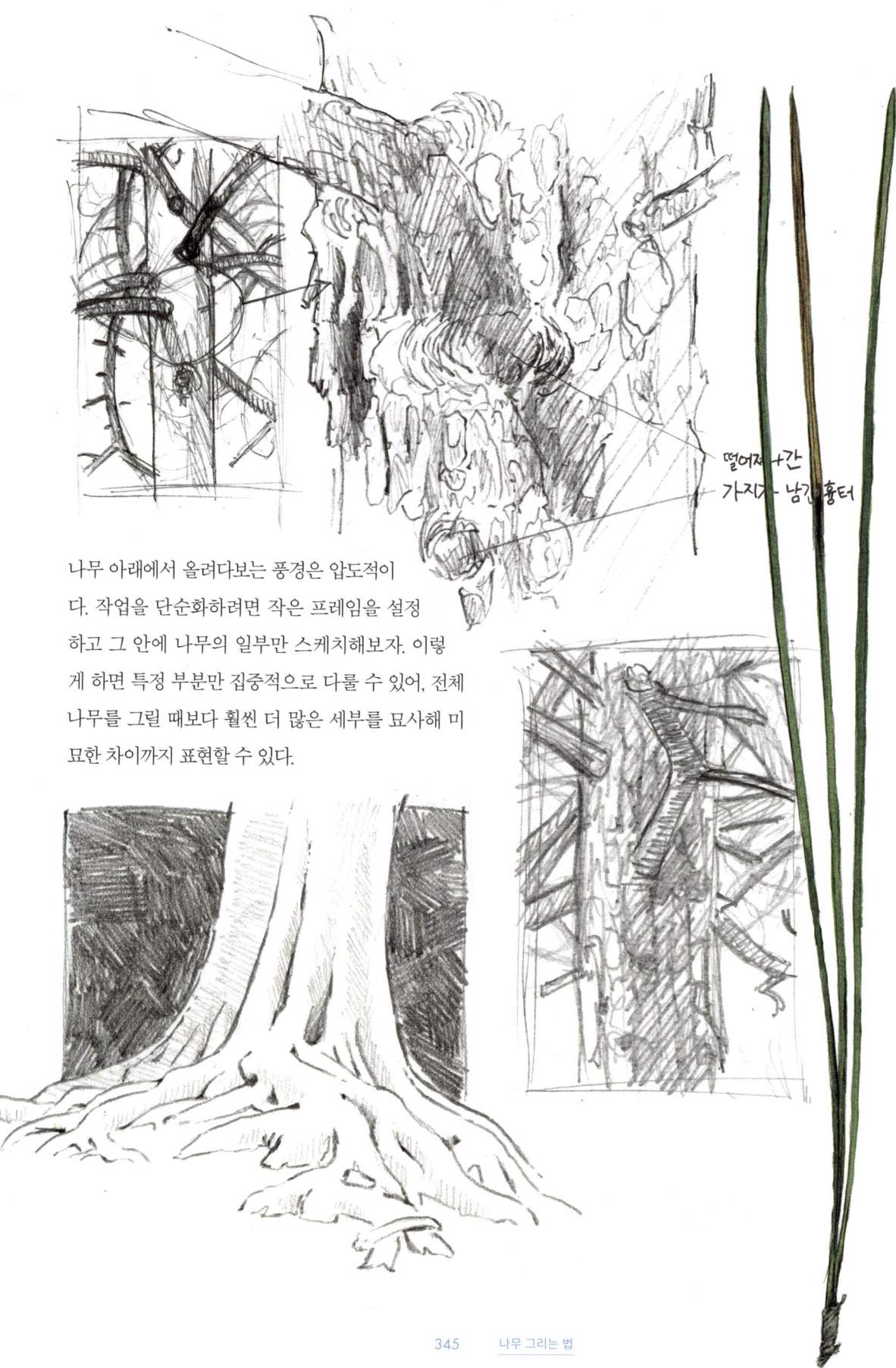

떨어져 +간
가지 - 남긴흉터

나무 아래에서 올려다보는 풍경은 압도적이다. 작업을 단순화하려면 작은 프레임을 설정하고 그 안에 나무의 일부만 스케치해보자. 이렇게 하면 특정 부분만 집중적으로 다룰 수 있어, 전체 나무를 그릴 때보다 훨씬 더 많은 세부를 묘사해 미묘한 차이까지 표현할 수 있다.

11. 풍경 그리는 법 How to Draw Landscapes

풍경 스케치는 단순한 그림 그리기를 넘어 자연 속에서 고요히 집중하며
그 순간을 마음에 깊이 새기는 행위다. 자연의 흐름에 맞춰
천천히 시간을 보내면서 주변을 관찰하다 보면 그 순간의 아름다움에
감사하게 된다. 풍경을 그리는 과정은 빙하가 만든 계곡의 구조에서부터
식물 군락의 분포와 조화에 이르기까지, 자연의 큰 패턴을 이해하는 계기가 된다.
넓은 시야로 지평선을 바라보며 풍경을 그리는 일은 자연주의자로서뿐만 아니라
삶에 뿌리를 내리고 살아가는 인간으로서도 중요한 경험이다.

작은 풍경 스케치

넓은 풍경 전체를 그리기보다 관심이 가는 한 부분을 골라 작은 스케치에 담아보자.
빠르고 즐겁게 그릴 수 있을 뿐만 아니라 그 장소에 대한 기억도 훨씬 더 선명하게 남는다.

작을수록 아름답고 빠르다

우리는 비어슈타트, 모란, 키스 같은 화가들의 대형 풍경화를 자주 봐왔기 때문에 그림의 크기가 클수록 더 좋다고 생각하는 경향이 있다. 큰 캔버스에 그림을 그릴수록 손과 팔을 더 자유롭게 움직일 수 있어 생각을 자유롭게 펼칠 수 있다. 또한 눈앞에 광활한 풍경이 펼쳐져 있을 때 종이를 가로로 놓고 종이 양 끝까지 그리는 경우도 많다. 그러나 이런 방식에는 몇 가지 문제가 있다.

- 종이 전체를 채우는 데 시간이 오래 걸린다. 일행은 벌써 다음 장소로 이동하고 싶어 하고, 바위에 앉은 몸은 점점 뻐근해진다.
- 나무를 끝없이 그리는 일에 질린다.
- 종이의 형태가 구도를 좌우하게 된다. 그림을 그리다가 종이 끝에서 멈췄다면 구도를 통제하지 못하고 있다는 뜻이다.

해결 방법은 작은 풍경을 스케치하는 것이다. 작은 풍경 스케치는 단순히 더 큰 그림을 위한 연습용 스케치가 아니라 그 자체로 하나의 목표다. 작은 풍경 스케치에는 여러 가지 장점이 있다.

- 큰 그림 하나를 그리는 시간이면 작은 풍경 스케치를 네 개는 완성할 수 있다.
- 흥미로운 요소를 그린 작은 스케치 여러 장이 넓은 풍경 그림 한 장보다 더 풍부한 기억을 남긴다.
- 작은 풍경 스케치는 부담이 적고 즐겁다. 이 작은 스케치가 마음에 들면 더 큰 작업으로 확장할 수 있다. 하지만 작은 스케치만으로도 충분한 경우가 많다. 만약 결과가 만족스럽지 않더라도, 단 5분이면 완성할 수 있으므로 다시 도전하면 된다.

단계별 과정

1. 손으로 공중에 틀을 그려 담고 싶은 장면의 구도를 잡는다.

2. 종이에 그 틀을 작게 그린다.

3. 논포토 블루 연필로 주요 요소들을 가볍게 스케치한다.

4. 작은 풍경 스케치를 완성한다. 지나치게 세부적으로 묘사하기 전에 멈추고, 다른 장면도 시도해본다.

크기가 커질수록 작업량은 기하급수적으로 증가한다
그림의 크기를 두 배 키우면 작업량은 두 배가 아니라 네 배 증가한다. 크기를 세 배 키우면 채워야 할 종이 면적은 아홉 배 늘어난다. 면적은 크기 증가량의 제곱에 비례해 늘어나기 때문이다.

작은 풍경 스케치의 다양한 변형

다음은 작은 풍경 스케치를 색다르게 즐길 수 있는 몇 가지 방법이다.

확대해 자세히 표현하기

작은 풍경 스케치가 너무 작아 흥미로운 세부 요소를 충분히 담기 어렵다면 그 부분만 확대해 따로 그려보자. 여기에서는 해안 안개 위로 솟아오른 먼 산맥들을 확대해 그렸다.

사전 연구 스케치

작은 풍경 스케치가 마음에 들었다면 더 큰 작업으로 확장할 수도 있다. 이때 새로운 그림에서도 처음 스케치의 느낌을 유지하는 것이 중요하다. 두 그림을 비교해보고, 어느 쪽이 더 마음에 드는지 생각해보자. 개인적으로 작은 스케치가 더 만족스러울 때가 많다.

흥미로운 부분을 프레임으로 강조하기

큰 스케치를 했다면 그중 일부를 프레임으로 잘라내 작은 풍경 스케치로 만들 수 있다. 큰 그림 안에서 흥미로운 '미니 구도'를 찾아보자.

바위의 면과 모서리

선과 명암을 이용해 다양한 기하학적 형태를 그려보자.
이런 연습을 많이 할수록 실제로 눈에 보이는 대상을 더 잘 이해하고 묘사할 수 있게 된다.

사물을 입체적으로 표현하려면 물체를 감싸는 면(즉 표면)을 볼 수 있어야 하며, 면과 면이 만나는 경계를 잘 구분하고 묘사해야 한다. 여기서 소개하는 간단한 다각형 표현법들로 연습해보고, 익숙해지면 얼굴처럼 더 미묘하고 복잡한 형태도 연습해보자. 면과 경계를 잘 찾아 정확히 표현하면 그림이 훨씬 입체적으로 보인다.

면을 표현할 때 명암의 차이를 이용할 수 있다. 이때는 섬세한 음영을 넣기보다 면과 면이 만나는 경계를 명암 차이로 드러내는 데 집중한다.

선의 방향을 바꿔 면을 표현할 수도 있다. 각 면마다 선을 다른 방향으로 그어 자연스럽게 면과 면의 경계를 드러낸다.

밑그림 선이 비쳐 보인다면 오히려 그 선을 활용해보자. 예를 들어 이 그림의 선들은 아래쪽을 향하는데, 이 방향은 물방울이 위에서 흘러내리는 방향과 같다.

이 '윤곽 음영' 기법이 다음 페이지의 바위 그림에서 어떻게 쓰였는지 살펴보자.

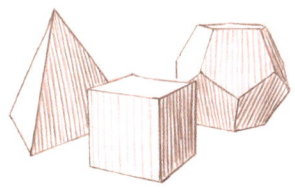

이 그림에서는 선들이 표면에 무작위로 질감을 만들어내는 것처럼 보이지만, 면이 바뀔 때마다 선의 방향이 달라지면서 면과 면을 자연스럽게 구분한다.

표면 위의 그림자와 바닥에 드리운 그림자는 대상의 면을 이해하고 대상 간의 공간적 관계를 파악하는 데 도움을 준다.

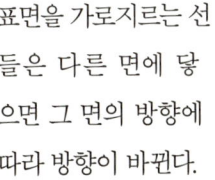

표면을 가로지르는 선들은 다른 면에 닿으면 그 면의 방향에 따라 방향이 바뀐다.

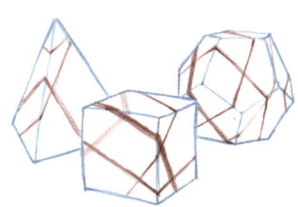

바위 조각하기

면과 면의 경계를 나타내는 기법을 활용해 바위의 구조를 표현해보자.
표면의 각도 변화에 주의를 기울여야 한다.

실제 바위(작은 바위라도 좋다) 또는 사진이나 상상 속 바위를 대상으로 몇 가지 연습을 해보자. 바위의 각 면들이 어떤 각도로 꺾이는지 윤곽 음영, 즉 선의 방향을 바꾸는 기법으로 나타내보자.

빛과 그림자의 경계를 잘 살펴보면 빛과 그림자가 서로의 영역을 살짝씩 침범하는 모습을 볼 수 있다. 이런 미묘한 부분을 함께 드러내면 그림자가 훨씬 자연스럽고 생동감 있어 보인다.

선의 형태와 각도를 조절해 다양한 형태의 바위를 조각하듯 그려낼 수 있다. 절벽, 돌출부, 바위의 단차 같은 복잡한 형태는 어떻게 표현할 수 있을까? 이런저런 방식으로 실험해보는 것도 좋지만, 항상 햇빛이 비치는 실제 바위를 관찰하는 것으로 되돌아와야 한다는 점을 잊지 말자.

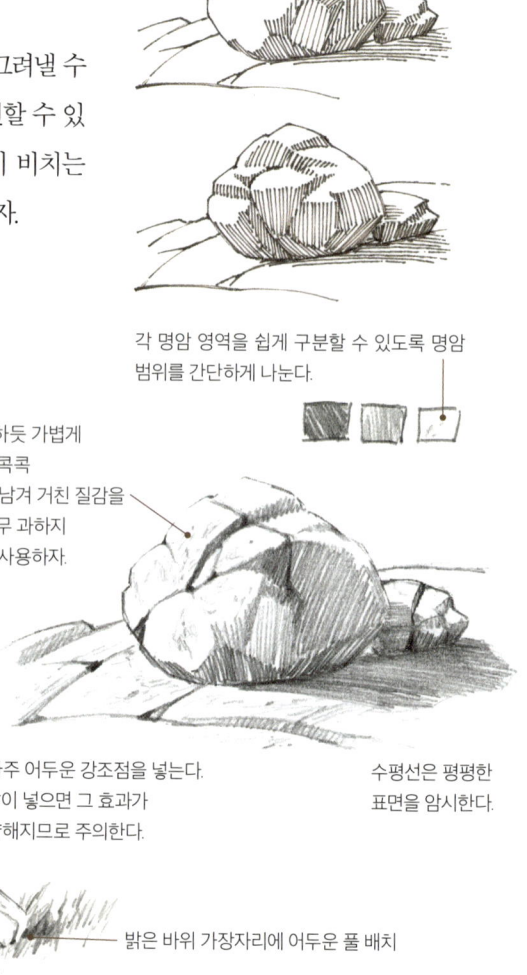

각 명암 영역을 쉽게 구분할 수 있도록 명암 범위를 간단하게 나눈다.

윤곽선은 바위 안쪽 그림자나 하이라이트와 맞아떨어져야 한다.

배경에 어두운 물체가 있으면 밝은 바위의 가장자리가 더욱 두드러져 보인다.

어두운 부분을 더 강조해 깊이를 암시한다.

연필로 낙서하듯 가볍게 선을 긋거나 콕콕 찍은 자국을 남겨 거친 질감을 표현한다. 너무 과하지 않게 절제해 사용하자.

바위의 아래쪽에 진한 그림자를 넣어 단단히 고정된 느낌을 준다.

그림자는 드리워진 표면의 질감을 암시할 수 있다. 이 그림자는 풀밭을 나타낸다.

몇 군데에 아주 어두운 강조점을 넣는다. 너무 많이 넣으면 그 효과가 약해지므로 주의한다.

수평선은 평평한 표면을 암시한다.

밝은 바위 가장자리에 어두운 풀 배치

어두운 바위 그림자와 대비되는 밝은 풀

바위 지형 그리기

선과 명암을 이용해 바위를 묘사할 때는 표면이 기울어지는 방향에 주의를 기울이자.

1. 먼저 논포토 블루 연필로 기본 형태와 면을 스케치한다. 스케치할 때만 보일 정도로 연하게 그리면 나중에 지우지 않아도 된다. 바위의 전체적인 윤곽과 주요 면의 경계를 표시한다.

2. 주요 바위들의 윤곽선을 그린다. 바위들이 서로 겹치는 부분에 주의한다.

바위 모서리 각도를 잘 살펴보며 지나치게 둥글게 그리지 않도록 주의한다. 물론 실제로 둥근 바위도 있지만, 자세히 살펴보면 곡선 속에 뚜렷한 꺾임점이나 각이 있는 경우가 많다.

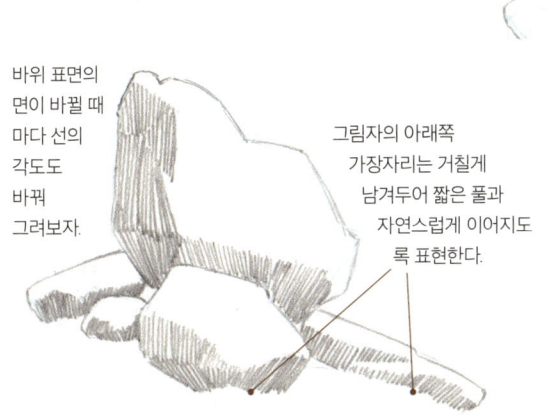

바위 표면의 면이 바뀔 때마다 선의 각도도 바꿔 그려보자.

그림자의 아래쪽 가장자리는 거칠게 남겨두어 짧은 풀과 자연스럽게 이어지도록 표현한다.

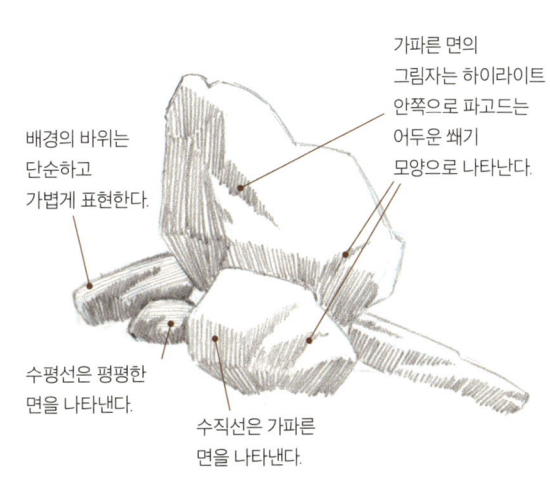

배경의 바위는 단순하고 가볍게 표현한다.

가파른 면의 그림자는 하이라이트 안쪽으로 파고드는 어두운 쐐기 모양으로 나타난다.

수평선은 평평한 면을 나타낸다.

수직선은 가파른 면을 나타낸다.

3. 바위를 눈을 가늘게 뜨고 바라보면 빛과 그림자의 경계를 더 잘 포착할 수 있다. 그림자는 바위의 윤곽선을 따라 선으로 표시한다. 여기에서는 설명을 돕기 위해 그림자를 선명하고 굵은 선으로 강조했지만, 실제로 정교하게 그림을 그릴 때는 선의 방향만 살짝 나타내는 정도로 부드럽게 음영을 넣어야 한다. 그러나 부드럽게 음영을 넣을 때도 빛과 그림자가 만들어 내는 형태를 찾는 것이 중요하다. 두 영역을 매끄럽게 연결만 하기보다는 명확하게 형태를 인식해 그려야 한다.

4. 그림자의 윤곽을 다듬는다. 바위의 능선을 따라 빛이 그림자 속으로 파고드는 부분을 찾아본다. 마찬가지로 바위 턱이나 움푹 패인 곳에서 그림자가 빛을 파고드는 부분을 찾아본다. 이런 부분들을 잘 표현하면 바위의 입체적인 구조가 훨씬 살아난다.

5. 이제 균열을 표현해보자. 한 면에서 다른 면으로 넘어갈 때 균열의 방향이 어떻게 바뀌는지 관찰해보자. 두 균열이 만나는 지점은 더 많은 풍화가 일어나 파이거나 움푹 들어간 부분이 생긴다. 이 지점들에 작고 어두운 삼각형을 그려 넣어 바위의 날카로운 모서리를 둥글게 만들어보자. 이런 강조점들은 바위에 깊이감을 주긴 하지만 너무 많이 넣으면 오히려 부자연스러워질 수 있으니 크기와 간격을 다양하게 조절해 적당히 넣는 편이 좋다.

배경에 있는 바위에는 세부 묘사를 피한다.

두 균열이 만나는 지점에 어두운 강조점을 넣어보자. 이렇게 하면 바위 모서리가 침식된 것처럼 보여서 더 자연스러워진다.

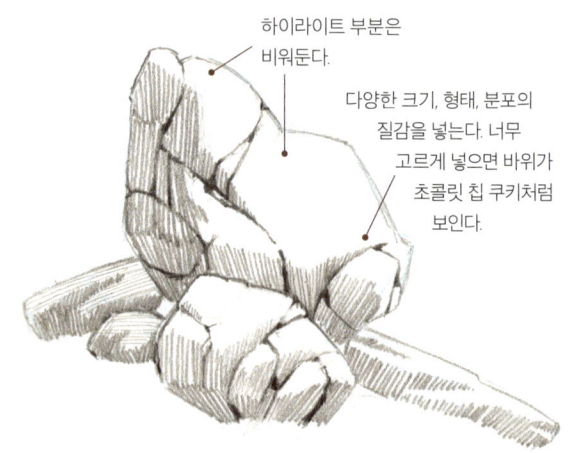

하이라이트 부분은 비워둔다.

다양한 크기, 형태, 분포의 질감을 넣는다. 너무 고르게 넣으면 바위가 초콜릿 칩 쿠키처럼 보인다.

6. 햇빛이 닿는 면에 질감 표현을 살짝 더한다. 불규칙한 빗금과 작은 점 몇 개만 그려 넣어도 충분하다. 너무 과하지 않게 적당히 더한다. 특히 빛이 비스듬히 닿는 면과 빛과 그림자가 만나는 경계 부분에 더 많이 넣어주자.

7. 바위 아래쪽에 짙은 그림자를 넣어 땅에 단단히 고정된 느낌을 준다. 바위가 더 무게감 있어 보이고 땅과 자연스럽게 연결된다. 그림자 안쪽에 풀의 질감을 살짝 표현해도 좋다. 예시에서는 큰 바위 왼쪽 면에 그림자를 더 진하게 넣었다. 또한 큰 바위 그림자에 가려진 작은 바위도 어둡게 표현했다.

비율을 보여주는 새

이 그림자의 위쪽 윤곽은 그늘진 풀을 드러낸다.

아래쪽 윤곽은 햇빛을 받은 앞쪽 풀 모양을 드러낸다.

드리운 그림자는 매우 어둡게 넣는다.

8. 이제 어려운 단계다. 그림을 멈춘다. 균열을 그리고 질감 표현을 넣는 일은 너무 재밌어서 과해지기 쉽다. 아직 괜찮을 때 과감히 멈추는 것이 중요하다.

산 스케치하기

최소한의 선으로 산의 웅장함을 담아내보자. 산 전체를 그리는 것이 부담스럽다면, 작은 구역을 골라 작은 풍경 스케치로 그려보자.

산의 선들

나는 산의 윤곽뿐 아니라 입체감과 형태까지 나타낼 수 있는 세 가지 선을 사용한다. 산의 윤곽선, 너덜겅 경사면 그리고 앞을 향한 능선 선이다.

산의 윤곽선: 이 선은 산이 하늘이나 다른 봉우리와 구분되는 산의 가장자리이다. 응용 윤곽선 드로잉 기법으로 이 선의 변화와 특징을 잘 담아낼 수 있다.

너덜겅 경사면: 너덜겅 경사면은 가파른 절벽 기슭에 쌓인 바위 더미다. 이 경사면의 윗부분은 절벽의 작은 틈에 맞물리며 V자 모양으로 보인다.

앞을 향한 능선 선: 능선의 중심을 따라 지그재그로 내려오는 선이다. 이 선은 가파른 경사면에서 급격히 내려오며, 능선이 평평해지는 구간에서는 좌우로 휘면서 이어진다.

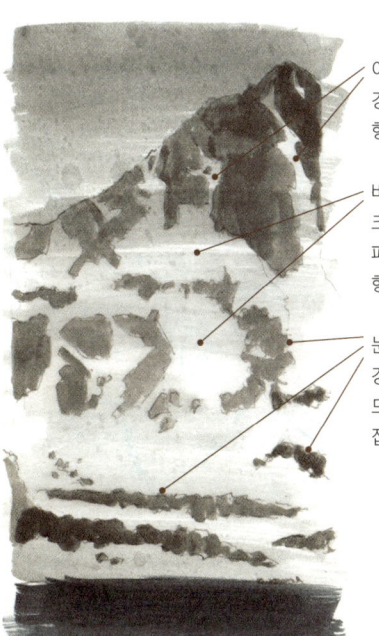

이 바위가 많은 위쪽 경사면은 눈밭의 형태에 집중해 그린다.

바위 사이에 낀 눈의 크기와 형태를 파악하기 위해 음의 형태를 이용한다.

눈 덮인 아래쪽 경사면에서는 바위가 드러난 지대의 형태에 집중한다.

눈밭

산의 표면에 눈이 쌓여 있을 때는 눈밭과 돌출된 바위들의 형태가 산의 윤곽을 만들어낸다. 산이 대부분 눈으로 덮여 있다면, 눈밭을 음의 형태로 보고 바위의 형태를 그린다. 산이 대부분 바위로 이루어져 있다면, 눈밭을 양의 형태로, 바위를 음의 형태로 보고 그린다. 눈이 녹아 바위가 드러나기 시작할 때는 눈과 바위를 번갈아가며 양의 형태로 보고 그린다.

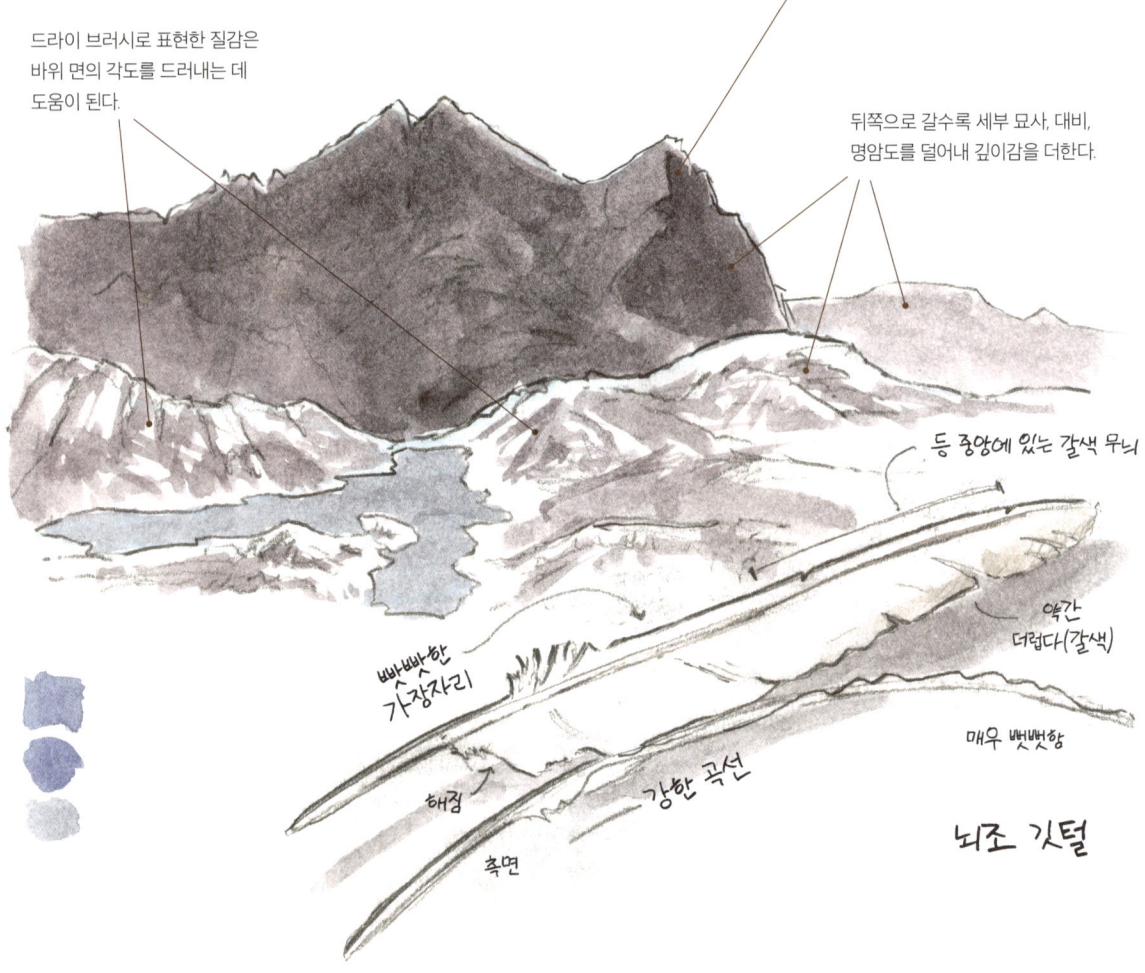

드라이 브러시로 산 그리기

붓 끝을 펼쳐서 산의 표면을 감싸듯 질감을 표현한다. 산의 면이 바뀔 때마다 붓의 각도도 바꿔준다. 윤곽 음영 기법을 이용해 실제로 보이는 그림자의 무늬를 그대로 그려보자.

여기에서는 앞을 향한 능선 선이 산의 한 면을 짙은 그림자 속으로 떨어뜨린다. 빛과 그림자의 경계는 산 등성이를 따라 이리저리 굽이치며 이어진다. 이렇게 능선을 따라 '음양陰陽'이 교차하는 그림자들을 잘 살펴보면 산을 입체적으로 조각하듯 표현하는 데 도움이 된다.

chapter 11

산 풍경 그리기 1

밝은 과슈는 어두운 배경에서 더욱 두드러진다. 투명한 수채 물감으로 어두운 명암을 먼저 깔고, 불투명한 과슈로 밝은 부분과 눈밭을 덧칠한다.

1. 봉우리의 형태와 명암이 대비되는 부분을 보여주는 산 풍경을 스케치해보자.

2. 수채 물감으로 칠할 부분에 파란색을 옅게 한 번 칠한다. 마른 뒤 산을 어두운 색으로 덧칠한다.

3. 더 어두운 색으로 산의 그림자를 칠한다.

4. 수채 물감이 마르면, 낮은 지대의 윤곽을 따라 연한 회색 과슈를 칠한다. 하늘의 아래쪽에는 흰색 과슈를 칠하고, 물을 섞어 위쪽으로 자연스럽게 그러데이션을 넣는다.

5. 진한 흰색 과슈로 구름과 눈밭을 선명하게 그린다.

6. 어두운 수채 물감으로 질감과 작은 나무들을 표현한다. 나무를 너무 선명한 초록색으로 그리지 않도록 한다.

나는 그림이 채색 영역 밖으로 뻗어나갈 때의 효과를 좋아한다.

풀밭의 찬란함

소박한 풀들은 아주 흔한 요소라 그 구조나 표현 방법에 깊이 신경 쓰지 않기 쉽다.
풀에 비치는 빛을 세심하게 관찰하면 그릴 때 큰 도움이 된다.

일반적인 경향과 피해야 할 함정

골프장 잔디처럼 가지런하지 않은 한 풀은 들쭉날쭉하게 자라고 키도 제각각이다. 바람이 불면 한 방향으로 눕지만, 항상 반대 방향으로 뻗은 몇 가닥의 풀이나 꽃대가 있기 마련이다. 완전한 무질서가 아닌 약간의 변주가 풀밭 그리기의 핵심이다.

일부 초록색 수채 물감은 실제 풀에 비해 색이 너무 강하고 선명하다. 후커스 그린스나 샙 그린으로 그린 풀밭은 만화처럼 보일 수 있다. 조금 더 부드럽고 다양한 풀의 색을 만들기 위해서는 마젠타나 다른 색을 섞어 사용하자.

풀밭의 아래쪽 윤곽 그리기

보통 풀 무더기의 위쪽 윤곽에만 신경 쓰지만 아래쪽 윤곽도 똑같이 중요하다. 모든 풀의 밑동을 같은 높이로 그리지 말고, 자신이 그리고 있는 풀 앞에 더 밝은 색의 풀 무더기가 하나 더 있다고 생각해보자. 그 앞쪽 풀의 윗부분을 그린다는 느낌으로, 지금 그리고 있는 풀의 아랫부분을 깎아내듯 표현해보자.

엠보싱 기법으로 풀 그리기

풀을 그리기 전에 엠보싱 도구로 종이에 선을 그어 자국을 낸다. 어두운 배경색을 칠하면 그 자국이 밝게 남아 자연스럽게 풀이 만들어진다.

무색 블렌더로 미리 선을 그려두면 어두운 배경에서 풀의 윗부분이 자연스럽게 드러난다.

들쭉날쭉하고 어두운 얼룩으로 암시된 풀 무더기

저항 기법으로 풀 그리기

수채 물감으로 풀 무더기를 칠하기 전에 흰색 색연필이나 무색 블렌더로 몇 가닥의 풀 줄기를 먼저 그린다. 그 위에 물감을 칠하면 왁스나 오일 성분 덕분에 그 부분에는 물감이 잘 스며들지 않아 종이에 밝은 풀 줄기 무늬가 남게 된다.

앞쪽 풀을 약간 자세히 묘사하면 뒤쪽의 어두운 얼룩들이 멀리 있는 풀 무더기로 보인다.

마젠타나 갈색을 조금씩 섞어 색감에 변화를 준다.

참나무 숲 그리기

숲을 그릴 때는 나무 하나하나가 아니라 숲 전체의 덩어리를 그려야 한다.
한두 그루의 나무가 눈에 띌 수는 있지만, 숲 전체는 나무들의 형태가 겹치고 어우러진 하나의 덩어리로 보인다.

멀리 보이는 참나무 숲을 그릴 때 중요한 것은 나무 하나하나를 그리지 않고 숲 전체의 형태를 그리는 것이다. 숲 가장자리의 모양을 잘 살펴보며 나뭇잎이 무성한 느낌이 나도록 윤곽선을 다듬는다. 둥근 덩어리가 반복되지 않도록 주의한다. 숲 전체를 하나의 덩어리로 그리고 하이라이트로 숲속 나무들을 암시한다. 앞쪽 나무 한 그루를 강조해 그리면 보는 이는 숲 전체가 그 나무들로 이루어졌다고 자연스럽게 인식하게 된다. 이렇게 하면 숲속의 모든 나무를 일일이 자세하게 그리지 않아도 된다. 이제 단계별로 살펴보자.

1. 먼저 숲의 전체적인 형태를 잡아보자. 배경의 거친 숲 가장자리와 전경의 언덕 경사면이 대비되도록 윤곽선을 그린다. 전경에는 외딴 나무 하나가 있다. 이 나무는 보는 이가 배경의 숲 형태를 나무 덩어리로 인식하게 하는 단서다. 태양의 방향과 각도를 주의 깊게 살피고, 햇빛이 직접 닿는 숲의 영역을 윤곽선으로 나타낸다. 이 하이라이트 형태들은 숲속의 나무들과 나무 덩어리를 암시한다.

빛의 방향

2. 크로스 해칭 기법으로 숲의 그늘진 부분에 음영을 넣는다. 부자연스러운 해칭 선을 곡선으로 풀어주면 좋다. 복잡한 세부를 빠르고 자연스럽게 표현할 수 있다.

약간의 디테일로도 충분하다. 몇몇 나무에는 나무 줄기를 그리고, 빛의 방향에 따라 그림자를 넣는다. 하루가 거의 끝나가므로, 그림자는 언덕 면을 따라 길게 드리워진다.

3. 먼저 가까운 초원부터 옅은 색으로 평평하게 칠해보자. 뒤쪽 풀밭으로 넘어갈수록 워터브러시에 물감이 점점 줄어들면서 자연스럽게 멀리 있는 언덕이 더 옅게 표현된다. 하늘이 항상 파란 것은 아니다. 이 저녁 하늘은 황금빛으로 빛난다. 태양이 있는 오른쪽으로 갈수록 색이 점점 연해지는 그러데이션을 넣는다.

4. 그림자를 탁한 보랏빛 회색으로 덧칠한다. 같은 색을 잎사귀의 그림자에도 살짝 칠해 통일감을 준다. 저무는 햇빛이 직접 닿는 언덕의 꼭대기에는 선명한 밝은 테두리를 남긴다.

핵심 포인트: 나무 하나하나가 아닌 숲 전체의 형태를 그린다. 빛이 비치는 방향을 일관되게 유지한다. 자연스럽게 통일감을 주기 위해 같은 색을 엷게 칠한다. 세부는 꼭 필요한 만큼만 묘사한다.

침엽수 숲 그리기

침엽수와 참나무의 형태는 매우 다르지만, 숲을 그리는 과정은 동일하다.

1. 먼저 중경과 배경에 있는 나무들의 꼭대기를 그린다. 전경에는 어두운 숲을 배경으로 밝은 나무들이 자리하게 된다. 나무 형태의 외곽선만 그리고 안쪽은 흰색으로 남긴다. 모든 나무를 대칭적으로 그리지 않도록 주의하고 나무 꼭대기의 간격, 크기, 잎의 밀도를 다양하게 표현한다. 죽은 나무도 몇 그루 넣어 자연스러운 느낌을 준다.

2. 이제 부드러운 수평선을 그어 중경의 나무들을 어두운 색으로 균일하게 채운다. 이 선들은 최종 그림에서 옆으로 뻗은 나뭇가지처럼 보일 것이다. 끝이 뭉툭한 연필을 사용하면 빠르게 작업할 수 있다.

3. 이제 놀라운 기법을 써볼 차례다. 굵은 연필로 중경 나무들의 꼭대기에서 아래로 향하는 거칠고 들쭉날쭉한 삼각형을 그린다. 이 어두운 삼각형은 길이가 다르게, 불규칙한 간격으로 그려야 한다. 이 삼각형들 사이로 밝은 나무들이 생겨난다. 나무를 직접 그리는 것이 아니라, 나무 사이의 그림자를 그리는 것이다. 이렇게 하면 매우 빠르게 그럴듯한 침엽수 숲을 그릴 수 있다. 삼각형의 길이와 너비가 다양하지 않으면 이빨처럼 보일 수 있으니 주의하자. 나무와 그림자는 비슷한 명도로 칠해야 그림자만 너무 튀지 않고 숲 전체가 하나로 어우러져 보인다.

4. 배경 나무들은 중경 나무들과 비슷하게 표현한다. 다만 배경 나무들은 더 밝게 칠해 중경 나무들의 어

두운 가지가 묻히지 않도록 한다. 먼저 수직선으로 배경 나무들의 명암을 깔아준다. 명도를 위쪽의 울퉁불퉁한 경계선과 맞춰 나머지 배경과 자연스럽게 섞이도록 한다. 그런 다음 수평선으로 아래를 향한 삼각형을 그려 나무 사이사이의 음영을 표현한다. 중경보다는 부드럽고 연하게 그린다.

전경에는 햇빛을 받는 소나무와 버드나무 몇 그루가 있다. 이 나무들은 대부분 흰색으로 남기고, 밑동에 약간의 그림자와 나무 기둥 표현만 더해주었다.

폭포 그리기

폭포 자체를 그릴 수는 없다. 대신 폭포 주변의 바위를 그려보자.

위쪽 435m

중간 205m

아래쪽 97m

총 739m

폭포는 어떤 풍경에서든 눈길을 사로잡는 인상적인 요소다. 그러나 폭포를 그릴 때 물줄기의 흐름을 선으로 직접 그려서는 안 된다. 폭포는 주변 바위에 비해 밝은 흰색을 띠기 때문에 연필로 선을 긋는 순간 물줄기가 회색으로 보인다. 대신 폭포 주변에 젖은 바위를 그려 넣어보자. 물보라에 젖은 바위는 어두워서 폭포의 흰 물줄기와 대비된다. 마찬가지로 폭포 안쪽에는 그림자나 질감을 과도하게 넣지 말고 흰색으로 남겨야 한다.

풍경 그리는 법

1. 진한 연필 스케치로 시작한다. 폭포의 모양은 주변 바위들의 형태에 의해 결정된다.

2. 종이 한쪽에 세로로 색 띠를 칠해 그러데이션을 실험해보자. 폭포 아래의 흰 물보라는 수평을 이루어야 한다.

3. 바위를 섀도우 바이올렛으로 칠하고, 햇빛이 닿는 윗부분은 하얗게 남겨둔다.

4. 하늘은 불규칙한 파란색 얼룩들로 칠하고, 아래로 갈수록 옅은 시안으로 이어지게 한다. 구름의 형태(파란색 사이의 음의 형태)는 불규칙하게 표현해 자연스러움을 살린다. 구름과 그 사이의 빈 공간이 수평선에 가까워질수록 점점 더 옆으로 퍼지게 표현한다. 해변 아래쪽은 드라이 브러시로 연한 황갈색을 수평으로 쓸어주듯 칠한다. 멀리 있는 나무들의 윤곽은 너무 자세히 그리지 않는다.

5. 먼 언덕, 나무, 전경의 바위들이 너무 따로 노는 느낌이 든다면, 옅은 색을 한 겹 덧칠해 통일감을 준다. 같은 색을 여러 영역에 고루 칠하면 그림 전체가 조화를 이룬다. 폭포에도 같은 색을 약간 덧칠하되, 하이라이트는 하얗게 남겨둔다. 흰색 젤 펜으로 흰 거품 줄기를 몇 개 더 그려준다.

산 풍경 그리기 2

연필 스케치는 그 자체로 완성된 그림이 될 수도 있고, 수채화를 그리기 위한 밑그림이 될 수도 있다.

1. 중경의 나무들은 숲에 어떤 나무가 자라는지를 보여주므로, 형태를 신중하게 그린다.

배경은 더 연하게, 더 간단히 그린다.

전경에 있는 나무의 윤곽선을 그린다. 선이 나무 둘레를 감싸도록 그려, 나무의 형태를 선 자체가 아니라 안쪽의 흰 여백으로 표현한다.

2. 중경의 숲은 수평선으로 음영을 넣어 나뭇가지들이 층층이 쌓인 느낌을 표현한다.

배경 숲은 연한 수직선으로 음영을 넣어 나무들을 암시한다.

전경 나무의 윤곽선 안쪽 흰 부분이 이제 나무 형태로 보인다. 나무를 직접 그리지 않고 윤곽선만 그려둔 이유가 여기에 있다.

3. 들쭉날쭉하고 아래를 향하는 화살표 모양으로 음영을 넣어 숲의 깊이를 암시한다. 이렇게 하면 앞에 있는 밝은 나무가 부각된다.

여기에는 약간의 세부만 묘사한다.

숲 아래쪽의 그림자를 조금 더 진하게 그린다.

4. 수직선으로 가파른 절벽의 그림자를 표현한다. 배경에 너무 많은 묘사를 넣지 않도록 주의하자.

5. 수직선으로 강물의 평평한 수면을 표현한다. 멀리 보이는 굽어진 강가에 명암을 더해 깊이감을 준다.

강가에 있는 풀 무더기의 뒤쪽에 음영을 넣어주고, 아래쪽은 불규칙한 형태로 그려 풀처럼 보이도록 만든다.

바위 사이사이에 그림자를 추가해 깊이감을 더한다.

하늘에 코발트 블루와 망가니즈 블루를 섞은 옅은 그러데이션을 넣는다.

풀밭은 서펜타인 제뉴인으로 은은한 그러데이션을 넣는다. 배경 쪽으로 갈수록 점점 옅어지게 한다.

갈색과 초록색으로 수평 무늬를 추가한다.

얕은 부분은 이전 물감이 마르기 전에 따뜻한 오커 색을 번지듯이 칠해준다.

강은 울트라마린 블루로 칠한다. 왼쪽으로 갈수록 옅어지게 한다.

섀도우 바이올렛으로 그림자와 풀의 세부를 표현한다.

연필로 음영을 넣어둔 숲은 칙칙한 초록색을 한 겹 얇게 칠해 색을 입힌다. 배경도 동일하게 칠하되, 섀도우 바이올렛을 섞어 약간 흐리게 칠한다.

풀은 오커 색을 연하게 칠해 더욱 흐릿하게 표현한다.

섀도우 바이올렛으로 그림자를 약간 추가한다. 아직 산, 배경의 나무들, 그리고 중경의 나무들이 서로 분리된 느낌이 든다. 특히 산의 흰 화강암이 너무 두드러진다.

전경 나무에는 따뜻한 초록색을 사용한다.

전경 나무들 안쪽과 아래쪽에 섀도우 바이올렛으로 그림자를 추가한다. 그림 전체에 같은 색을 칠하면 통일감이 생긴다.

그림의 여러 부분에 같은 색을 옅게 한 겹 덧칠하면 서로 자연스럽게 연결할 수 있다. 그림이 너무 조각조각 나 보일 때 유용한 방법이다. 여기에서는 섀도우 바이올렛을 연하게 덧칠해 배경과 중경의 산과 숲을 연결했다.

물 표현하기

색, 질감, 투명도, 반사, 빛의 변화를 이해하는 일은 평생의 과제다. 바다나 개울가에 앉아 그 모든 것을 바라보며 감탄하기에 이보다 더 좋은 이유도 없다.

색

물은 어떤 색이라도 될 수 있다. 하늘과 주변을 반사하기도 하고, 토사나 조류에 물들기도 하며, 투명해서 사물이나 바닥의 색이 그대로 비치기도 한다. 물에 색을 입히기 전에 먼저 색 띠를 만들어보자. 두 손을 맞대 좁은 틈을 만든 뒤, 수평선에서부터 가까운 물가까지 물의 색이 어떻게 변하는지 살펴본다. 색연필이나 수채 물감으로 그 변화를 기록해보자. 펜이나 연필만 가지고 있다면, 어떤 색이 어느 지점에서 어떻게 변하는지에 대해 메모해보자. 이렇게 물을 관찰하다 보면 물이 얼마나 다양한 색과 분위기를 지니고 있는지 깨닫고 점점 더 흥미를 느낄 것이다.

며 즐겁게 일지를 채워보자. 잔잔한 바람이 불 때 물결의 패턴은 어떠한가? 강한 바람이 불면 어떻게 달라지는가?

먼 물결은 작고 간격이 좁다.

가까운 물결은 크고 간격이 넓다.

질감

물의 질감과 물이 만들어내는 다양한 모습을 연구하

반사

몇 년 전, 새 관찰 축제를 위한 티셔츠와 로고 디자인을 의뢰받은 적이 있다. 나는 기꺼이 도와주었고, 바위 위에 앉은 물까마귀를 그렸다. 반사를 표현하기 위해 그림을 아래로 뒤집어 그렸다. 당시로서는 최선을 다해 그린 그림이었지만, 지금 보니 몇 가지 문제가 있다는 사실을 발견했다. 무엇이 잘못되었을까? 설명을 읽기 전에 스스로 생각하는 시간을 가져보자.

물은 거울처럼 반사한다. 하지만 우리가 흔히 말하는 '거울상'처럼 단순히 뒤집힌 모습이 아니다. 만약 새가 거울 위에 서 있다면 반사된 상에서는 새의 옆모습이 아니라 배 쪽, 아랫면이 더 많이 보였을 것이다.

나는 바위의 반사된 모습이 실제 바위만큼 높게 보이지 않는다는 점은 제대로 관찰했다. 하지만 반사된 그림에서는 바

위 옆면의 얼룩만 약간 보이고 윗면에 있는 얼룩은 보이지 않아야 한다. 또한 새의 반사된 모습은 실제 새보다 짧아 보이면 안 된다. 다만 바위의 반사로 인해 새의 일부분이 가려질 수는 있다.

옆에 보이는 도둑갈매기 그림에서 관찰자는 새의 등을 보고 있는 반면, 물에 반사된 모습에서는 새의 배가 보인다. 새를 보는 시점과 반사된 모습을 보는 시점이 다르기 때문이다. 가까운 쪽 날개는 관찰자 쪽으로 약간 기울어져 있는데, 이는 단축법에 따른 현상이다. 반면 물에 반사된 날개는 단축되지 않는다. 또한 먼 쪽 날개의 반사된 모습은 실제 날개보다 길이가 짧다. 이건 또 다른 실수일까, 아니면 실제로 그렇게 보이는 걸까?

반사는 그림자와 다르다. 그림자는 태양을 기준으로 생긴다. 내가 어디에서 보든 해시계의 그림자는 항상 같은 자리에 생긴다. 반면 반사는 관찰자의 위치에 따라 다르다. 기둥이 물에 반사된 모습은 관찰자가 어느 지점에서 보든 항상 관찰자를 향해 뻗어 있다. 산봉우리가 물에 반사되는 모습은 항상 봉우리 바로 아래에 수직으로 나타난다.

반사의 길이는 반사되는 물체의 각도에 따라 달라진다. 수직으로 선 기둥은, 보는 사람의 눈높이에 따라 다소 차이는 있겠지만, 물에서 기둥의 높이와 거의 비슷한 길이로 반사된다. 기둥이 내 쪽으로 기울어져 있다면 반사된 모습은 실제 보이는 기둥보다 좀 더 길게 나타난다. 기둥이 나의 반대쪽으로 기울어져 있다면 반사된 모습은 실제 보이는 기둥보다 짧게 나타난다. 따라서 그림 속 도둑갈매기의 날개가 먼 쪽으로 기울어져 있기 때문에 반사된 모습은 실제 보이는 날개보다 더 짧게 나타나는 것이다.

어두운 물체가 반사된 모습은 실제 물체보다 밝아 보이는 경향이

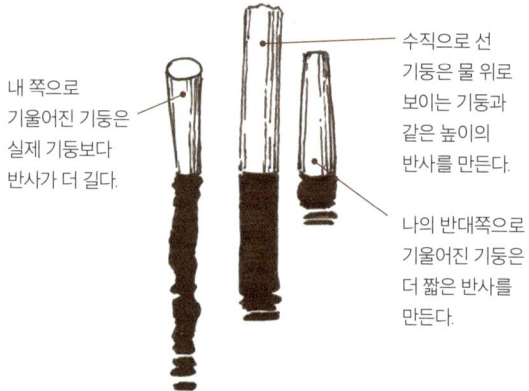

내 쪽으로 기울어진 기둥은 실제 기둥보다 반사가 더 길다.

수직으로 선 기둥은 물 위로 보이는 기둥과 같은 높이의 반사를 만든다.

나의 반대쪽으로 기울어진 기둥은 더 짧은 반사를 만든다.

있고, 밝은 물체의 반사된 모습은 실제보다 어둡게 보이는 경향이 있다. 실제 물체와 그 물체가 반사된 모습의 관계에 집중해 관찰해보자. 바위, 풀, 나무, 산이 물에 비친 모습에 대한 연구로 일지를 가득 채워보자.

투명도

가까운 물은 투명해서 안이 잘 들여다보인다. 수평선 쪽으로 멀어질수록 물이 하늘을 더 많이 반사해 속이 잘 들여다보이지 않는다. 맑은 날 멀리 있는 물이 더 파랗게 보이는 이유가 바로 여기에 있다.

1. 크레용이나 흰색 생일 초를 사용해 물 위쪽에 흩어진 작은 선들을 몇 개 그려보자. 색을 입히면 이 선들이 반짝이는 물결처럼 보인다. 위쪽에서부터 파란색 그러데이션을 엷게 넣고, 아래쪽에서부터는 따뜻한 갈색 그러데이션을 넣는다. 물에 잠긴 물체는 물 밖의 물체보다 더 따뜻하고 어두운 색으로 보인다.

2. 물가에 있는 바위의 그림자를 칠해보자(바위의 윤곽선을 그리지 않고 그림자를 칠한다). 붓질은 위쪽으로 갈수록 점점 더 촘촘하고 수평에 가깝게 한다. 워터브러시를 사용하면 자연스럽게 뒤쪽으로 갈수록 색이 옅어진다. 일반 붓을 사용할 경우 물을 더해 색을 연하게 조절해보자.

3. 파란색으로 물 위쪽에 가로로 긴 선들을 촘촘하게 그린다. 아래로 내려가면서 선을 더 크고 넓은 간격으로 그린다. 붓을 밀고 당기는 동작으로 점점 가늘어지는 모양을 표현해보자. 워터브러시를 사용하면 색이 좀 더 자연스럽게 연해진다.

어두움
가장 밝음
밝음
그림자 + 반사된 음영 가장 어두움
돌 + 연못 바닥이 그늘에 반사되어 선명하게 보임
하늘의 반사는 밝고 아래쪽 시야를 가림

반사 위 반사

chapter 11   370

수채 물감으로 외해의 파도 그리기

외해의 파도는 길게 솟은 너울 위에 잘게 부서지는 파도들이 얹힌 형태다. 큰 너울부터 그리고 그 위에 작은 파도를 더해간다. 밝은색부터 점차 어두운 색을 칠해보자.

바다 표면에 반사된 햇빛은 매우 강렬하다. 햇빛의 반사를 표현하려면 종이 중앙에 세로로 흰 띠를 남겨두자. 흰색 물감을 칠해도 종이 자체의 흰색만큼 밝게 보이기는 어렵다.

평붓을 사용해 빠르고 자연스럽게 파도를 만들어낼 수 있다. 붓의 얇은 모서리로 종이를 쓸듯이 좌우로 튕겨낸다. 이 기법을 실제로 그림에 사용하기 전에 '물결 자국' 그리는 연습을 여러 번 해보며 다양한 효과를 미리 확인하는 것이 좋다.

평붓의 끝으로 톡톡 두드려 만든 자국

붓을 살짝 기울여 만든 선

평행한 자국을 여러 세트로 만들면, 같은 바람결에 의해 생긴 잔물결들이 표현된다.

큰 물결을 먼저 그리고 그 위에 작은 물결 자국을 덧그렸다. 이때 사용한 붓은 끝이 해져 있어서 자연스러운 평행선 무늬를 만들어냈다.

1. 평붓을 사용해 하늘을 연한 회색으로 칠하고, 짧고 거친 붓질로 푸른빛 회색을 더한다. 붓의 모서리를 이용해 칠하고, 포말이나 빛을 표현하기 위해 몇몇 부분은 종이를 비워둔다.

2. 바다의 포말을 암시하기 위해 가로로 불규칙한 모양의 흰색 여백을 남긴다.

3. 평붓을 옆으로 잡고 이리저리 흔들며 어두운 파도 표면을 그려보자. 멀리 있는 파도는 간격이 좁고 가로로 긴 모양이다. 가까운 파도는 방향이 제각각이다.

4. 젖은 붓으로 하늘과 먼 바다를 수평 방향으로 부드럽게 이어준다. 바다가 마른 뒤, 연필과 과슈를 사용해 알바트로스를 그려 넣었다.

해변의 파도

리본 모양으로 이어지는 포말의 형태를 이용해 파도의 표면을 표현해보자.
파도가 말려 올라가는 방향을 잘 관찰하고, 형태는 불규칙하게 그려야 한다.

바다 포말

바다 포말의 흰 구멍은 수면을 바라보는 각도에 따라 형태가 달라진다. 물을 바로 위에서 내려다보면 포말은 불규칙한 반점과 구멍들로 보인다. 하지만 수평선 쪽 먼 물을 바라보면 눌린 타원처럼 짧고 납작해 보인다. 가까운 곳에서는 구멍이 더 넓게 열려 보이고, 수평선 쪽으로 갈수록 형태가 눌려 평평해 보인다.

- 수평선
- 멀리 부서지는 파도
- 멀리 있는 포말
- 중간 거리의 포말
- 가까운 포말
- 젖은 모래가 하늘을 반사함
- 모래

예외적인 경우도 있다. 부서지는 파도의 면처럼 수면이 시선과 수직일 때는 수면이 멀리 있더라도 포말 무늬가 눌려 보이지 않는다.

곡선

파도 표면에 생기는 포말의 곡선은 보는 각도에 따라 달라진다. 파도가 정면에서 밀려온다면 파도 표면을 따라 말려 올라가는 포말의 선은 거의 수직에 가깝게 보인다. 하지만 같은 파도를 옆에서 바라보면 그 선은 휜 곡선으로 보인다.

파도 표면이 말려 올라가는 각도는 시점에 따라 달라진다.

좁은 구간의 파도와 해변 안에서도 관찰할 요소가 무척 많다. 넓게 펼쳐진 해변과 파도를 그리기 전에 이런 작은 구간을 먼저 연습해보자.

대칭

파도를 너무 대칭적으로 그리지 않도록 하자. 자연에서 가끔 대칭인 파도가 나타나긴 하지만, 그림에서는 부자연스러운 느낌을 줄 수 있다. 대신 불규칙한 파도 마루를 만들어 자연스러운 느낌을 살려보자.

너무 대칭적이다.

수채 물감으로 부서지는 파도 그리기

파도는 매 순간 변한다. 파도에서 자주 보이는 특징을 관찰해두면
파도의 역동적인 흐름을 빠르게 포착하는 데 도움이 된다.

부서지는 파도는 따라 그리기 매우 어렵다. 나는 파도의 한 순간을 포착하기 위해 파도가 부서지는 모습을 가만히 응시하다가, 눈을 감아 머릿속을 비우고, 다시 눈을 떴다가 곧바로 감는다. 그러면 잠깐 동안 파도의 모습이 머릿속에 선명히 새겨진다. 그 순간은 다시 오지 않는다(기다리지 말 것). 나는 곧바로 관찰한 파도의 형태를 빠르게 스케치한다. 세부적인 요소는 비슷한 파도를 다시 보면서 보완할 수 있지만, 전체 형태는 바로 그 순간 내 눈이 포착한 것이다.

1. 포말의 그림자는 연한 보랏빛 회색으로 거칠고 불규칙하게 칠한다. 마른 뒤에는 흰색 크레용으로 포말의 가장자리를 문질러 왁스 막을 만든다. 이 막은 이후 덧칠하는 물감이 막이 있는 부분에 묻지 않도록 해준다. 크레용을 마치 춤추듯 움직이며 거칠게 칠하면 포말이 자연스럽게 표현된다. 먼저 별도의 종이에 이 기법을 연습해보며 어떤 효과가 나는지 살펴보자.

2. 파도의 표면은 연한 초록색에서 파란색으로 부드럽게 이어지는 그러데이션으로 칠한다. 물감이 마르기 전에 파도의 아래쪽을 어둡게 칠해준다. 아래쪽이 어두울수록 위쪽의 초록색이 더 밝아 보인다. 같은 이유로 파도 뒤쪽 바다도 어둡게 칠한다. 파도 앞쪽의 잔잔한 수면은 하늘을 더 많이 반사하므로 말려 올라가는 파도보다 더 파랗게 보인다(하늘이 파란 경우).

3. 파도가 완전히 마른 뒤 표면의 포말을 퍼머넌트 화이트 과슈로 칠한다. 표면의 포말은 파도를 정면에서 볼 때는 수직에 가깝지만, 위나 아래에서 보면 대각선으로 나타난다. 파도 아래쪽 포말은 촘촘한 띠를 이루며 수평으로 퍼지기 때문에 그 사이 파란 바닷물도 가느다란 수평선처럼 보인다.

수채 물감으로 파도와 바위 그리기

단단한 바위는 부서지는 파도의 포말이나 출렁이는 물결과 강한 대비를 이룬다.
이 대비를 명도 차이로 강조해보자.

파도를 그리기 전에 먼저 시간을 들여 파도를 유심히 바라보자. "파도의 아랫부분은 어떤 색인가?" "파도의 가느다란 마루는 어떤 색인가?" "포말은 어떤 형태와 각도를 만들어내는가?"라고 자문해보자. 파도는 어느 하나 똑같은 것이 없다. 아침, 정오, 저녁으로 해가 바뀜에 따라 파도의 색도 달라진다. 지금 이 순간, 이 파도에서 무슨 일이 일어나고 있는지 관찰해보자.

1. 먼저 파도 포말의 그림자부터 칠한다. 파도가 대칭적이지 않도록 일부러 들쭉날쭉하게 표현한다. 포말의 위쪽 가장자리는 흰색 크레용으로 문질러준다.

2. 초록색이나 청록색 물감으로 파도가 말려 올라가는 부분을 표현한다. 파도의 위쪽에는 약간의 노란색을 섞어 따뜻한 느낌을 준다. 파도의 아랫부분에는 짙은 초록색으로 불규칙한 무늬를 만든다. 수직인 파도 표면에는 둥근 무늬를, 잔잔한 바다의 표면에는 수평으로 퍼진 무늬를 추가한다.

3. 파도를 강렬하게 표현하기 위해 앞뒤에 파란색을 덧칠한다. 거친 가장자리는 크레용으로 만든다. 오른쪽 파도의 아래쪽 포말 구멍은 수평으로 퍼져 있다.

4. 큰 물보라 아래쪽에 바위를 그린다. 바위 전체를 칠하지 말고, 물이 흘러내리는 느낌을 주기 위해 표면에 흰 선을 남겨두자.

구름 관찰하기

하늘은 평평한 벽이 아니라 멀어지는 공간이다.
땅의 거리감을 표현할 때 사용하는 기법들을 하늘에도 똑같이 적용할 수 있다.

구름의 형태

구름을 잘 그리기 위한 가장 좋은 방법은 구름을 과학적으로 관찰하고 연구하는 것이다. 실제 하늘, 사진, 예술 작품 속 구름을 보며 기본적인 구름의 유형을 구별하는 연습을 해보자. 구름을 많이 연구할수록 더 많은 것을 보고, 더 깊이 이해하고, 더 크게 감탄하게 된다. 구름에 대한 지식과 호기심은 그림에도 그대로 드러나기 마련이다.

우리는 만화에서 본 폭신한 구름의 이미지를 곧잘 떠올린다. 이런 대칭적이고 울퉁불퉁한 구름은 단지 상징적 이미지일 뿐, 실제 구름은 이런 모습이 아니다. 이런 상징적인 구름을 그리려는 유혹을 이겨내자.

구름을 사실적으로 그리려고 해도 무심코 만화 같은 상징적 구름이 그림에 스며들 수 있다. 손이 무의식적으로 익숙한 아치를 반복해서 그리기 때문이다. 아래 그림 속 구름의 대칭적인 둥근 굴곡들을 주의 깊게

살펴보자. 상징적인 구름 이미지의 흔적이 보이지 않는가?

자연스러운 구름을 그리는 비결은 일관된 불규칙성에 있다. 구름의 윤곽과 굴곡들을 일부러 들쭉날쭉하게 그려보자. 한쪽에 특정 크기의 굴곡을 그렸다면, 다른 쪽에는 크기와 형태가 다른 굴곡을 그린다.

실내에 앉아 상상만으로 구름을 그리기보다는, 밖으로 나가 실제 구름이 어떻게 변하는지 관찰해보자. 구름의 형태를 기록하는 관찰 일지를 만들어봐도 좋다. 이런 스케치는 몇 분이면 그릴 수 있다. 구름을 유형별로 익히며 '구름 지능'을 높여보자.

구름의 아랫면

둥글둥글한 적운들이 아랫면을 같은 높이에 나란히 맞춘 채 떠 있는 모습을 자주 볼 수 있다. 이 현상은 공기 중 온도 임계점인 이슬점 때문인데, 이 지점을 넘어서면 기온이 충분히 낮아져 눈에 보이지 않는 수증기가 작은 물방울로 응결된다. 이 물방울들이 모여 우리가 보는 구름이 되며, 그 결과 구름의 아랫면이

고 풍부한 색을 띠고, 수평선 쪽으로 갈수록 점점 옅고 따뜻한 색으로 변한다.

평평하게 나타나는 것이다.

하늘에 원반이 떠 있다고 상상해보자. 머리 바로 위에 있는 원반을 올려다보면 동그란 원으로 보이지만, 수평선 가까이에 있는 원반은 눌린 타원형으로 보인다. 바로 위에 있는 물체는 본래의 형태가 유지되지만 멀리 있는 물체는 납작하고 가로로 퍼진 형태로 왜곡된다. 구름의 아랫면에서도 이런 현상이 나타난다.

예를 들어 적운이 머리 바로 위로 지나갈 때 우리는 울퉁불퉁한 가장자리만 보게 된다. 구름의 아래쪽을 보고 있기 때문에 우리가 흔히 떠올리는 부풀어 오른 형태는 보이지 않는다. 마찬가지로, 머리 위 구름층에 구멍이 뚫려 있다면 그 구멍의 들쭉날쭉한 모양이 보인다. 하지만 멀리 떠 있는 적운을 보면, 어두운 아랫면이 눌린 타원처럼 보인다. 이 경우 우리가 보는 것은 구름의 옆모습에 가깝다. 먼 구름에 난 구멍도 마찬가지로 길쭉하고 얇은 파란 띠처럼 보인다. 머리 바로 위와 수평선 사이 어딘가에 있는 구름들은 아랫면과 옆면이 모두 조금씩 보인다.

하늘의 색

육지에서는 멀리 있는 물체일수록 점점 더 차가운 색(푸른빛)을 띠며, 수평선 가까이에 갈수록 더욱 푸르게 보인다. 반면 하늘은 천정(머리 바로 위)에서 가장 짙

1. 먼저 파란색 색연필로 구름의 형태를 잡는다. 여러 겹의 구름을 겹쳐 그리되, 수평선에 가까워질수록 간격을 더 좁게 배치한다.

2. 같은 높이에 떠 있는 적운을 표현하기 위해 구름의 아랫면에 선을 그어 음영을 넣어보자. 이 선들은 수평선 아래 소실점을 향한다. 이는 1점 투시법으로, 하늘이 멀리까지 이어지는 느낌을 줄 수 있다.

3. 구름이 밝게 보이는 것은 그 옆에 있는 짙은 파란 하늘과의 대비 덕분이다. 하늘에도 명암을 넣어주되, 선이 소실점을 향해 모이도록 그려보자. 이렇게 하면 하늘의 깊은 공간감을 더 확실히 표현할 수 있다.

4. 구름에 황토색을 살짝 더해 따뜻한 느낌을 주자. 하늘에 대지의 색감을 넣어주면 그림 전체가 더욱 조화롭게 어우러진다.

수채 물감으로 하늘 그리기

수채화 작가들은 하늘을 그릴 때 다양한 기법을 사용한다. 그러나 어떤 기법도 실제 자연을 관찰하는 경험을 대신할 수는 없다. 이러한 기법들은 하늘을 진지하게 관찰하는 태도와 결합될 때 비로소 강력한 도구가 된다.

수채 물감은 하늘을 그리기에 매우 빠르고 효과적인 매체이다. 색과 명도의 그러데이션, 경계의 강약을 자유롭게 조절할 수 있고, 구름 특유의 느낌도 매력적으로 표현할 수 있다. 이 점은 매우 유용하지만, 동시에 함정이 되기도 한다. 젖은 종이 위에 색을 번지게 하는 웨트 인 웨트 기법으로 간편하게 구름을 표현한 후 만족해버리면, 실제로 하늘에서 구름이 어떻게 형성되고 변하는지를 관찰하지 않게 된다. 단순히 구름 같아 보이는 기법에 만족하지 말고 하늘에서 실제로 일어나는 일을 주의 깊게 관찰하자. 그 관찰을 바탕으로 여러 기법들을 활용해 구름을 표현할 수 있도록 자신을 훈련시켜야 한다.

탁한 하늘 색 만들기

튜브에서 바로 짜낸 파란색 물감은 대부분 실제 하늘에서 보이는 색보다 훨씬 강렬하므로 주의가 필요하다. 강한 파란색을 약간 탁하게 만들고 싶다면 아주 소량의 주황색을 섞어주면 된다. 아주 조금만 섞어도 효과가 크기 때문에 절제해서 사용해야 한다. 아래 예시에서 순수한 파란색과 주황색을 더해 미묘하게 탁해진 파란색의 견본을 비교해보자.

그러데이션으로 하늘 그리기

하늘은 머리 위에서는 깊고 진한 파란색을 띠고, 수평선 쪽으로 갈수록 점점 더 밝고 따뜻해 보인다. 이러한 변화를 그러데이션 기법으로 표현할 수 있다. 먼저 칠할 영역을 충분히 덮을 수 있을 만큼 넉넉한 양의 물감을 섞어둔다. 필요한 양을 가늠하는 데는 연습이 필요하다. 처음에는 조금 남더라도 넉넉하게 준비하는 것이 좋다. 칠하는 도중에 물감을 다시 섞어야 하는 상황은 피해야 한다. 나는 주로 작은 풍경 스케치를 하기 때문에 많은 양이 필요 없다. 물감은 너무 걸쭉하지 않게 물처럼 묽게 섞어야 한다.

종이나 드로잉 보드를 약 30도 정도 기울여놓자. 이렇게 하면 붓질을 할 때마다 물감이 아래쪽에 고여 비드라고 불리는 작은 물방울 형태를 만든다. 붓에 물감을 가득 묻혀 하늘의 가장 위쪽부터 수평으로 칠해보자. 붓질 아래에 비드가 생기도록 충분한 양의 물감을 써야 한다. 곧바로 붓에 다시 물감을 묻혀 다음 줄을 그리되, 이전 붓질의 비드와 자연스럽게 이어준다. 이때 중간에 멈추면 물감이 마르면서 경계선이 생기므로 연속해서 그려야 한다.

그림 전체에 같은 농도의 물감을 사용하면 균일칠이 되고, 아래로 갈수록 점점 물을 섞어가며 칠하면 어두운 색에서 밝은 색으로 자연스럽게 변하는 그러데이션이 만들어진다.

나는 대부분의 현장 작업에서 워터브러시를 사용해 작은 풍경만 그린다. 워터브러시를 사용하면 붓 안의 물이 모세관 현상으로 조금씩 흘러나와 물감이 점차 옅어지므로, 그러데이션 효과가 자연스럽게 생긴다. 그러데이션을 넣을 때는 되도록 붓을 짜지 않는다. 물이 한꺼번에 너무 많이 나와버리기 때문이다.

물감을 걷어내 구름 표현하기

프탈로 블루 같은 색은 종이 섬유에 스며들어 착색된다. 한 번 종이에 올리면 지우거나 걷어내기 어렵다. 반면 망가니즈 블루 휴처럼 입자감이 있는 색은 표면 위에 알갱이 형태로 남기 때문에 다시 물을 묻혀 번지게 하거나 닦아낼 수 있다. 어떤 안료로 만들어진 물감을 사용하느냐에 따라 파란 하늘 위에 구름을 덧입힐 수 있는지 여부가 달라진다.

여기서는 망가니즈 블루 휴로 그러데이션을 넣어 하늘을 칠했다. 빠르게 작업했기 때문에 종이 아래쪽에 도달했을 때도 종이가 아직 젖어 있었다. 구름을 만들기 위해 구긴 휴지를 부드럽게 두드려 물감을 흡수시켰다. 파란색이 다 지워지지 않아서 그 부분을 다시 붓으로 살짝 적셔준 뒤 깨끗한 휴지로 두드려 물감을 걷어냈다. 물감이 완전히 마른 뒤에는 구름의 아랫면에 그림자를 추가해 입체감을 더했다.

크레용이나 양초로 구름 표현하기

수채화 키트에 왁스 크레용이나 색이 없는 생일 초를 하나쯤 넣어두면 유용하다. 하늘을 칠하기 전에 종이에 왁스를 문질러 바르면 왁스가 물감과 종이 사이에 막을 만들어준다. 이렇게 하면 가장자리가 날카롭고 불규칙한 멋진 구름이 표현된다. 특히 그러데이션과 함께 사용하면 빠르고 재미있게 구름을 그릴 수 있다.

그림자 있는 크레용 구름

크레용을 칠하기 전에 먼저 구름의 그림자부터 칠할 수도 있다. 종이를 적신 뒤 구름의 그림자 부분에 연한 보랏빛 회색을 칠한다(여기서는 다니엘 스미스 섀도우 바이올렛을 사용했다). 지평선 부근에는 따뜻한 색감을 살짝 더해주면 좋다(나는 다니엘 스미스 퀴나크리돈 골드를 사용했다).

종이가 완전히 마른 뒤, 구름이 들어갈 영역의 가장자리를 따라 크레용이나 초 조각을 조밀하게 문질러 바른다. 구름 전체를 크레용으로 칠할 필요는 없다. 물감을 구름의 윤곽에만 칠할 예정이라면 크레용도 구름의 가장자리에만 바르면 된다. 어디에 발렸는지 잘 보이지 않을 수 있지만, 종이를 기울이면 광택이 보여 위치를 확인할 수 있다.

이제 하늘 위에 그러데이션을 얹어본다. 크레용을 칠한 부분에 이르면 물감이 번지지 않으며, 구름 형태가 자연스럽게 나타난다. 아래로 갈수록 점점 더 옅게 칠해 입체감을 표현한다. 구름 형태가 종이 위에 점점 드러나는 모습을 지켜보는 것은 이 기법의 즐거움 중 하나다.

음의 형태로 구름 그리기

크고 불규칙한 형태의 여백을 남겨두고 주변의 파란 하늘부터 먼저 칠한다. 그런 다음 여백 안에 거칠고 들쭉날쭉한 형태의 구멍들을 내보자. 크기와 간격이 다양한 구멍을 낸다. 아래쪽에 있는 구멍들은 파란색 대신 시안으로 살짝 색을 입혀준다.

1. 연한 보랏빛 회색으로 구름의 그림자를 칠한다. 위쪽에 있는 구름의 그림자는 크고 불규칙하게, 아래쪽으로 갈수록 작고 납작한 형태로 넣는다.

2. 위에서 아래로 작업하면서, 가장 앞쪽 구름의 윗부분은 불규칙한 윤곽선으로 그려준다. 아래로 내려갈수록 점점 옅게, 구름 사이의 틈은 점점 더 좁게, 수평으로, 촘촘하게 그린다.

3. 수평선 위에 옐로 오커를 옅게 깔아 따뜻한 느낌을 더하고, 그 뒤에 멀리 보이는 언덕을 그려 그림을 마무리한다. 이 언덕은 밝은 하늘과 대비되어 구름이 더 밝고 가볍게 느껴지도록 해준다.

웨트 인 웨트 기법으로 하늘 그리기

하늘을 관찰하는 즐거움을 마음껏 누려보자. 수채 물감으로 하늘을 그리는 법을 익히다 보면, 어린 시절 구름을 바라보며 느꼈던 즐거움이 되살아난다. 구름의 부드러움을 표현할 때는 젖은 종이에 그리는 기법(웨트 인 웨트 기법)이 수채화 작가에게 가장 유용한 도구 중 하나다.

먼저 하늘을 그릴 부분에 물을 고루 묻혀 종이 표면을 적신다. 어떤 화가들은 곳곳에 마른 부분을 조금씩 남겨두어 구름에 날카로운 경계를 만들기도 한다. 물을 너무 많이 써서 종이 위에 고이지 않도록 주의한다. 종이를 빛에 비췄을 때 은은한 윤기만 보일 정도로만 적셔야 한다. 종이가 물을 잘 흡수하는 재질이라면 물을 한 번 더 덧발라야 할 수도 있다. 나는 야외에서는 쿠레타케 워터브러시를 사용한다. 붓을 납작하게 고정하는 플라스틱 조각을 잠시 분리하면 붓이 둥글게 퍼져서 넓은 면적에 물을 바르기에 딱 좋다.

짙은 파란색 물감을 넉넉히 섞어 준비하고, 흰 구름 부분의 가장자리를 피하면서 불규칙하게 칠해나간다. 종이가 젖어 있기 때문에 붓질의 가장자리가 부드럽게 번지며 자연스러운 구름 경계를 만들어준다. 아래쪽으로 내려갈수록 더 옅은 파란색을 쓰고, 마지막엔 좀 더 따뜻한 느낌의 시안을 더한다. 수평선 가까이에는 가로로 긴 요소들을 더하고 파란 하늘이 드러나는 구멍도 더 자주 만들어준다. 위에서 아래로 작업하면 종이 아래쪽이 위쪽보다 약간 더 말라 있기 때문에 물감이 덜 번진다. 멀리 있는 구름일수록 가장자리가 흐릿하지 않기 때문에 오히려 좋다.

종이가 거의 마른 상태라면 깨끗한 붓에 물만 묻혀 흰 구름 부분을 다시 적실 수 있다. 그런 다음 구름에 그림자(다니엘 스미스의 섀도우 바이올렛 사용)와 따뜻한 붉은빛(다니엘 스미스의 퀴나크리돈 골드 사용)을 더해준다. 위쪽에 있는 구름일수록 아랫면이 더 많이 보이기 때문에 그림자도 더 넓게 드리워진다. 그림자 경계가 너무 뚜렷할 경우, 아직 물감이 마르지 않았다면 깨끗하고 약간 젖은 붓으로 한 번 쓸어주면 부드럽게 번진다. 어떤 화가들은 두 개의 붓을 손에 들고 작업하기도 한다. 하나는 물감을 묻힌 붓이고, 다른 하나는 경계선을 부드럽게 풀어주는 용도의 물을 묻힌 붓이다.

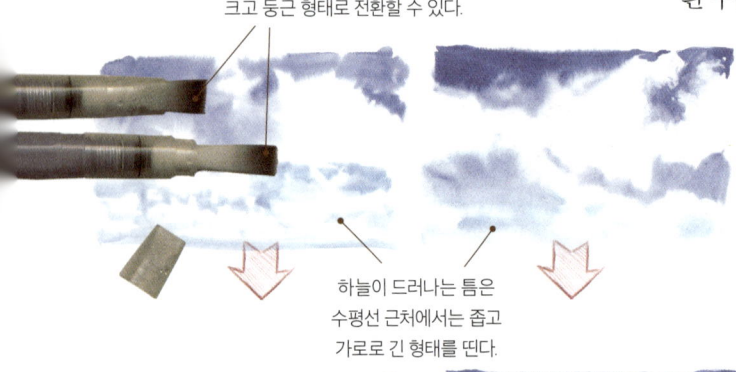

쿠레타케 워터브러시는 납작한 형태에서 크고 둥근 형태로 전환할 수 있다.

하늘이 드러나는 틈은 수평선 근처에서는 좁고 가로로 긴 형태를 띤다.

연필로 구름 그리기

블렌딩 도구와 반죽 지우개를 활용하면 빠르고 정확하게 구름을 표현할 수 있다.
구름 가장자리에 뚜렷한 경계선이 생기지 않도록 주의한다.

1. 연필로 먼저 넓게 명암을 깔고 반죽 지우개로 일부분을 지워내거나, 구름이 들어갈 부분을 비워두고 그 주변에 명암을 넣어 구름의 형태를 만든다.

2. 블렌딩 도구를 사용해 구름 주변 하늘을 부드럽고 어둡게 만든다.

3. 블렌딩 도구에 흑연이 묻었다면, 이를 이용해 구름 속의 틈이나 은은한 그림자를 표현할 수 있다.

반죽 지우개로 지워낸 구름

흰색으로 비워둔 구름

번짐 효과로 더 어두워진 하늘을 관찰해보자.

명암을 더 짙게 넣고 싶다면, 종이 한쪽에 부드러운 연필로 낙서를 하듯 칠해두고 블렌딩 도구 끝을 그 위에 찍어 물감처럼 사용하면 된다.

일몰 그리기

일몰 스케치는 하루를 마무리하는 아름다운 방법이다. 눈부신 하늘과
기억에 남는 아름다운 풍경을 스케치에 담을 수 있는 몇 가지 방법을 소개한다.

대비 과장하기

일몰을 눈에 보이는 그대로 그리는 것은 불가능하다. 저녁 하늘과 우리의 눈은 물감이나 사진으로는 표현할 수 없는 일을 해낸다. 빛은 밝고 선명한 색을 동시에 띨 수 있지만, 물감은 그렇지 않기 때문이다. 저녁 하늘의 생생한 색을 담기 위해 물감을 많이 쓸수록 그림은 점점 어두워진다. 하늘은 태양만큼이나 밝은 색을 띨 수 있지만, 우리가 표현할 수 있는 가장 밝은 색은 종이의 흰색에 그친다. 지평선 위로 붉게 빛나는 태양은 진한 색을 띠면서도 흰 종이보다 훨씬 더 밝다. 하지만 물감으로 그 색을 표현해보려고 할수록 그림은 오히려 어두워진다. 아쉽게도 색감과 밝기를 동시에 재현하는 것은 불가능하다.

하늘의 밝은 빛을 표현하는 한 가지 방법은 하늘과 지면의 대비를 의도적으로 과장하는 것이다. 산이나 지형을 실제보다 어둡게 칠하면 하늘이 더욱 밝아 보인다. 따라서 실제 눈에 보이는 것보다 지면을 더 어둡게 표현해야 한다. 해가 지는 풍경을 눈을 가늘게 뜨고 바라보면 명도 대비가 더 뚜렷하게 보일 것이다.

일몰 직후의 순간

지는 해를 뚫어지게 바라보면 눈앞에 초록색 잔상이 생겨 스케치에 방해가 될 수 있다. 태양 바로 옆쪽 하늘을 그리며 눈을 보호하자. 해가 완전히 지고 나면 하늘을 관찰하거나 그리는 일이 훨씬 수월해진다.

해가 지고 난 직후에는 고개를 돌려 동쪽 하늘을 바라보자. 지평선 위로 푸른 그림자가 떠오르고, 그 위에 분홍빛 띠가 아치 모양으로 드리워진다. 이 현상은 비너스의 띠Belt of Venus라고 불린다. 혹시 본 적 있는가? 무엇인지 알고 있었는가?

흐린 하늘에서 벗어나기

파란색 하늘 위에 투명한 수채 물감으로 주황색이나 빨간색 구름을 덧칠하면 색이 섞이며 탁해진다.

주황색이 파란색과 닿지 않도록 주의하자. 지평선 근처 하늘이 주황빛으로 바뀌는 모습을 표현하려면 파란 하늘에 닿기 전에 옅은 그러데이션으로 자연스럽게 색을 흐려주는 것이 좋다. 파란 하늘 위에 주황색 구름을 그리고 싶다면 연한 주황빛 과슈 물감을 써보자. 과슈가 없다면 먼저 흰 과슈로 불투명한 층을 만들고, 마른 뒤 그 위에 수채 물감으로 주황색을 칠한다.

마젠타는 수채 물감으로 파란 하늘 위에 직접 칠해도 괜찮다. 파란색이 연한 부분에서는 분홍빛으로, 파란색이 진한 부분에서는 라벤더빛으로 변한다.

일몰 따라가기

저녁 하늘은 순간순간 빠르게 변한다. 구름을 주황색으로 칠하는 사이, 어느새 분홍색이나 회색으로 바뀌어버리기 일쑤다. 이 변화에 맞추려고 같은 그림을 계속 고쳐 그리다 보면, 결국 색이 탁해지고 만족스럽지 못한 결과물이 나온다. 더 좋은 방법은 과감히 새로운 스케치를 시작하는 것이다. 해가 완전히 지기 전까지, 해 질 녘의 순간들을 여러 장 연속해서 그려 보자.

하늘의 색이 변하기 시작하면 시간이 매우 소중해진다. 다음 스케치의 밑그림을 잡는 데 시간이 걸리기 때문에 그동안은 색을 칠할 수 없다. 일몰 약 한 시간 전부터 스케치를 시작하자. 산등성이나 앞쪽 풍경 요소들의 윤곽을 미리 여러 장의 작은 스케치로 그려두자. 그중 하나는 동쪽 하늘이 보이는 구도로 그려두면 좋다.

하늘이 달라지기 시작하면 한 장씩 돌아가며 색을 입힌다. 한 장에 너무 오래 매달리지 말고 하늘이 바뀌면 바로 다음 그림으로 넘어가자. 하늘의 변화가 너무 빨라 따라가기 어렵다면 그림을 더 작게 그리고, 각 그림 옆에 색에 대한 간단한 메모를 남겨두어 색은 나중에 채워 넣자.

1. 팔레트에 흰색 과슈만 있다면 이 방법을 시도해보자. 먼저 어두운 파란색으로 배경을 연하게 칠한다. 과슈는 어두운 배경 위에서 가장 선명하게 드러난다.

2. 배경이 완전히 마르면 타이타늄 화이트 과슈를 걸쭉하게 개어 구름을 칠한다. 연한 라벤더색으로 그림자를 더한다. 구름을 흰색으로 두고 싶다면 여기서 마무리해도 좋다.

3. 과슈가 마른 뒤, 수채 물감으로 빠르게 한 겹 덧칠해 색을 입힌다. 과슈가 다시 녹기 전에 망설이지 말고 빠르게 칠하는 것이 중요하다.

과슈 물감을 사용하면 파란 하늘 위에 바로 주황색 구름과 빨간색 구름을 그려 넣을 수 있다. 물을 적게 섞은 진한 물감으로 칠하자. 파란색이 너무 비쳐 보인다면 먼저 타이타늄 화이트로 밑칠을 해준 뒤 색을 입히면 좋다.

산 너머 일몰 그리기

배경은 투명한 수채 물감으로 먼저 칠하고, 마른 뒤에 과슈로 구름을 더한다.
수채 물감은 밝은색에서 어두운 색으로, 과슈는 어두운 색에서 밝은색으로 칠해가는 것이 좋다.
일몰을 그릴 때 가장 어려운 것은 언제 멈춰야 할지 판단하는 일이다.

1. 저녁 하늘 아래 자리할 지형을 선으로 스케치한다. 태양이 지평선 가까이 내려오기 전에 여러 장 미리 그려두자. 하늘이 변하기 시작하면 빠르게 움직여야 한다. 넓은 붓과 투명한 수채 물감을 사용해 하늘 전체에 그러데이션을 옅게 넣는다.

2. 종이를 거꾸로 돌려 지평선 부근에도 두 번째 그러데이션을 옅게 넣는다. 다음 단계로 넘어가기 전에 종이를 완전히 말려야 한다. 그동안 다른 스케치로 넘어가 작업을 이어가자. 이렇게 하면 짧은 일몰 시간을 최대한 활용할 수 있다.

3. 산 앞쪽 물가의 실루엣을 어두운 색들을 섞어 만든 물감으로 칠한다(여기서는 인단스론 블루, 블러드스톤 제뉴인, 디옥사진 바이올렛 사용). 단순히 색을 채우기보다는 붓질의 흔적이 드러날 수 있도록 산등성이의 굴곡을 따라 붓으로 쓸어주고, 나무 하나하나를 조각하듯이 그려 넣는다.

4. 복숭아색 과슈를 되직하게 개어 구름을 그린다. 불투명함을 유지하기 위해 물은 가능한 한 적게 쓴

다. 높은 구름은 크고 불규칙하게, 낮은 구름은 가로로 길쭉하고 서로 가깝게 배치한다. 분홍빛 구름을 그리다 보면 하늘 전체를 가득 채우고 싶어질 수 있지만, 적당한 선에서 멈추는 것이 좋다.

5. 실제 구름은 종이 위에서는 흉내 낼 수 없는 빛을 머금고 환히 빛난다. 색감을 맞출 것인지, 밝기를 맞출 것인지 선택해야 한다. 둘을 동시에 충족시킬 수는 없다. 구름의 밝기를 맞추고 싶다면 타이타늄 화이트를 섞어 구름 위에 불규칙하게 덧칠한다. 이 그림은 평붓형 워터브러시 하나만으로 완성했다.

마무리하며

자연 관찰 일지 쓰기는 세상 속으로 깊이 들어가 그 안에서 다시금 아름다움과 경이로움을 발견하도록 이끄는 초대장이다. 평범해 보이는 순간에도 주의 깊고 따뜻한 관심을 기울여 감사하고 기뻐할 이유를 찾아내는 좋은 방법이기도 하다.

자연의 모든 면에는 끝없는 흥미와 경이, 신비가 숨어 있다. 관찰 일지를 그림과 글, 관찰로 채워나가다 보면, 당신의 삶도 어느새 아름다움과 호기심으로 가득 찰 것이다.

이 책에서 소개한 기술들은 누구나 익힐 수 있고, 생각보다 훨씬 빠르게 습득이 가능하다. 가장 중요한 것은 관찰 일지 쓰기를 내 삶의 일부로 만드는 것이다. 진심을 담아 계속 쓰다 보면 당신의 눈과 손이 자연스럽게 길을 찾게 될 것이다.

하루가 저물어갈 때, 그 하루가 세상과 깊이 연결된 사려 깊고 풍요로운 시간이었다고 말할 수 있기를.

이것이 바로 당신의 삶이다. 당신은 그 삶을 어떻게 살아갈 것인가?

> "하루를 보내는 방법이
> 인생을 보내는 방법이다."
>
> 애니 딜러드

참고문헌

이 책에 담긴 많은 아이디어는 나만의 것이 아니다. 나는 새로운 아이디어든 오래된 아이디어든 늘 열심히 찾아보고, 배우고, 내 방식으로 흡수해왔다.

Albert, Greg. *The Simple Secret to Better Painting.* Fairfield, OH: North Light Books, 2003.

Andrade, Jackie. "What Does Doodling Do?" *Applied Cognitive Psychology* 24, No. 1 (Jan. 2010): 100–106. doi:10.1002/acp.1561.

Baird, Benjamin, Jonathan Smallwood, Michael D. Mrazek, Julia W. Y. Kam, Michael S. Franklin, and Jonathan W. Schooler. "Inspired by Distraction: Mind Wandering Facilitates Creative Incubation." *Psychological Science* Oct, 1, 2012: 1117–1122.

Barrouillet, Pierre, Sophie Bernardin, and Valerie Camos. "Time Constraints and Resource Sharing in Adults' Working Memory Spans." *Journal of Experimental Psychology: General* 133, No. 1(Mar. 2004): 83–100.

Burton, Robert A. *On Being Certain: Believing You Are Right Even When You're Not.* New York: Macmillan, 2008.

Canfield, Michael R. *Field Notes on Science and Nature.* Cambridge, MA: Harvard Univ. Press, 2011.

Card, S. K., T. P. Moran, and A. Newell. "The Model Human Processor: An Engineering Model of Human Performance." In *Handbook of Perception and Human Performance,* Vol. 2: *Cognitive Processes and Performance,* edited by Kenneth R. Boff, Lloyd Kaufman, and James P. Thomas, 1–35. New York: John Wiley and Sons, 1986.

Chun, Marvin M., and Nicholas B. Turk-Browne. "Interactions between Attention and Memory." *Current Opinion in Neurobiology* 17, No. 2 (Apr. 2007):177–184.

Craik, Fergus I., Moshe Naveh-Benjamin, Galit Ishaik, and Nicole D. Anderson. "Divided Attention During Encoding and Retrieval: Differential Control Effects?" *Journal of Experimental Psychology: Learning, Memory, and Cognition* 26, No. 6 (2000):1744–1749.

Cranston, Susie, and Scott Keller. "Increasing the 'Meaning Quotient' of Work." *McKinsey Quarterly*, Jan. 2013.

Csikszentmihalyi, Mihaly. "Flow, the Secret to Happiness." TED video, filmed February 2004, 18:55, posted Oct. 2008. http://www.ted.com/talks/mihaly_csikszentmihalyi_on_flow?language=en.

Deutscher, Guy. "Does Your Language Shape How You Think?" *New York Times Sunday Magazine*, August 29, 2010.

Ericsson, K. Anders. "Training History, Deliberate Practice and Elite Sports Performance: An Analysis in Response to Tucker and Collins Review—What Makes Champions?" *British Journal of Sports Medicine* 47 (2013): 533–535. doi:10.1136/bjsports-2012-091767.

Ericsson, K. Anders, Ralf Th. Krampe, and Clemens Tesch-Romer. "The Role of Deliberate Practice in the Acquisition of Expert Performance." *Psychological Review* 100, No. 2 (1993): 363–406.

Ericsson, K. Anders, Roy W. Roring, and Kiruthiga Nandagopal. "Giftedness and Evidence for Reproducibly Superior Performance." *High Ability Studies* 18, No. 1 (2007): 3–56.

Farnsworth, John S., Lyn Baldwin, and Michelle Bezanson. "An Invitation for Engagement: Assigning and Assessing Field Notes to Promote Deeper Levels of Observation." *Journal of Natural History Education and Experience* 8 (2014): 12–20.

Galef, Julia. "Surprise! The Most Important Skill in Science or Self-Improvement Is Noticing the Unexpected." *Slate*, Jan. 2, 2015. www.slate.com/articles/health_and_science/science/2015/01/surprise_journal_notice_the_unexpected_to_fight_confirmation_bias_for_science.html.

Gilbert, Daniel. *Stumbling on Happiness.* New York: Vintage Books, 2005.

Glynn, Shawn M., and K. Denise Muth. "Reading and Writing to Learn Science: Achieving Scientific Literacy." *Journal of Research in Science Teaching* 31, No. 9 (Nov. 1994): 1057–1073. doi:10.1002/tea.3660310915.

Gruber, Matthias J., Bernard D. Gelman, and Charan Ranganath. "States of Curiosity Modulate Hippocampus-Dependent Learning via the Dopaminergic Circuit." *Neuron* 84, No. 2 (Oct. 02, 2014):486–496. doi:10.1016/

j.neuron.2014.08.060.

Ioannidis, John P. A. "Why Most Published Research Findings Are False." *PLoS Medicine* 2, No. 8 (2005): e124. doi:10.1371/journal.pmed.0020124.

Iyengar, Sheena S., and Mark R. Lepper. "When Choice Is Demotivating: Can One Desire Too Much of a Good Thing?"*Journal of Personality and Social Psychology* 79, No. 6 (2000): 995–1006.

Kahan, Dan M. "Ideology, Motivated Reasoning, and Cognitive Reflection." *Judgment and Decision Making*, No. 8 (July 2013): 407–424.

Kahneman, Daniel. *Thinking, Fast and Slow.* New York: Farrar, Straus and Giroux, 2011.

Kaufman, Scott Barry. "A Proposed Integration of the Expert Performance and Individual Differences Approaches to the Study of Elite Performance." *Frontiers in Psychology*, Jul. 09, 2014.doi:10.3389/fpsyg.2014.00707.

—. *Ungifted: Intelligence Redefined.* New York: Basic Books, 2013.

Killingsworth, Matthew A., and Daniel T. Gilbert. "A Wandering Mind Is an Unhappy Mind." *Science* 330 (Nov. 2010): 932.

Kleon, Austin. *Steal Like an Artist: 10 Things Nobody Told You about Being Creative.* New York: Workman, 2012.

Klingberg, Torkel, Hans Forssberg, and Helena Westerberg. "Training of Working Memory in Children with ADHD." *Journal of Clinical and Experimental Neuropsychology* 24, No. 6 (Sept. 2002): 781–791.

Kotler, Steven. *The Rise of Superman: Decoding the Science of Ultimate Human Performance.* Boston: Houghton Mifflin Harcourt, 2014.

Kruger, Justin, and David Dunning. "Unskilled and Unaware of It: How Difficulties in Recognizing One's Own Incompetence Lead to Inflated Self-Assessments." *Journal of Personality and Social Psychology* 77, No. 6 (1999): 1121–1134.

Limb, C. J., and A. R. Braun. "Neural Substrates of Spontaneous Musical Performance: An FMRI Study of Jazz Improvisation." *PLoS One* 3, No. 2 (Feb. 27, 2008): e1679. doi:10.1371/journal.pone.0001679. Lopez, Barry.

Crossing Open Ground. New York: Vintage, 1989.

MacLeod, Colin M., Nigel Gopie, Kathleen Hourihan, Karen R. Neary, and Jason D. Ozubko. "The Production Effect: Delineation of a Phenomenon." *Journal of Experimental Psychology: Learning, Memory, and Cognition* 36, No. 3 (May 2010): 671–685.

Macnamara, Brooke N., David Z. Hambrick, and Frederick L. Oswald. "Deliberate Practice and Performance in Music, Games, Sports, Education, and Professions: A Meta-Analysis. *Psychological Science* 25, No. 8 (Aug. 2014): 1608–1618. doi:10.1177/0956797614535810.

McMillan, Rebecca L., Scott Barry Kaufman, and Jerome L. Singer. "Ode to Positive Constructive Daydreaming." *Frontiers in Psychology,* Sept. 23, 2013.

McNab, Fiona, Andrea Varrone, Lars Farde, Aurelija Jucaite, Paulina Bystritsky, Hans Forssberg, and Torkel Klingberg. "Changes in Cortical Dopamine D1 Receptor Binding Associated with Cognitive Training." *Science* 323, No. 5915 (Feb. 6, 2009): 800–802.

McVay, Jennifer, Michael J. Kane, and Thomas R. Kwapil. "Tracking the Train of Thought from the Laboratory into Everyday Life: An Experience-Sampling Study of Mind Wandering across Controlled and Ecological Contexts." *Psychonomic Bulletin & Review* 16, No. 5 (Oct. 2009): 857–863. doi:10.3758/PBR.16.5.857.

Miller, George A. "The Magical Number Seven, Plus or Minus Two: Some Limits on Our Capacity for Processing Information." *Psychological Review* 63, No. 2 (Mar. 1956): 81–97.

Neisser, Ulric, and Nicole Harsch. "Phantom Flashbulbs: False Recollections of Hearing the News about Challenger." In *Affect and Accuracy in Recall: Studies of "Flashbulb" Memories,* edited by Eugene Winograd and Ulric Neisser, 9–31. New York: Cambridge Univ. Press, 1992.

Nyhan, Brendan, and Jason Reifler. "When Corrections Fail: The Persistence of Political Misperceptions." *Political Behavior* 32, No. 2 (June 2010): 303–330.

Ostrofsky, Justin, Aaron Kozbelt, and Angelika Seidel. "Perceptual Constancies and Visual Selection as Predictors of Realistic Drawing Skill." *Psychology of*

Aesthetics, Creativity, and the Arts 6, No. 2 (2012): 124–136.

Pink, Daniel H. *Drive: The Surprising Truth about What Motivates Us*. New York: Riverhead Books, 2009.

Ruef, Kerry. *The Private Eye: "5X" Looking/Thinking by Analogy—A Guide to Developing the Interdisciplinary Mind*. Seattle: Private Eye Project, 2003.

Schnall, Marianne. "Exclusive Interview with Zen Master Thich Nhat Hanh." *Huffington Post*, updated Nov. 17, 2011. http://www.huffingtonpost.com/marianne-schnall/beliefs-buddhism-exclusiv_b_577541.html.

Scholz, Jan, Miriam C. Klein, Timothy E. J. Behrens, and Heidi Johansen-Berg. "Training Induces Changes in White-Matter Architecture." *Nature Neuroscience* 12 (2009): 1370–1371.

Schooler, J. W., J. Smallwood, K. Christoff, T. C. Handy, E. D. Reichle, and M. A. Sayette. "Meta-Awareness, Perceptual Decoupling, and the Wandering Mind." *Trends in Cognitive Sciences* 15, No. 7 (July 2011): 319–326.

Smallwood, Jonathan, Daniel. J. Fishman, and Jonathan W. Schooler. "Counting the Cost of an Absent Mind: Mind Wandering As an Underrecognized Influence on Educational Performance." *Psychonomic Bulletin & Review* 14, No. 2 (2007): 203–236.

Steindl-Rast, David. "Want to Be Happy? Be Grateful." TED video, filmed June 2013, 14:30, posted Nov. 2014. http://www.ted.com/talks/david_steindl_rast_want_to_be_happy_be_grateful/transcript?language=en#t-6853.

Talarico, Jennifer M., and David C. Rubin. "Confidence, Not Consistency, Characterizes Flashbulb Memories." *Psychological Science* 14, No. 5 (Sept. 2003): 455–461.

Watkins, Philip C., Kathrane Woodward, Tamara Stone, and Russell L. Kolts. "Gratitude and Happiness: Development of a Measure of Gratitude, and Relationships with Subjective Well-Being." *Social Behavior and Personality* 31, No. 5 (2003): 431–452.

그 밖의 자료들

영감을 주는 선생님이나 예술가를 찾아보자. 그들의 작업과 글을 살펴보고, 가능하다면 수업이나 워크숍에 참여하거나 작업 과정을 담은 영상을 찾아 실제로 어떻게 예술 작품을 만들어가는지 지켜보자.

자연 관찰 일지를 쓰는 사람이라면 꼭 한 번쯤 읽어야 할 책들이 있다. 나 역시 이 책들로부터 큰 영향을 받았다. 이 책은 그런 책들을 대신하려는 것이 아니라, 그 흐름 속에 더해지는 또 하나의 대화이자 기록이다. 다음은 기본 자료로 삼을 만한 입문용 도서들이다. 여건이 된다면 꼭 참고해보기를 바란다.

Keeping a Nature Journal, by Clare Walker Leslie and Charles E. Roth (Storey Publishing, 2003)[자연 관찰 일기 쓰기, 신소희 옮김, 김영사, 2025]

Artist's Journal Workshop, by Cathy Johnson (North Light, 2011)[내 그림 저널 시작하기, 이정빈 옮김, 비즈앤비즈, 2014]

Drawing on the Right Side of the Brain (The Definitive 4th Edition), by Betty Edwards (Tarcher, 2012)[오른쪽 두뇌로 그림그리기, 강은엽 옮김, 나무숲, 2015]

The Sketchnote Handbook, by Mike Rohde (Peachpit, 2012)

A Life in Hand, by Hannah Hinchman (Gibbs Smith, 1999)

The Simple Secret to Better Painting, by Greg Albert (North Light Books, 2003)

William D. Berry: 1954–1956 Alaskan Field Sketches, by Elizabeth Berry (University of Alaska Press, 1989)

"두 눈에 경이로움을 가득 담아라.
10초 뒤 세상이 끝날 듯이 살아라. 세상을 보라.
이 세상은, 공장에서 만들어진 어떤 꿈보다도
훨씬 더 환상적이다."

— 레이 브래드버리

한때는 반짝이지만
사라질 순간을 담아보자

식물을 공부하는 일은 가든 디자이너에게도 매우 중요한 일이다. 관찰에만 머무는 것이 아니라 생태적으로 어떤 특징을 지녔는지, 유전적 성향은 어떠한지 등도 잘 알아야 하는데, 이때 가장 확실한 방법이 식물을 자체를 직접 보며 그리는 것이다. 실은 7년에 걸친 영국 유학 시절, 가든 디자인을 공부하면서 가장 많은 시간을 할애했던 일 중 하나가 바로 식물 스케치와 식물 공부였다.

그래서였을까? 이 책의 번역을 의뢰받았을 때 기분이 너무 좋았다. 더불어 내심 개인적인 욕심도 있었다. 이 책을 번역하면서 식물을 좀 더 잘 그릴 수 있지 않을까 하는 생각이 들었다. 그러나 막상 번역을 시작한 나는 곧 방대한 분량에 입을 다물 수 없었다. 그림에 딸린 설명 하나하나가 정말 너무 자세하고 꼼꼼했다. 작가가 단순히 관찰 스케치를 보여주는 것이 아니라, 글을 마치 관찰할 때처럼 정확한 규칙과 순서에 의해 써 내려가고 있다고 느꼈다. 사실 방송작가로서 내내 글쓰기 훈련을 받아온 나는 이런 글쓰기가 낯설고 좀 이상할 정도였다.

하지만 몇 페이지가 지나지 않아 그 이유를 알 수 있었다. 저자는 지독한 난독증으로 학업을 제대로 할 수조차 없었다고 한다. 난독증을 극복하기 위해 얼마나 많은 노력을 했을지 상상도 할 수 없다. 그는 난독증을 극복하기 위해 시작하게 된 자연 관찰 일지 쓰기가 일반적인 글만큼이나 정확한 소통의 도구가 된다고 말한다. 결론적으로 이 책은 매우 꼼꼼하고 치밀한 구도, 형식 그리고 절차에 따라 쓰였기에 방대하게 느껴질 수 있다. 하지만 그래서 동시에 매우 친절한 가이드북이다. 사실 그가 그린 새, 동물, 풀, 나무, 물결, 구름, 바람, 그 모든 자연 그림은 글이 없더라도 어떤 상황의 어떤 모습을 그린 그림인지 떠올리기 어렵지 않다. 하지만 그림 그리기에 익숙하지 않은 초보 혹은 태생적으로 그림 그리기가 너무 어렵다고 느끼는 분들이라면, 글도 꼼꼼히 읽어보라고 권하고 싶다. 저자가 제시하는 대로 글을 설명서라고 생각하고 따라해본다면 분명 효과가 있을 것이라고 믿는다.

번역을 하는 내내 나도 가벼운 노트 하나 들고 자연으로 나가고 싶다는 생각을 참 많이 했다. 그간 제법 여러 권의 책을 번역했지만, 작가가 직접 옆에서 한 줄 한 줄 정성스럽게 읽어준다는 느낌이 든 건 처음인 듯싶다. 그림 실력을 향상할 방법을 알려준다는 점도 이 책을 읽어야 할 큰 이유가 되겠지만, 그보다는 작가가 전해주는 자연에 대한 사랑, 한때는 반짝이지만 곧 사라지게 될 소중한 순간을 그림으로 남겨놓는다는 것이 어떤 의미인지를 꼭 느껴보길 바란다.

가든 디자이너
오경아

현재를 감각하는 자연 관찰 노트

왜 자연 관찰은 삶의 기술이 되는가?
정해지지 않아서 더 재미있는 지금 이 순간을 감각하는 법

1판 1쇄 인쇄 2025년 8월 7일
1판 1쇄 발행 2025년 8월 22일

지은이 존 뮤어 로스 | 옮긴이 오경아 노진선
책임편집 한수빈 | 편집 유온누리 | 디자인 studio fttg

펴낸이 임병삼 | 펴낸곳 갈라파고스
등록 2002년 10월 29일 제13-2003-147호
주소 03938 서울시 마포구 월드컵로196 801호
전화 02-3142-3797 | 전송 02-3142-2408
전자우편 books.galapagos@gmail.com

ISBN 979-11-93482-14-8 (03400)

갈라파고스 자연과 인간, 인간과 인간의 공존을 희망하며, 함께 읽으면 좋은 책들을 만듭니다.

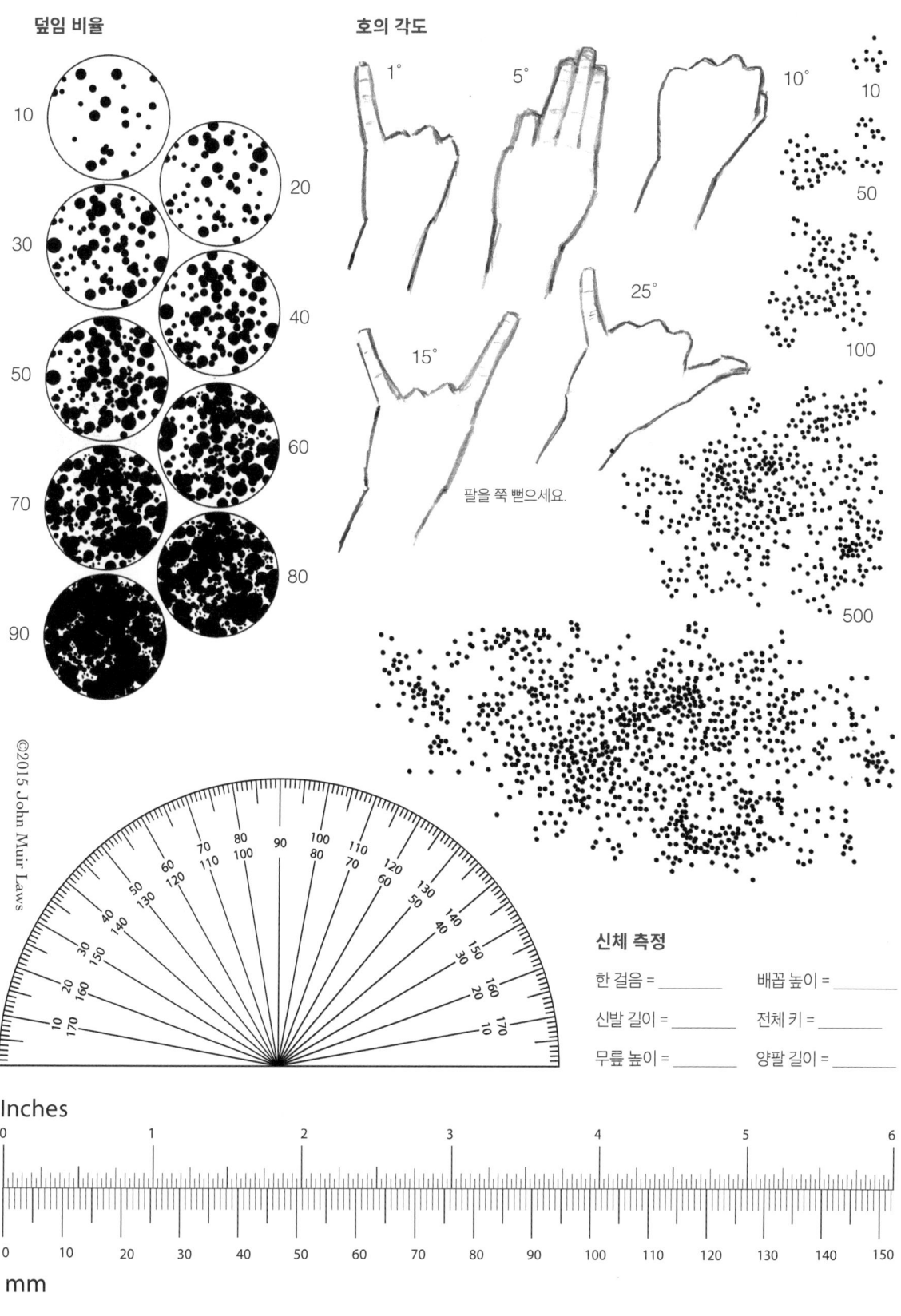